BASTEI
LÜBBE
TASCHENBUCH

Über den Autor:

Marc Abrahams ist Herausgeber und Mitgründer der Zeitschrift für komische Wissenschaften mit dem Titel *Annals of Improbable Research* und wöchentlicher Kolumnist für den *Guardian.* Er rief den Ig-Nobelpreis ins Leben, der Leistungen auszeichnet, die Menschen zum Lachen und Nachdenken bringen. Die Preise werden auf einer jährlichen Feier an der Harvard University vorgestellt. Über Abrahams und die Ig-Nobelpreise ist in den internationalen Medien breit berichtet worden, u. a. durch die BBC, ABC News, die *New York Times, Daily Mail, The Times, USA Today, Wired, New Scientist, Scientific American* und *Cocktail Party Physics.* Er und seine Frau Robin, Kolumnistin für den *Boston Globe,* leben in Cambridge, Massachusetts.

Marc Abrahams

WARUM DENKEN WEHTUN KANN

und andere unfassbare Erkenntnisse
der Wissenschaft

Aus dem Englischen von Wolfdietrich Müller

BASTEI
LÜBBE
TASCHENBUCH

BASTEI LÜBBE TASCHENBUCH
Band 60 786

1. Auflage: April 2014

Dieser Titel ist auch als E-Book erschienen.

MIX
Papier aus verantwortungsvollen Quellen
FSC® C006701

Vollständige Taschenbuchausgabe

Deutsche Erstausgabe

Titel der Originalausgabe: »This is improbable«
Originalverlag: Oneworld Publications, Oxford

Textredaktion: Dr. Matthias Auer, Bodman-Ludwigshafen
Umschlaggestaltung: Christina Hucke, www.christinahucke.de
Satz: UrbanSatzKonzept, Düsseldorf
Gesetzt aus der Optima
Druck und Verarbeitung: CPI – Ebner & Spiegel, Ulm
Printed in Germany
ISBN 978-3-404-60786-0

Sie finden uns im Internet unter
www.luebbe.de
Bitte beachten Sie auch: www.lesejury.de

Inhalt

Vorwort

Ohne Enten

Homosexuelle, nekrophile Enten tauchen in diesem Buch nicht auf.* Für sie war kein Platz. Zu viele andere unwahrscheinliche Geschichten forderten ihr Recht ein.

Man kann versucht sein anzunehmen, dass »unwahrscheinlich« mehr beinhaltet als seine buchstäbliche Bedeutung – dass es gut oder schlecht meint, wertlos oder wertvoll, belanglos oder wichtig. Etwas Unwahrscheinliches kann alles davon sein oder nichts, oder auch alles davon auf einmal, auf unterschiedliche Weise. Etwas kann in mancher Hinsicht schlecht sein und in anderer Hinsicht gut.

Unwahrscheinlich ist einfach, was Sie nicht erwarten.

Ich sammle Geschichten über unwahrscheinliche Dinge, Dinge, die Menschen zuerst zum Lachen bringen, dann aber zum Nachdenken. Die Forschungsergebnisse, Ereignisse und Menschen in diesem Buch widersetzen sich jedem schnellen Beurteilungsversuch (gut oder schlecht, wertlos oder wertvoll, belanglos oder wichtig?). Aber lassen Sie sich deshalb nicht von einem Versuch abhalten. Sehen Sie selbst, was Sie davon halten:

> Messen, wie Katzen schleichen. Einen Flugzeugentführer auf mechanische Weise ergreifen und verpacken, dann auswerfen und per Fallschirm den Behörden am Boden übergeben. Leute veranlassen, Lehrbücher mit unangemessenen Unterstreichungen zu lesen. Die natürliche Hüpffrequenz einer Person bestimmen. Freiwillige beobachten, während sie dem Kratzen von Fingernägeln auf einer

Tafel lauschen. Das Gehirn eines Pianisten überwachen, während er ein kurzes Lied über vierundzwanzig Stunden ohne Pause wiederholt. Mit offenem Schnürsenkel in verschiedenen Ländern schlendern. Einen BH entwickeln, der schnell in ein Paar Gesichtsschutzmasken umgewandelt werden kann. Eine Katze auf eine Kuh setzen, dann alle zehn Sekunden Papiertüten platzen lassen. Die Verpackung eines großen hohlen Schokoladenhasen optimieren. Die Gedanken des französischen Philosophen Michel Foucault auf das Leben von Spielern des Australian Football anwenden. Jesu strategische Führungsprinzipien in der US Army umsetzen. Die Psyche von Spielautomatennutzern ausloten. Die Grade von Langeweile bei Verwaltungsbeamten des mittleren Dienstes im Britischen Empire kategorisieren. Einen Belgier chirurgisch so verändern, dass er Michael Jackson ähnelt. Die Paarung der Stachelschweine untersuchen. Entdecken, dass die Elektroejakulation beim Nashorn schwierig durchzuführen ist.

Das meiste, was Sie hier lesen werden, erschien zuerst in irgendeiner Form in meiner wöchentlichen Kolumne »Unwahrscheinliche Forschung« im *Guardian*. Aber der Trott der Wissenschaft geht weiter, und deshalb habe ich für dieses Buch weitere Details ausgegraben, Aktualisierungen hinzugefügt und besonders unwahrscheinliche Leckerbissen eingerührt.

In jeder einzelnen Geschichte steckt natürlich mehr, als ich in diese Seiten pressen konnte. Unter anderem deswegen gebe ich am Ende des Buches Fundstellen an. Sollten Sie diesen Hinweisen folgen, warten Überraschungen auf Sie.

Und es gibt noch einen anderen, gewichtigeren Grund, die Belegstellen anzugeben. Manche Leute halten diese Geschichten für erfunden oder übertrieben. Nein, Freunde: Es sind Fakten. Ich habe mir die größte Mühe gegeben, nicht zu übertreiben.

Aufrichtig und unwahrscheinlich,
Marc Abrahams

Herausgeber und Mitgründer, *Annals of Improbable Research*

* Nun zu den Enten. Wenn Sie über sie lesen oder herausfinden möchten, was sich an den verschiedenen wissenschaftlichen Forschungsfronten getan hat, die im Gefolge ihrer Entdeckung entstanden sind, werden Sie auf eigene Faust nachsehen müssen. Am besten beginnen Sie mit Kees Moelikers inzwischen historischem Bericht »Der erste Fall von homosexueller Nekrophilie bei Stockenten *Anas platyrhynchos* (Aves: Anatidae)«, erschienen 2001 in der biologischen Fachzeitschrift *Deinsea* (siehe Band 8, S. 243–47) in den Niederlanden. Oder machen Sie eine Sonderführung im Naturhistorischen Museum in Rotterdam, wo Kees, der Kurator des Museums, eines Nachmittags (a) plötzlich ein lautes Geräusch hörte, als dessen Verursacher sich eine Ente erwies, die mit hohem Tempo gegen die Glaswand des Museums geprallt und dabei zu Tode gekommen war, und (b) Notizbuch und Kamera zur Hand nahm, um den Vorgang zu dokumentieren, der über die nächsten 75 Minuten ablief. Oder Sie überspringen das und sehen sich Videos von der Verleihung des Ig-Nobelpreises 2003 an der Harvard University an, wo Kees den Preis für dieses Jahr auf dem Gebiet der Biologie zuerkannt bekam. Oder aber Sie könnten das Buch *De eendenman* lesen (der Titel lässt sich mit *Der Entenmann* übersetzen), das Kees einige Jahre später auf Drängen eines Verlegers schrieb; das Buch wurde in den Niederlanden so populär, dass es in den ersten beiden Wochen fünfmal nachgedruckt wurde. Oder Sie könnten einige der Berichte lesen, die Kees anschließend für die *Annals of Improbable Research* schrieb, deren Büroleiter für Europa er heute ist. Seine Berichte behandeln viele Themen: Vögel, die ihre Tage damit verbringen, sich wiederholt gegen ein bestimmtes Fenster zu werfen. Historische Morde an Spatzen durch Kricketspieler und Fernsehproduzenten. Die internationale biomedizinische Sorge über das mögliche Verschwinden der Filzläuse. Und mehr.

Viele der in diesem Buch beschriebenen Menschen sind wie Kees Moeliker, zumindest in einer Hinsicht. Wenn sie ihre Aufmerksamkeit einer bestimmten Frage widmen, können sie auf für uns letztlich unterhaltsame Weise darauf fixiert bleiben.

Eins

Seltsam im Kopf

In Kürze
»Die Persönlichkeit meiner Großmutter: Eine posthume Bestimmung respektive Bewertung«
von Frederick L. Coolidge (erschienen im *Journal of Clinical Geropsychology*, 1999)

Dies und mehr finden Sie in diesem Kapitel: Denken als Gefahr in medizinischer Hinsicht • Sichten haariger Köpfe in Freizeitparks • Sich langweilen für Seine Majestät •Weiterspielen, während man beobachtet wird • Hirnschaden für besseres Wetten • Schönheit abtasten auf Intelligenz • Brain und Head • Ein Alias für Körperhaar • Beten bis an den Rand des Wahnsinns

Ihr Geist könnte Sie töten

Wie gefährlich ist es eigentlich zu denken? Die Frage hat Gewicht, weil es für manche Leute wirklich gefährlich ist, ja geradezu lebensbedrohlich – in körperlicher Hinsicht.

Diese Frage berührt aber auch eine andere, die scheinbar nichts damit zu hat: Ist es für Studenten gefährlich, einen Taschenrechner zu benutzen, anstatt kopfzurechnen?

1991 veröffentlichten Forscher im japanischen Osaka einen Bericht mit dem Titel »Durch Rechnen mit einem ›Soroban‹, einem japanischen traditionellen Rechenbrett, hervorgerufene Reflexepilepsie«. (Das deutsche Wort für Soroban ist »Abakus«). Der Bericht beschreibt einen bedauernswerten jungen Mann, der »1980 aufs College kam, wo er einem Musikklub angehörte und sich als Drummer betätigte. Nach sechs Monaten spürte er eine starke psychische Anspannung während des Trommelns und besonders auch, wenn er Noten aufschreiben musste, während er die auf Band aufgenommene Musik hörte«. Die Situation verschlimmerte sich. Noten aufzuschreiben löste den ganzen Körper betreffende tonisch-klonische Krämpfe aus. Der Mann litt wahrlich für seine Musik.

In seinem letzten Jahr an der Universität entdeckte er, dass das Rechnen auf einem Abakus das gleiche Problem verursachte, nur noch heftiger. Er benutzte deshalb keinen Abakus mehr und suchte Ärzte auf.

Fachärzte haben andere solcher Fälle gesehen und darüber berichtet.

Beachten Sie den auf verstörende Weise nachdenklich machenden Aufsatz mit dem Titel »Durch Denken ausgelöste Anfälle«. Der Bericht wurde von A. J. Wilkins und drei Kollegen an der University of Essex in den *Annals of Neurology* 1982 veröffentlicht. Die Forscher beschrieben einen Mann, der Krämpfe bekam, wenn er bestimmte Arten des Kopfrechnens betrieb. Es handelte sich hier um reines Kopfrechnen, ohne durch einen Abakus oder ein anderes mechanisches oder elektronisches Gerät verursachte Komplikationen. Die Addition im Kopf schien für diesen Mann recht unbedenklich, desgleichen die Subtraktion. Aber immer, wenn er versuchte, im Kopf zu multiplizieren, löste dies Krämpfe aus. Dividieren war ebenso gefährlich.

Andere aktenkundige Fälle deuten an, dass die Subtraktion nicht immer so ungefährlich ist, wie es scheint, wenigstens nicht für jeden. Auch die Addition nicht.

Mathematik und Komposition sind nicht die einzigen riskanten mentalen Tätigkeiten. Ein Team am St Thomas' Hospital in London dokumentierte die Notlage von siebzehn Personen, die genau aufpassen mussten, was sie beobachteten. Bei ihnen konnte der Akt des Lesens Anfälle auslösen. Zeitungen sind also gefährlich. Bücher sind gefährlich. Gefahrenquellen lauern überall. Es gibt auch Menschen, für die der Akt des Schreibens gefährlich ist.

Im Lesen, Schreiben, Rechnen und anderen Arten des Denkens lauern also echte Gefahren. Sie sind aber äußerst selten. Wenigstens sagen die Ärzte, dass sie das glauben.

Daten durchkämmen

Clarence Robbins und Marjorie Gene Robbins besuchten Freizeitparks in der Hoffnung, eine gute repräsentative Mischung von Fremden mit Kopfhaar vorzufinden. Dann verfassten sie »Haarlänge in Freizeitparks in Florida: Eine Approximation der Haarlänge in den Vereinigten Staaten von Amerika«. Die Untersuchung verrät, wie Robbins und Robbins ihre Daten sammelten, sie auswerteten und die Strähnen hochrechneten, um ein neues Verständnis von Amerika zu gewinnen.

Zur Zeit ihrer Untersuchung waren Robbins und Robbins die führenden Forscher bei Clarence Robbins Technical Consulting, einer Denkfabrik in ihrem Wohnort Clermont, Florida. Clermont ist nur eine kurze Autofahrt von vier großen Freizeitparks entfernt – Epcot, Universal Studios, Magic Kingdom und MGM Studios. Für die Besuche in diesen Parks setzten sich die Forscher ein einfaches, klares Ziel: »Daten zum Prozentsatz von Personen in den Vereinigten Staaten mit unterschiedlichen Kopfhaarlängen zu erhalten«.

Das Ziel war nicht so leicht zu erreichen. Robbins und Robbins hielten es für klug, den Freizeitparks zwei zusätzliche Besuche abzustatten, eigens um Fragen hinsichtlich der Genauigkeit zu beantworten.

Der erste Extrabesuch diente dem Ziel, zu »bestimmen, ob Frisuren unsere Schätzungen zu den Längen freihängenden Haares stören oder beeinträchtigen könnten oder nicht«. Dies ließ sich mühelos statistisch abgleichen.

Der andere Besuch hatte die Aufgabe, zu »bestimmen, ob

Kopfbedeckungen« – womit sie Mützen, Hüte und Schals meinten – die Schätzungen verzerrten oder nicht. Sie entschieden erfreulicherweise, dass Kopfbedeckungen keine derartigen Probleme verursachen würden.

Robbins und Robbins konnten natürlich nicht garantieren, dass ihre haarige Stichprobe die gesamte amerikanische Bevölkerung repräsentierte. Aber die Abhandlung verrät, wie sie ihr Bestes versuchten: »Im Bestreben, zu ermitteln, wie diese Bevölkerungsgruppe sich zur amerikanischen Bevölkerung generell verhält, wurden mehrere Telefonate mit der Walt Disney Corporation geführt, auch mit ihrer Abteilung für Marktforschung. Die Angesprochenen weigerten sich, hilfreiche Auskünfte zu geben, indem sie darauf hinwiesen, dass ihre Daten und Ergebnisse geschützt seien.«

Die Robbins-Robbins-Studie legt, obwohl vom Wesen her fachspezifisch, Fakten vor, die auch für Laien erhellend sein mögen: »Eine Frau, die in Epcot beobachtet wurde, hatte Haare, die mehrere Zentimeter über ihr Gesäß reichten. Sie war in ein hautenges Kostüm gekleidet, genauso wie zwei junge Männer, die sie kurz nach einer Disney-Vorführung begleiteten. Sie hatte lockiges blondes Haar und schien Mitte bis Ende zwanzig zu sein. Diese Frau war höchstwahrscheinlich eine Angestellte von Disney, eingestellt wegen ihrer langen Haare, denn wir beobachteten sie einmal vorher in einer Disney-Vorführung, wo sie als Rapunzel auftrat.«

Der im *Journal of Cosmetic Science* erschienene Bericht schließt mit einer zwingenden Zusammenfassung: »Durch Beobachtung des Haars von 24 300 Erwachsenen in Freizeitparks in Zentralflorida zu angegebenen Daten von Januar bis Mai 2001 und Schätzung der Haarlänge bezüglich spezifischer anatomischer Positionen schließen wir, dass rund 13 % der amerikanischen erwachsenen Bevölkerung derzeit das

Haar schulterlang oder länger, etwa 2,4 % das Haar über die Schulterblätter oder länger, ungefähr 0,3 % das Haar hüftlang oder länger und nur 0,017 % das Haar gesäßlang oder länger tragen. Haar, das beträchtlich länger als gesäßlang war, wurde in dieser Bevölkerungsgruppe nicht beobachtet.«

Wahrheit, von der Seite betrachtet

Auf welcher Seite liegt die Wahrheit? Nach einer in der Zeitschrift *Neuropsychologia* 1993 veröffentlichten Untersuchung ist es die linke. Das linke Ohr, besagt diese Studie, kann besser als das rechte die Wahrheit erkennen. Ein bisschen besser. Bei den meisten Leuten. Manchmal.

Das Experiment unter dem Namen »Hemisphärische Asymmetrie für die akustische Erkennung wahrer und falscher Aussagen« wurde von Franco Fabbro und seinem Team an der Universität Triest durchgeführt. 24 Männer und 24 Frauen setzten Kopfhörer auf, dann folgten (vermutlich) diese Anweisungen: »In den Kopfhörern werden Sie Sätze hören, gesprochen von vier Personen, die Sie nicht kennen. Es gibt zwei Typen von Sätzen – ›Dies ist ein angenehmes Foto‹ und ›Dies ist ein unangenehmes Foto‹. Während die vier Personen diese Sätze sprachen, blickten sie auf Fotos, die sie vorher als angenehm oder unangenehm beurteilt hatten. Manchmal sagen sie die Wahrheit. Manchmal lügen sie. Nachdem Sie einen Satz gehört haben, müssen Sie entscheiden, ob Sie glauben, die Sprecher sagen die Wahrheit oder lügen.«

Die Wirkung ist subtil. Nach den Daten erkennt der Wahrheitsdetektor des linken Ohres nicht besonders gut Lügen von Frauen. Er funktioniert, in dem Maß, wie er funktioniert, nur, wenn ein Mann lügt. Selbst dann erkennt er aber nur 63 % der wahren Aussagen als wahr.

Fabbro und seine Kollegen waren von den zwei Gehirnhälften fasziniert. Die eine wird für geschickter als die andere im Umgang mit Emotionen gehalten. »Die meisten Menschen erleben einen Anstieg an emotionalem Stress, wenn sie lügen«, besagte die Studie. Auch diese Theorie ist subtil. Fabbro und seine Kollegen drücken es so aus: »Da in menschlichen Kulturen das Lügen vorwiegend auf der verbalen Ebene stattfindet, ist es vernünftig, mit einer stärkeren Tendenz zu rechnen, jene Art von Information als falsch zu betrachten, die durch verbale Systeme übermittelt und verarbeitet wird. Aus demselben Grund ist es vernünftig, mit einer stärkeren Tendenz zu rechnen, diejenige Information für wahr zu halten, die durch nichtverbale Systeme verarbeitet wird.«

Ein anderes Experiment, das über ein Jahrzehnt früher an der McGill University in Montreal, Kanada, durchgeführt wurde, suchte nach etwas weniger Subtilem. Und fand es.

Walter W. Surwillo berichtete über alles in seiner Studie »Ohr-Asymmetrie im Hörverhalten am Telefon«, die in der Zeitschrift *Cortex* veröffentlicht wurde. Auch er war neugierig auf die Stärken des linken Ohrs im Vergleich mit dem rechten. Surwillo befragte Personen, deren Arbeit viel mit Telefonieren verbunden war, und auch solche, bei denen dies nicht der Fall war. Seine Frage lautete: Welches Ohr ziehen sie jeweils zum Hören am Telefon vor?

Die Ergebnisse: »Das Hören mit dem linken Ohr war mit häufiger Benutzung des Telefons verbunden. Der meistgenannte Grund für das Hören mit dem linken Ohr war, dass es die rechte Hand für Schreiben und Wählen freimache. Diese Bevorzugung dürfte durch Bequemlichkeit motiviert sein, denn obwohl jedes Ohr zum Hören zur Verfügung steht, ist es leichter, den Hörer an das linke statt an das rechte Ohr zu halten, wenn man ihn mit der linken Hand packt.«

Zur weiteren Information über die relative Aussagekraft des linken und des rechten Ohrs möchten Sie vielleicht eine Untersuchung von 203 Angestellten im Telefonmarketing zu Rate ziehen, welche die Beziehung zwischen Ohrbevorzugung, Persönlichkeit und der Bewertung der Arbeitsleistung untersuchte. Diejenigen, die ein Headset am rechten Ohr bevorzugten, wurden in den Augen der Vorgesetzten, wenn es um tatsächliche Leistung und Entwicklungspotenzial ging, allgemein höher bewertet als die Mitarbeiter, die ein Headset am linken Ohr vorzogen.

Imperiale Langeweile

Gewiss, auf seinem Höhepunkt häufte das Britische Empire überwältigende Berge an Reichtum und Macht an. Aber gemäß dem Historiker Jeffrey Auerbach brachte das Empire auch erstaunliche Langeweile hervor.

In einem umfangreich dokumentierten Bericht in der Zeitschrift *Common Knowledge* schreibt Auerbach: »Durch das ganze 19. hindurch und bis ins 20. Jahrhundert hinein waren Beamte des Britischen Empires auf allen Ebenen gelangweilt von ihren Erfahrungen, wenn sie im Dienst des Königs oder der Königin und des Landes reisten und arbeiteten. Doch in der öffentlichen Meinung war das Britische Empire aufregend – voller Neuigkeiten, Gefahren und Abenteuer, wenn Entdecker, Missionare und Siedler auf der Suche nach neuen Ländern, potenziellen Konvertiten und unerhörten Reichtümern um den Erdball segelten.«

Auerbachs Interessen sind nicht auf die Langeweile beschränkt. Der Assistenzprofessor für Geschichte an der California State University in Northridge hat zu vielen anderen Themen publiziert, darunter »Die Homogenisierung des Empires«,

»Die Monotonie des Empires« und, inspirierend überschrieben, »Die Unmöglichkeit artistischen Entkommens«.

Der Bericht über imperiale Langeweile ist angefüllt mit enthüllenden Beweisen für Beamtenlangeweile. Diese Beamten reichen von dem später berühmten Winston Churchill (der mit 21 Jahren schrieb, das Leben in Indien sei »stumpfsinnig und uninteressant«) bis zu dem Beamten, der dieses Liedchen textete:

Von zehn bis elf: aß ein Sieben-Uhr-Frühstück;
Von elf bis Mittag: zu früh zum Anfangen;
Von zwölf bis eins: fragte, »Was gibt's zu tun?«;
Von eins bis zwei: fand nichts zu tun;
Von zwei bis drei: begann zu ahnen,
Dass es von drei bis vier verdammt langweilig würde.

Auerbach klagte, es sei über Generationen gleich abgelaufen: »Die Gelehrten haben im Großen und Ganzen ein glanzvolles Bild des Empire aufrechterhalten, indem sie imperiale Männer entweder als heroische Abenteurer porträtierten, die neue Länder kartierten und die ›Bürde des weißen Mannes‹ in die fernsten Gegenden des Planeten trugen, oder als Aggressoren, die kulturell bestimmte Normen und Werte einheimischen Völkern und deren Lebensweisen aufzwangen.«

Er sagt, er habe seine Forschung betrieben, indem er »veröffentlichte Erinnerungen und Reisetagebücher gegen den Strich las« und das unspektakuläre Geraune von privaten Tagebüchern und Briefen erforschte. Ein Punkt, behauptet er, machte seine Aufgabe umso schwieriger: »Wenn Menschen sich vor der Mitte des 18. Jahrhunderts gelangweilt fühlten, wussten sie es nicht.« Diese Sicht der Langeweile, legt er dar, wurde überzeugend von Patricia Meyer Spacks entwickelt, deren 304 Seiten umfassendes Buch *Boredom: The Literary History of a State of Mind* die nach Nervenkitzel gierenden Gelehrten 1995 angenehm erregte.

Auerbach selbst schreibt auch ein Buch. Es handelt von Langeweile im Empire. Er wird seine vorliegende Studie, die 23 Seiten lang ist und nur 76 Fußnoten enthält, erheblich ausbauen müssen. Während dieses Buch – das Sie gerade lesen – in den Druck geht, ist Auerbachs Buch noch nicht auf dem Markt. Seine Homepage führt es auf als *Imperial Boredom: The Banality of the British Empire, 1757–1939* (in Arbeit).

Vielleicht hat Auerbach seine schönste Arbeit schon erledigt. Hier ist in nur 50 Wörtern seine Ansicht zur imperialen Langeweile: »Die Realität konnte den Erwartungen, die durch Zeitungen, Romane, Reisebücher und Propaganda erzeugt wurden, einfach nicht gerecht werden. Folglich waren, ungeachtet einiger berühmter Ausnahmen, Kolonialbeamte des 19. Jahrhunderts von der Tristesse ihres imperialen Lebens ernüchtert und versuchten verzweifelt, das Empire, das sie geschaffen hatten, zu ignorieren oder ihm zu entkommen.«

28 Stunden *Vexations* am Stück

Deutsche und österreichische Forscher analysierten, was dem Pianisten Armin Fuchs widerfuhr, als er mehr als einen vollen Tag damit verbrachte, immer wieder nonstop ein seltsam benanntes Musikstück eines französischen Komponisten zu spielen. Sie analysierten auch, was mit der Musik passierte. Dies war ein Gewaltakt künstlerischer und neurologischer Wiederholung.

Das Forscherteam – Christine Kohlmetz, Reinhard Kopiez und Marc Bangert von der Hochschule für Musik, Drama und Medien in Hannover sowie Werner Goebl und Eckart Altenmüller vom Österreichischen Forschungsinstitut für Künstliche Intelligenz in Wien – veröffentlichten 2003 zwei Untersuchungen, die beschreiben, was sie an dem Pianisten maßen.

Die Titel der Studien sind, wie die Aufführung, übermäßig lang. Die eine, die in der Zeitschrift *Psychology of Music* erschien, weist im Titel die Formulierung auf: »Elektrokortikale Aktivität in einem Pianisten, der *Vexations* von Erik Satie fortlaufend über 28 Stunden spielt«. Als Satie das Stück 1893 komponierte, fügte er als Anweisung hinzu, der Musiker solle »dieses Motiv 840-mal hintereinander spielen«.

Kohlmetz, Kopiez, Bangert, Goebl und Altenmüller, die Forscher des 21. Jahrhunderts, fragen ausdrücklich, ob der Komponist aus dem 19. Jahrhundert »sich der Wirkung bewusst war, die sein Werk auf einen Pianisten haben könnte, besonders hinsichtlich seines Bewusstseins und seiner motorischen Funktion«.

Rechnen Sie nach, und Sie werden sehen, dass Fuchs, der unerschrockene Klavierspieler, durchschnittlich 30 Aufführungen je Stunde bewältigte. Das ist eine Menge *Vexations* (Schikanen) in zweiminütigen Brocken.

Die Forscher verkabelten Fuchs' Kopf und nutzten die Elektroenzephalografie (EEG), um ununterbrochen die gesamte elektrische Aktivität in seinem Gehirn zu überwachen. Dabei entdeckten sie, dass »der Pianist durch die gesamte Aufführung hindurch verschiedene Bewusstseinszustände erlebte, die von Aufmerksamkeit bis zu Trance und Schläfrigkeit reichten«.

Fuchs' Spiel wurde während der Phasen der Schläfrigkeit unbeständig. Aber wach war der Mann ein Muster an Beständigkeit. »Am wichtigsten«, sagt die Studie, »war während der tiefen Trance, die Wirkungen wie Zeitverkürzung, veränderte Wahrnehmung und charakteristische Veränderungen

Time	d [hr]	Protocol of spectator	Protocol of pianist (AF)	State
9 am–5 pm	–8.00		Got up, breakfast, preparation in concert hall, interview, setting electrodes for EEG, kinesiologic exercises	
5 pm	0.00	**Beginning of performance**	No chance to concentrate before the beginning	**Alertness** 0.10–2.10 hr
6 pm	1.00			
7 pm	2.00		Relaxed state of mind	
8 pm	3.00			
9 pm	4.00		First complaints (pain in shoulder, clavicula)	
10 pm–3 am	5.00–10.00			
4 am	11.00	First meal, first cigarette	Extremely tired, hard to concentrate	
	11.25	**Signs of beginning trance**	Better after smoking	
5 am	12.00			
6 am	13.30	2nd cigarette, mixes up passages, stops to measure	Approx. 6.30 am **beginning of trance**, felt extremely tired,	

Ausschnitt aus der Tabelle »Ereignisprotokoll der Aufführung, aufgezeichnet von einem Beobachter und nachträglich ergänzt vom Pianisten«

im EEG umfasste, dass es der Pianist fertigbrachte, nicht nur weiterzuspielen, sondern auch ein konstantes Tempo aufrechtzuerhalten und somit komplexe motorische Programme auf einem hohen Leistungsniveau auszuführen.« (Ein Video der laufenden Aufführung finden Sie auf http://www.youtube.com/watch?v=km9GiejF5OQ).

Die zweite Studie, erschienen im *Journal of New Music Research,* gibt eine viel feinkörnigere »Tempo- und Lautstärkenanalyse«. Sie streicht heraus, dass »nichtlineare Methoden ergaben, dass Veränderungen in Lautstärke und Tempo von hochkomplexer Art sind und beide Parameter sich in einem 18-dimensionalen Raum entfalten. Dies ist nie zuvor in der Aufführungsforschung nachgewiesen worden.«

Vexations zählt nicht zu den beliebtesten Kompositionen Erik Saties, jedenfalls noch nicht. Obgleich kurz (wenn sie entgegen den Anweisungen nur einmal gespielt wird), dümpelt sie in einer Art und Weise dahin, die weder schnell eingängig noch einprägsam ist.

Aber Satie bereitete einer wertvollen Sache den Weg – der Technik (»Spiele dieses Motiv 840-mal«), die die Musikbranche viele Jahre später mit beträchtlicher Rendite verfeinern würde. Rundfunk-Discjockeys bewiesen in den 1950ern, dass sie einen Song durch ständiges fleißiges Wiederholen in den Köpfen vieler Hörer verankern konnten, die von da an glaubten, es sei eine ihrer Lieblingsmelodien.

Der Verstand des Kellners

Strategies of Buenos Aires waiters to enhance memory capacity in a real-life setting

Tristan A. Bekinschtein[a,b], Julian Cardozo[a] and Facundo F. Manes[a,c*]
[a]*Institute of Cognitive Neurology (INECO), Buenos Aires, Argentina*
[b]*MRC Cognition and Brain Sciences Unit, Cambridge, UK*
[c]*Institute of Neurosciences - Favaloro University, Buenos Aires, Argentina*

Abstract. Human learning and memory evaluation in real-life situations remains difficult due to uncontrolled variables. Buenos Aires waiters, who memorize all the orders without written support, were evaluated *in situ*. Waiters received either eight different

Buenos Aires rühmt sich beeindruckender Kellner, deren Verstand eine Untersuchung wert ist, so der Beitrag »Strategien der Kellner in Buenos Aires zur Steigerung des Erinnerungsvermögens in einem realen Umfeld«, veröffentlicht in der Zeitschrift *Behavioural Neurology.* »Oberkellner in Buenos Aires merken sich typischerweise alle Bestellungen der jeweiligen Kunden und nehmen die Bestellungen von bis zu zehn Personen pro Tisch auf, ohne sich etwas zu notieren«, erklärt der Beitrag. »Sie bringen das Bestellte auch zielgenau jedem einzelnen der Gäste, der es bestellt hat, ohne zu fragen, für wen es sei.«

Und meistens machen sie ihre Sache gut.

Wie bringen sie das fertig? Die Forscher Tristan Bekinschtein, Julian Cardozo und Facundo Manes führten ein Experiment durch, um das herauszufinden. Die drei arbeiten wechselweise am Institut für kognitive Neurologie und an der Favaloro Universität, beide in Buenos Aires, und an der MRC Cognition and Brain Sciences Unit der University of Cambridge.

Acht Gäste saßen also um einen Tisch und bestellten Getränke. Als der Kellner mit den Getränken zurückkam, zählten die Forscher zusammen, wie viele den Personen gebracht wurden, die sie bestellt hatten, und wie viele fälschlich einer anderen zugeteilt wurden. Alle Kellner schnitten bewundernswert gut ab.

Später bestellten die Gäste weitere Getränke, dann tauschten sie die Plätze, bevor der Kellner zurückkam. Das Ergebnis war trostlos. Die Wissenschaftler probierten dies mit neun Kellnern aus, von denen nur einer die Drinks durchgängig den richtigen Personen servierte.

Anschließend befragt, erklärten die Kellner, dass sie allgemein auf die Sitzplätze, Gesichter und Kleidung der Gäste achteten. Sie deckten auch einen kleinen Trick ihres Gewerbes auf: Sie »achteten auf keinen anderen Gast, nachdem sie die Bestellung eines Tisches aufgenommen hatten, als ob sie das Erinnerungsbild auf dem Weg vom Tisch zum Barkeeper oder zur Küche schützen wollten«.

Beim Verfassen ihrer Studie entdeckten Bekinschtein, Cardozo und Manes einen veröffentlichten Bericht eines höchst bemerkenswerten Kellners (sie konkretisieren jedoch nicht, ob er Argentinier war). Dieser Mann hatte sich fast olympische

Talente beim Servieren der Speisen antrainiert. Er »konnte nicht weniger als 20 Essensbestellungen behalten, die Speisen kategorisieren (mit Fleisch oder stärkehaltig) und mit dem Platz am Tisch verknüpfen. Er verwendete auch Akronyme und Wörter, um Salatdressing zu codieren, und stellte sich bildlich Gartemperaturen für das Fleisch jedes Gastes vor und verknüpfte diese mit dem Sitzplatz am Tisch«.

Die Kellner in Buenos Aires dagegen »berichteten allesamt, dass sie an keine bestimmte Strategie gedacht haben und dass ihre große Fähigkeit allein mit der Zeit und Übung kommt«. Ob wahr oder nicht, stimmt diese Antwort mit der berühmten Tradition arroganter Geringschätzung der Theorie in ihrem Gewerbe überein.

Der beste Kellner – der eine, der die Drinks korrekt servierte, auch als die Gäste die Plätze getauscht hatten – behauptete, dass er, anders als seine Kollegen, ignoriert habe, wo die Gäste gesessen hätten, und nur auf ihr Aussehen geachtet habe. Seine berufliche Erfahrung »sammelte er im Verlauf von zehn Jahren größtenteils auf Cocktailpartys, wo die Leute dazu neigen, ihren Platz im Raum zu wechseln; erst in den letzten drei Jahren hat er in dem Restaurant gearbeitet«.

Zocken mit Hirnschaden

Ein Hirnschaden kann Glücksspielern manchmal einen Vorteil verschaffen, behauptet eine amerikanische Untersuchung. Die Forscher riskieren viel bei der Erklärung, wie und warum bestimmte Hirnverletzungen unter manchen Umständen einer Person dabei helfen können, über andere oder über ein Unglück zu triumphieren.

Die in der Zeitschrift *Psychological Science* erschienene Studie überträgt die unwiderstehliche pikante Frage in hochtrabendes Fachchinesisch. Die fünf Koautoren unter Führung von Baba Shiv, einem Marketing-Professor der Graduate School of Business an der Stanford University, fragen: »Kann Dysfunktion in neuralen, für Emotionen zuständigen Systemen unter gewissen Umständen zu vorteilhafteren Entscheidungen führen?«

Das Team experimentierte mit Menschen, die Anomalien in bestimmten Hirnregionen aufwiesen – der Amygdala, dem orbitofrontalen Kortex und der rechten Inselrinde bzw. dem somatosensorischen Kortex. Medizinisch können Anomalien in diesen Bereichen anzeigen, dass im Umgang der Person mit Emotionen etwas nicht in Ordnung ist.

Jede hirngeschädigte Person bekam ein Bündel Spielgeld und Anweisungen, bei 20 Runden Münzenwerfen zu setzen (Kopf oder Zahl, mit ein paar einzigartigen Drehungen). Andere Personen ohne solche Hirnverletzungen bekamen den gleichen Geldbetrag und dieselben Spielanweisungen.

Die hirngeschädigten Glücksspieler hatten am Ende ziemlich regelmäßig mehr Geld als ihre Konkurrenten mit gesünderen Gehirnen. Die Forscher vermuten, dass »normale« Zocker, wenn sie eine Reihe von unglücklichen Münzwurfresultaten haben, den Mut verlieren und vorsichtig werden – vielleicht zu vorsichtig. Nicht so die Menschen mit emotionaler Dysfunktion aufgrund der Hirnverletzung. Wenn sie eine Pechsträhne haben, machen sie einfach unverdrossen weiter. Und freuen sich dann über einen relativ schönen Gewinn. Wenigstens manchmal.

Die Studie hält fest, dass diese positive Nebenwirkung gelegentlich sogar ein Menschenleben retten kann. Die Forscher führen den Fall eines Mannes mit einem ventromedialen präfrontalen Schaden an, der unter gefährlichen Straßenverhältnissen Auto fuhr: »Wenn andere Fahrer auf eine vereiste Stelle stoßen, treten sie vor Schreck auf die Bremse, wodurch ihre Fahrzeuge unkontrolliert ins Schleudern geraten, aber der Patient überquerte die vereiste Stelle gelassen, fuhr ruhig weiter, als das Fahrzeug ausbrach, und setzte die Fahrt fort. Der Patient erinnerte sich an die Tatsache, dass nicht zu bremsen das angebrachte Verhalten ist, und seine Angstfreiheit erlaubte ihm, optimal zu agieren.«

Hauptautor Baba Shiv hat einen Blick für unübliche Wege, den bizarren Sumpf zu erforschen, den das menschliche Verhalten darstellt. Manchmal hält er ein Seminar mit dem Titel »Die schräge Wissenschaft des Geistes« ab. 2008 erhielten er und drei Kollegen den Ig-Nobelpreis für den Nachweis, dass teure gefälschte Medikamente wirksamer sind als billige gefälschte Medikamente.

Absätze führen zu Schizophrenie

Verursachen Schuhe Schizophrenie? Jarl Flensmark aus Malmö in Schweden möchte das wissen, und in einem neueren Beitrag in der Zeitschrift *Medical Hypotheses* erklärt er auch, warum.

»Schuhwerk mit Absätzen«, schreibt er, »kam vor mehr als 1000 Jahren in Gebrauch und führte zum Auftreten der ersten Fälle von Schizophrenie ... Die Industrialisierung der Schuhherstellung erhöhte die Verbreitung der Schizophrenie. Die Mechanisierung der Produktion begann in Massachusetts, breitete sich nach England und Deutschland aus und dann in die übrige Welt. Eine bemerkenswerte Zunahme im Auftreten von Schizophrenie folgte dem gleichen Muster.«

Die Geschichte ist beunruhigend, falls sie genau rekonstruiert und wahr ist. Flensmark skizziert die Einzelheiten.

»Die älteste Darstellung eines Stöckelschuhs stammt aus

Mesopotamien, und in diesem Teil der Welt finden wir auch die ersten Einrichtungen, die der Fürsorge bei Geistesstörungen dienten«, schreibt er. »Am Anfang war Schizophrenie anscheinend in den oberen Schichten verbreiteter. Mögliche frühe Opfer waren König Richard II. und Heinrich VI. von England, sein Großvater Karl VI. von Frankreich, seine Mutter Johanna von Bourbon und sein Onkel Ludwig II. von Bourbon, Erik XIV. von Schweden, Johanna von Kastilien [und] ihre Großmutter Isabella von Portugal.« Alle diese Persönlichkeiten trugen entweder nachweislich oder mutmaßlich Schuhe mit Absatz.

Er führt auch Beweise aus anderen Teilen der Welt an – der Türkei, Taiwan, den Balkanländern, Irland, Italien, Ghana, Grönland, der Karibik und anderswo.

»Wahrscheinlich begannen die oberen Schichten früher als die unteren, Schuhwerk mit Absätzen zu tragen«, erklärt Flensmark. Er zitiert dann Studien aus Indien und anderen Ländern, die zu bestätigen scheinen, dass »Schizophrenie zuerst die Oberschicht betrifft«.

Zwischen diesen beiden Beobachtungen – Erhöhung der Absätze und Anstieg belegter Fälle, bei denen es sich um Schizophrenie gehandelt haben mag – vermutet Flensmark eine starke Verbindung. Bescheiden lässt er durchblicken, dass er dies nicht als Erster tut. Im Jahr 1740, schreibt er, »warnte der dänisch-französische Anatom Jakob Winslow vor dem Tragen von Stöckelschuhen, da er in ihnen die Ursache für gewisse Gebrechen sah, die keinen Bezug dazu zu haben scheinen«.

Flensmark fasst die Sache in einer vernichtenden Behauptung zusammen: »Nachdem Stöckelschuhe in einer Bevölkerung eingeführt werden, treten die ersten Fälle von Schizophrenie zu Tage, und dann folgt die Zunahme im Auftreten der

Schizophrenie der Zunahme im Gebrauch von Stöckelschuhen mit einiger Verzögerung.«

»Ich habe«, fährt er fort, »keine dem widersprechenden Daten finden können.«

Damit Kritiker dies nicht als bloße Augenwischerei oder Spiegelfechterei abtun, erklärt Flensmark biomedizinisch, wie das eine vermutlich das andere verursacht: »Beim Gehen steigern synchronisierte Reize von Mechanorezeptoren in den unteren Extremitäten die Aktivität in zerebellothalamokortikozerebellären Schleifen durch ihre Wirkung auf NMDA-Rezeptoren. Die Verwendung von Schuhen mit Absatz führt zu schwächerer Stimulation der Schleifen. Die verminderte Kortexaktivität verändert sich dopaminerg, was die basalen gangliathalamo-kortikal-nigrobasalen Ganglienschleifen mit einbezieht.«

Man könnte schließen, dass das medizinische Establishment Gefallen an Flensmarks Entdeckung findet. Praktisch hat sich niemand zu Wort gemeldet, um sie anzufechten.

Schön, schlau

Why beautiful people are more intelligent

Satoshi Kanazawa[a,*], Jody L. Kovar[b]

[a] *Interdisciplinary Institute of Management, London School of Economics and Political Science, Houghton Street, London WC2A 2AE, UK*
[b] *Department of Sociology, Indiana University of Pennsylvania, USA*

Abstract

Empirical studies demonstrate that individuals perceive physically attractive others to be more intelligent than physically unattractive others. While most researchers dismiss this perception as a "bias" or "stereotype," we contend that individuals have this perception because beautiful people indeed *are* more intelligent. The conclusion

Sind schöne Menschen intelligenter als alle anderen? Satoshi Kanazawa und Jody Kovar glauben das. In ihrer 17-seitigen Untersuchung »Warum schöne Menschen intelligenter sind«, erklären sie rundheraus: »Menschen nehmen äußerlich attraktive Mitmenschen als intelligenter wahr als äußerlich unattraktive. Während die meisten Forscher diese Wahrnehmung als ›Vorurteil‹ oder ›Stereotyp‹ abtun, behaupten wir, dass Menschen diese Wahrnehmung haben, weil schöne Menschen in der Tat intelligenter sind.«

Kanazawa, Dozent für Management und Forschungsmethodik an der London School of Economics and Political Science, ist ein geistreicher Spezialist für Schönheit geworden: Er nannte eine spätere Studie »Schöne Eltern haben mehr Töchter«. Kovar arbeitet an der Indiana University of Pennsylvania.

Beide wenden detektivisches Können und hohen Intellekt auf, um einigen verbreiteten Überzeugungen entgegenzutreten: »Kritiker haben angemerkt, dass die Leute das gegenteilige Stereotyp im Kopf haben, wonach äußerst attraktive Frauen nicht intelligent seien. Wir glauben jedoch nicht, dass ein solches Stereotyp existiert. Wir glauben stattdessen, das Stereotyp ist, dass blonde Frauen und Frauen mit großem Busen nicht intelligent seien, was beides, genau wie das Stereotyp, schöne Frauen seien wiederum intelligent, statistisch wahr sein mag.«

Kanazawa und Kovar behaupten diese Dinge nicht einfach so. Sie begründen sie. Der Umfang ihres Beweismaterials, wenn auch nicht das Beweismaterial an sich, ist überwältigend. Fast alles stammt aus einer großen Zahl von Studien, die von anderen Leuten erstellt wurden. Darunter folgende frühere Entdeckungen:

> ZITAT: Mädchen aus der Mittelschicht ... haben höhere IQs und sind äußerlich attraktiver als Mädchen aus der Arbeiterklasse.

ZITAT: Schönere Kinder und Erwachsene beiderlei Geschlechts weisen eine größere Intelligenz auf, (und somit) ist der Grundsatz »Schönheit ist oberflächlich« ein »Mythos«.

ZITAT: Körperliche Attraktivität hat eine erhebliche positive Auswirkung auf Familieneinkommen, persönliches Einkommen und Bildung.

Doch trotz allem gibt es noch Hoffnung für die äußerlich Nichtssagenden. Kanazawa und Kovar erklären, es bestehe eine gute Möglichkeit, dass jedwede bestimmte Einzelperson kein Idiot sei: »Unsere Behauptung, dass schöne Menschen intelligenter sind, ist rein wissenschaftlich (logisch und empirisch); sie ist keine Vorschrift, wie andere zu behandeln oder zu beurteilen sind ... Gleichzeitig ist unsere Theorie probabilistisch, nicht deterministisch, und das vorhandene Beweismaterial legt nahe, dass die empirische Korrelation zwischen äußerlicher Attraktivität und Intelligenz ... bestenfalls bescheiden ist. Somit wäre jeder Versuch, die Intelligenz und Kompetenz von Menschen aus ihrer äußerlichen Attraktivität zu erschließen, anstatt aus einem standardisierten IQ-Test, höchst ineffizient.«

Ganz am Ende ihres Berichts behaupten die beiden Wissenschaftler, dass schöne Menschen mehr als bloß klug sind. Die Logik der Argumentation und die endgültigen Schlussfolgerungen sind provokativ:

1) Aggressive Männer erreichen mit hoher Wahrscheinlichkeit einen hohen Status und paaren sich mit schönen Frauen;
2) Aggressive Männer bekommen mit hoher Wahrschein-

lichkeit aggressive Kinder, und schöne Frauen bekommen mit hoher Wahrscheinlichkeit schöne Babys.

Rechnen Sie das zusammen, sagen Kanazawa und Kovar, und Sie müssen folgern, dass im Vergleich zu allen anderen »schöne Menschen aggressiver sind« ...

Brain über »Head in Brain«

Russell Brain – auch Lord Brain, Baron Brain of Eynsham – war Herausgeber der Zeitschrift *Brain.* 2011 feierte die Zeitschrift das goldene Jubiläum der Veröffentlichung von Dr. Brains Essay »Henry Head: Ein Mann und seine Ideen«. Head war ein Vorgänger von Brain (dem Mann) als Kopf (soll heißen: Herausgeber) der Zeitschrift (deren Name, ich stelle es noch einmal der Klarheit halber fest, *Brain* ist).

Head leitete *Brain* von 1905 bis 1923. Brain wurde 1954 Leiter und starb 1967 im Amt. Keine anderen Herausgeber in der langen Geschichte der Zeitschrift (sie wurde 1879 gegründet) konnten mit Nachnamen aufwarten, die so fantastisch über ihre Obsession, ihren Beruf und ihren Arbeitsplatz Auskunft gaben. Einer von Dr. Brains letzten Artikeln 1963 hieß »Einige Gedanken über Gehirn [Brain] und Geist«.

Dr. Head schrieb viele Abhandlungen für *Brain,* manche hiervon recht langatmig. Die erste, ein Koloss von 135 Seiten, erschien 1893, lange bevor er Herausgeber wurde. Darin spricht Dr. Head einem Dr. Buzzard besonderen Dank aus und führt Dr. Buzzards Großzügigkeit an, deren Art nicht näher beschrieben wird.

Liest man Dr. Brains Beitrag in *Brain* und anderes Material über Dr. Head, bekommt man den starken Eindruck, dass Head einen großen Kopf hatte und dass dieser mit Wissen vollgestopft war, das mitzuteilen Dr. Head keine Hemmungen hatte. Brain schreibt: »Manche Menschen ... fühlen sich getrieben, anderen Kenntnisse mitzuteilen. Head war einer von ihnen.«

Brain zitiert dann Professor H. M. Turnbull mit den Worten: »Ich hatte das große Glück, als ich damals zum Krankenhaus ging, täglich morgens in der Untergrund-Dampfeisenbahn Dr. Henry Head zu treffen. Er ... unterrichtete mich freundlicherweise während unserer Fahrten über körperliche Anzeichen, sehr zum Ärger unser Mitreisenden; tatsächlich redete er in seinem charakteristischen Eifer so laut, dass auch auf unserem Fußweg vom Bahnhof St. Mary's zum Krankenhaus Leute auf der anderen Seite der breiten Whitechapel Road sich nach uns umdrehten.«

Brain führt aus, dass Head »seine Vorträge mit Verweis auf sich selbst veranschaulichte, indem er die unwillkürlichen Bewegungen oder Körperhaltungen aufgrund einer Nervenkrankheit wiedergab, und ›Henry Head zeigt Gangarten‹ war eine immerwährende Attraktion«.

1904, mit 42 Jahren, heiratete Head eine Schulleiterin, Ruth Mayhew von der Brighton High School für Mädchen. Brain versichert uns, dass sie »mit Blick auf die Intelligenz für ihn eine passende Gefährtin« war.

Bei allem Respekt für Head deutet Brain an, dass sein Vorgänger hirnlastig war: »Er hatte viele Ideen: Er sprudelte vor ihnen über, und vielleicht war er manchmal allzu bereit, sich von ihrer Wahrheit zu überzeugen.«

Haar auf Köpfen mit Hirnen

Henry Head ist nicht der einzige herausragende Kopf in der Wissenschaft. Der Luxuriant Flowing Hair Club for Scientists ist, der Name sagt es, ein Klub für Wissenschaftler mit üppig wallenden Mähnen. LFHCfS, unter welchem Kürzel er seinen Mitgliedern und Bewunderern auf unaussprechliche Art bekannt ist, wurde Anfang 2001 gegründet. Jede und jeder können beitreten, vorausgesetzt, sie oder er ist wissenschaftlich tätig und hat üppiges wallendes Haar. Und ist stolz darauf.

Der »Stolz« ist entscheidend. Der Klub ist nicht für den krankhaft schüchternen, menschenscheuen Wissenschaftler, wie er im Buche steht. Das Haar jedes LFHCfS-Mitglieds ist auf der Homepage des Klubs zu sehen, unter http://www.improbable.com/projects/hair/hair-club-top.html.

LFHCfS wurde von Bewunderern der berühmten lockigen Mähne des Psychologen Steven Pinker gegründet. Pinker, damals Professor am Massachusetts Institute of Technology und heute Leiter des Psychologischen Seminars in Harvard, schrieb sich als erstes Mitglied ein. Er führt den Klub stolz auf seiner akademischen Homepage auf.

Zu den Mitgliedern zählen heute Mathematiker, Astronomen, Linguisten, organische Chemiker, Computerforscher, Immunologen, Genetiker, Physiker, Neurowissenschaftler, drei Schwestern, ein Ehepaar und andere Männer und Frauen der Wissenschaft, beiderlei Geschlechts, aller Haarfarben und vieler Frisuren. Es gibt sogar einen echten Rockstar, den italienischen Chemiker Piero Paravidino, Gitarrist der Heavy-Metal-Band Mesmerize und Koautor des Beitrags »Synthese mittelgroßer N-Heterozyklen durch Ringschlussmetathese der Fischer-Hydrazin-Carbenkomplexe«. Paravidino wurde 2002 LFHCfS-Mann des Jahres, vor seinem LFHCfS- und Rockstar-Kollegen, dem Astronomen Brian May von der Rockband Queen.

Aufruf an Mitglieder

Seit der Gründung von LFHCfS schrieben Wissenschaftler, die einmal langes Haar hatten – aber kein langes Haar mehr haben – den Klub an und fragten, ob sie dennoch irgendwie als Mitglied anerkannt werden könnten. Deshalb wurden die zwei Geschwisterklubs des LFHCfS ins Leben gerufen: der Luxuriant Former Hair Club for Scientists für die ehemals Langhaarigen und der Luxuriant Facial Hair Club for Scientists für die Bärtigen. Die Mitglieder aller drei Klubs haben eine extreme Eigenschaft gemeinsam. Jedes Mitglied hat extrem gutes Haar oder extrem null Haar.

Um sich für eine Mitgliedschaft zu bewerben, schicken Sie bitte per E-Mail:

- Eine Fotografie, die den deutlichen Beweis liefert für (1) üppig wallendes Kopfhaar, (2) üppig wallendes Gesichtshaar oder (3) üppiges ehemaliges Haar.
- Einen aktuellen Lebenslauf, der Ihre Referenzen als Wissenschaftler zusammenfasst.
- Eine prägnante Erklärung Ihrer Qualifikationen, sowohl haarig als auch akademisch.

Sie können jemand anderen als Mitglied vorschlagen unter der Voraussetzung, dass diese Person die relevanten Qualifikationen für eine Mitgliedschaft erfüllt und dass Sie zuvor die begeisterte Zustimmung dieser Person erhalten haben.

Senden Sie alles an marca@improbable.com mit der Betreffzeile: **Luxuriant Hair Club**.

Dr. Alias, Haarmann

Wenn ein behaarter Mann unbedingt wissen möchte, was es bedeutet, so viel Haar zu haben, mag er durchaus auf das Werk von Dr. A. G. Alias stoßen. Ja, so heißt er wirklich.

Alias ist Experte für gewisse Aspekte und Implikationen der Behaartheit von Männern. Er hat sich besonders für haarige

Militärführer, haarige Intellektuelle, drittklassige haarige Boxer und Marlon Brando interessiert. Alias hat folgende Kurzfassung seiner Ansichten geliefert: »Ich bin ziemlich sicher, dass die große Mehrheit der stark behaarten Männer im Vergleich zu den jeweiligen ›viel weniger‹ stark behaarten Männern derselben Rasse und ethnischen Gruppe deutlich intelligenter und/oder gebildeter ist, aber nur von einem statistischen Standpunkt aus betrachtet.«

Männliche Behaartheit erfreut sich einer komplexen und oft unklaren Beziehung zu Intelligenz und Verhalten. Alias, der am Chester Mental Health Center in Chester, Illinois, arbeitet, hat versucht, einige der vielen Feinheiten herauszukitzeln.

Alias erregte Aufmerksamkeit, als er 1996 auf dem 8. Kongress der Vereinigung europäischer Psychiater in London einen Forschungsbeitrag unter dem Titel »Ein statistischer Zusammenhang zwischen großzügig wachsendem Körperhaar und Intelligenz« vorlegte. Er berichtete, dass Behaartheit unter erfolgreichen männlichen Akademikern, Ingenieuren und Medizinern verbreitet sei – und auch unter den Männern, die sich Mensa anschließen, dem internationalen Verein für Hochbegabte.

Dies war nur ein Jahr, nachdem Alias einen Aufsatz mit dem Titel »Spitzenboxer sind weniger behaart als Boxer auf niedrigerem Niveau« veröffentlicht hatte. Darin diskutiert er Athleten – grobknochige, muskulöse Männer. Alias analysierte sorgfältig 380 Zeichnungen in William Sheldons Buch *Atlas of Men*. Daraus wollte er eine allgemeine Erkenntnis ableiten, ob große Kraftprotze viel Körperhaar haben. Anschließend begutachtete Alias sorgfältig Harry Mullens Band *Great Book of Boxing*, in dem »Körperhaar zeigende Bilder von 49 weißen Spitzenboxern im Schwergewicht, von denen 15 Weltmeister wurden, abgedruckt sind«. Alias folgerte, dass in der Regel Champions weniger haarig seien als Nicht-Champions. Er warnt jedoch, dass der Unterschied statistisch nicht signifikant sei.

Alias beschränkte seine Forschung aber nicht auf weiße Faustkämpfer in verstaubten Büchern; er begutachtete auch schwarze Boxer, die im Fernsehen zu sehen waren. Er berichtet, dass »rund 35% der schwarzen Boxer anscheinend behaarter sind als irgendeiner der 16 schwarzen Boxer, die in [dem Buch] *All-Time Greats of Boxing* vorkommen: Johnson, Louis, Walcott, Patterson, Liston, Ali, Frazier, Holmes, Tyson, M. Spinks, Robinson, Hagler, Armstrong, Hearns, Leonard und Saddler. Archie Moore, Ezzard Charles, Mike Weaver, Tony Tubbs, Iran Ian Barkley und Lennox Lewis, bei denen es sich um auffallend behaarte Weltmeister im Schwergewicht handelte, waren eher weniger herausragend.«

Im selben Jahr, 1995, veröffentlichte Alias auch einen Beitrag mit dem Titel »Nichtpathologische Assoziationslockerung bei Marlon Brando: ein Zeichen von Untererregung?«. Biografen des verstorbenen Schauspielers können diesen Beitrag auf unerwartete Einsichten hin ausloten.

Eine unwahrscheinliche Erfindung
»Methode des Verbergens teilweiser Glatzköpfigkeit« aka »Resthaarverwertung«
von Frank J. Smith und Donald J. Smith (US-Patentnummer 4.022.227, Patent 1977 erteilt und 2004 mit dem Ig-Nobelpreis im Bereich Ingenieurwissenschaft/Technik ausgezeichnet)

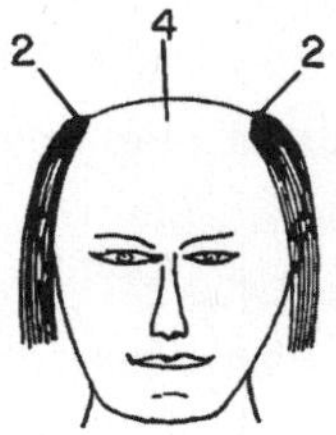

FIG. 1

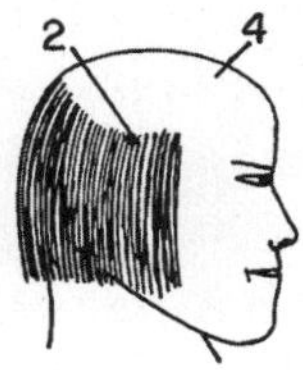

FIG. 2

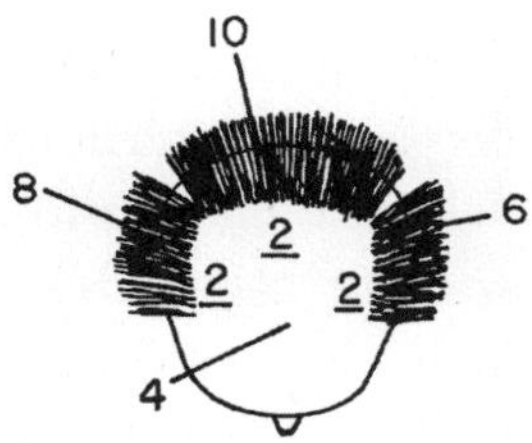

FIG. 3

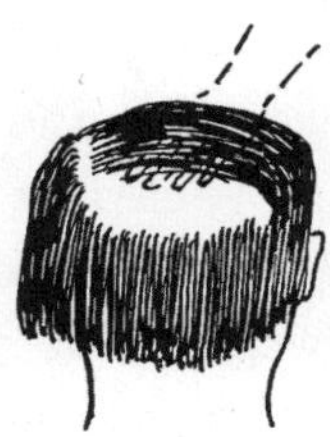

FIG. 5

Ausgewählte Schritte im Rahmen der Resthaarverwertung

Kahl verantwortlich

Sie sind selber schuld, wenn Sie kahl werden oder Ihr Gedächtnis verlieren, oder beides. Das ist die Theorie. Vertreten wird diese von Armando José Yáñez Soler aus Elda Alicante in Spanien. Die Stadt Elda Alicante war bisher am ehesten bekannt als Sitz des Museo del Calzado (Schuh-Museum), aber falls Yáñez' Theorie richtig ist, könnte sein Ruhm den des Museums bald übertreffen.

Yáñez veröffentlichte Details seiner Forschung in der Zeitschrift *Medical Hypotheses.* »Der Mensch hat sich entwickelt, um ein nackter Affe zu werden«, schreibt er, aber »es gibt keinen ersichtlichen Grund, den evolutionären Prozess fortzusetzen, bis er ein kahler Affe wird«. Haarausfall »ist ein degenerativer Prozess, abgeleitet von bestimmten unangemessenen kulturellen Praktiken wie übertriebenem Haareschneiden oder gewissen Arten von Haarschnitten«.

Der Prozess ist nach seiner Ansicht grob verwandt mit dem Einsetzen von Alzheimer. »Es wird allgemein anerkannt«, bemerkt er, »dass der Verlust des Gedächtnisses bei Menschen über 60 Jahren hauptsächlich auf ... gewisse Verhaltensweisen des Individuums zurückzuführen ist.«

Yáñez ist vom Talg fasziniert, dem öligen Sekret, das die winzigen Drüsen in den Hautbereichen produzieren, wo das Haar erzeugt wird. Der Talg fließt um und durch das Haar. Wenn sich diese Schmiere anreichert, sagt Yáñez, folgt eine Kaskade physiologischer Vorgänge, die zu Kahlheit führt.

Kämmen, Bürsten, Berühren oder Massieren der Haare tragen dazu bei, dass der Talg aus der Kopfhaut abfließt. Schlafen mit dem Kopf auf einem guten saugfähigen Kissen saugt ihn auf. Yáñez kommt fast ins Schwärmen, wenn er die Zunahme und das Mäandern des Talgs und die Anziehungskraft von Kissen erklärt.

Kissen sind nur die halbe Miete. Üppiges, wallendes Haar sind die andere Hälfte. Yáñez erklärt, dass Talg sich entlang der ausgedehnten Oberfläche der Haare bewegen kann und so schließlich heraussickert auf ein Kissen oder eine Haarbürste oder eine andere aufnahmefähige, Talg saugende Fläche. Kurzes Haar bringt es irgendwie nicht.

Yáñez sagt, seine Theorie erkläre, warum Kahlheit bei Männern verbreiteter ist als bei Frauen. »Die Natur stattet beide Geschlechter mit der Fähigkeit aus, langes Haar zu haben«, betont er. Und Menschen mit dickem oder lockigem Haar haben eine besonders gute Talgausscheidung. »Dies erklärt, warum bestimmte Ethnien wie Indianer, Rastafaris, Roma etc.

nicht an Haarausfall leiden.« Außerdem »haben viele von Haarausfall betroffene Menschen bemerkt, dass sie während des Wehrdienstes begannen, darunter zu leiden ... Der Unterschied in der Haarlänge ist der Schlüssel. Soldaten, Skinheads und andere tragen das Haar kurz und können deshalb Probleme mit dem Talgfluss herbeiführen.«

Yáñez meint, er sei »sich bewusst, dass diese zum Nachdenken anregende Theorie Anlass [zu] viel Skepsis geben wird«.

Ein Loch im Kopf

Löcher erscheinen recht einfach, bis man sie genau untersucht. Marco Bertamini von der University of Liverpool und Camilla Croucher von der University of Cambridge sahen sich einen besonderen Aspekt genau an. Ihre Studie mit dem Titel »Die Gestalt von Löchern« erschien in der Zeitschrift *Cognition*. Darin schreiben sie: »Wir diskutieren die vielen interessanten Aspekte von Löchern als Untersuchungsgegenstand verschiedener Disziplinen und sagen voraus, dass insbesondere zu ihrer Form weiterhin viele neue Einsichten vom Studium der Löcher kommen werden.«

»Die Gestalt von Löchern« ist ein spezialisierterer Bericht, als der Titel andeutet. Seine zentrale Frage befasst sich damit, wie wir Kanten sehen und verstehen: Gehören die Konturen eines Lochs zum Loch oder zu dem umgebenden Objekt? Psychologen, Philosophen, Künstler und neuerdings auch Computerwissenschaftler haben mit dieser Frage und miteinander fast ein Jahrhundert lang gerungen.

Fast sicher haben Sie mit der Schwarz-Weiß-Zeichnung gespielt, die durch den dänischen Psychologen Edgar Rubin berühmt wurde. Das ist die Zeichnung, bei der Sie entscheiden können, entweder zwei Gesichter oder eine Vase zu sehen – aber nicht beides gleichzeitig. Schauen Sie jetzt noch einmal auf die Zeichnung, indem Sie auf die Grenze zwischen Schwarz und Weiß achten, und Sie werden das Wesen dieser ganzen Frage verstehen.

Bertamini und Croucher ließen Freiwillige Strichzeichnungen betrachten, die besondere Knicke und Krümmungen aufwiesen. Das Ziel: besser zu verstehen, wie wir solche Details nutzen, um besondere Formen wahrzunehmen. Das Ergebnis: Bertamini und Croucher sagen, dass für menschliche Augen die Ränder eines Lochs nicht selbst Teil des Lochs sind.

Es gibt eine reiche und tiefgehende Geschichte von Menschen, die in Löcher blicken. Jeder, so scheint es, ist sich der Seltsamkeit des Unterfangens bewusst. 1970 veröffentlichte das *Australian Journal of Philosophy* einen Artikel, der auf

Anhieb ein Klassiker der Lochforschung wurde. Verfasst von dem Philosophen David Kellogg Lewis von der Princeton University und seiner Frau Stephanie, trägt er den einfachen Titel »Löcher«. Beschrieben wurde »Löcher« als ein »humoriger Dialog, der die ontologische Natur von Löchern erörtere«.

In letzter Zeit erforschten Flip Phillips, J. Farley Norman und Heather Ross Löcher, indem sie zwölf Süßkartoffeln verwendeten. Sie führten ihr Experiment an der Western Kentucky University durch.

Dieses Projekt erforderte eine gründliche Vorbereitung. Das Team warf Silhouetten der Süßkartoffeln auf eine Projektionswand, fotografierte die Silhouetten mit einer Digitalkamera, übertrug die digitalisierten Bilder auf einen Macintosh-Computer und fütterte dann einen Laserdrucker mit den Daten. Das Ergebnis: Papierbogen, die mit Kartoffelsilhouetten bedruckt waren. Die Wissenschaftler rekrutierten dann Freiwillige. Sie baten die Freiwilligen, jede Kartoffelsilhouette auf eine leere Fläche daneben zu kopieren und dabei besonders auf die Vertiefungen und Auswüchse jeder Kartoffelform zu achten. Die Ergebnisse bestätigen eine alte Theorie, wonach Kerben und Noppen eine wichtige Rolle dabei spielen, wie wir Formen erkennen.

In der Theorie stopft dies eine Lücke in unserem Verständnis von Löchern und anderen Formen: An den Rändern sind es die Knicke – nicht die langen, glatten Abschnitte –, die am wichtigsten sind.

Farbvorlieben bei Geisteskranken

Im Sommer 1931 veröffentlichte Siegfried E. Katz vom New York State Psychiatric Institute and Hospital eine Untersuchung in der Zeitschrift *Journal of Abnormal and Social Psy-*

chology mit dem Titel »Farbvorlieben bei Geisteskranken«. Assistiert von Dr. Cheney, testete Katz 134 ins Krankenhaus eingewiesene Geisteskranke, indem er sie nach ihren Lieblingsfarben fragte. Der Einfachheit halber begrenzte er den Test auf sechs Farben: Rot, Orange, Gelb, Grün, Blau und Violett. Kein Schwarz. Kein Weiß. Keine Grautöne.

COLOR PREFERENCE IN THE INSANE *

By S E. KATZ

NEW YORK STATE PSYCHIATRIC INSTITUTE AND HOSPITAL

PROBLEM

THE object of this study was to ascertain some of the factors which influence the preference for certain colors among persons affected with mental diseases. The writer has endeavored to determine: (1) whether certain colors are generally pleasing to the insane, (2) whether noticeable similarities exist between color preference in the insane and in children, (3)

»Diese Farben«, schrieb er, »rechtwinklig in der Form, anderthalb Zoll im Quadrat, ausgeschnitten aus Bradley-Buntpapier, wurden in zwei Reihen auf grauen Karton geklebt. Sie hatten einen Abstand von drei Zoll. Die Farben wurden willkürlich nummeriert, und die Nummer jeder Farbe wurde darübergesetzt. Der Karton wurde dann dem Patienten vorgelegt mit der Bitte, den Finger auf die Nummer der Farbe zu legen, die ihm am besten gefalle. Nachdem er seine Wahl getroffen hatte, wurde er in ähnlicher Weise nach der zweitbesten Farbe gefragt und so weiter.«

Manche Patienten »kooperierten gut« und trafen sechs Entscheidungen. Andere, berichtete Katz, »verloren schnell das Interesse und trafen nur eine, zwei oder drei«.

Blau war die beliebteste Farbe. Männer insgesamt bevorzugten danach Grün, aber die weiblichen Patienten waren aufgeteilt auf Grün, Rot oder Violett als zweite Wahl.

Patienten, die drei oder mehr Jahre im Krankenhaus verbracht hatten, bestanden etwas weniger auf Blau. Katz sagt, dass diese Langzeitgäste »diejenigen mit dem ausgeprägtesten geistigen Verfall« gewesen seien. Ihre Vorliebe verlagerte sich ein wenig nach Grün und Gelb. Diejenigen mit der längsten Verweildauer, allerdings nur eine kleine Zahl, hatte eine leicht erhöhte Neigung zu Orange.

Der Bericht steckt voller Leckerbissen, die, selbst heute, nach weiterer Analyse verlangen:

- Blau war erste Wahl für 38 Prozent der Schizophrenen und Manisch-Depressiven gegenüber 42 Prozent bei anderweitig erkrankten Patienten.
- Grün war erste Wahl für 16 Prozent der Schizophrenen, 9 Prozent der Manisch-Depressiven und 13 Prozent der anderen Patienten.
- Rot war erste Wahl für 16 Prozent der Manisch-Depressiven, 12 Prozent der Schizophrenen und 15 Prozent der anderen Patienten; es war die zweite Wahl für 22 Prozent der Manisch-Depressiven, 18 Prozent der Schizophrenen und 13 Prozent der anderen Patienten.
- Die höchste Quote als Nummer eins erreichten Orange und Gelb unter den Manisch-Depressiven, gefolgt von Grün unter den Schizophrenen und Violett unter den anderen Patienten.

Katz sah praktische Anwendungen für seine Forschung voraus. Er schlug vor, dass »in der Ausstattung der Wohnbereiche die Auswahl von Farben, die besonderen Gruppen von Patienten angenehm sind, eine Überlegung wert sein könnten«.

Ob bewusst oder nicht, das Krankenhauspersonal scheint Dr. Katz' Einsichten in der Gestaltung ihrer eigenen persönlichen Arbeitskleidung gefolgt zu sein. Die sinnträchtig benannten Bragard Medical Uniforms, eine 1933 gegründete New Yorker Firma, veröffentlicht jetzt Listen mit den beliebtesten Uniformfarben. Die Liste wird derzeit angeführt von: Königsblau, gefolgt von Dunkelgrau (das Katz leider aus seiner Umfrage ausschloss), Dunkelgrün und Rot.

Mit besten Empfehlungen
»Ein Experiment bezüglich Traumtelepathie mit den ›Grateful Dead‹« von Stan Krippner, Monte Ullman und Bob Van de Castle (erschienen im *Journal of the American Society of Psychosomatic Dentistry and Medicine*, 1973)

Neurologischer Schaden durch Beten

Wer inbrünstig betet, fordert die Gefahr heraus – die neurologische Gefahr.

Diese nackte Tatsache ist der Öffentlichkeit erst vor Kurzem berichtet worden, und zwar in einer Untersuchung, die von fünf Neurologen der Christian-Albrechts-Universität zu Kiel veröffentlicht wurde. Aber keine Angst – das Risiko für irgendein bestimmtes Individuum ist gering. Im Verlauf der bisherigen Weltgeschichte, versuchen die Ärzte uns zu versichern, ist der von ihnen dokumentierte Fall vermutlich der allererste.

Vielleicht um keine Angst unter den Frommen auszulösen, vielleicht aus Sorge um interkulturelle Spannungen oder vielleicht auch nur aus beruflicher Tradition fassen die Ärzte ihre Geschichte in trockener Medizinersprache ab: »Wir berichten über eine ungewöhnliche Präsentation einer aufgabenspezifischen fokalen oromandibulären Dystonie bei einem 47 Jahre alten Mann türkischer Herkunft. Seine Sprechweise war ausschließlich beeinträchtigt, wenn er islamische

Gebete in arabischer Sprache aufsagte, die er sonst nicht sprach.«

Das Problem – unwillkürliches Zucken der Kiefermuskeln – war seit zwei Jahren aufgetreten. Es kam *nur* vor, wenn der Mann die arabischen Gebete aufsagte, die er seit seiner Kindheit gebetet hatte, niemals sonst. Es geschah unabhängig davon, ob er die Gebete laut und schnell sprach oder sie nur langsam vor sich hin murmelte. Es hörte sofort auf, nachdem er mit dem Beten fertig war. Es geschah nie, wenn er Deutsch oder Türkisch sprach. Eine umfängliche Testreihe zeigte, dass er ansonsten bei guter neurologischer, muskulärer und dentaler Gesundheit war.

Die Ärzte ließen sich einen einfachen, ziemlich wirksamen Trick einfallen: Sie baten den Mann, sich leicht am Kiefer zu berühren. In der Regel unterbricht dies das gruselige Kieferkreisen.

Allgemein wird diese Art von Problem als »fokale Dystonie« bezeichnet. Es ist das unwillkürliche Zucken von Muskeln, die man normalerweise meisterlich kontrolliert. Es tritt ein wenig geheimnisvoll bei einigen außerordentlich unglücklichen Menschen auf, die »eine äußerst stereotype und häufig wiederholte motorische Aufgabe« ausführen. Ebendies passiert beim Schreibkrampf, beim Augenlidzucken, das als Blepharospasmus oder Lidkrampf bekannt ist, und sehr selten bei gewissen spezialisierten Berufen. Die Ärzte haben es bei Pianisten, Schneidern und Fließbandarbeitern festgestellt. Aber nie bei jemandem, dessen wiederholende Tätigkeit nur im Aufsagen von Gebeten besteht.

Die Ärzte, Tihomir Ilic, Monika Pötter, Iris Holler, Günther Deuschl und Jens Volkmann, waren anscheinend überrascht – und möglicherweise ein wenig erfreut. Sie nannten dieses Leiden »gebetsinduzierte oromandibuläre Dystonie«.

Und als sie Krankengeschichten durchforsteten, fanden sie doch noch einen früheren Fall, der wirklich vergleichbar erschien. Er war in England in den frühen 1990er-Jahren belegt. Die Ärzte (N. J. Scolding aus London und vier Kollegen), die mit dem Fall befasst waren, veröffentlichten später einen Bericht. »Ein 33-jähriger rechtshändiger landwirtschaftlicher Auktionator bemerkte erstmals eine Abweichung seines Kiefers nach rechts, die sich während der Versteigerung entwickelte«, schrieben sie. »Weitere Versuche, Auktionen durchzuführen, führten zu einem unvermeidlichen Wiederauftreten seiner Symptome, gewöhnlich nach zwei bis drei Minuten Redezeit, und schließlich war es für ihn notwendig, auf eine Bürostelle zu wechseln.«

Diese Ärzte, ebenso wie später ihre deutschen Berufskollegen, litten an dem unwillkürlichen Zucken des Herzens und des Geistes, das durch den winkenden Finger des Ruhms ausgelöst wird. Sie fabrizierten ein neues Stück Medizinerjargon. So gelangte der Begriff »Auktionatorskiefer« in die medizinische Literatur.

Zwei

Dinge, die wichtig sind

Eine unwahrscheinliche Erfindung
»Kreisförmige Vorrichtung zur Erleichterung des Transports«
aka »das Rad« von John Keogh (Australische Patentnummer 2001100012, Patent erteilt 2001, im selben Jahr Auszeichnung mit dem Ig-Nobelpreis für Technologie)

Dies und mehr finden Sie in diesem Kapitel: Krisenexperiment mittels Schuhen • Grässliche, abschreckende Geräusche machen • Springen und hüpfen • Akustisches Ausloten des Kaumechanismus • Gluckgluckern • OmmmmmmmmOMmmmmmOMmm • Selbstinkrustation mit Bienen und Musik • Fußball auf dem Mars voraussehen • Elementares Schwarz in der Wüste • Laufen mit Waschmaschinen • Ein trägerloses Kleid, forsch

Das große Experiment mit den offenen Schuhbändern

Einzelheiten zu den internationalen Experimenten mit den offenen Schuhbändern des verstorbenen Norbert Elias sind schwierig aufzuspüren. Aber Ingo Mörth hat sie gefunden.

Mörth, Professor an der Johannes Kepler Universität in Linz, Österreich, vermeldete die Nachricht in einem Artikel mit dem Titel »Das Schuhbänder-Krisenexperiment«, erschienen in der Juni-Ausgabe 2007 von *Figurations: Newsletter of the Norbert Elias Foundation:* »Norbert Elias begann eine Reihe von Krisenexperimenten, die ad hoc begannen und in verschiedenen Situationen in Spanien, Frankreich, England, Deutschland und der Schweiz endeten. Er spazierte dabei mit absichtlich offenen und schleifenden Schuhbändern.«

Elias machte eine ansehnliche Karriere als Soziologe, die in den 1930ern in Deutschland begann. Nachdem er als Dozent an der Universität Leicester 1964 in den Ruhestand gegangen war, begab er sich auf Wanderschaft und betrieb als Nebenprodukt seiner Reisen soziologische Forschungen.

In dem spanischen Fischerdorf Torremolinos wurde er 1965 durch kichernde Mädchen darauf aufmerksam gemacht, dass seine linken Schuhbänder »offen waren und schleiften«. Mörth beschreibt den Zauber, der sich daraus ergab: »Indem er die offenen Schuhbänder wieder band, hatte Elias das Gefühl, in die Dorfgemeinschaft einbezogen zu sein – wenigstens für einen Augenblick, und gestützt auf den Gemeinschaftsaspekt der Alltagsrealität in dem Dorf beachteten und billigten die Menschen seine Richtigstellung einer Sache, die einen störenden Anschein erweckt hatte.«

Daraufhin begann Elias mit seinen Experimenten, indem er mit absichtlich offenen Schuhbändern durch Europa wanderte. In England »reagierten meist ältere Herren, indem sie mit mir über die Gefahr zu stolpern und hinzufallen sprachen«. In Deutschland »sahen ältere Männer mich nur etwas verächtlich an, während Frauen direkt reagierten und versuchten, mit der offensichtlichen Unordnung ›aufzuräumen‹, in der Straßenbahn und auch anderswo.«

Der Professor und seine Senkel bereiteten so den »Krisenexperimenten«, wie sie heute heißen, den Weg – obgleich die akademische Welt es weitgehend versäumte, ihn und sie dafür zu feiern. Der amerikanische Soziologe Harold Garfinkel prägte den Begriff und wurde dank der Durchführung mehrerer solcher Aktivitäten berühmt. »Diese Experimente«, erklärt Mörth, »sprengten die selbstverständlichen Annahmen, die Alltagssituationen zugrunde liegen, und erzeugten dadurch Bestürzung und Verlegenheit unter anderen Anwesenden.«

Elias' vielen Fans in der Norbert Elias Foundation und anderswo war bewusst, dass er etwas mit Schuhbändern gemacht hatte, aber weil Elias keine der Form nach akademische Untersuchung veröffentlicht hatte, wussten die meisten nicht, dass sie sehr wohl einen Bericht aus seiner Feder lesen konnten, was er wo und wann gemacht hatte. Dank Mörths Artikel können Wissenschaftler heute erfahren, dass Elias' historischer Bericht 1967 unter dem Titel »Die Geschichte mit den Schuhbändern« im Reiseteil der deutschen Wochenzeitung *Die Zeit* erschien.

Als Mörth die Existenz von Elias' Originalbericht publik machte, stieß er eine Tür auf, durch die Forscher 40 Jahre lang nur einen flüchtigen Blick zu erhaschen glaubten.

Eine unwahrscheinliche Erfindung
»In ein oder mehrere Gesichtsmasken umwandelbares Bekleidungsstück«
aka »Büstenhalter, der in einem Notfall rasch als Schutzmaske genutzt werden kann«; von Elena N. Bodnar, Raphael C. Lee und Sandra Marijan (US-Patentnummer 7.255.627, Patent 2007 erteilt und 2009 mit dem Ig-Nobelpreis im Bereich Gesundheitswesen ausgezeichnet)

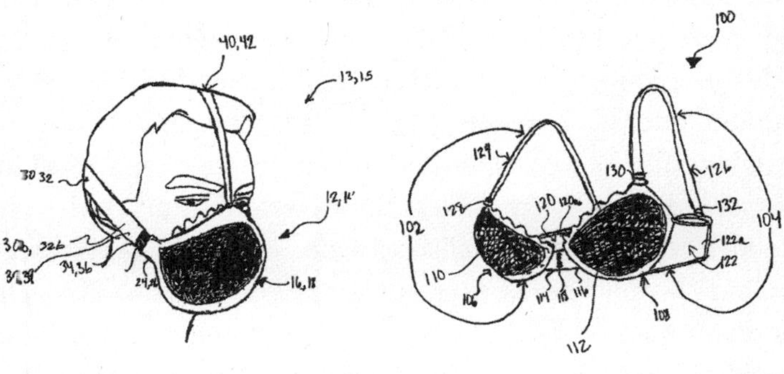

Abschreckende Klänge

Fingernägel auf einer Tafel. Warum läuft einem allein bei dem Satz ein Schauder über den Rücken? Die Frage hat Wissenschaftler seit mindestens 2300 Jahren gequält. Aristoteles erwähnte die Existenz von »harten Klängen«, gab sich aber keine allzu große Mühe, sie zu erklären.

Mitte der 1980er gingen drei Wissenschaftler das Problem direkt an, indem sie Freiwillige einem Angriff von elektronisch erzeugtem Kratzen von Nägeln über eine Tafel aussetzten. D. Lynn Halpern, Randolph Blake und James Hillenbrand von der Northwestern University in Evanston, Illinois, veröffentlichten Einzelheiten in der Zeitschrift *Perception and Psychophysics.* Sie nannten ihre Studie »Psychoakustik eines abschreckenden Klangs«.

Zuerst führten sie einige Tests durch, um festzustellen, wo Nägel-auf-Tafel in der Hierarchie quälender Geräusche einzustufen ist.

Sie stellten eine Gruppe von Freiwilligen zusammen – eine andere als die, die sich später der intensiven zweckbestimmten Beschallung mit dem Klang der Klänge unterziehen würde. Sie lauschten Aufnahmen von 16 verschiedenen mutmaßlich »quälenden« Geräuschen und bewerteten, wie quälend jedes einzelne war. Die Skala reichte von »nicht sehr« (Glockenschläge, rotierende Fahrradreifen und fließendes Wasser) bis »unerträglich«. Klirrende Schlüssel störten einige Leute ein wenig. Dann folgten, zunehmend weniger angenehm, die Geräusche eines Bleistiftspitzers, eines Mixermotors, eines gerückten Stuhls, einer Metallschublade, die aufgezogen wurde, und solche, die vom Kratzen auf Holz, vom Kratzen auf Metall und vom Reiben zweier Stücke Styropor aneinander erzeugt wurden. Aber die Belästigung durch die Fingernägel auf der Tafel übertraf alles.

Nachdem Halpern, Blake und Hillenbrand dies festgestellt hatten, konvertierten sie die Bandaufnahme in ein digitales Signal, sodass sie mit einzelnen hohen und tiefen Tonlagen manipulieren und experimentieren konnten. Der offizielle

Bericht vermerkt die Überzeugung der Forscher, dass das Signal von guter Qualität war. »Für die Autoren und mehrere andere widerstrebende freiwillige Hörer«, schreiben sie, »klang das digitalisierte, gefilterte Signal dem Original sehr ähnlich und ebenso unangenehm.«

Der original aufgenommene Laut vor der Digitalisierung war genau genommen nicht von kratzenden Fingernägeln, sondern von etwas sehr Ähnlichem, wie man aus früheren Experimenten wusste. In einer Fußnote bekennen Halpern, Blake und Hillenbrand, dass »der in dieser Studie verwendete Befehlssatz eine Beschreibung eines dreizinkigen Gartengeräts enthielt, das über eine Schieferfläche gezogen wurde. Praktisch alle Versuchspersonen schauderten, als sie diesen Abschnitt der Anweisungen lasen.«

Die schaudernden Freiwilligen lauschten mehreren verschiedenen, digital manipulierten Versionen des Geräuschs und bewerteten die Widerwärtigkeit jedes einzelnen.

Die Schlussfolgerung der Studie, als genug gekratzt war, ist es wert, zitiert zu werden: »Unsere Ergebnisse beweisen, dass die unangenehme Eigenschaft, die dem Klang eines festen Gegenstands zugeordnet ist, der über eine Schultafel kratzt, durch akustische Energie im mittleren Bereich der für Menschen hörbaren Frequenzen signalisiert wird. Hohe Frequenzen sind entgegen der Vermutung weder notwendig noch ausreichend, um diese unangenehme Assoziation hervorzurufen. Noch unbeantwortet ist jedoch die Frage, *warum* dieses und verwandte Geräusche so grell für das Ohr sind.«

Natürlich ist die Geschichte hier noch nicht zu Ende. 2004 führten Josh McDermott und Marc Hauser von der Harvard University eine Reihe akustischer und psychologischer Experimente durch. Dabei entdeckten sie einen wesentlichen

Unterschied zwischen Harvard-Studenten und Lisztaffen. Harvard-Studenten meiden aktiv Geräusche von Fingernägeln auf Tafeln, wenn sie die Möglichkeit haben, Lisztaffen im Allgemeinen nicht. McDermott und Hauser wagen einige Vermutungen, warum dies so ist – sie schlagen vor, es könnte irgendwie mit unserer Fähigkeit zusammenhängen, Musik zu schätzen oder zu beklagen.

2006 wurde Halpern, Blake und Hillenbrand für ihre abschreckende Forschung der Ig-Nobelpreis auf dem Gebiet der Akustik zuerkannt. Doch das Geheimnis bleibt bestehen und erfüllt fast jeden, der davon hört, mit kaltem Unbehagen.

Hüpfe, springe und komme zu Ergebnissen

Wann springen und hüpfen Heranwachsende und warum? Das sind die Fragen, die Allen W. Burton, Luis Garcia und Clersida Garcia aufwarfen. Ihre Antworten veröffentlichten sie in dem Forschungsbericht »Springen und Hüpfen von Studierenden: Erinnerungen an das Wann und Warum«. Burton von der University of Minnesota und Garcia und Garcia von der Northern Illinois University schreiben, »der Zweck dieser Untersuchung war, die Gründe zu vergleichen, warum Heranwachsende springen und hüpfen, und wann sie zum letzten Mal sprangen und hüpften«.

Die Forscher sammelten Daten von 266 Studentinnen und 426 Studenten. Jeder dieser Heranwachsenden bekam zwei Fragen zum Springen und zwei zum Hüpfen gestellt:

1) Wie lang ist es ungefähr her, dass Sie zum letzten Mal spontan sprangen?
2) Warum sprangen Sie? In anderen Worten, was löste Ihr Springverhalten aus?

3) Wie lang ist es ungefähr her, dass Sie zum letzten Mal spontan hüpften?
4) Warum hüpften Sie? In anderen Worten, was löste Ihr Hüpfverhalten aus?

Gestützt auf die Ergebnisse dieser Umfrage schließen Burton, Garcia und Garcia, dass Hüpfen und Springen nicht das Gleiche sind. Nicht für Studierende. Wenigstens nicht, was das Wann und Warum betrifft. Wenigstens nicht ganz und gar. Ihr Bericht erklärt es detailliert.

Die besten Antworten von Männern und Frauen auf die Frage: »Wann sind Sie das letzte Mal spontan gesprungen/gehüpft?« Plus Gesamtergebnis mit Blick auf 24 Antworten hinsichtlich der jeweiligen Gefühlslage

Warum	**Springen**		**Hüpfen**	
	Frauen *n:* 266	Männer *n:* 426	Frauen *n:* 266	Männer *n:* 426
Weiß nicht, ohne Grund, keine Ahnung	3.4	12.9	8.3	19.9
Nie, erinnere mich nicht, wann, übersprungene Frage	3.0	4.5	9.4	4.1
Bei Übungen, beim Sport, bei Verpflichtung (in der Regel nicht spontan)	2.3	5.9	2.6	5.0
Allgemein beim Spielen (nicht »Herumspielen«), einfache Spiele (z. B. Fangen, Sackhüpfen)	6.4	4.5	6.8	6.2
Beim Hindernisseüberwinden	0.4		1.5	5.5
Beim Himmel-und-Hölle-Spiel, Hüpfen über Quadrate, Markierungen, Muster aus dem Untergrund	0.4		9.4	5.0

Warum	Springen		Hüpfen	
	Frauen n: 266	Männer n: 426	Frauen n: 266	Männer n: 426
Bei der Ausübung eines bestimmten Sports oder einer bestimmten Fähigkeit	0.8		0.8	7.4
Aus Spaß, Blödsinn, beim Herumalbern, als Witz, zur Erheiterung, um jemanden in Verlegenheit zu bringen	6.4		1.1	1.0
Glücklich, unbeschwert, in guter Stimmung, froh, leichtfertig gewesen	18.0		3.8	2.6
Aus einer dummen, verrückten, idiotischen, seltsamen, komischen, verspielten Laune heraus	11.3		3.0	2.4
Gesamtergebnis (24 Kategorien)	57.1	51.3	24.1	19.2

Das ist die Geschichte über das Wann und Warum des Hüpfens und Springens. Aber wie steht es um das Wie?

Claire Farley, Reinhard Blickhan, Jacqueline Saito und Richard Taylor von der Harvard University veröffentlichten einen gehaltvollen sechsseitigen Bericht über ihre Experimente mit der »Hüpffrequenz bei Menschen«. Zwei junge Frauen und zwei junge Männer hüpften, jeweils für sich, auf einem Laufband. Das Laufband lief sozusagen in unterschiedlichen Geschwindigkeiten. Es stellte sich heraus, dass jede Person eine bevorzugte Hüpffrequenz hatte, bei der sie (in gewisser Hinsicht) am stärksten einem auf eine Feder geleimten Stein ähnelte.

Das gilt für das Hüpfen auf zwei Füßen. Das Hüpfen auf einem Fuß ist eine völlig andere Sache. Oder hat zumindest das Potenzial, eine ganz andere Sache zu sein. Dieses Potenzial wurde in einer Forschungsarbeit von G. P. Austin, G. E. Garrett und D. Tiberio an der Sacred Heart University in Fairfield, Connecticut, erkundet. Im Juni 2002 sprangen sie in die öffentliche Arena mit einem Bericht mit dem Titel »Wirkung zusätzlicher Masse auf einfüßiges Hüpfen beim Menschen«. Sechs Monate später kreuzten sie wieder auf mit »Wirkung der Frequenz auf einfüßiges Hüpfen beim Menschen«. Im nächsten Jahr hüpften sie erneut ins Blickfeld mit »Wirkung zusätzlicher Masse auf einfüßiges Hüpfen beim Menschen bei drei Frequenzen«.

Sind sie ihren Fachkollegen nun einen Sprung voraus? Wie weit wird ihr ehrgeiziges Forschungsprogramm sie noch bringen? Wir werden sehen.

Klingt köstlich

Kann eine Maschine nur nach dem Geräusch identifizieren, was Sie kauen? Ja, wenn Sie in einem Labor in Zürich oder Hall in Tirol sind und wenn Sie Kartoffelchips, Äpfel, gemischten Salat, Pasta oder gekochten Reis kauen.

Oliver Amft, Mathias Stäger und Gerhard Tröster von der Eidgenössischen Technischen Hochschule sowie Paul Lukowicz von der Universität für Gesundheitswissenschaften, Medizinische Informatik und Technik (UMIT) beschreiben ihre Arbeit prägnant: »Verwendung tragbarer Mikrofone, um Kaugeräusche (Mastikationsgeräusche genannt) aus dem Mund des Nutzers festzustellen und zu klassifizieren.« Aber, erklären sie, das sei nur Stufe 1 ihres Traums. Es ist ein ungewöhnlicher Traum: eine computergestützte Maschine zu bauen, »die genau und 100 % verlässlich die Art und Menge jeglicher Nahrung bestimmt, die der Nutzer verzehrt hat«.

Nichts an Stufe 1 ist leicht. Die Wissenschaftler listen drei verschiedene Methoden auf, die eine Maschine anwenden könnte, um zu versuchen, jemandes Nahrungsaufnahme automatisch zu erspüren.

a) Feststellen und Analysieren von Kaugeräuschen,
b) Verwendung von Elektroden, die am Halsansatz (z. B. in einem Kragen) angebracht sind, um das Schlucken des Nahrungsbreis festzustellen und zu analysieren,
c) Verwendung von Bewegungssensoren an den Händen, um auf die Nahrungsaufnahme bezogene Bewegungen festzustellen.

Amft, Stäger, Tröster und Lukowicz wählten Option (a). Sie allein schien im Bereich der ihnen heute zugänglichen Technik zu liegen.

Ihr Bericht ist für Spezialisten geschrieben, enthält aber Köstlichkeiten für jedermann. Am besten gefällt mir das Diagramm mit dem Titel »Kaugeräusch- und Sprachaufnahme in einem Raum mit Hintergrundmusik«, das die Geräuschintensität während einer Spanne von einer Minute darstellt. Die vier Segmente des Diagramms sind mit »Essen von Salat«, »Nutzer spricht«, »Essen von Pasta« und »Musik läuft« bezeichnet.

Hier sind einige Dinge, die die Wissenschaftler nach eigener Aussage erfuhren, indem sie ihre Maschine eine Gesamtzahl von 650 »Kausequenzen«, die von vier gesunden Kauern erzeugt wurden, analysieren ließen:

- Ein Kaugeräuschsignal guter Qualität kann erzielt werden, indem man ein Mikrofon in den Gehörgang einsetzt.
- Kaugeräusche können von einem Signal, das eine Mischung aus Sprechen, Stille und Kauen enthält, unterschieden werden.

- Hört man eine Sequenz von Kaugeräuschen, ist es möglich, die Anfänge der einzelnen Kauakte zu identifizieren.
- Eine kaugeräuschgestützte Unterscheidung zwischen sehr unterschiedlichen Speisearten – den oben erwähnten – ist mit mehr als achtzigprozentiger Genauigkeit möglich.

Dies alles baut auf jahrzehntelanger Arbeit auf, die 1963 mit der Untersuchung »Nahrungszerkleinerungsgeräusche: Eine einführende Studie« des Wissenschaftlers B. K. Drake am Schwedischen Institut für Lebensmittelkonservierungsforschung begann.

Die Untersuchung der Kaugeräusche ist ein sehr spezialisiertes Gebiet. (Zu einem extremen Beispiel siehe auch »Knackige Geräusche«.) Das Gebiet erhielt anscheinend 1966 einen Namen, als der britische Zahnarzt D. M. Watt einen Beitrag mit dem Titel »Gnathoakustik: Eine Studie von Geräuschen, die vom Kaumechanismus erzeugt werden« veröffentlichte.

Amft, Stäger, Tröster und Lukowicz sind stolz auf ihre Leistung in der Kaugeräuschanalyse. Aber eingedenk der technischen Grenzen streben sie an, ihre Ziele einfach zu halten. In ihren Worten: »Das System braucht nicht voll automatisiert zu sein, um brauchbare Ergebnisse zu liefern ... es ist völlig ausreichend, wenn es am Ende des Tages den Nutzer zum Beispiel an Folgendes erinnern kann: ›Zu Mittag hatten Sie etwas Feuchtes und Knackiges (könnte ein Salat gewesen sein) und irgendein Zeug mit weicher Textur (Spaghetti oder Kartoffeln)‹, und ihn bittet, die Details einzutragen.«

Einschenkgesetze

On the glug-glug of ideal bottles

By CHRISTOPHE CLANET AND GEOFFREY SEARBY
Institut de Recherche sur les Phénomènes Hors Equilibre,

We present an experimental study of the emptying of an ideal vertical bottle under gravity g. The idealization reduces the bottle to a cylinder of diameter D_0, length L, closed at the top and open at the bottom through a circular thin-walled hole of diameter d, on the axis of the cylinder. The study is performed in the low-viscosity limit. The oscillatory emptying of the 'bottle' is referred to as the glug-glug, and is

Wenn Physikprofessoren zur Flasche greifen, können sie hartnäckig sein. Nehmen Sie Christophe Clanet und Geoffrey Searby, die einen sehr verdichteten, vierzehnseitigen Bericht mit dem Titel »Über das Gluck-Gluck idealer Flaschen« schrieben, der im *Journal of Fluid Mechanics* erschien. Wie ein großer Teil der Literatur, die in den vergangenen zwei Jahrhunderten von Europa ausging, feiert diese Studie, was geschieht, wenn Flüssigkeit aus einem Behältnis gegossen wird.

Die beiden Flaschenleerungsexperten arbeiten am Institut de Recherche sur les Phénomènes Hors Equilibre in Marseille. Beide Männer sind von Luftblasen und Bewegung fasziniert. Searby leitet ein französisch-deutsches Komitee, das zu Raketentriebwerksverbrennung forscht, während Clanet führend auf dem physikalischen Nebengebiet geworden ist, Steine über Teiche hüpfen zu lassen.

»Gluck-Gluck« ist heute vor allem dank Clanet und Searby ein Fachbegriff. Sie erprobten ihn 1997 auf einer Physikerkonferenz, wo sie einen Vortrag mit dem schlichten Titel »Über das Gluck-Gluck der Flasche« hielten. Ihre einleitenden Worte waren wohlerwogen: »Wir untersuchen experimentell das Leeren eines vertikalen Zylinders vom Durchmesser D und der Länge L.« Die Publikumsreaktion veranlasste

Clanet und Searby, ihre Erforschung der Gluck-Glucks fortzusetzen. Sie vertieften sich in die theoretischen Aspekte ebenso wie in die empirischen.

Ihre nachfolgende Abhandlung beginnt mit einem dramatischen Satz: »Ein Abbild des Lebens ist eine Rückkehr zum thermodynamischen Gleichgewicht des Todes über die Schwingungen unseres Herzschlags.« Mit einer geschwinden literarischen Pirouette beschreiben sie dann das »lautmalerische Gluck-Gluck« einer sich leerenden Flasche. »Dieses schwingende Verhalten«, erinnern sie uns, »beginnt an der Öffnung und setzt sich fort, bis die Flasche leer ist.«

Das scheinbare Gewicht der Flasche ruckt nach oben und etwas weniger nach unten, rauf, runter, rauf, runter, bis die Flüssigkeit weg ist. Clanet und Searby erstellten ein Diagramm dieses Verhaltens, eine visuelle Form des Gluck-Gluck, das manche Wissenschaftler genauso entzückend finden wie das Geräusch.

Das Experiment erforderte Newton'sche Flüssigkeit, einen Behälter, zwei Ventile, eine Pumpe, einen Drucksensor, eine Kamera und einen Laserstrahl. Es baute auf der wegbereitenden Arbeit zum Sprudelverhalten aus den späten 1940ern von Geoffrey Taylor von der University of Cambridge auf. Taylors Luftblasen inspirierten eine unregelmäßige Reihe von Experimenten im Flaschenleeren, die in der Gluck-Gluck-Arbeit von Clanet und Searby gipfelten.

Die Früchte des Experiments sind süß. Durch akribische Arbeit verdeutlichten Clanet und Searby das Grundgesetz des Gluck-Gluck: Die Zeit, die zum Leeren einer Flasche nötig ist, hängt vom Durchmesser der Flasche und auch vom Durchmesser des Lochs ab.

Natürlich ist dies das Gesetz für eine ideale Flaschenform – eher eine Dose als die geliebte Coca-Cola-Flasche oder eine andere skurrile Form. Selbst bei einer Coladose bleibt jedoch die offene Frage der laschenförmigen Öffnung. Clanet und Searby verwendeten einen Zylinder mit einem kreisrunden Loch. Ob und wie stark eine andere Lochform das Gluck-Gluck beeinflusst, ist fast selbstverständlich Stoff für weitere Forschung.

Die repetierende Physik des Om

Zwei indische Wissenschaftler wenden komplexe Mathematik an, um den traditionellen meditativen Gesangslaut »Om« zu sezieren und zu analysieren. Das Om-Team hat sechs Artikel in akademischen Zeitschriften veröffentlicht. Diese loten gewisse akustische Feinheiten des Om aus, das die Forscher als den »göttlichen Klang« bezeichnen.

Om hat viele Variationen. In einer im *International Journal of Computer Science and Network Security* veröffentlichten Studie erklären die Forscher: »Es kann sehr schnell sein, mehrere Zyklen pro Sekunde. Oder es kann langsamer sein, mehrere Sekunden für jedes Durchlaufen des Om-Mantra. Oder es könnte extrem langsam werden, wobei der Mmmmmm ...-Laut sich im Geist über viel längere Perioden fortsetzt, aber dennoch in diesem langsamen Tempo pulsiert. Es ist so ähnlich wie eine dieser Vibrationen:

OMmmOMmmOMmm ...
OMmmmmOMmmmmOMmmmm ...
OMmmmmmmmOMmmmmmmmOMmm«

Der wichtige technische Fakt ist, dass es ungeachtet der Form des Om, das man in gleich welchem Tempo singt, immer eine grundlegende Om-heit hat.

Ajay Anil Gurjar und Siddharth A. Ladhake veröffentlichten 2008 ihre erste Om-Abhandlung unter dem Titel »Zeitfrequenzanalyse des Gesangs des göttlichen Sanskrit-Klanges ›OM‹«. Ladhake ist der Rektor des Sipna College of Engineering and Technology in Amravati, Indien. Gurjar ist Assistenzprofessor am Fachbereich für Elektronik und Telekommunikation am selben College. Beide sind Spezialisten für elektronische Signalverarbeitung. Heute konzentrieren sie sich vor allem auf die Analyse dieses sehr besonderen Signals.

In ihrer einführenden Abhandlung erklären Gurjar und Ladhake (für den Fall, dass jemand die Grundlagen nicht kennt): »Om ist ein spirituelles Mantra, herausragend geeignet, Frieden und Ruhe herbeizuführen. Der ganze seelische Druck und weltliche Gedanken werden durch das Singen des Om-Mantras weggenommen.«

Analysis Of Acoustic of "OM" Chant To Study It's Effect on Nervous System

Ajay Anil Gurjar , Siddharth A. Ladhake, Ajay P. Thakare
Sipna's College of Engineering & Technology, Amravati (Maharashtra), India

Summary
OM does not have a translation. Therefore, the Hindus consider it as the very name of the Absolute, it is body of sound. In the scriptures of ancient India, the OM is considered as the most powerful of all the mantras. The others are considered aspects of the OM, and the OM is the matrix of all other mantras. It has been recognized that the Mantras have beneficial effects on human beings and even plants. The syllable OM is quite familiar to a Hindu. It occurs in every prayer. Invocation to most gods begins with this syllable. OM is also pronounced as AUM. The syllable OM is not specific to Indian culture. It has religious significance in other religions also. Although OM is not given any specific definition and is considered to be a cosmic sound, a primordial sound, the totality of all sounds etc.

personally in tune. The use of this mantra can be profound. At first, it is best to use the mantra gently and for short periods of time. The insights from the OM mantra can be significant, and it is good to integrate the insights gradually with daily life.

2. Om Mantra and Methods of Practice

It is proposed by Swami Jnaneshvara Bharti that there are many rhythms in the body and mind, both gross and subtle. The sound of OM, rising and falling, at whatever

Niemand hat bisher die biophysikalischen Prozesse erklärt, die diesem Herbeiführen von Ruhe und Wegnehmen der Gedanken zugrunde liegen. Gurjars und Ladhakes Zeitfrequenzanalyse ist ein winziger Schritt auf dem bislang wenig begangenen Seitenweg des Pfades der Erleuchtung.

Sie wenden ein mathematisches Werkzeug namens Wavelet-Transformation auf eine digitale Aufnahme einer Person an, die »Om« singt. Selbst Leute ohne mathematischen Hintergrund können bis zu einem gewissen Grad das blau-weiße Diagramm verstehen, das der Arbeit beigefügt ist. Dieses Diagramm, sagen die Autoren, »stellt das Singen des ›Om‹ durch eine gewöhnliche Person nach einigen Tagen des Singens dar.« Das Bild sieht aus wie ein Stapel fast identischer, ein wenig schiefer Pfannkuchen, die von einem Bratspieß zusammengehalten werden, wobei der ganze Stapel seitlich auf einem Tisch liegt. Schaut man es an, sieht man, wenn nichts anderes, Wiederholung.

Am Ende schreiben Gurjar und Ladhake: »Unsere Aufmerksamkeit und Konzentration werden uns durch die Vorgänge gestohlen, die in jüngster Zeit um uns herum in der Welt stattfinden ... Durch diese Analyse konnten wir folgern, dass Festigkeit im Geist durch das Singen von Om erreicht wird, somit beweist es, dass der Geist ruhig ist, und bedeutet Friede für den Menschen.«

Ebenso wie Menschen den Klang »Om« immer wieder singen, wiederholen Gurjar und Ladhake viele Analyseergebnisse in ihren anderen fünf Studien, wobei es ihnen gelingt, jedes Mal an einer ein wenig anderen mathematisch-akustischen Spitzfindigkeit herumzukratzen.

Summen in der Tonart der Biene

Norman E. Gary ist der selten anzutreffende Akademiker, der Klarinette spielt, während er mit lebendigen Bienen bedeckt ist, und dies oft in der Öffentlichkeit tut.

Als emeritierter Professor für Landwirtschaft an der University of California (Davis) spielt Gary auch Dixieland-Musik in einem aus Menschen bestehenden Ensemble mit dem

Namen Beez Kneez Jazz Band. Für die Gigs mit Bienenkruste tritt er im Allgemeinen solo auf – er allein mit seinem Instrument.

Hollywood hat Garys Talente im Bienengerangel und gelegentlich seine schauspielerischen Fähigkeiten, allerdings selten seine Klarinette, in mehr als einem Dutzend Filmen genutzt, darunter: *Akte X, Grüne Tomaten, Die Invasion der Bienenmädchen* und *Candyman 2 – Die Blutrache.*

Zu Garys wissenschaftlichen Aktivitäten zählt die Beschäftigung mit der Vibration, einem generellen physikalischen Phänomen, von dem die Musik nur ein Teil ist. Er hat Bienen in der Mikrowelle erhitzt. Er hat auch einen der (den meisten Menschen) weniger bekannten Laute analysiert, den Bienen erzeugen. Details erschienen in einer 1984 mit dem Kollegen S. S. Schneider im *Journal of Agricultural Research* veröffentlichten Arbeit. Sie gaben ihrem Artikel den Titel »›Schnattern‹: Ein Geräusch, das von Arbeitsbienen nach Einwirkung von Kohlendioxid erzeugt wird«.

Gary hat Bienen mit dem Staubsauger abgesaugt. Er hat es auch leichter und effektiver für andere gemacht, die die Insekten absaugen möchten oder müssen, indem er mit seinem Kollegen Kenneth Lorenzen einen zweckmäßigen Bienensauger erfunden hat. Die Formulierung ihres Patents könnte mit ein wenig Arbeit in summbare Musik umgesetzt werden: »Durch die Bedienung des Mechanismus in der beschriebenen Weise werden die Bienen an den gegenüberliegenden Seiten eines Kamms und schließlich einer Vielzahl von Kämmen und Rahmen durch einen begleitenden Saug- und Bürstenbetrieb von dort entfernt.«

Der Professor hat über 100 akademische Beiträge veröffentlicht, viele davon über Bienen. In einem der frühesten, »Der Fall Utter vs. Utter«, blickte er liebevoll auf einen Rechtsfall zurück, der 1901 in Goshen, New York, entschieden wurde und in dem zwei Brüder aus einer Familie namens Utter auftraten.

Die beiden Brüder waren sich in vielen Dingen uneins. Hier war die Frage: Fraßen die dem einen Bruder, der Imker war, zugeordneten Bienen die Pfirsiche, die auf Bäumen des anderen Bruders wuchsen, der Obstgärtner war? Der vielleicht unterhaltsamste Bericht erschien kurz nach dem Prozess im *Rocky Mountain Bee Journal.* Der anonyme Autor schreibt: »Es war amüsant zu sehen, wie der Kläger versuchte, die Bienen nachzuahmen, als er im Zeugenstand den Kopf hin und her wiegte, die Beine streckte und mit den Armen flatterte. Seine Bewegungen waren so völlig lächerlich, dass jeder im Gerichtssaal, einschließlich der Geschworenen, lachte, und zwar herzlich.«

Das Gericht entschied gegen jenen Utter und für den anderen. Dies begründete einen rechtlichen Präzedenzfall, der günstig für wandernde Bienen war. Er inspirierte auch fast 60 Jahre später den jungen Norman Gary, als er seine über 60-jährige Karriere des Studiums und der Zusammenarbeit mit den winzigen, Honig produzierenden Musikern begann.

Vakuumreise

Die Fahrt zwischen London und Edinburgh wäre viel schneller, hätte die London and Edinburgh Vacuum Tunnel Company ein atemberaubendes Werk neuer Technik bauen dürfen und können, damals, als Land billig war und alles möglich schien. Die Ausgabe des *Mechanics Register* vom 29. Januar 1825 stellt den Plan im Detail vor: »Die London and Edinburgh Vacuum Tunnel Company soll mit einem Kapital von 20 Millionen Sterling, aufgeteilt in 200 000 Anteile zu je 100 Pfund, zu dem Zweck begründet werden, einen Tunnel oder eine Röhre aus Metall zwischen Edinburgh und London zu bauen, um Güter und Passagiere zwischen diesen beiden und anderen davon berührten Städten zu befördern.«

Der Plan ist einfach. Es gibt zwei lange Tunnelröhren nebeneinander, eine reserviert für Reisen Richtung Norden nach Edinburgh, die andere für den Verkehr Richtung London. Heizkessel im Abstand von jeweils zwei Meilen (3,2 km) entlang der ungefähr 390 Meilen (627 km) langen Röhre liefern Dampf, der dank findiger Ingenieurskunst ein Vakuum erzeugt.

Zur Abfahrtszeit wird die Vakuumdichtung am Abfahrtsende geöffnet, direkt hinter dem Zug. Dank dem Druckunterschied wird der Zug somit direkt in die Tunnelröhre getrieben.

Um den Druck während der ganzen Fahrt aufrechtzuerhalten und eine undurchlässige Dichtung hinter dem Zug zu gewährleisten, gibt es eine »sehr starke luftdichte Schiebetür, die auf mehreren kleinen zylindrischen Rollen läuft, um die Reibung zu verringern«. Die einströmende Luft schiebt die geschmeidig gleitende Tür an. Diese flitzende, auf Rollen gleitende Tür schiebt wiederum die aneinandergereihten Zugwagen vorwärts, vorwärts, schneller und schneller in die luftleere Tunnelröhre.

Diese Wagen befördern nur Fracht. Menschen betreten die Röhre, die, bei vier Fuß (1,20 m) Höhe, für die meisten Menschen zu niedrig ist, nie.

Passagiere fahren stattdessen in herkömmlichen Eisenbahnwagen auf Schienen, die über der Tunnelröhre angebracht sind. Diese Personenwagen sind durch starke Magneten mit den Güterwagen verbunden. Während der Güterzug durch die Tunnelröhre rast, zieht sein Magnetfeld den Personenzug in sicherlich schneller und aufregender Fahrt mit. Die Beschleunigung ist derart, dass der Zug »insgesamt in den ersten fünf Minuten seiner Fahrt »480 Meilen 4448 Fuß (773,8 km)« zurücklegt.

Dies wäre ein beachtlicher Vorteil gegenüber dem normalen Potenzial der damaligen Eisenbahn gewesen. Eine Nachricht in derselben Ausgabe des *Mechanics Register* räumt ein: »Die Nutzung von [herkömmlichen] Dampfwaggons für die Personenbeförderung ist vollkommen begründet, und wir haben wenig Zweifel, dass die Beförderung von Gütern im Tempo von sieben oder acht Meilen in der Stunde bald ebenso leicht bewerkstelligt wird.«

Der Bericht der London and Edinburgh Vacuum Tunnel Company wird von einer kleinen Meldung begleitet: »Das obige *Jeu d'Esprit* erschien in einer kürzlichen Nummer des *Edinburgh Star*, und da es gut geeignet ist, einige der absurden und der Öffentlichkeit jetzt vorliegenden Pläne zur Investition von Geld lächerlich zu machen, rücken wir es jetzt in das *Register* ein.«

Dennoch bauten in folgenden Jahrzehnten Ingenieure in Irland, Amerika und Großbritannien tatsächlich kurze Strecken für pneumatische Eisenbahnen zur Personenbeförderung. Keine davon überbrückte indes große Entfernungen oder bestand länger als einige Jahre. Isambard Kingdom Brunel, der Konstrukteur von Englands ersten großen Bahnlinien (und Planer der Paddington Station in London), baute rund 20 Meilen einer pneumatischen Eisenbahn zwischen Exeter und Newton, bevor er das Projekt als untauglich aufgab.

Mit besten Empfehlungen
»Auswirkungen horizontaler Ganzkörpervibration auf das Lesen« von Michael J. Griffin und R. A. Hayward (erschienen in *Applied Ergonomics*, 1994)

Die globale Natur des Fußballs variiert wegen nüchterner Unterschiede in Luftdruck, Temperatur und anderen physikalischen Bedingungen messbar von Stadt zu Stadt. Aber diese Unterschiede sind gering, vergleicht man sie mit jenen, die in einer Studie der University of Leicester mit dem Titel »Fußball auf dem Mars« beschrieben werden.

Calum James Meredith, David Boulderstone und Simon Clapton veröffentlichten die Analyse in dem von der Universität herausgegebenen *Journal of Physics Special Topics,* das Themen aufgreift, die selten den Weg in besser bekannte physikalische Zeitschriften finden. Die Zeitschrift wird von und für Studenten herausgegeben, was sie ein wenig merkwürdig macht. Der Merkwürdigkeitsquotient steigt mit dem Wissen, dass der derzeitige Leiter des Fachbereichs für Physik und Astronomie an der University of Leicester Professor Lester ist.

»Fußball auf dem Mars« berechnet methodisch die veränderten Grundlagen des Spiels auf dem roten Planeten. »Es wäre möglich, das Spiel in einer vertrauten, aber leicht abgewandelten Form beizubehalten«, sagen die Autoren.

Auf der Oberfläche des Mars sind die Anziehungskraft und der Luftdruck geringer, als wir es gewohnt sind. Der Ball würde auf seinem Weg von Fuß zu Fuß zu Kopf zu Fuß zum Tor auf beträchtlich weniger Widerstand treffen. Bei manch einem Kick würde er ungefähr viermal so weit fliegen wie auf der Erde. Diese beeindruckenden Entfernungen gehen mit direkten Kosten einher: »Das Unvermögen, den Ball wegen eines Mangels an Luftwiderstand ›anzuschneiden‹, dürfte das mit Fußball verbundene Können reduzieren.«

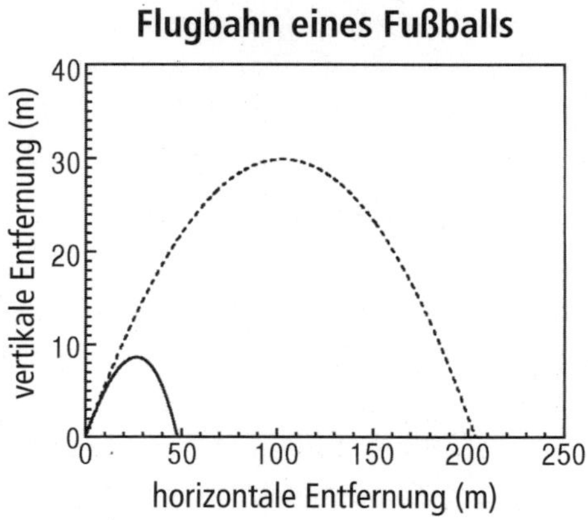

Höhe vs. Entfernung für Fußbälle, die auf der Erde (durchgezogene Linie) bzw. auf dem Mars (gestrichelte Linie) gekickt wurden

In derselben Nummer der Zeitschrift findet man weitere Arbeiten des Teams Meredith, Boulderstone und Clapton. Zwei davon erwägen eine Lösung für das dringlichste Umweltproblem unserer Zeit.

In »Keiner mag es heiß« beschreibt das Trio eine Methode, »um dazu beizutragen, die globale Erwärmung zu bekämpfen, indem man die Erde weiter von der Sonne abrückt, um ihre Oberflächentemperatur zu senken«. Ein Begleitartikel, »Keiner mag es heiß II«, untersucht, ob dieser Kraftakt »angesichts der herkömmlichen Raketentechnik möglich wäre«. Sie folgern, dass die Menge an Treibstoff, die benötigt würde, um das Manöver durchzuführen, »in der Größenordnung nur geringfügig kleiner ist als die Masse der Erde. Die Zahl der Raketen wird wegen der Art des Verhältnisses zwischen den beiden Werten nur einen kleinen Unterschied ausmachen.«

Warum tragen Beduinen schwarze Gewänder in heißen Wüsten? Die Frage machte vier Wissenschaftler – allesamt Nicht-Beduinen – so neugierig, dass sie ein Experiment durchführten. Ihre Untersuchung mit dem Titel »Warum tragen Beduinen schwarze Gewänder in heißen Wüsten?« erschien 1980 in der Zeitschrift *Nature*.

»Es erscheint wahrscheinlich«, schrieben die Wissenschaftler, »dass die gegenwärtigen Bewohner des Sinai, die Beduinen, ihre Lösungen für das Überleben in der Wüste während ihres langen Aufenthalts in dieser Wüste optimiert haben dürften. Doch darf man Zweifel haben bei der ersten Begegnung mit Beduinen, die schwarze Gewänder tragen und schwarze Ziegen hüten. Wir haben deshalb untersucht, ob schwarze Kleidung den Beduinen hilft, die solare Hitzebelastung in einer heißen Wüste zu minimieren.«

Das Forschungsteam – C. Richard Taylor und Virginia Finch von der Harvard University und Amiram Shkolnik und Arieh Borut von der Universität Tel Aviv – entdeckte schnell, dass schwarze Kleidung, wie Sie vielleicht vermuten, mehr Hitze nach innen weiterleitet als weiße Kleidung. Aber sie bezweifelten, dass das die ganze Geschichte war.

Sie fanden Inspiration und Orientierungshilfe in einem Bericht von 1969 über Rinder. John Hutchinson und Graham Brown vom Ian Clunies Ross Animal Research Laboratory in Prospect, New South Wales, Australien, arbeiteten mit friesischen Milchkühen. Das australische Team entdeckte, dass Licht und Hitze in weißes Viehhaar tiefer eindringen als in schwarzes. Die Rettung für Rinder ist, dass selbst ein winziger Lufthauch die zusätzliche Hitze sofort wegbläst.

Doch Rinder sind keine Menschen. Wie steht es also um einen Mann (oder eine Frau)?

Taylor, Finch, Shkolnik und Borut maßen den Gewinn und Verlust an Gesamthitze, den ein tapferer Freiwilliger erfuhr.

Sie beschrieben den Freiwilligen als einen »Mann, der mit dem Gesicht zur Sonne um Mittag in der Wüste stand, während er Folgendes trug: (1) ein schwarzes Beduinengewand, (2) ein ähnliches Gewand, das weiß war, (3) eine hellbraune Uniform und (4) Shorts (d. h. er war halb nackt)«.

Jede dieser Testsitzungen (in Schwarz, in Weiß, in Uniforn und halb nackt) dauerte 30 Minuten. Es war heiß dort in der Wüste Negev am Fuß des Grabenbruchs zwischen dem Toten Meer und dem Golf von Elath. Der Freiwillige stand in Temperaturen, die von gerade mal halb schwülen 35 Grad Celsius bis zu charakterbildenden 46 Grad reichten. Obwohl er heute namenlos ist, war dies sein Tag in der Sonne.

Die Ergebnisse waren klar. Der Bericht drückt es so aus: »Die Menge an Hitze, die ein der heißen Wüste ausgesetzter Beduine aufnimmt, ist die gleiche, ob er schwarze oder weiße Kleidung trägt. Die zusätzliche, von der schwarzen Kleidung absorbierte Hitze ging verloren, bevor sie die Haut erreichte.«

Beduinengewänder, merkten die Wissenschaftler an, werden lose getragen. Innen geschieht die Kühlung durch Konvektion – entweder durch eine Blasebalgwirkung, während das Gewand im Wind weht, oder durch eine Art Kamineffekt, wenn die Luft zwischen Gewand und Haut aufsteigt.

Somit wurde abschließend bewiesen, dass zumindest für Beduinenkleidung Schwarz so cool ist wie jede andere Farbe.

Fähigkeit der Nase

»Was ist die Klimatisierungsfähigkeit der menschlichen Nase?« Platzen Sie mit dieser Frage heraus, wenn Sie das nächste Mal auf einer Party sind, wo alle anderen HLK-Ingenieure sind.

HLK-Ingenieure sind auf Heizung, Lüftung und Klimatechnik spezialisiert. Aber als Gruppe sind HLK-Ingenieure überraschend unwissend, was die Klimatisierungsfähigkeit ihrer eigenen Nasen angeht.

Ihre Frage könnte die Ingenieure in doppelte Aufregung versetzen: Zuerst messen sie gegenseitig die Dimensionen, Temperaturen und Dampfkonzentrationen der Nasenhöhlen, dann wetteifern sie in Berechnungen, Berechnungen, Berechnungen, bis die Party zu Ende ist.

Sie könnten ihnen die Mühe ersparen. Erzählen Sie ihnen von einem Bericht mit dem Titel »Die Klimatisierungsfähigkeit der menschlichen Nase«, der in den *Annals of Biomedical Engineering* erschien. Dort verraten Sara Naftali und ihre Kollegen von der Universität Tel Aviv, wie sie die Frage unter Verwendung dreier künstlicher Nasen angingen.

Keine dieser künstlichen Nasen ist eine solche, die eine Mutter gern an ihrem Kind angebracht sehen würde. Die erste, welche die Wissenschaftler als »nasenartig« bezeichnen, würde wie sonst was aussehen, wenn man sie jemandem ins Gesicht montierte. Dieses ungehobelte Produkt einer Maschinenwerkstatt hat eine innere Luftführungsanlage, die »gemittelten Daten der menschlichen Nasenhöhle« entspricht. Eine spätere Version wird wenig ansprechend als »nasenartig mit Ventil« bezeichnet.

Die dritte künstliche Nase ist eine mechanisch detaillierte Nachbildung der Nase einer konkreten Person, mit vielen gewundenen, höckrigen Eigenarten. Weil diese Nase – wie die meisten Nasen – alles andere als Durchschnitt ist, verwendeten die Wissenschaftler sie hauptsächlich in einer Art »Realitätstest«, um sie mit der Leistung der »nasenartigen« Nase und der »nasenartigen mit Ventil« zu vergleichen.

Das folgende künstliche Schnaufen und Keuchen lehrte sie

zwei Dinge. Erstens benehmen sich nasenartige Nasen realistisch genug, als dass Wissenschaftler nicht zu viele unangenehme Experimente unter Verwendung von echten Nasen echter Personen durchführen müssen. Und zweitens scheint die grundlegende Luftführungsanlage ungefähr 90 Prozent der Klimatisierungsbedürfnisse einer Person zu bewältigen – sie liefert Luft von brauchbarer Temperatur und Feuchtigkeit an die Lunge, gleich wie kalt, heiß, feucht oder trocken die Atmosphäre zufällig ist.

J. exp. Biol. ***194***, *329–339 (1994)*
Printed in Great Britain © The Company of Biologists Limited 1994
329

THE COOLING POWER OF THE PIGEON HEAD

ROBERT ST-LAURENT AND JACQUES LAROCHELLE*
Département de biologie, Université Laval, Québec, Canada G1K 7P4

Sollten Sie nun zufällig einem der sehr wenigen zu Partys gehenden HLK-Ingenieure vorgestellt werden, der die Klimatisierungsfähigkeit der menschlichen Nase doch kennt, seien Sie nicht verzagt. Sie können dennoch ein gutes Gespräch anregen. Fragen Sie einfach: Was ist die kühlende Kraft des Taubenkopfes?

Über Jahre stritten Vogelkundler darüber, wie ihre Lieblingstiere es schaffen, sich vor Überhitzung zu schützen. Vor über einem Jahrzehnt schrieben Robert St. Laurent und Jacques Larochelle von der Université Laval in Quebec, Kanada, »Die kühlende Kraft des Taubenkopfs«. Sie beschreiben, wie sie elektronische Temperaturfühler über die hinteren Ausführungsöffnungen in die Eingeweide mehrerer Vögel einführten, dann den Vögeln eine Ganzkörperverpackung verpassten und sie dann in einen Windkanal steckten.

Sie entdeckten, dass es gegen Überhitzung ausreicht, wenn

sie einfach den Schnabel öffnen, ohne einen Laut zu machen. Es bleibt anderen überlassen festzustellen, ob dies für Partygäste im Gespräch ebenso gilt wie für Vögel im Flug.

Verkehrsdelikte

Historisch betrachtet neigten europäische Waschmaschinen dazu, durch einen Raum zu wandern, während es amerikanische nicht taten. Warum, erklärten Daniel Conrad und Werner Soedel in einer Untersuchung mit dem Titel »Zum Problem der Schwingungswanderung automatischer Waschmaschinen«. Conrad und Soedel von der School of Mechanical Engineering an der Purdue University in West Lafayette, Indiana, veröffentlichten ihre Arbeit 1995 im *Journal of Sound and Vibration.* Bei Autoritätspersonen fand ihre Erklärung Anerkennung wegen ihres Potenzials, die Jugend zu inspirieren.

Die Furcht vor wandernden Maschinen passte in die heutige Zeit. Spüren konnte man sie in dem japanischen Science-Fiction-Film *Mechanical Violator Hakaider* von 1995. Der Kritiker Jason Buchanan beschrieb später, was geschieht, sobald die Titelfigur, ein Robotermensch, auf das Land losgelassen wird: »Sobald Hakaider sich auf den Pfad der Zerstörung begibt, kann man wenig tun, um ihn davon abzuhalten, ganz Jesus Town zu vernichten.«

Waschmaschinen jener Zeit enthielten manchmal furchtbare Dinge. Der Kriminalfilm *Vortice mortale* (deutscher Titel: *Die Waschmaschine*) von 1993 stellte filmisch einen zerstückelten Mann in einem italienischen Gerät dar.

Conrad und Soedel mieden das Sensationelle, indem sie sich auf die technischen Grundlagen beschränkten. »Das Problem des Wanderns bei automatischen Waschmaschinen gewinnt immer mehr an Interesse für Haushaltsgerätehersteller«, schrieben sie. »Der gegenwärtige Trend geht zu leichten Plastik- und Verbundkomponenten. Die Reduktion an Masse, die mit diesen Veränderungen beim Material verbunden sind, erhöht die Möglichkeit, dass eine Waschmaschine wandern wird.«

Bei Waschmaschinen ist der Hang zu watscheln die logische Folge einer bestimmten Designwahl. Während standhafte amerikanische Maschinen ihre schmutzige Wäsche um eine vertikale Achse drehten, ließen europäische Konstruktionen die innere Maschinerie typischerweise horizontal herumwirbeln.

Conrad und Soedel sahen darin einen mechanischen und geschäftlichen Patzer. Sie schrieben: »Die Waschmaschine mit horizontaler Achse hat von Natur aus Unwuchtprobleme, die mit der Konstruktion verknüpft sind. Diese Unwucht kann typischerweise eine Kraft von mehr als 19 Kilonewton während des Schleudergangs erzeugen.«

Vier Jahre nach Erscheinen von »Zum Problem der Schwingungswanderung automatischer Waschmaschinen« verwendeten zwei Offiziere der amerikanischen Militärakademie in West Point, New York, den Artikel als Grundlage für ihre Abhandlung »Grundlegender Vibrationsplan, auf den sich junge Ingenieure beziehen können: Die Waschmaschine«.

Oberstleutnant Wayne Whiteman und Oberst Kip Nygren betonten, dass »praktisch jeder Campus Waschküchen mit Waschmaschinen für Studenten hat. Die meisten Studenten sind deshalb mit den unerwünschten Vibrationen vertraut, die auftreten, wenn eine Unwucht der Wäsche während des Schleudergangs zunimmt.«

Junge Ingenieure erschauern bei schlechten Schwingungen. Darauf eingehend, umrissen Whiteman und Nygren mit

Begriffen, die bei ihren Zuhörern Anklang finden sollten, die Geschichte, wie man Schwingungswanderung verhütet. Diese Begriffe sind lyrisch, falls Sie ein bestimmter Typ von Ingenieur sind, und vielleicht wird sie jemand in einem Hip-Hop-Hit verwenden: Masse der gesamten Maschine; Masse des inneren Gehäuses und der rotierenden Trommel; Masse der unsymmetrischen Wäsche; Koeffizient der statischen Reibung mit dem Boden; radiale Distanz zur unsymmetrischen Wäsche; Schleudergeschwindigkeit; Aufhängefederkonstante; Aufhängungsdämpfungsgrad.

Die Drohung des Robo-Toasters

Was für ein Roboter wird als Erster auftauchen und uns zerschmettern? Eine Studie mit dem Titel »Experimentelle Sicherheitsanalyse eines modernen Automobils« empfiehlt, den Familienwagen im Auge zu behalten.

Verfasst von Karl Koscher und einem Team von zehn weiteren Forschern von der University of Washington und der University of California, San Diego, wurde die Abhandlung auf dem Symposium über Sicherheit und Datenschutz des IEEE (Institute of Electrical and Electronics Engineering) 2010 in Berkeley, Kalifornien, vorgestellt.

Im Unterschied zu den anspruchslosen Kisten der Vergangenheit, betont der Beitrag, »ist das Automobil von heute kein rein mechanisches Gerät mehr, sondern enthält eine Vielzahl von Computern«.

Diese besitzen Kräfte, um Gutes für uns Menschen zu tun wie auch Schlechtes. Schon übernehmen in manchen Fällen die Mikrochip-Horden still und segensreich die Kontrolle des Fahrers. Die Luxuslimousine Lexus LS460 kann sich selbst automatisch längs einparken. Viele Autos von General Motors werden bald haben, was die Studie »Integration mit Twitter« nennt. Andere Fähigkeiten warten gleich um die Ecke.

Das Ziel des Teams war es, diese unbestreitbaren Vorteile zu ignorieren und zu untersuchen, wie schwierig es wäre, Ärger loszutreten.

Indem sie sich auf das Hier und Heute beschränken (»Wir befassen uns ausschließlich mit den Schwachstellen bei heute im Handel erhältlichen Automobilen«), berichten sie in berufsbedingt langweiligem Stil – schließlich sind sie Ingenieure –, wie sie eine experimentelle Terrorherrschaft errichtet haben. »Wir haben die Fähigkeit vorgeführt, ein breites Spektrum von Komponenten systematisch zu kontrollieren, darunter Motor, Bremsen, Heizung und Kühlung, Beleuchtung, Armaturenbrett, Radio, Schlösser und so weiter. Diese kombinierend, konnten wir Angriffe starten, die potenziell erhebliche Gefahren für die persönliche Sicherheit darstellen. Zum Beispiel konnten wir gewaltsam und vollständig die Bremsen während der Fahrt auskuppeln, was es für den Fahrer schwierig macht, anzuhalten. Umgekehrt konnten wir gewaltsam die Bremsen aktivieren, wodurch der Fahrer nach vorn geworfen wurde und das Auto plötzlich anhielt.«

Sie spielten auch andere Arten von gefährlichen Tricks mit größter Leichtigkeit durch. Auf ihren Befehl spritzten beschleunigende Autos unaufhörlich Scheibenwaschwasser, ließen den Kofferraumdeckel aufspringen, hupten und hatten, in einem makabren Sinn, eine aufregende Zeit.

Die Studie konzentriert sich auf Autos. Aber indirekt sieht sie den Tag voraus, an dem Toaster oder Teekannen sich gegen uns wenden oder gegen uns gewendet werden könnten. Um diese Frage gibt es ein Rätsel, wenn auch nicht viel Furcht existiert, teils weil es über die Bedrohung durch Haushaltsgeräte, die gekapert werden könnten, wenig öffentlich zugängliche Forschungen gibt. 1996 schrieben Sicherheitsexperten, die zum Teil bei der RAND Corporation beschäftigt waren, einen Bericht unter dem Titel: »Datenterrorismus: Können Sie Ihrem Toaster trauen?« Sie empfehlen, (1) jede Menge »Datenkrieger« anzuheuern, warnen aber, dass (2) Exekutivorgane sich manchmal kleinlich streiten und so (3) »Datenterroristen in der Zeit, die es braucht, um zu debattieren, wessen Aufgabe es ist zu reagieren«, Schaden zufügen können. Alltagsnäher schuf Austin Houldsworth die vielleicht gefährlichste Teekanne der Welt und die schnellste. Houldsworth verrät, wie sie funktioniert: »Die Heizstäbe im Kessel enthalten Thermit, das ... mit 2500 Grad brennt.« (Sehen Sie sie im Einsatz auf http://vimeo.com/5043742.)

Trägerlos stabil

Charles Seim ist Projektingenieur bei der Planung der Gibraltar-Brücke, der skurrilerweise vorgeschlagenen megagigantischen Konstruktion, die Spanien und Marokko verbinden und eine Distanz von acht Kilometern überspannen würde. Er bereitete die riskante Aufgabe früh in seiner beruflichen Laufbahn in einem Bericht mit dem Titel »Festigkeitsberechnung eines trägerlosen Abendkleids« vor.

»Effektiv, wie es das trägerlose Abendkleid in der Erregung von Aufmerksamkeit ist«, schrieb Seim 1956, »stellt es gewaltige technische Probleme für den Baustatiker dar. Er steht vor dem Problem, ein Kleid zu entwerfen, das jeden Moment zu fallen scheint und tatsächlich doch mit einem kleinen Sicherheitsfaktor oben bleibt.«

Die Studie enthält zwei technische Zeichnungen. Die erste ist eine Vorderansicht eines Frauentorsos, der ein schulterfreies Kleid trägt. Sie wird in natura, wenn nicht in allen Details, jedem vertraut sein, der auf irgendeinem Niveau Physik studiert hat. Seims Prosa gestaltet die Feinheiten aus. Hier eine typische Passage: »Wenn ein kleiner elementarer Stoffstreifen von einem trägerlosen Kleid als freier Körper im Bereich der Ebene A in Abb. 1 isoliert wird, kann man sehen, dass die tangentiale Kraft F1 durch die gleiche und entgegengesetzte tangentiale Kraft F2 ausgeglichen wird. Die nach unten wirkende vertikale Kraft W (Gewicht des Kleids) wird durch die Kraft V, die vertikal aufwärts wirkt infolge der Spannung im Stoff über Ebene A ausgeglichen. Da die algebraische Summierung der vertikalen und horizontalen Kräfte null ist und keine Momente wirken, ist der elementare Streifen im Gleichgewicht.«

Abbildung 2 bietet eine detaillierte Seitenansicht des Busens. Seim verwendet sie, um die Art von einschüchternder technischer Herausforderung zu illustrieren, die gute Ingenieure reizvoll finden. Seine Prosa bringt Lebendigkeit in die sparsame Zeichenkunst und einfache mathematische Notation. Auf diese Weise führt er die Hauptschwierigkeit ein, die von der oberen Fläche der Brust aufgeworfen wird. »Enthüllung und entsprechend mehr Aufmerksamkeit ist zu haben, indem man die Kante des Kleids von a nach b verrückt. Leider gibt es eine Grenzspannung, definiert durch S = F/2A (wobei A der Bereich ist, über dem die Spannung wirkt). Da F/2 konstant ist, muss die Tragspannung zunehmen, wenn der Bereich verkleinert wird. Die Grenze der Enthüllung ist erreicht, wenn der Bereich zwischen b und c auf einen Wert des ›Gefahrenpunkts‹ reduziert wird.«

Über die vergangenen 50 Jahre hat Charles Seims Konzept eines technischen Gefahrenpunkts viele Menschen inspiriert, das Drama zu sehen, das in der Analyse von Spannung, Kompression, Festigkeit und Belastung steckt. 1992 inspirierte es die Jazzharfenistin und Sängerin Deborah Henson-Conant zu einer Hommage in Form einer fünfsätzigen Orchesterkomposition mit dem Titel *Stress Analysis of a Strapless Evening Gown.* Henson-Conant führt dieses technische Juwel regelmäßig mit Symphonieorchestern auf. Jedes Mal trägt sie ein ausgereiftes schulterfreies Abendkleid, das sie liebt. Ihre Hoffnung ist, es oben zu halten.

Spechtklopfanalyse

Während andere versuchten, einen besseren Computer oder eine bessere Teekanne oder Mausefalle zu bauen, versuchten Julian F. V. Vincent, Mehmet Necip Sahinkaya und W. O'Shea vom Fachbereich Maschinenbau an der University of Bath, einen besseren Hammer zu kreieren. Anders als frühere Hammerschmiede studierten sie Spechte. Warum? Weil ein Specht für Maschinenbauer, wenn sie in einer bestimmten Geistesverfassung sind, die schönste Version der Natur von einem Hammer ist.

Das Trio veröffentlichte »Ein Spechthammer« in einer akademischen Zeitschrift mit dem sperrigen Namen *Proceedings of the Institution of Mechanical Engineers, Part C, Journal of Mechanical Engineering Science.*

Hier beginnen sie mit einem Hinweis auf die Forschung von Dr. Ivan Schwab von der University of California-Davis School of Medicine, Gewinner des Ig-Nobelpreises, der 2002 eine Arbeit verfasste, die erklärt, warum Spechte keine Kopfschmerzen bekommen. Schwab war von den mechanischen Eigenschaften des Spechtkopfes fasziniert – vor allem vom Umstand, dass sein Gehirn bei dem ganzen Getrommel nicht homogenisiert und seine Augen nicht aus ihren Höhlen springen. Die Wissenschaftler aus Bath wählen einen eher ganzheitlichen Ansatz. Sie erforschen, wie der gesamte Körper des

Vogels vom Kopf bis zu den Zehen, Federn eingeschlossen, effektiv als simples mechanisches Werkzeug für das Hämmern von Holz funktioniert.

Vincent, Sahinkaya und O'Shea untersuchten einen Grünspecht (*Picus viridis*), der sich im Endstadium eines als »Verkehrstod« bekannten Zustands befand. Sie vermaßen die Überreste mit altmodischen Methoden und auch Röntgenausrüstung und ermittelten so die Werte für mehrere Parameter: Kopfmasse, Körpermasse und die relative Länge der Teile. Mit diesen und unter Zuhilfenahme eines Videos von einem hämmernden Specht ähnlicher Größe schätzten die Wissenschaftler die Kopfträgheit des Vogels, die Körperträgheit, Nackensteifigkeit, Nackendämpfung und Körperfedersteife. Sie schrieben Gleichungen zur Beschreibung der Bewegungen eines Spechts, während er alle Phasen des Trommeln-auf-Holz-Zyklus durchläuft. Um die Mathematik einigermaßen einfach zu halten, gab es einige technische Vereinfachungen: Die Wirbel und Nackensehnen des Spechts zusammen verhalten sich wie eine Feder. Der Baum ist im Wesentlichen eine starre Feder mit einem Dämpfer.

Die Studie verkündet ein angestrebtes Ergebnis aus dieser Forschung: »Einer der Gründe für die Untersuchung des Spechts war, einen Entwurf für einen Leichthammer abzuleiten. Es wurde argumentiert, dass der Specht ein Vogel ist, deshalb fliegen muss und daher so leicht wie möglich konstruiert ist. Der Mechanismus, der sich als Ergebnis des hier begutachteten Modells entwickelt hat – Impulsübertragung vom Körper auf den Kopf des Spechts –, ist für den Entwurf eines neuartigen Hammers verwendet worden, [in dem eine] rotierende Kurbel durch eine Stange mit dem Gehäuse verbunden ist, sodass der Motor plus seiner Aufhängung um einen zentralen Bolzen schwingt.«

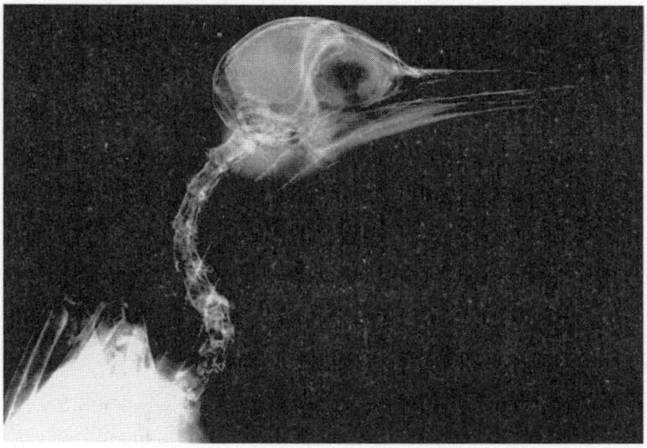

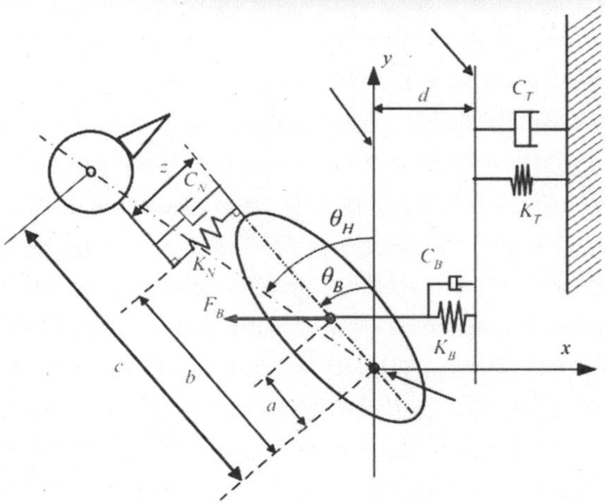

Röntgenaufnahme eines von einem Auto überfahrenen Grünspechts (oben); Schema eines Spechts bei der Arbeit (unten)

Vincent, Sahinkaya und O'Shea sagen, ihre ursprüngliche Absicht sei gewesen, diesen Hammer in der Raumforschung zu verwenden, »wo es keine Nettoträgheit gibt, bis er in Kontakt mit einem Gegenstand tritt«. Aber zum ersten Einsatz, bekennen sie, wird er wahrscheinlich in der Zahnmedizin kommen.

Katzen mögen schleichen und Katzen mögen fallen – aber gleich, was sie tun, müssen Katzen den Gesetzen der Physik gehorchen. Wissenschaftler haben wiederholt herauszufinden versucht, wie sie das hinbekommen.

Physiker analysierten, was im Extremfall mit einer fallen gelassenen Katze passiert. Das ist eine Katze im freien Fall, eine Katze, die der Erde entgegenrast mit nichts als Katzenschläue, um sich vor dem Aufprall zu retten.

1969 veröffentlichten T. R. Kane und M. P. Scher von der Stanford University ihre Studie »Eine dynamische Erklärung des Phänomens der fallenden Katze«. Es blieb eine der wenigen Untersuchungen über Katzen, die bislang im *International Journal of Solids and Structures* erschienen. Kane und Scher erklären: »Es ist wohlbekannt, dass fallende Katzen gewöhnlich auf ihren Füßen landen und dass sie dies auch schaffen, selbst wenn sie aus völliger Ruhe kopfüber losgelassen werden ... zahlreiche Versuche sind unternommen worden, um ein relativ einfaches mechanisches System zu entdecken, dessen Bewegung, wenn es im Einklang mit den Gesetzen der Dynamik steht, den hervorstechenden Merkmalen der Bewegung einer fallenden Katze entspricht. Der vorliegende Beitrag stellt einen solchen Versuch dar.«

Und was für ein Versuch ist das!

Kane und Scher hoben keine einzige Katze hoch, um sie fallen zu lassen. Vielmehr schufen sie die mathematische Abstraktion einer Katze: zwei imaginäre Zylinderstücke, an einem einzigen Punkt verbunden, sodass die Teile sich (wie ein Katzenrückgrat) biegen, aber nicht verdrehen konnten. Als sie mit einem Computer die theoretischen Verbiegungen dieser theoretischen fallenden Brockenkatze aufzeichneten, ähnelten die Bewegungen dem, was sie auf alten Fotos von einer tatsächlich fallenden Katze sahen. Sie schlussfolgerten, dass ihre Theorie »das zur Diskussion stehende Phänomen erklärt«.

1993 wandte ein Professor an der University of California, Santa Cruz, einige leistungsfähigere mathematische und physikalische Werkzeuge im Dienst der Beantwortung derselben Frage an. Richard Montgomerys Studie mit dem Titel »Eichtheorie der fallenden Katze« springt und biegt sich über 26 Seiten einer mathematischen Zeitschrift. Dann murmelt sie, dass »die originalen Lösungen von Kane und Scher sowohl die optimalen als auch die einfachsten Lösungen [sind]«.

Aber Katzen fallen selten vom Himmel. Häufiger schleichen sie. Auf dem Boden. Und schleichende Katzen sind genauso provozierend für einen physikalisch interessierten Wissenschaftler wie Katzen im Sturzflug.

2008 veröffentlichte Kristin Bishop von der University of California, Davis, zusammen mit Anita Pai und Daniel Schmitt von der Duke University in North Carolina einen Bericht mit dem Titel »Ganzkörpermechanik des schleichenden Gehens bei Katzen«.

Sie studierten sechs Katzen, von denen drei »teilweise rasiert und mit giftfreier Kontrastfarbe markiert waren, um die kinematische Analyse zu unterstützen«. Sie entdeckten »eine bisher unerkannte mechanische Beziehung« zwischen »Kauerstellungen«, »Schrittmustern« und der Menge der notwendigen Energie, um diese Schrittmuster in Kauerstellung zu erzeugen.

Katzen, die beabsichtigen zu schleichen, sind nach Ansicht von Bishop, Pai und Schmitt eingeengt durch die Gesetze des physischen Universums. Sie müssen »einen Kompromiss zwischen schleichendem Gehen«, das viel Energie verbraucht, und dem schlichten alten kraftsparenden Katzengang eingehen.

Drei
Hunde, Kühe, Katzen und so weiter

In Kürze
»Die Kuh mit Pickeln im Gesicht«
von Walter J. Pories (erschienen in *Current Surgery*, 2001)

Dies und mehr finden Sie in diesem Kapitel: Eine Kuh in den Vierzigern erschrecken • Die Haushühner motivieren • Ansteckend oder nicht ansteckend gähnen mit Schildkröten • Hinlegen und aufstehen, hinlegen und aufstehen und muhen • Fisch auf Fisch und Fisch auf Bäumen folgen • Mit oder ohne einen Klipsch Heresy Lautsprecher in 200 Metern Entfernung im Dschungel brüllen • Mist für Hunde, Brötchen für Kätzchen • Eidechsen vom Himmel sammeln • Statt Delfinen nackte russische Schwimmer abschleppen und zeigen • Makakenerbrechen

Viehdiebstahl

Was kann man mit einer Katze, einer Kuh und einer Papiertüte lernen? Das ist keine akademische Frage. Milchkühe zu züchten kann intellektuell anspruchsvoll sein, und obendrein ist es schwere körperliche Arbeit. Jeder Milchbauer weiß das, wenn es auch für eine kleine Zahl Milch schlürfender, Käse mampfender Städter neu sein mag.

Fordyce Ely und W. E. Petersen wollten verstehen, warum manche Kühe viel Milch geben und andere weniger. Das war in den frühen 1940ern: Ein großer Teil der Welt befand sich im Krieg, was erklären mag, warum Elys und Petersens Bericht mit dem Titel »Am Ausstoß von Milch beteiligte Faktoren« nur einen kleinen Spritzer verursachte, als er 1941 im *Journal of Dairy Science* erschien. Ely arbeitete bei der Kentucky Agricultural Experiment Station und Petersen an einem ähnlichen Institut in Minnesota. Zusammen schrieben sie Geschichte, indem sie die oben genannten Teile verwendeten – eine Katze, eine Kuh und eine Papiertüte.

Ely und Petersen machten sich auf, um ein quälendes Dilemma anzugehen. »Kühe, die ihre Milch gewohnheitsmäßig ›einschießen lassen‹ oder ›zurückhalten‹, kommen in allen Herden vor. Um die beteiligten physiologischen Prozesse zu erklären, sind mehrere Theorien vorgelegt worden, aber jede hat sich in mancher Hinsicht als fehlerhaft erwiesen.«

Auf der Suche nach der Wahrheit führten sie ein Experiment durch. Die Einzelheiten befassen sich mit komplexen Aspekten des Nervensystems in seiner Beziehung zur Physiologie von Kuheutern, aber ich will mich hier nur auf einen Aspekt konzentrieren. Hier ist die einschlägige Passage aus Elys und Petersens Bericht: »Man glaubte, dass es, gemessen an der Quote des Milchausstoßes, einen Unterschied in der Reaktion der zwei Hälften des Euters gäbe, wenn man die Kuh heftig erschreckte. Folglich wurde [die Kuh] systematisch erschreckt, während die Melkmaschine angesetzt wurde. Das Erschrecken bestand zuerst darin, dass man eine Katze auf den Rücken der Kuh setzte und zwei Minuten lang alle zehn Sekunden eine Papiertüte zum Platzen brachte. Später wurde auf die Katze verzichtet, da man sie für überflüssig hielt.« Soweit ich es ermitteln konnte, wurde dieses Experiment nur dieses eine Mal durchgeführt.

Andere Wissenschaftler versuchten, Menschen zu erschrecken. Häufig hatten sie Erfolg.

D. N. May von der University of Southampton stellte ein solches Experiment an. In einem Bericht von 1971 schreibt er: »[Mein] Ergebnis widerspricht einem früheren Befund bei Tieren und deutet darauf hin, dass Überschallknalle in ruhigen Umgebungen wahrscheinlich erschreckender sind als in lauten.«

Nicht lange darauf setzte J. S. Lukas am Stanford Research Institute einige schlafende Kalifornier aufgezeichneten Flugzeuggeräuschen und simulierten Überschallknallen aus. Er stellte fest, dass jeder über acht Jahren diese wahrscheinlich bemerkt.

Indessen nutzten Forscher am Karolinska-Institut in Stockholm echte Düsenflugzeuge, um echte Überschallknalle zu erzeugen. Sie entdeckten, dass die Mehrheit der schwedischen Erwachsenen aufwacht, wenn man das um vier Uhr morgens tut.

Magnetische Hühner

Ein Fortschritt stellt sich nur langsam ein bei der Beschäftigung mit der Frage: »Warum überquert das Huhn die Straße?« Aber er stellt sich immerhin ein. Die Antworten (denn es scheint viele zu geben) kommen plötzlich und aus verschiedenen Richtungen. Eine neue Untersuchung erklärt, dass Magnetfelder bei der Entscheidung der Hühner, hierhin oder dorthin zu steuern, irgendeine Rolle spielen.

Die Studie hat einen Titel, der von einem Kinderbuch geklaut zu sein scheint: »Der magnetische Kompass der Haushühner, *Gallus gallus.*« Erschienen im *Journal of Experimental Biology,* einem Schauplatz, der gewöhnlich nichts für Jugendliche hergibt, steuert sie Fleisch und Federn zu dem lückenhaften Bild bei, das ein früherer Bericht mit dem Titel »Hühner orientieren sich mithilfe eines Magnetkompasses« aufgedeckt hatte.

Viele Kulturen machen sich Gedanken über das Navigationsgeheimnis von Hühnern. Dazu passend ist das »Magnetkompass«-Forschungsteam international. Seine Mitglieder – Wolfgang Wiltschko, Rafael Freire, Ursula Munro, Thorsten Ritz, Lesley Rogers, Peter Thalau und Roswitha Wiltschko – arbeiten abwechselnd in Deutschland an der J. W. Goethe-

Universität Frankfurt, in Australien an der University of New England in Armidale und an der University of Technology, Sydney, sowie in den USA an der University of California, Irvine.

Sie führten die Experimente alle in einem einzigen Land aus: Australien. Die Hühner, die dort heimisch waren, mussten eine rote Kugel ausfindig machen, die ihnen gezeigt, aber dann versteckt worden war. Die Wissenschaftler erzeugten ein Magnetfeld, das, wie sie hofften, an der Orientierung der Hühner herumpfuschen würde. Die Hühner handelten bei ihrer Suche nach der roten Kugel, als stünden sie unter dem Einfluss eines durcheinandergebrachten Magnetfelds.

Mithin die Schlussfolgerung der Wissenschaftler: Magnetfelder sind wichtig für Hühner. Dies gilt vermutlich auch für Hühner andernorts, obwohl der Bericht hierzu nichts ausdrücklich vermerkt.

Was machen Magnetfelder mit den Hühnern? Sie »erleichtern die Orientierung im Revier«, sagen die Forscher. Konkreter ausgedrückt: »Tests in Magnetfeldern mit unterschiedlichen Stärken offenbarten ein Funktionsfenster um die Stärke des örtlichen geomagnetischen Feldes, wobei sich dieses Fenster zu niedrigeren Stärken weiter erweitert als zu höheren Stärken.«

Was der Bericht andeutet, aber nicht direkt sagt, ist, dass Hühner anscheinend nicht stark von Magnetismus abhängen. Sind die Hühner zu mehr fähig, zum Beispiel dazu, einen intelligenteren Gebrauch von ihren Wahrnehmungen zu machen? Hat unsere (und in gewissem Maß ihre) Zivilisation die Abhängigkeit der Vögel von der Magnetosphäre der Erde verkümmern lassen? Zu dieser Frage schweigt der Bericht.

Die traditionelle Frage, warum ein Huhn eine Straße überquert, ist weiterhin bestenfalls teilweise beantwortet. Am ehesten auflösen könnte sie vielleicht Professor Ian J. H. Duncan, früher am Geflügelforschungszentrum in Edinburgh tätig und heute verantwortlich für Tierschutz im Fachbereich für Tier- und Geflügelwissenschaft an der University of Guelph in Kanada.

1986 legten Duncan und ein Kollege einen Beitrag auf der Wintersitzung der Gesellschaft für Tierethologie in London vor. Der Titel: »Einige Untersuchungen über die Motivation des Haushuhns.«

Working for a dustbath: are hens increasing pleasure rather than reducing suffering?

Tina M. Widowski *, Ian J.H. Duncan

Department of Animal and Poultry Science, University of Guelph, Guelph, Ontario, Canada N1G 2W1

Duncan scheint bei seinem Kratzen an der Beantwortung der Frage nach der Motivation des Huhn methodisch vorgegangen zu sein. 2000 war er Koautor bei »Arbeiten für ein Staubbad: Steigern Hennen eher das Vergnügen anstatt Leiden zu verringern?« Fans des Straßenquerens von Junghennen dürfen hoffen, dass Duncan eines Tages die Frage aller Fragen direkt angehen wird.

Ansteckendes Gähnen bei der Köhlerschildkröte

Die Wissenschaftler wissen ein wenig mehr über ansteckendes Gähnen – eines der größten Geheimnisse der Wissenschaft – dank einer Untersuchung mit dem Titel »Kein Beweis für ansteckendes Gähnen bei der Köhlerschildkröte *Geochelone carbonaria*«. Die Autoren sagen, ihre mit sieben Schildkröten durchgeführten Experimente trügen dazu bei, einige der vielen konkurrierenden Theorien auszuschließen, warum Menschen gähnen, wenn sie andere Menschen gähnen sehen.

In einem Artikel in der Zeitschrift *Current Zoology* teilen Anna Wilkinson, Isabella Mand und Ludwig Huber von der Universität Wien und Natalie Sebanz von der Radbound University in den Niederlanden ihre Hoffnung: »Diese Untersuchung bezweckte, zwischen den möglichen Mechanismen, die das ansteckende Gähnen steuern, zu unterscheiden, indem gefragt wurde, ob ansteckendes Gähnen bei einer Spezies auftritt, die wahrscheinlich keine Empathie oder unbewusste Mimikry zeigt: bei der Köhlerschildkröte *Geochelone carbonaria.*«

Die Forscher sagen, dass (den Menschen) von Schildkröten zwar nicht bekannt ist, dass sie miteinander fühlen oder einander nachahmen, die Tiere aber doch manchmal auf Dinge reagieren, die sie um sich herum sehen. Das macht die Schildkröten zu »idealen Objekten zur Untersuchung dieser Frage«.

Die Schildkröten, die Alexandra, Moses, Aldous, Wilhelmina, Quinn, Esme und Molly heißen, waren als wissenschaftliche Versuchstiere alte Hasen. Die Studie vermerkt: »Keine der Schildkröten war experimentell naiv, aber sie hatten nie zuvor mit einer Aufgabe zur Untersuchung des ansteckenden Gähnens oder irgendeinem ähnlichen Experiment zu tun gehabt.«

Die Forscher dressierten Alexandra, immer ihr Maul zu öffnen, wenn sie nahe ihrem Kopf mit einem kleinen roten Quadrat winkten. »Dies dauerte sechs Monate«, schreiben sie, und »das sich ergebende Verhalten erschien einem natürlich auftretenden Schildkrötengähnen sehr ähnlich ... Das Gähnen ist äußerst deutlich und kann nicht mit einem anderen Verhalten verwechselt werden.« Alexandra wurde somit die »Vorführerin«, diejenige, die vor den Augen ihrer Kumpel gähnte.

In einem Experiment sahen die anderen Schildkröten zu,

wie Alexandra ein einziges Mal gähnte. In einem zweiten Experiment gähnte Alexandra mehrmals in (für eine Schildkröte) schneller Folge. Im dritten und letzten Experiment sahen die Beobachter-Schildkröten Videos von einer (a) gähnenden und (b) nicht gähnenden Schildkröte. Nach Überprüfung der Beweise stellten die Wissenschaftler fest, dass es »den Hinweis [gibt], dass Schildkröten nicht in ansteckender Weise gähnen«.

Die Untersuchung endet mit einer Erklärung, die Dankbarkeit gegenüber den Kollegen ausdrückt. Da heißt es mit vielleicht wenig Wärme: »Danksagungen: Die Autoren möchten der kaltblütigen kognitiven Gruppe an der Universität Wien für ihre hilfreichen Kommentare danken.«

Die langsam voranschreitende, sorgfältige Beschäftigung des Teams mit dem Schildkrötengähnen führte dann doch zu einer Art Ruhm. Wilkinson, Mand, Huber und Sebanz erhielten 2010 den Ig-Nobelpreis in Physiologie.

Andere Wissenschaftler haben mit ansteckendem Gähnen bei anderen Arten experimentiert. Ich werde nur ein Experiment erwähnen: »Einige vergleichende Aspekte des Gähnens bei *Betta splendens, Homo sapiens, Panthera leo* und *Papio sphinx*« von Ronald Baenninger von der Temple University in Philadelphia.

»In diesem Bericht«, schreibt Baenninger, »beschreibe ich Beobachtungen des Gähnens bei einem Fisch [Siamesischer Kampffisch], einem Fleischfresser [Löwe] und zwei Primaten [Mandrille und Menschen].« Die Menschen sahen »einen halbprofessionellen Schauspieler einen Abschnitt aus *Alice im Wunderland* lesen (die Geschichte von der falschen Schildkröte).« Die anderen Tiere sahen nichtprofessionelle Nichtschauspieler ihrer eigenen Spezies.

Zum Schluss möchte ich bemerken, dass ich von der Studie zum Gähnen der Schildkröte zum ersten Mal von Stefano

Ghirlanda hörte, selbst 2003 Gewinner eines Ig-Nobelpreises in der Kategorie »Interdisziplinäre Forschung« für die Untersuchung »Hühner bevorzugen schöne Menschen«. Der Titel der Untersuchung erklärt sich bis zu einem gewissen Grad selbst und bis zu einem gewissen Grad wahrscheinlich nicht.

Mit besten Empfehlungen
»Die Bestimmung des kleinsten in Großbritannien beheimateten Zugvogels, der in der Lage ist, eine Kokosnuss zu transportieren«
von Robert Hopton, Steph Jinks und Tom Glossop (erschienen im *Journal of Physics Special Topics*, 2010)

Dieser Bericht betrifft König Arthurs Postulat in Monty Pythons Film *Die Ritter der Kokosnuss*, dass ein Zugvogel Kokosnüsse nach Großbritannien gebracht haben könnte. Hopton, Jinks und Glossop weisen nach, dass der einzige britische Vogel mit einer Erfolgschance der Weißstorch gewesen sei. Unmöglich, warnen sie. Die Querschnittsfläche des Storchs ist ein wenig zu gering, um den notwendigen Auftrieb zu geben. Der Storch würde versagen, und König Arthur bliebe ohne Nüsse.

Das Auf und Ab von Kühen

Eine neue Studie mit dem Titel »Legen sich Kühe mit größerer Wahrscheinlichkeit nieder, je länger sie stehen?«, erweitert unser Wissen darüber, was Kühe tun und warum sie es tun.

Manche Forscher erliegen der Versuchung, unbeweisbare Mutmaßungen hinsichtlich der Absichten, Beweggründe und Wünsche zu riskieren. Fünf Wissenschaftler in Schottland jedoch schlagen einen vorsichtigen Weg ein, indem sie einen sehr spezifischen Teil des Was messen und nicht wilde Vermutungen über das Warum anstellen.

Bert Tolkamp, Marie Haskell, Fritha Langford, David Roberts und Colin Morgan vom Scottish Agricultural College veröffentlichten ihre Studie in der Zeitschrift *Applied Animal Behaviour Science.* Sie bauen auf einem großen Bestand von Arbeiten anderer Forscher auf.

Einige frühere Berichte haben fast poetische Titel. Der beste in dieser Hinsicht (wenigstens nach meiner Ansicht) ist ein schwedischer Bericht mit dem Titel »Auswirkungen der Melkfrequenz auf das Hinleg- und Aufstehverhalten von Milchkühen«. Die Autoren Sara Osterman und Ingrid Redbo vom Kungsängens Forschungszentrum in Uppsala behaupten, dass dreimaliges Melken am Tag – statt zweimal – »zu erhöhtem Wohlbefinden bei Kühen mit hoher Milchleistung beiträgt«. Das schottische Team konzentrierte sich auf Fragen, die indirekt von dieser schwedischen Studie herrühren.

Tolkamp, Haskell, Langford, Roberts und Morgan nahmen sich vor, zwei Hypothesen – zwei wohlbegründete Vermutungen – über das Wesen des Kuhseins zu überprüfen.

Zuerst stellten sie die Hypothese auf, dass eine Kuh mit umso größerer Wahrscheinlichkeit bald aufstehen wird, je länger sie schon gelegen hat. Nachdem sie eine große Menge Verhaltensdaten der Kühe sammelten, berichten sie, dass genau dies geschieht. Im Großen und Ganzen können Sie eine gute Kuh nicht unten halten, nicht lange, nicht wenn die Kuh gesund ist.

In ihrer zweiten Hypothese betrachteten sie die Sache andersherum. Sie sagten voraus, dass eine Kuh sich mit umso größerer Wahrscheinlichkeit hinlegen will, je länger sie gestanden hat. Hier tischten die Kühe ihnen eine Überraschung auf.

Lying down and getting up movements were analysed in detail and registered in accordance with the following definitions. The lying down movement was divided into two phases.

Lying down, phase 1	Started when the nose was moved in a pendulum movement close to the ground and ended when the cow had one knee on the floor.
Lying down, phase 2	The time it took for the cow to move from one knee on the floor until the lying down movement was completed, i.e. when the cow lies down on one of its two hips.

The getting up movement is just referred to as one movement.

Nachdem sie ihre Daten wiedergekäut hatten, befanden die Forscher, dass ihre Erwartung falsch war. Die Wahrheit ist, folgerten sie, dass man nicht leicht voraussagen kann, wann eine Kuh sich wieder hinlegen wird, sobald sie erst einmal aufgestanden ist.

Falls ein derartiges Experiment zuverlässige Resultate ergeben soll, ist eine Reihe von sorgfältigen fachlichen Entscheidungen notwendig. Wie viele Kühe sollte man beobachten, unter welchen Umständen und wie lange? Wie kann man verlässlich überwachen, ob und wann jede einzelne Kuh aufgestanden ist oder sich hingefläzt hat?

Die Wissenschaftler untersuchten drei Gruppen von Kühen, insgesamt 73 Tiere. Sie brachten an jedem Tier einen elektronischen Sensor an, um automatisch das Auf und Ab der Kühe zu registrieren. Dann überprüften sie einige der von den Sensoren erfassten Daten, indem sie Videoaufzeichnungen von einigen Kühen ansahen und das, was sie sahen, mit dem verglichen, was die Sensoren gesagt hatten.

Einige Unsicherheiten bleiben. »Die Frage, warum einige Kühe weniger als die Hälfte der täglichen Ruhezeit hatten, die andere Kühe im selben Experiment erreichten, sowie eine große Zahl anderer Fragen«, heißt es in dem Bericht, »bleiben zukünftiger Forschung überlassen.«

(Ig-Nobelpreisträger Richard Wassersug, von dessen Experiment mit der Kaulquappenverkostung und der Eunuchenforschung wir weiter unten lesen werden, machte mich auf diese Kuharbeit aufmerksam. Professor Wassersug ist ein Mann von breit gefächerter Neugier und anscheinend unaufhörlichen wissenschaftlichen und literarischen Weidegewohnheiten.)

Kuhwarm?

Man kann den Bericht mit dem Titel »Eine schnelle und genaue Schätzung der Wärmeverluste bei einer Kuh« nicht leicht übergehen, nicht wenn man sich zwanghaft mit schnellen Rechenmethoden oder Thermodynamik oder wenigstens einer Kuh beschäftigt. Die vier verantwortlichen Wissenschaftler – Zahid A. Khan, Irfan Anjum Badruddin, G. A. Quadir und K. N. Seetharamu – arbeiten an Universitäten in Indien und Malaysia. Sie füllten ihren Artikel, der in der Zeitschrift *Biosystems Engineering* erschien, mit reichlich Material und gelegentlich angestrengter Grammatik. Ihre Methode, versichern sie uns, »kann von jedem Nutzer genutzt werden, um schnell die genaue Menge des Wärmeverlusts bei einer Kuh vorauszusagen«.

Zwangsläufig kommt die Frage auf: »Warum würde jemand den Wärmeverlust bei einer Kuh schätzen wollen?« Khan, Badruddin, Quadir und Seetharamu bieten in ihrem ersten Abschnitt eine Antwort: »Um den Milchertrag von Kühen zu steigern«, schreiben sie, »ist es notwendig, sie zu kühlen.« Dies läuft darauf hinaus, die Milch zu kühlen, bevor sie gemacht wird, lange bevor es eine Möglichkeit gibt, eine Tasse voll aufzutischen.

Der Titel »Eine schnelle und genaue Schätzung der Wärmeverluste bei einer Kuh« deutet an, dass es mindestens eine weitere Art gibt, um die Wärmeverluste bei einer Kuh zu schätzen, und dass jene andere Methode an Langsamkeit oder

Ungenauigkeit oder beidem leidet. Die bis heute wichtigste – der Goldstandard – wurde von Kifle G. Gebremedhin von der Cornell University in New York und Binxin Wu von der Tongji-Universität in China entwickelt.

Die Gebremedhin-Wu-Methode ist sicherlich zeitaufwändig. Obwohl sie eine einfache Annahme trifft – dass eine Kuh ein Zylinder ist –, verlangt sie, dass Sie einige langwierige Berechnungen anstellen. Khan, Badruddin, Quadir und Seetharamu tun bei der Einführung ihrer eigenen Methode die Gebremedhin-Wu-Methode verächtlich ab. Sie sagen, dass sie komplexe maschinelle Programmierung verlangt und außerdem unnütz sei für Menschen, »die zusätzlich zu Kenntnissen der Computerprogrammierung keinen adäquaten Hintergrund der Wärme- und Massenübertragung besitzen«.

Die alte Methode umfasste das Messen oder Berechnen einer ganzen Herde von Zahlen: das Gewicht der Kuh; der Durchmesser, den die Kuh hätte, wenn sie ein Zylinder wäre; der Durchmesser eines typischen Haares; die Felldichte und Felldicke; das Verhältnis von Fellfläche zu Hautfläche; der Koeffizient des effektiven Strahlungsbereichs; der Koeffizient der Strahlungswärmeübertragung; der Ausstrahlungskoeffizient der Haut; die Wärmeleitfähigkeit der Luft und, gesondert, der Fellschicht.

Die neue Methode ist einfacher. Sie messen oder berechnen nur vier Dinge: Nässe der Kuh, Lufttemperatur in der Nähe der Kuh, Windgeschwindigkeit und relative Feuchtigkeit.

Und dann – der große Triumph der Methode – schlagen Sie die Antwort in einer Tabelle nach. Khan et al. haben die Langeweile größtenteils beseitigt, indem sie die Berechnungen für Sie erledigen. Deshalb brauchen Sie nicht selbst zu rechnen.

Dieser Triumph der Vereinfachung erinnert an eine andere Studie, die ebenfalls eine neue Methode als Ersatz für eine langweilige alte beschreibt und gleichfalls in Indien durchgeführt wurde. 1990 veröffentlichten K. P. Sreekumar und G. Nirmalan von der Kerala Agricultural University einen Bericht mit dem Titel »Schätzung der Gesamtoberfläche bei Indischen Elefanten«. Sie fuhren zwölf Jahre später eine unerwartete Dividende ein, als sie einen Ig-Nobelpreis auf dem Gebiet der Mathematik erhielten.

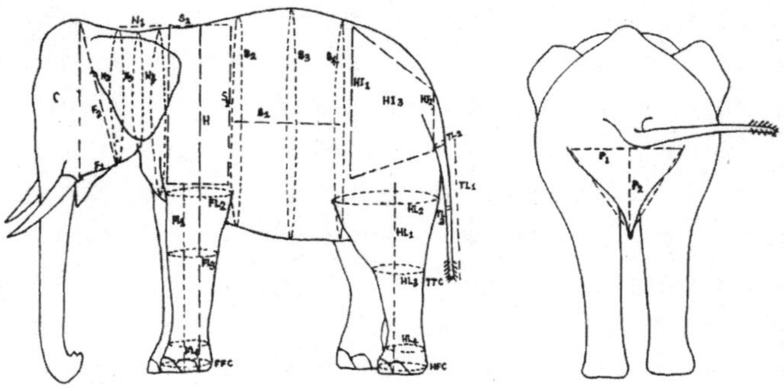

Geometrische Unterteilung eines Elefanten: Blick von der Seite mit Vermessungen des Körpers (links), einschließlich der Perineal-Region, was deren Länge und Höhe betrifft (rechts)

Fishes (viele von ihnen in Schulen) über Fisch

Was wissen Fishes? Ziemlich viel, wie sich herausstellt. Hier sind einige Studien von Forschern, die den Namen Fish tragen.

Fish über Plattfisch. E. Brainerd, B. Page und F. Fish, »Kiemendeckelausstoß während Blitzstarts von Plattfischen« (erschienen im *Journal of Experimental Biology,* 1997). Fish und seine Freunde berichten: »Wenn sie von Raubfischen angegriffen werden, machen Plattfische Blitzstarts, die zu einem schnellen Abheben vom Meeresgrund führen, auf dem sie liegen ... [W]ir simulierten Blitzstarts unter Verwendung eines physikalischen Modells, bei dem eine tote Flunder mit einer Beschleunigung von 95 Metern pro Sekunde hochgezogen wurde ...«

Fish über Weißfisch. Sylvan M. Fish et al. »Fiebrige Gastroenteritis infolge von *Salmonella java,* zurückgeführt auf geräucherten Weißfisch« (erschienen im *American Journal of Public Health and the Nation*'s Health, 1968).

Fish über Fischtran. S. C. Whitman, J. R. Fish et al. »N-3-Fettsäure-Aufnahme in LDL-Partikeln macht diese anfälliger für Oxidation in vitro, aber nicht zwangsläufig atherogener in vivo« (erschienen in *Arteriosclerosis and Thrombosis,* 1994).

Fish über Wale. Frank E. Fish und Juliann M. Battle. »Hydrodynamischer Bau der Buckelwalflosse« (erschienen im *Journal of Morphology,* 1995).

Fish über Robben. Frank E. Fish, S. Innes und K. Ronald. »Kinematik und geschätzte Schuberzeugung bei Sattel- und Ringelrobben« (erschienen im *Journal of Experimental Biology,* 1988).

Fish über Schnabeltiere. F. E. Fish, R. V. Baudinette et al. »Energetik des Schwimmens beim Schnabeltier *Ornithorhynchus anatinus:* Stoffwechselleistung in Bezug zum Rudern« (erschienen im *Journal of Experimental Biology,* 1997).

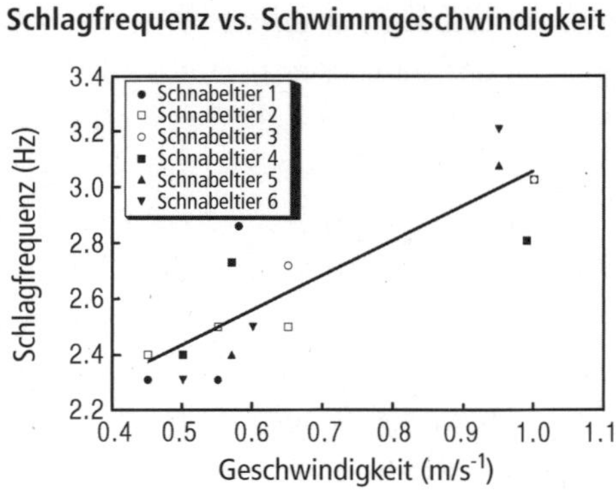

Schlagfrequenz vs. Schwimmgeschwindigkeit bei sechs Schnabeltieren

Fish über Enten. Terrye L. Aigeldinger, Frank E. Fish et al. »Aquaplaning von Entenküken: Die Überwindung von Einschränkungen beim Schwimmen auf der Wasseroberfläche« (erschienen im *Journal of Experimental Biology,* 1995).

Fish über Bisamratten. F. E. Fish. »Mechanik, Ausgangsleistung und Effizienz der schwimmenden Bisamratte (*Ondatra zibethicus*)« (erschienen im *Journal of Experimental Biology,* 1984).

Shark [Hai] über Hefe. S. A. Johnston, P. Q. Anziano, K. Shark et al. »Transformation der Mitochondrien in Hefe bei Beschuss mit Mikroprojektilen« (erschienen in *Science,* 1988).

Fish über Pilze. L. L. Lulinich, E. D. Bershadskaia, N. G. Fish et al. »Anwendung der Gruppenagglutinationsreaktion hefeartiger Candida-maltosa-Pilze zur Entdeckung von Fimbrien in Darmbakterien« (erschienen auf Russisch in *Zhurnal Mikrobiologii, Epidemilogii i Immunobiologii,* 1988).

Fish über Bäume. J.M. Friedman und R.D. Fish. »Die Verwendung von Wahrscheinlichkeitsbäumen in der genetischen Beratung« (erschienen in *Clinical Genetics,* 1980).

Die Fishes als Gruppe erfreuen sich keines besonderen Ansehens innerhalb der Wissenschafts- und Bildungsgemeinschaft. Vielleicht wird jede kleine Aufmerksamkeit und Wertschätzung, die wir ihnen geben, dazu beitragen, dies zu ändern.

Der Stolz des Rudels

Das Um-die-Wette-Brüllen unter Löwen war einmal eine private, einfache Sache, allein von Löwen organisiert und ohne Zuschauer. Das änderte sich in den frühen 1990ern, als Karen McComb, Jon Grinnell, Craig Packer und Anne Pusey merkten, dass sie Technik nutzen könnten – Lautsprecher, Verstärker und manchmal einen ausgestopften künstlichen Löwen –, um Löwenbrüllwettbewerbe zu inszenieren und diese von ihnen angezettelten Ereignisse auf Video zu dokumentieren.

Das Quartett wollte wissen: Was machen Löwen, wenn sie andere Löwen brüllen hören?

McComb arbeitete an der University of Cambridge, Grinnell am College of Wooster und an der University of Minnesota, Packer und Pusey an der University of Minnesota. Die Brüllwettbewerbe wurden jedoch in Tansania abgehalten.

Die Forscher stellten im Dschungel Lautsprecher auf, die Aufnahmen herausdröhnten, die sie von einem, zwei oder drei gleichzeitig brüllenden Löwen gemacht hatten.

In mehreren Berichten in der Zeitschrift *Animal Behaviour*

schildern sie genau, was passierte. Zuerst geben sie Hintergrundinformationen: Die Löwengesellschaft ist in Rudeln organisiert – Gruppen von wenigen Weibchen, noch weniger Männchen und einigen Jungtieren. Es gibt also nicht wenige nomadische Männchen, die zu keinem Rudel gehören.

Die Studie »Brüllen und soziale Kommunikation bei afrikanischen Löwen« dreht sich nur um maskulines Brüllen. Gruppen von Männchen im eigenen Revier, die das aufgenommene und verstärkte Brüllen hörten, brüllten im Allgemeinen zurück und gingen auf die Lautsprecher zu. Nomadische Männchen hörten dieselben Aufnahmen, schwiegen aber als ungeladene Gäste immer und blieben für sich.

Eine Arbeit mit dem Titel »Brüllen und zahlenmäßige Schätzung in Wettbewerben zwischen Löwinnen« verrät uns, wie »Aufnahmen von einzelnen brüllenden Weibchen und Gruppen von drei im Chor brüllenden Weibchen abgespielt wurden, um die Anwesenheit unbekannter Eindringlinge zu simulieren«.

Löwinnen, erfahren wir, »liefern ihr Brüllen in Runden ab, die im Allgemeinen weniger als eine Minute dauern und aus mehreren sanften einleitenden Maunzlauten, einer Reihe von Brülllauten aus voller Kehle und einer abschließenden Folge von Grunzlauten bestehen. Wenn Rudelmitglieder zusammen brüllen, wird dies im Chor getan, wobei ein Einzeltier beginnt und die anderen einfallen, indem sie ihr Brüllen in sich überlappender Weise hinzufügen.«

Die Weibchen, die den Aufnahmen lauschten, antworteten manchmal, aber manchmal auch nicht. Es schien mehr oder weniger davon abzuhängen, wie viele Gefährtinnen sich bei ihnen aufhielten und wie viele Stimmen auf der Aufnahme zu erkennen waren. Manche gingen auf den Lautsprecher zu. Manche »versuchten abwesende Rudelmännchen durch Brüllen für den Wettbewerb zu gewinnen«. Die Studie sagt: »Bei fast der Hälfte dieser Gelegenheiten schlossen sich ihnen binnen einer Stunde Gefährten am Ort der Wiedergabe an.«

Sie werden vielleicht ein wenig Backstage-Geschmack von den inszenierten Ereignissen wünschen, die offiziell »kontrollierte künstliche Wettbewerbe« genannt werden. Voilà: »Eine einzelne Brüllrunde, die 25–55 Sekunden dauert, wurde 30 Minuten vor der Abenddämmerung gespielt, wobei ein Panasonic SV-250 Digital Audio Tape Recorder, ein ADS P120 Verstärker und ein Klipsch Heresy Lautsprecher 200 Meter von den Versuchsobjekten entfernt (gemessen auf einem Land-Rover-Kilometerzähler) platziert wurden ... Vorhandene Vegetation wurde benutzt, um den Lautsprecher zu verdecken.«

Who Roars?

The 12 coalitions of resident males gave an average ± SE of 0.99 ± 0.19 roar bouts per lion per h over the period of observation. In contrast, none of the six coalitions of nonresident males observed ever roared (Table 1; Mann-Whitney *U* test: $U=66$, $N_1=12$, $N_2=6$, $P<0.005$). Roaring was thus confined to resident males.

Are Roarers Willing to Escalate?

All 11 resident coalitions approached the loudspeaker when they were challenged with unfamiliar males and

Eine unwahrscheinliche Erfindung

»Chirurgische Methode und Apparatur zur Implantation einer Hoden-Vorrichtung«

aka Silikonhoden; kosmetische Hodenimplantate für kastrierte Hunde in drei Größen und in drei Festigkeitsklassen von Gregg A. Miller (US-Patentnummer 5.868.140, Patent erteilt 1999 und 2005 mit dem Ig-Nobelpreis in Medizin ausgezeichnet)

Hauskatzen wälzen sich. Oh, sie wälzen und wälzen und wälzen sich – nicht ständig, aber doch so oft, dass ihr Verhalten schließlich die Aufmerksamkeit von Wissenschaftlern erregt hat. 1994 führte Hilary N. Feldman von der Unterabteilung für Tierverhalten an der Universität Cambridge eine formelle Untersuchung des Phänomens durch. Feldmans Studie mit dem Titel »Hauskatzen und passive Unterwerfung« erschien in der Zeitschrift *Animal Behaviour.*

Andere Wissenschaftler hatten kleine Luftsprünge gemacht bei der Frage. Feldman empfiehlt J. M. Baerends-Van Roons und G. P. Baerends Buch »Die Morphogenese des Verhaltens der Hauskatze« und auch L. K. Corbetts Doktorarbeit an der University of Aberdeen »Nahrungsökologie und soziale Organisation von Wildkatzen (Felis silvestris) und Hauskatzen (Felis catus) in Schottland«. Beide kamen 1979 heraus, womit jenes Jahr den vorläufigen Höhepunkt in der Wissenschaft vom Katzenwälzen markiert.

Aber Baerends-Van Roon, Baerends und Corbett warfen nur einen flüchtigen Blick auf das Wälzen. Feldman dagegen konzentrierte sich darauf und beobachtete sechs Monate lang »zwei Gruppen von halbwilden Katzen, die in einem großen Freigehege gehalten wurden«.

Wälzen nach Feldmans Definition »bedeutete, dass eine einzelne Katze sich auf den Rücken wälzte, mit angewinkelten Vorderpfoten, oft mit gespreizten Beinen und ungeschütztem Bauch ... Die ungeschützte Position wurde manchmal für mehrere Minuten gehalten und in mehreren Fällen wiederholt eingenommen. Dies wurde in der Mehrheit der Fälle (79 %) vor einer anderen Katze ausgeführt, und oft kam das sich wälzende Tier schnell näher und führte die Aktion durch, bevor irgendeine Reaktion auf die Annäherung beobachtet wurde.«

Die große Frage, die hier interessierte, war die Häufigkeit, mit der »jede Katze sich mit gleicher Wahrscheinlichkeit vor einem anderen Einzeltier wälzte« im Vergleich zur Häufigkeit, mit der jede Katze das nicht tat. Hier handelte es sich um erwachsene Tiere. Der Bericht präzisiert, dass »Jungtierverhalten nicht untersucht wurde«.

Im Verlauf des halben Jahres beobachtete Feldman 175 Wälzvorgänge, von denen »138 einen offenkundigen Empfänger hatten«.

Weibliche Katzen wälzten sich meist, wenn sie rollig waren. Erwachsene Weibchen rollten sich fast ausschließlich für erwachsene Kater. Jüngere Weibchen hatten es auch meist auf alte Knaben abgesehen, aber gelegentlich wälzten sie sich auch für junge Kater oder für Weibchen.

Kater wälzten sich »das ganze Jahr hindurch«. Feldman schreibt, dass »ein erheblicher Anteil [61 %] des Wälzverhaltens von Katern durchgeführt wurde und dass diese von Katern initiierte Aktivität sich meist an andere Kater richtete«.

Junge Kater wälzten sich vor erwachsenen, aber der umgekehrte Fall fand fast nie statt. Die Erwachsenen pflegten »die Anwesenheit der jüngeren Kater zu ignorieren oder zu tolerieren«, was für Feldman darauf hinweist, »dass das Wälzen vielleicht als passive Unterwerfungsgeste dient und das Entstehen offener Aggression hemmt.«

»Sowohl erwachsene als auch jugendliche Kater wälzten sich ... vor erwachsenen Weibchen. Was das Wälzen bei Weibchen betrifft, ist es wahrscheinlich, dass dies im Kontext der Paarung geschah, da es auftrat, wenn die Weibchen andere brunstbezogene Verhaltensweisen zeigten (z. B. Lordose [übertriebenes Durchbiegen des Rückgrats], sprunghaftes Rennen, Treteln).«

Zusammengefasst: »Wälzverhalten bei Hauskatzen scheint

zwei Funktionen zu haben. Weibchen wälzen sich vorwiegend in Anwesenheit erwachsener Kater ... womit sie Bereitschaft zur Paarung zeigen.« Aber »Kater wälzen sich in der Nähe erwachsener Kater als Form rangniederen Verhaltens«.

Dieses »Phänomen der passiven Unterwerfung«, sinniert Feldman, »kann Bedeutung für ein ähnliches Verhalten zwischen Hauskatzen und ihren Besitzern haben«.

Eidechsen, die auf die Erde fallen

Die Bibel berichtet von Fröschen, die vom Himmel fallen. Biologen dagegen berichten von Eidechsen, die von Bäumen fallen.

Die Biologen – William Schlesinger, Johannes Knops und Thomas Nash – erzählen sehr ausführlich, wie sie eine unvermutete Wahrheit über Eidechsen entdeckten. Ihre Untersuchung »Eidechsensturz in einem kalifornischen Eichenwald«, erschienen in der Zeitschrift *Ecology,* ist ein Schlag für den guten Ruf einer Spezies, die einst wegen ihrer Trittsicherheit bewundert wurde. Es ist die Geschichte des ungraziösen Sturzes der Reptilien in den Abgrund – in diesem Fall einen Plastikeimer – und der Detektive, die diesen Sturz dokumentierten.

Westliche Zauneidechsen verbringen viel Zeit auf Bäumen, wo sie auf den Ästen auf und ab laufen. Aber wenn sie Insekten jagen oder vor Raubtieren flüchten, sagen Schlesinger, Knops und Nash, verlieren sie oft den Halt.

Das Team arbeitet zwar an der Duke University in North Carolina und an der Arizona State University, begab sich aber mit seinen Eimern weit weg von der Heimat, an einen nach Südosten weisenden, mit Eichen bewachsenen Hang im Monterey County, Kalifornien. Dort stellten sie große Plastikeimer unter den Bäumen auf und warteten ab, was ihnen vor die Füße fallen würde.

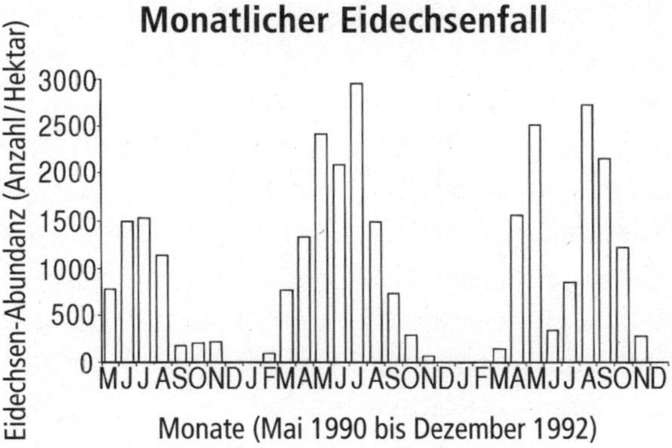

N. B. Der Eidechsenfall sinkt im Dezember

Größtenteils waren es Eidechsen, die ihnen entgegenkamen. Ganze Eimer voller Eidechsen. Ganze Eimer voller Jurassic Park, könnte man sagen – aber das wäre übertrieben.

Dies war keine schnell durchgeführte Untersuchung von heute auf morgen. Über fast drei Jahre hinweg, beginnend Anfang 1990, stellten Schlesinger et al. ihre Eimer unter 40 Bäumen auf und kamen jeden Monat, um hineinzusehen. In einem begeistert klingenden, lebensnah geschilderten Abschnitt beschreiben sie einen Moment der Erkenntnis und die Wirkung, die er auf die Untersuchung hatte: »Als wir bemerkten, dass Eidechsen nicht über die 43 cm hohen Seitenwände der Sammelbehälter entkommen konnten, begannen wir im Mai 1990, Protokolle über den Eidechsensturz zu führen. (Eidechsen konnten nicht in die Eimer klettern, die sich von unten nach oben leicht nach außen erweitern und seit Dezember 1991 mit kurzen Metallpflöcken in dem Feld verankert sind.)

Im Sommer 1991 erhöhten wir die Häufigkeit unserer Sammlungen auf alle zwei Wochen, um den Tod der gefangenen Eidechsen durch Austrocknung zu verhindern, und im April 1991 begannen wir ein Protokoll der Zehenbeschneidung, damit wir den Wiederfang gefallener Eidechsen aufzeichnen konnten.«

Alles in allem sammelten sie Hunderte von gefallenen Westlichen Zauneidechsen. Dies machte den guten Ruf der Tiere hinsichtlich ihrer Trittsicherheit zunichte, der für fast zwei Jahre in B. Sinervos und J. B. Losos' trockenem Bericht von 1991: »Gehen auf dem Drahtseil: Sprintleistung auf Bäumen unter Populationen der Eidechse *Sceloporus occidentalis*« festgeschrieben worden war.

Wie von Schlesinger et al. dokumentiert, kann das Leben einer gefallenen Eidechse trostlos sein. Die Rückfallquote ist hoch. Im Stil eines Dienstbuchs der Polizei sagt der Bericht: »33 % der wiedergefangenen Eidechsen wurden unter demselben Baum gefunden, von dem sie schon früher einmal stürzten.«

Und ein Fall war geradezu herzzerreißend. Er wird in einem einzigen schlichten Satz erwähnt. »Ein besonders tollpatschiges Exemplar wurde fünfmal gefangen (in vier verschiedenen Sammelbehältern) zwischen 20. Mai 1991 und 16. Juli 1991, als es tot in einem Behälter aufgefunden wurde.«

Heimgesucht

Hoffnungen sind sicherer als Aspirationen, wenn es darum geht, dass kleine Insekten am rechten Ort bleiben. Hoffnungen verursachen, im Kopf eines menschlichen Wesens, nicht von sich aus einen Befall von Schnaken, Mücken, Blumenfliegen, Springschwänzen und Wespen, die auf Fliegen schmarotzen. Aspirationen können dies und tun es gelegentlich auch. Diese Tatsache dämmert jedem erst langsam, dann aber umso nachdrücklicher, der einen Bericht liest mit dem Titel »›Myiasis‹ als Folge des Gebrauchs der Aspiratormethode beim Sammeln von Insekten«, der im Juni 1954 in der Zeitschrift *Science* erschien.

Der Autor, Paul D. Hurd Jr. von der University of California, Berkeley, beginnt mit zwei Absätzen einer unpersönlichen Schilderung, die in ziemlich passivem Ton geschrieben ist. Da erfahren wir, dass »der Aspirator, ein Gerät, das im Allgemeinen dafür bestimmt ist, Insekten durch Ansaugen zu sammeln, aus einer Ampulle besteht, in die mittels eines Stopfens zwei Stücke Kupferrohr eingepasst sind, von denen eines auf das Insekt gerichtet und das andere an einem Stück Kupferrohr befestigt ist, das sich während des Gebrauchs im Mund des Bedieners befindet. Über dem Ende des Kupferrohrs, das zum Mund des Bedieners führt, ist ein feines Messingsieb angebracht. Dies soll natürlich verhindern, dass die angesaugten Insekten aus der Ampulle gezogen werden, und dennoch einen freien Atemweg zwischen dem Insekt, das angesaugt wird, und dem Bediener bieten.«

Im dritten Absatz wird er mit einem Mal munter. Da heißt es: »Ungefähr zwei Monate nach Abschluss der Arbeit des vergangenen Sommers in Point Barrow [Alaska] wurde ich krank. Während der Woche nach Ausbruch der Krankheit wurden vier Hauptgruppen von Insekten (*Coleoptera, Collembola, Diptera, Hymenoptera*) lebend aus der linken Nebenhöhle ausgeschieden.«

Der Rest des Berichts behält diesen lebendigen Ton bei. Er liefert auch sachliche Einzelheiten im Überfluss. Welche spezifischen Repräsentanten dieser vier Gruppen von Insekten tauchten aus der Nebenhöhle des Autors auf? Er stellte diese Daten zur Verfügung: »Drei erwachsene Raubkäfer (Staphylinidae), *Micralymna brevilingue* Schiødte, 13 Trauermückenlarven (Mycetophilidae), *Boletina birulai* (Lundstrom), drei Eierschlupfwespen (Mymaridae), *Mymar sp.* und rund 50 Springschwänze (Collembola), *Isotoma olivacea Tullberg.*«

»Myiasis« bedeutet Befall von Fliegenmaden. Dieser besondere Befall hatte viel Zeit, um in Gang zu kommen und dann seinem Potenzial gerecht zu werden. Hurd saugte für vier bis sechs Stunden jeden Tag über einen ganzen Sommer Insekten an. Die Sommer in Alaska sind kürzer als Sommer in mittleren Breiten, aber sie sind lang genug, dass die Natur ihren Lauf nehmen kann.

Das gab Hurd zu denken. »Ich möchte vorschlagen«, schreibt er, »dass die Personen, die dieses Gerät benutzen, es so verändern, dass der Luftstrom nicht zum Mund des Bedieners geht.«

Im letzten Absatz des Berichts lässt Hurd seine Zurückhaltung fallen und deutet an, dass die Geschichte – und seine Emotionen – tiefergehend ist, als er vorgegeben hat.

»Es ist fast unglaublich«, schreibt er, »dass die Insekten mehrere Stadien ihrer Metamorphose in den Nebenhöhlen erfahren haben sollen.«

Aussetzung auf See

»Balzverhalten von Straußen gegenüber Menschen unter Farmbedingungen in Großbritannien« ist der Titel einer wissenschaftlichen Studie, verfasst von Charles Paxton und drei Kollegen. Als ich Paxton 2002 mitteilte, dass sein Team mit dem Ig-Nobelpreis in Biologie für dieses Jahr ausgezeichnet würde, nahm er die Nachricht nüchtern entgegen. »Ich bin nicht überrascht, diesen Anruf zu bekommen«, sagte er, »aber ich rechnete damit, falls ich jemals einen Ig-Nobelpreis bekommen würde, dass er für meine Arbeit mit Meeresungeheuern wäre.«

Paxton und zwei andere Kollegen, Erik Knatterud und Sharon Hedley, veröffentlichten 2005 eine Untersuchung über Meeresungeheuer, die versprach, unter Wissenschaftlern eine veränderte Sicht auf das Thema herbeizuführen. Paxton und Hedley sind an der St. Andrews University in Schottland, Knatterud arbeitet in Stavsjø, Norwegen.

Hier vier überraschende Fakten über Charles Paxton:

ERSTENS: Von den vier Straußforschern war er der sexuelle Favorit der Strauße.

ZWEITENS: Es wäre irreführend zu behaupten, dass er Strauße studiert. Paxton arbeitet nicht mehr mit langhalsigen, sexuell aggressiven Vögeln. Heute befasst sich seine Hauptforschungsarbeit mit Fischen.

DRITTENS: Er ist ein Freund der gefeierten und glamourösen Biologin Olivia Judson, deren Buch *Dr. Tatiana's Sex Advice to All Creation* (deutscher Titel: *Die raffinierten Sexpraktiken der Tiere*), das mit detaillierten und köstlich bebilderten praktischen Sexratschlägen von der fiktiven Ärztin an eine Vielfalt von Fischen, Vögeln, Reptilien, Säugetieren, Schleimpilzen und anderen Spezies aufwartet, vor mehreren Jahren der letzte Schrei war. Paxton und Judson studierten zusammen an der Universität Oxford.

VIERTENS: Es ist ein wenig irreführend zu sagen, was manche Leute tun, dass er Meeresungeheuer studiert. Was er untersucht, sind Berichte über Meeresungeheuer. Meeresungeheuerberichte sind für ihn teils Wissenschaft, teils Freizeitbeschäftigung.

Vielleicht haben Sie Hinweise auf ein Muster in den Fakten Nummer eins, zwei und drei bemerkt: Sex. Charles Paxtons neuester Meeresungeheuerbericht, erschienen in den *Archives of Natural History,* setzt das Muster fort. Er gibt einer alten Sichtung eines Meeresungeheuers eine frische Deutung.

1741 veröffentlichte ein dänisch-norwegischer Missionar namens Hans Egede eine später berühmte Beschreibung »eines höchst schrecklichen Ungeheuers«, das vor der Küste Grönlands erschien. »Der Fall ist insofern interessant«, schreiben moderne Wissenschaftler, »als Egede in seinem Buch eine Anzahl großer nordischer Walarten gezeichnet und beschrieben hatte, er also das ›schreckliche‹ Ungeheuer offensichtlich als etwas anderes empfand.«

Paxton sagt, dass die meisten Historiker sich ausschließlich auf eine schlechte Übersetzung von Egedes Buch gestützt hätten. Er und seine Kollegen wandten hingegen moderne biologische Erkenntnisse auf den Fall an.

Egedes Tier hatte einen schlangenartigen Schwanz, der aus dem Wasser auftauchte, wenn der Rest der Bestie verschwunden war. Aber eher als ein Schwanz, sagen Paxton et al., war dies höchstwahrscheinlich ein Penis. Sie legten Fotos gut ausgestatteter männlicher Wale vor und auch eine Zeichnung aus Egedes Buch, auf der wir den schlangenartigen Schwanz des Seeungeheuers sehen. Letzterer hat bemerkenswerte Ähnlichkeit mit dem, was wir auf den Fotos sehen.

Der Fall ist nicht abschließend bewiesen, aber er sollte sowohl für Biologen als auch Wale beobachtende Touristen eine Anregung sein.

Zeichnung aus Egedes monströsem Bericht von 1741 (oben); der Penis eines Glattwals im Nordatlantik, Foto aus dem Jahr 2001 (unten). Abdruck des Fotos mit freundlicher Genehmigung des New England Aquarium, Boston, Massachusetts.

Nasse Falten (nackt)

Yuri Glebovich Aleyev benutzte eine elektrische Winde, um zwei nackte Frauen unter Wasser mit Geschwindigkeiten von zwei bis vier Metern pro Sekunde abzuschleppen. Als seine Kollegen später Aleyevs Filme und Fotos betrachteten, hatten sie allen Grund, bestürzt zu sein. Was sie sahen, war nicht, was irgendjemand, außer vielleicht Aleyev, erwartete.

Aleyev, der 1991 starb, war einer der bedeutendsten Experten der Welt für Nekton, ein obskures Wort für Tiere, die schwimmen, wo sie wollen, anstatt nur vor sich hin zu treiben. Plankton ist kein Nekton. Fische, Delfine und Menschen sind es. Aleyev verwandte einen großen Teil seines Lebens und Einfallsreichtums darauf, die Geheimnisse zu lüften, warum gut schwimmende Lebewesen so gut schwimmen. Die nackten Frauen dienten sozusagen als Doubles für wilde Delfine.

Aleyev wollte etwas überprüfen, was viele seiner Kollegen schon zu wissen glaubten: dass Delfine so mühelos durch die Meere gleiten, weil ihre Haut spezielle undulierende Falten bildet. Diese Falten, so die Hypothese, ließen das Wasser geschmeidig – nicht aufgewühlt – an den flitzenden Delfinen vorbeiströmen.

Andere hatten versucht, Delfine in Bewegung zu fotografieren, und erwarteten, klare Bilder von kräftigen, beweglichen Wellen entlang ihrer Körper zu erhalten. Doch Film auf Film versäumte es, die verräterischen Linien zu zeigen. So mischte sich Aleyev in den Disput ein, und es kamen auf seine Einladung hin 40 professionelle Schwimmerinnen zu einem Schwimmbecken. In einfacher, prägnanter technischer Sprache (einschließlich der Erwähnung der schwer in Worte zu fassenden Reynolds-Zahl) erklärte Aleyev: »Frauen sind in der Körpergröße den durchschnittlich großen Delfinen der Gattung Delphinus ähnlich. Für 160–170 Zentimeter große Frauen, die mit vorgestreckten Armen mit einer Geschwindigkeit von 2,0–4,0 Metern/Sekunde schwimmen, ist der Umfang der Reynolds-Zahl etwa $3{,}0 \times 10^6$ bis $9{,}0 \times 10^6$, was völlig innerhalb des üblichen Umfangs bei Delfinen ist ... Die Körperoberfläche der typischen Frau kann in ausreichendem Maße als unbehaart betrachtet werden, was auch für Delfine charakteristisch ist.«

In den frühen 1970ern legte Aleyev drei Abhandlungen über seine Experimente vor. Später fasste er sie mit vielen anderen seiner Entdeckungen in einem auf Russisch geschriebenen Buch mit dem Titel *Nekton* zusammen. Eine englische Übersetzung erschien 1977 in einem niederländischen Verlag mit dem seltsamen Namen Dr. W. Junk. Der Band enthält eine großzügige Auswahl von Action-Fotos der Frauen, die nicht ganz so unbehaart waren wie angekündigt, und einige wenige entsprechende Bilder von Delfinen.

Die Bilder erzählen eine Geschichte, die Aleyev im Begleittext deutet. Hautwellen erscheinen tatsächlich, aber nur wenn die Frauen (und die Delfine) mit einem scharfen Spurt die Geschwindigkeit anziehen oder wenn sie sich bei Höchstgeschwindigkeit bewegen. Diese sind aber ganz und gar nicht »die Folge der Kontraktion bestimmter Rumpf- und Hautmuskeln«. Es sind nur passive Kräusel in der aquatischen Brise, ähnlich Windwellen in einer wehenden Fahne. Und wenn sich die Hautfalten bilden, bremsen sie die Schwimmerin eher, anstatt sie zu beschleunigen. So zerstörten Yuri Aleyev sowie seine Unterwasserkamera und seine elektrische Winde, assistiert von 40 geübten Schwimmerinnen, eine biologische Lehrmeinung seiner Zeit.

Es war ein gewisser Fish, der mir von Aleyevs Experiment berichtete – Frank E. Fish, der Fische erforscht und der, wenn er sich über Seehöhe befindet, oft rechtmäßig die Rolle eines Biologieprofessors an der West Chester University in Pennsylvania spielt.

Über Affenkotze (für alle, die es wissen wollen)

»Forscher haben dem Erbrechen bei nichtmenschlichen Primaten wenig Beachtung geschenkt.« Stimmt. Ein neuer Bericht mit dem Titel »Erbrechen bei wilden Indischen Hutaffen« beginnt mit dieser Feststellung und versucht, diesen Missstand zu beheben.

Elizabeth Johnson, Eric Hill und Matthew Cooper veröffentlichten ihre Untersuchung im *International Journal of Primatology.* Johnson forscht an der Oglethorpe University in

Atlanta, Georgia. Hill ist an der Arizona State University und Cooper an der Georgia State University tätig.

Sie begannen mit einem liebevollen Rückblick auf die Arbeit früherer Brechexperten. Die übereinstimmende Lehrmeinung ist, sagen sie, dass Erbrechen »ein theoretisch komplexes Verhalten ist, das bis heute nicht umfassend erklärt wurde«.

Johnson, Hill und Cooper verbrachten Zeit mit Makaken, wobei sie sorgfältig beobachteten, wann jedes Einzeltier sich erbrach und ob es dann reingestierte (denn das ist der Fachausdruck), was immer hochkam. Alles in allem sammelten die Wissenschaftler »sowohl quantitative als auch qualitative Daten über Beobachtungen von 163 Brechvorgängen aus 2 Gruppen von Hutaffen in Südindien«. Sie verwendeten diese Daten, um »eine vorsichtige Quote des Erbrechens bei frei lebenden Makaken zu ermitteln«.

Die Quote liegt bei 0,0042 Brechanfällen je Einzeltier pro Stunde. Das ist die vorsichtig hohe Schätzung unter Verwendung von Daten, die durch Beobachtung von Makaken gesammelt wurden, die in und nahe einem Tempel auf dem Chamundi Hill, einem bewaldeten Felsen nahe Mysore in Karnataka, Indien, leben. Aber das ist nicht die ganze Geschichte. Eine andere Gruppe von Makaken lebt im Indira Gandhi Wildlife Sanctuary, Anaimalai Hills, Tamil Nadu. Diese Waldbewohner erbrechen sich mit einer anderen Quote als ihre Vettern beim Tempel: 0,0028 Brechanfälle je Makake pro Stunde.

Die Wissenschaftler beobachteten genau und scharf. Hier ist ein typischer Abschnitt aus ihrem Bericht: »Nur ein erwachsenes Weibchen im Wald zeigte Interesse am Erbrochenen eines anderen Makaken; sie roch zweimal am Maul eines erwachsenen Weibchens. Während der Beobachtungen beim Tempel sahen wir 20 verschiedene Tiere, die in 21 Fällen Interesse am Erbrochenen eines anderen zeigten. Zehn der Tiere gelang es, in 11 Fällen etwas davon zu essen. Von den Tieren, die das Erbrochene eines anderen Affen aßen oder kosteten, waren zwei erwachsene Weibchen, zwei erwachsene Männchen. Drei waren jugendliche Weibchen und drei Kleinkinder.«

RESULTS

We easily recognized vomiting. The individuals typically made slight heaving motions with the head and shoulders, stomach contractions produced sound, and vomited material was often present on their lips. They manipulated the material in their mouths and cheek pouches, and usually

Die Studie kommt zu einer aufregenden Schlussfolgerung. Die Forscher erklären, was für sie ein zentrales Geheimnis um das Erbrechen bei wilden Indischen Hutaffen darstellt. Warum, fragen sie, übergeben sich Makaken nicht einfach und laufen weiter? Warum »reingestieren« sie sofort das Erbrochene?

Frühere Wissenschaftler bemerkten dieses Rätsel anscheinend nicht, oder falls sie es doch bemerkten, boten sie anscheinend keine gute Erklärung an.

Der Schlüssel, so Johnson, Hill und Cooper, liegt in einer einfachen Tatsache begründet: Makaken haben geräumige Taschen in ihren Backen. Johnson et al. wenden eine gewisse Logik an. »Wir vermuten«, schreiben sie, »dass die Neigung, Nahrung in ihren Backentaschen zu horten, erklärt, warum sie das Erbrochene reingestieren.«

Die Studie schließt mit einer bescheidenen Feststellung: »Unsere Daten bieten Einblick in ein normales, aber weitgehend ignoriertes Verhalten von Backentaschenaffen.«

Vier
Benehmen Sie sich (oder lassen Sie es bleiben)

In Kürze
»Ich warte auf die Band: Verzögerungen und Provokationen auf Rockkonzerten«
von Richard Witts (erschienen in *Popular Music*, 2005)

Dies und mehr finden Sie in diesem Kapitel: Persönlichkeitsprofil des Schafs • Auf Abstand am Strand, messbar • Kinobestuhlung (in Bulgarien) • Auspfeifen hoher Tiere • Betrachtung von Lügnern, international • Punks und Buchhalter • Clowns von religiöser Denkart • Käsefahndung nach rassischen Kriterien • Menschen beim Beobachten ihrer Wäsche beobachten • Nackt in der Bibliothek • Ein Toilettendilemma • Schwingend, wie man das so macht • Lärm machen unter älteren Menschen • Köstliches Essen kauen • Widerliches Essen kauen

Schmieg dich mutig an, Schaf

Um zu wissen – anstatt zu vermuten –, warum bestimmte Schafe sich aneinanderdrängen, während andere sich absondern, muss man die Größe der Gruppe kennen und auch etwas über die Persönlichkeit des einzelnen Schafs wissen. Wissenschaftler am Macaulay Institute in Craigiebuckler, Aberdeen, Schottland, suchten genau dieses Wissen, als sie herumlungernde Schafe betrachteten.

Pablo Michelena, Angela Sibbald, Hans Erhard und James McLeod (die Namen der Wissenschaftler, nicht der Schafe) beschrieben ihr Abenteuer in einer Untersuchung mit dem Titel »Auswirkungen der Gruppengröße und Persönlichkeit auf die gemeinsame Futtersuche: Die Verteilung von Schafen über Weidestücke«. Sie erschien 2009 in der Zeitschrift *Behavioral Ecology.*

Die vier Wissenschaftler beobachteten die Wanderungen von 58 weiblichen Schottischen Hochlandschafen auf saftigen grünen Weiden unter streng kontrollierten Bedingungen. Bevor sie die Schafe bummeln ließen, unterzogen die Forscher jedes einzelne einem Persönlichkeitstest, bei dem sie notierten, welche Schafe so mutig waren, Objekte mit neuartigen Gerüchen (Lavendel, Minze, Thymian, Majoran, Knoblauch oder Kaffee) und exotischen Formen (eine Babyrassel, eine Flaschenbürste und verschiedene Babybeißringe) zu untersuchen.

Dann ließen sie die Schafe in Gruppen von zwei, vier, sechs oder acht zum Weiden auf grasigen Flächen los. Jede Weidefläche wies einige Flecken von besonders (nach wohlbegründeter Ansicht der Wissenschaftler) begehrenswertem Grünzeug auf. Dieses extraleckere Futter war aus extragedüngtem Boden gesprossen und hatte besonders hoch wachsen dürfen, damit es für die Schafe extraauffällig wäre.

Nach Ansicht der Wissenschaftler standen die Tiere vor einem Dilemma: »Die Schafe in unserer Studie standen vor einer Abwägung zwischen einer Maximierung ihres Zugangs zu einer bevorzugten, aber begrenzten Quelle und dem Zusammenbleiben als Gruppe.«

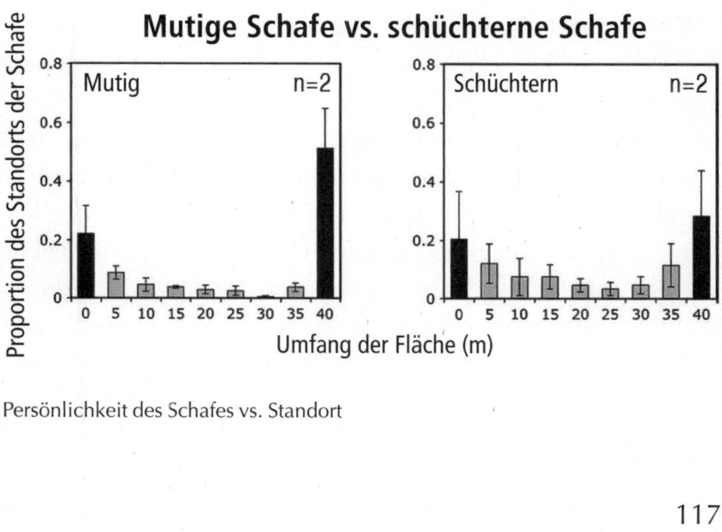

Persönlichkeit des Schafes vs. Standort

In der Mehrzahl der Fälle lösten sich die Gruppen auf. Und hier geriet die Persönlichkeit des einzelnen Schafs ins Blickfeld, sagen die Wissenschaftler: »Mutige Schafe ... neigten eher dazu, sich in Untergruppen von kleinerer Größe aufzuspalten als schüchterne Schafe.« Das war die Haupterkenntnis der Studie. Die Wissenschaftler entdeckten, dass nach einer Aufspaltung die neuen kleinen Gruppen oft von gleicher Größe waren.

Die Vorstellung, dass jedes einzelne Schaf eine einzigartige unverwechselbare Persönlichkeit besitzt, ist ziemlich modern, akademisch gesprochen. Bis vor Kurzem war eine solche Individualität bei nichtmenschlichen Tieren noch nie von Wissenschaftlern dokumentiert worden, wenigstens nicht in einer Art und Weise, die mutiger bedingungsloser Erwähnung durch andere Wissenschaftler würdig war.

Michelena et al. schreiben über die Originalität ihrer Idee. Sie sagen: »Vergleichende Psychologen und Verhaltensökologen haben in jüngster Zeit durchgängige intraspezifische Unterschiede zwischen Individuen bei Merkmalen wie Aggressivität, Aktivität, Erkundungsdrang, Risikobereitschaft, Ängstlichkeit und emotionale Reaktivität dokumentiert.«

Wenn sie »in jüngster Zeit« sagen, meinen sie 1998, als eine Abhandlung in *Philosophical Transactions of the Royal Society of London* viele Biologen davon überzeugte, dass einige Kürbiskernbarsche schüchtern sind und andere mutig.

Michelena et al. merken an, dass frühere Studien allerdings den Weg zu diesen Einsichten in die Persönlichkeit wiesen. Ein erstklassiges Beispiel, sagen sie, ist eine Abhandlung mit dem verwirrenden Titel »Die Beziehung zwischen Dominanz und Forschungsverhalten ist bei Kohlmeisen kontextbedingt«, über die sich die Ornithologen 2004 freuten.

Vor rund 30 Jahren erlebten Strandbesucher in drei Ländern, dass Fremde auf sie zukamen und seltsame Fragen stellten. Die Fremden stellten sich als ziemlich harmlos heraus. Es handelte sich um Akademiker, die von dem wilden Verlangen getrieben waren zu verstehen, wie viel Raum Menschen für angemessen hielten, wenn sie sich am Strand hinplumpsen ließen.

Bis 1974 kannten nur Strandwächter und die Strandbesucher selbst die Antwort. Niemand in der akademischen Welt hatte genügend Daten, um die Frage überhaupt mit einem gewissen Grad von Kompetenz anzusprechen.

Im Hochsommer des vorangegangenen Jahres waren Julian Edney und Nancy Jordan-Edney von der University of Arizona 2000 Meilen nach Osten gereist und hatten fünf Tage lang den Strand abgeschritten. Ihr folgender Bericht mit dem Titel »Territorialer Abstand an einem Strand«, erschienen in der Zeitschrift *Sociometry,* war ein Meilenstein in der Geschichte der Untersuchung des territorialen Abstands an Stränden.

Die kunstvoll gesammelten Daten der Edneys verrieten ihnen nach sorgfältigem Durchkauen und Interpretieren mehrere Dinge: Wenn Gruppen größer werden, neigen sie dazu, weniger Raum pro Person einzunehmen. Männer kapern gewöhnlich mehr Raum als Frauen. Und es gab Nuancen, die nicht so leicht zu interpretieren waren, damals wie heute.

Sieben Jahre später ging ein anderer Amerikaner, H. W. Smith von der University of St. Louis, nach Europa, entschlossen, den Abstand zwischen Menschen an einem Strand in Frankreich und dann an einem Strand in Deutschland zu messen. Smith war erfolgreich. Sein Bericht »Territorialer Abstand an einem Strand erneut aufgegriffen: Eine grenzübergreifende Untersuchung« erschien danach in der Zeitschrift *Social Psychology Quarterly.*

In Deutschland wie in Frankreich stieß Smith in etwa auf das Gleiche, was die Edneys in Amerika gesehen hatten. Und er entdeckte noch etwas mehr. »Einzelne Deutsche«, schrieb Smith, »nahmen kreisförmiger geformte Plätze in Anspruch als einzelne französische Personen.« Und Deutsche »neigten in überwältigender Mehrzahl (99 %) dazu, sehr streng öffentlichen Raum zu strukturieren, indem sie Sandburgen um ihre Territorien bauten.«

Der Drang, den persönlichen Raum von Menschen zu messen, ist nicht auf Strände begrenzt geblieben. 1974 veröffentlichten Paul Nesbitt von der University of Nevada, Reno, und Girard Steven von der University of California, Santa Barbara, die Arbeit »Persönlicher Raum und Reizstärke in einem südkalifornischen Freizeitpark«. Sie erklären, wie sie eine attraktive junge Frau oder alternativ einen Mann in die Schlangen vor verschiedenen Attraktionen in einem Freizeitpark schickten. »Es wurde festgestellt, dass Personen unmittelbar hinter ihnen in der Schlange weiter weg standen, wenn die Reizpersonen farbenfrohe Kleidung trugen, als wenn sie konservative Kleidung anhatten. Personen hielten auch mehr Abstand, wenn die Reizpersonen Parfüm oder Aftershave-Lotion benutzten, als wenn sie keinen Duft benutzten.«

Vor Kurzem führte Masae Shiyomi von der Ibaraki University in Mito, Japan, eine Edney'sche Reihe von Messungen mit Kühen durch. In ihrem Bericht »Wie werden Abstände zwischen einzelnen weidenden Kühen durch ein statistisches Modell erklärt?« sind Einzelheiten nachzulesen und zu genießen. Dies ist der sechste in Shiyomis fortlaufender feinsinniger Serie von Berichten über Kuhabstände.

Kühe auf einer Weide, findet sie, bestimmen ihren Raum anders als Menschen an einem Strand. Wie genau bilden Kühe eine Menge? Die Frage treibt Shiyomi an; statistisch denkende Bauern werden ihr auf ihren Abenteuern gern folgen.

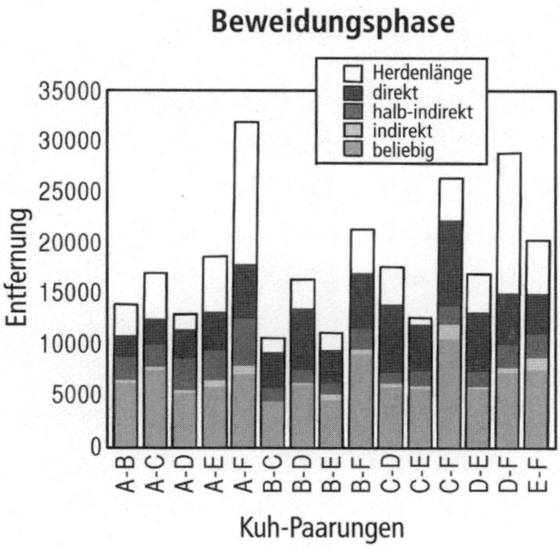

Die Entfernung zwischen zwei Kühen während der Beweidungsphase

Nehmen Sie Platz in Bulgarien

Wenn Leute in ein Kino gehen, wo geruhen sie zu sitzen? Die Frage hat mehrere Hirnforscher geplagt.

Das Thema kam in Bulgarien auf. Das bulgarische Kino erfährt weniger globale Aufmerksamkeit als seine Entsprechungen in anderen entwickelten Ländern. Das bulgarische Kinopublikum wurde entsprechend weniger untersucht. Dieses Aufmerksamkeitsdefizit wurde im Jahr 2002 ein wenig angegangen, als George B. Karev von der Bulgarischen Akademie der Wissenschaften seine Untersuchung »Platzwahl im Kino bei Rechts-, Beid- und Linkshändern« durchführte.

Damals war Karev bereits bekannt für seinen Bericht »Verschränken der Arme, Falten der Hände und dermatoglyphische Asymmetrie bei Bulgaren« von 1993. Die Untersuchung der Kinoplatzwahl, die sich ja mit Fragen von Links gegen Rechts beschäftigt, baut in gewisser Hinsicht auf der früheren Arbeit auf.

Karev erstellte einige Diagramme, welche die Anordnung der Sitzplätze in fünf verschiedenen Kinos zeigen. Er sperrte die Plätze in der Mitte ab und bat Leute, ihm mitzuteilen, welche der freien Plätze sie auswählen würden. Die meisten wählten Plätze auf der rechten Seite. Dies traf besonders auf Leute zu, die als Antwort auf eine andere Frage angaben, sie seien Rechtshänder.

Warum diese allgemeine Bevorzugung der rechten Seite? Höchstwahrscheinlich, sagt Karev, ist es folgendermaßen: (a) Filme schlagen emotional zu, (b) eine Seite des Gehirns ist besser im Umgang mit Emotionen, und (c) erfahrene Kinogänger lernen, dort zu sitzen, wo diese Seite ihres Gehirns den besten Ausgangspunkt haben wird.

Die Reaktion der Wissenschaftsgemeinde war unmittelbar, wenngleich klitzeklein. Professor Sergio Della Sala von der University of Aberdeen schlug vor: »Eine Möglichkeit, um herauszufinden, ob Karev richtigliegt, wäre, Menschen zu bitten, sich in einen Raum zu setzen, der von jedem emotionalen Reiz befreit ist – zum Beispiel einen großen Warteraum, einem Hörsaal, möglicherweise sogar das House of Lords?« Della Sala gab diesen Kommentar in Form einer Presseerklärung ab. Die Presseerklärung kündigte zwei Dinge an: dass Karevs Studie gerade erschienen war und dass Della Sala der neue Herausgeber der Zeitschrift war, die sie veröffentlicht hatte. Die Zeitschrift heißt *Cortex*.

Dies war in etwa das Ausmaß der Reaktion der Wissenschaftsgemeinde auf das Karev-Experiment, zumindest öffentlich, bis 2006. In jenem Jahr machte dann ein deutsches Forscherquartett auf sich aufmerksam.

Peter Weyers und seine Kollegen an der Julius-Maximilians-Universität in Würzburg wiederholten Karevs Experiment, aber mit ein paar überraschenden Wendungen. Die ursprünglichen Kinodiagramme zeigten die Filmleinwand oben auf der Seite. Aber hier zeigten einige Diagramme die Leinwand unten auf der Seite oder seitlich. Betrachtete man diese Diagramme, zeigten die Leute keine wirkliche Bevorzugung für einen Sitzplatz mit der Leinwand auf ihrer Linken oder auf ihrer Rechten.

Die Deutschen veröffentlichten einen Bericht in *Laterality*. Es könnte viele Gründe geben, sagten sie, warum die Bulgaren sich für die rechte Seite entschieden. Ganz oben auf der Liste: die komische Tatsache, dass die meisten Menschen sich gewohnheitsmäßig nach rechts wenden, wenn sie einen Raum betreten.

Das ist der derzeitige Stand der Dinge hinsichtlich der mentalen und filmischen Bedeutung der Platzwahl in Bulgarien oder anderswo.

Die Zeitschrift *Laterality* wird übrigens von Chris McManus vom University College London herausgegeben. Professor McManus erhielt den Ig-Nobelpreis 2002 in Biologie für den kurzen Traktat »Skrotale Asymmetrie beim Menschen und in der antiken Skulptur«, den er bald nach Abschluss seines Medizinstudiums schrieb. Die Zeitschrift *Nature* veröffentlichte den Artikel 1976 und kündigte ihn auf der Titelseite an.

Buhs wirken wie Schnaps auf die Machthungrigen

Menschen mit ungeheurem Drang nach Macht treffen manchmal auf Hindernisse. Ein Experiment maß, was geschieht, wenn Menschen mit Machtanspruch Reden vor einem Publikum hielten, das mit unverhohlenen, bewussten Äußerungen von Langeweile reagierte.

Die Forscher, Eugene Fodor und David Wick von der Clarkson University in Potsdam, New York, schrieben die Einzelheiten in einer Arbeit mit dem faden Titel »Bedürfnis nach Macht und affektive Reaktion auf negative Publikumsreaktion auf eine improvisierte Rede« auf.

Fodor und Wick fanden einige Personen, die nach Macht strebten, und zum Vergleich einige, die Macht auswichen. Sie verwendeten eine psychologische Standardmethode, um diese Menschen von solchen zu unterscheiden, die nur gleichgültig gegenüber der Macht sind oder sie akzeptieren. Sie baten sodann jeden Freiwilligen, kleine Geschichten zu einer Serie von Bildern zu schreiben. Die Bilder zeigten »(1) sieben Männer um einen Tisch, (2) Mann mit Zigarette hinter einer Frau, (3) Architekt am Schreibtisch, (4) zwei Frauen in Laborkitteln in einem Labor, (5) einen Schiffskapitän und (6) Trapezkünstler«. Die Geschichten der Freiwilligen verrieten, zumindest in der Theorie, wer unbewusst nach Macht gierte und wer nicht.

Nachdem sie ihre Versuchspersonen ausgewählt hatten, baten Fodor und Wick jeden Einzelnen, vor einem Publikum eine überzeugende dreiminütige Rede zu halten. Ein winziges, ganz spezielles Publikum war das – eine Frau und ein Mann, eigens geschult und vorbereitet für den Anlass.

Fodor und Wick »sagten voraus, dass machtmotivierte Teilnehmer höhere Grade von elektromyografischer Aktivität in den Augenbrauen entfalten würden, wenn sie mit einer negativen Publikumsreaktion auf ihre Rede konfrontiert wären«. Auch hierin setzten sie auf eine bewährte Methode, indem sie darauf vertrauten, dass der elektrische Aktivitätsgrad in den

Muskeln, die das Stirnrunzeln steuern, zuverlässig den Angstgrad einer Personen anzeigen würde.

Für einige Redner zeigte das Publikum Interesse. Aber für andere nicht: »15 Sekunden nach Beginn der Rede schlug die junge Frau die Beine übereinander und begann, ihre Hände zu betrachten. Der junge Mann begann, auf seinem Stuhl hin und her zu rutschen. Die Frau schaute sich ständig um. Der Mann schaute auf seine Uhr, dann blickte er kurz aus dem Fenster. Nach ungefähr einer Minute Redezeit schauten die Schauspieler einander an und runzelten die Stirn. Dann sahen sie wieder den Teilnehmer an, der die Rede hielt. Beide fuhren fort, den Blick auf die Hände oder den Fußboden zu verlagern und selten den Teilnehmer anzuschauen. Nach ungefähr zweieinhalb Minuten Redezeit, gegen Ende also, stieß die Frau einen sichtbaren Seufzer aus. Die Schauspieler fuhren fort, sich während der verbleibenden 30 Sekunden umzuschauen. Der Mann seinerseits drehte viel Däumchen, sah einige Male auf seine Uhr, gähnte in bestimmten kritischen Augenblicken.«

Das Ergebnis des Experiments: Unter dieser Art von Zwang haben die machthungrigen Personen verglichen mit den nicht machthungrigen Individuen eine merkbar größere elektrische Aktivität des Stirnrunzelmuskels.

Fodor und Wick beenden ihren Bericht mit einer warnenden Bemerkung für jeden, der nach Führung trachtet. Sie erwähnen ausdrücklich Politiker und Verhandlungsführer zwischen Arbeitnehmern und Arbeitgebern: »Die Ergebnisse ... weisen darauf hin, dass bestimmte Beschäftigungen wiederholte Stressbelastungen von einer Art darstellen können, die bei Personen mit hoher Machtmotivation die Gesundheit der Herzkranzgefäße gefährden kann.«

2006 veröffentlichte eine Gruppe namens Global Deception Research Team [Globales Betrugsforschungsteam] einen Bericht mit dem Titel »Eine Welt der Lügen«. Er erschien im *Journal of Cross-Cultural Psychology.*

Das Team ist groß. Es hat 91 Mitglieder, die über die ganze Welt verteilt sind. Sein erklärtes Ziel ist, »Stereotypen über Lügner zu untersuchen«.

Sie fragen jemanden: »Wie können Sie feststellen, wenn Leute lügen?«, dann fassen sie mit zehn einfachen Multiple-Choice-Fragen über Lügner nach:

- Wenn Leute lügen, handeln sie ... ruhig, nervös oder weder ruhig noch nervös?
- Wenn Leute lügen, handeln sie ... albern, ernst oder weder albern noch ernst?
- Wenn Leute lügen, sind ihre Geschichten ... stimmiger als gewöhnlich, weniger stimmig als gewöhnlich oder keines von beiden?
- Wenn Leute lügen, sind ihre Geschichten ... länger als gewöhnlich, kürzer als gewöhnlich oder keines von beiden?
- Bevor sie Fragen beantworten, zögern Leute, die lügen ... länger als gewöhnlich, kürzer als gewöhnlich oder keines von beiden?
- Wenn Leute lügen, stottern sie ... mehr als gewöhnlich, weniger als gewöhnlich oder keines von beiden?
- Wenn Leute lügen, verändern sie ihre Körperhaltung ... mehr als gewöhnlich, weniger als gewöhnlich oder keines von beiden?
- Wenn Leute lügen, sehen sie der anderen Person in die

Augen ... mehr als gewöhnlich, weniger als gewöhnlich oder keines von beiden?

- Wenn Leute lügen, berühren oder kratzen sie sich ... mehr als gewöhnlich, weniger als gewöhnlich oder keines von beiden?
- Wenn Leute lügen, gestikulieren sie mit den Händen ... mehr als gewöhnlich, weniger als gewöhnlich oder keines von beiden?

Sie stellten diese Fragen Menschen in 62 verschiedenen Ländern: Ägypten, China, Deutschland, der Dominikanischen Republik, Estland, Finnland, Frankreich, Georgien, Ghana, Griechenland, Indien, Indonesien, Iran, Irland, Israel, Italien, Japan, Jordanien, Kenia, Kolumbien, Korea, Kroatien, Kuwait, Litauen, Malaysia, Malta, Marokko, Mauritius, Mexiko, Mikronesien, Moldawien, Nepal, Neuseeland, den Niederlanden, Norwegen, Pakistan, Paraguay, Peru, den Philippinen, Polen, Portugal, Rumänien, Russland, Samoa, Schweden, der Schweiz, Serbien, der Slowakei, Slowenien, Spanien, Sri Lanka, Swasiland, Südafrika, Taiwan, Togo, Trinidad und Tobago, der Türkei, der Tschechische Republik, den Vereinigten Arabischen Emiraten, dem Vereinigten Königreich, den Vereinigten Staaten von Amerika und Zypern.

Das Global Deception Research Team sammelte und analysierte die Antworten. Die Forscher arbeiteten Folgendes heraus: »[Es gibt] verbreitete Stereotype über den Lügner, und diese sollten nicht ignoriert werden. Lügner verlagern ihre Körperhaltung, sie berühren und kratzen sich, Lügner sind nervös, und ihre Stimme ist brüchig. Diese Überzeugungen sind um die ganze Erde verbreitet. Doch weit in den Schatten gestellt werden diese Stereotype von der häufigsten Meinung über Lügner: ›Sie können dir nicht in die Augen sehen.‹« Das ist ihre große Entdeckung. Und sie stimmt mit früheren Entdeckungen anderer Forscher überein.

Das Team bereitete sich auf seine Arbeit mit dem Studium von 32 früheren Studien über das Lügen vor. Eine Umfrage von 1981 unter Amerikanern, sagen sie, offenbarte die weit verbreitete Ansicht, dass »Lügner den Blick abwenden, sich berühren, Füße und Beine bewegen, ihre Haltung verlagern, mit der Achsel zucken und schnell sprechen«. Eine Umfrage von 1996 unter Briten enthüllte die allgemeine Meinung, dass »Lügner den Blickkontakt verringern, sich abwenden, blinzeln und zögern, während sie unstimmige, unglaubwürdige Geschichten erzählen«.

Von den Ansichten dieser und anderer Nationen sagt das Global Deception Research Team: »Diese Einschätzungen sind wahrscheinlich unrichtig.« Es steht fest, sagen sie, dass die Menschen geringe Fähigkeit erkennen lassen, um zu entdecken, wenn jemand lügt.

Das Global Deception Research Team fragte nicht, ob die Leute, die ihre Umfrage beantworteten, logen. Der Leser darf vermuten, dass die Forscher vermuten, dass die Leute, wenn sie Umfragen beantworten, die Wahrheit sagen.

Norman, der Punk oder der Buchhalter

Der Fund über Punks und Buchhalter kam in zwei Teilen. Die Finder, die Psychologen Louise Pendry und Rachael Carrick von der University of Exeter, veröffentlichten ihre Untersuchung im *European Journal of Social Psychology.* Im Kern dreht sich ihre Forschung eigentlich nicht um Punks und Buchhalter – es geht eher um Konformismus.

Pendrys und Carricks erste Erkenntnis ist, wenngleich überschaubar und wenig aufregend, eigentlich beispiellos in den Annalen der Psychologie. Sie gewannen sie, indem sie ganz normalen Menschen, die weder Punks noch Buchhalter waren, raffinierte Fragen stellten. Die Antworten, sagen Pendry und Carrick, »offenbarten, dass eine stark mit Nonkonformismus assoziierte Gruppe jene der Punks war, während als beispielhaft für Konformismus die der Buchhalter stand«.

Pendrys und Carricks zweite, wichtigere Erkenntnis rührte von einem Experiment her. Auch in diesem Test waren die Versuchspersonen weder Buchhalter noch Punkrocker. Man kann sie sich, in einem rein akademischen Sinn, als unschuldig hinters Licht Geführte vorstellen.

Der Grundgedanke war, jedem der Betrogenen ein Bild zu zeigen und dann zu sehen, wie das Bild sie beeinflusst hatte. Würde der hinters Licht Geführte mehr – oder weniger – bereit sein, mit den Meinungen anderer konform zu gehen?

Pendry und Carrick beschreiben die Versuchsanordnung knapp: »Die Teilnehmer erhielten ein Foto entweder von einem Buchhalter oder einem Punk und wurden angewiesen, es einige Sekunden sorgfältig zu betrachten. Das Buchhalterfoto zeigte einen Mann mit gepflegtem Äußeren, im Anzug, mit kurzem Haar und Brille. Das Punkfoto zeigte einen jungen Mann mit Igelfrisur und zerrissener Kleidung, die mit Graffiti bedeckt war.«

Der Klarheit wegen fügten Pendry und Carrick Erklärungen zu jedem Foto hinzu: entweder »Norman, der Buchhalter ist« oder »Norman, der ein Punkrocker ist«.

Der/die an der Nase Herumgeführte war somit gerüstet und wurde dann in ein Zimmer mit drei nicht manipulierten Personen und einer Autoritätsperson gesteckt. Die Autoritätsperson spielte eine Bandaufnahme voller Pieptöne ab, nachdem sie vorher gebeten hatte, (1) aufzupassen und (2) die

Pieptöne genau zu zählen. Nach dem Abspielen des Piep-Tonbands kam der Moment der Wahrheit ... oder der Moment des Konformismus.

Die Autoritätsperson fragte jeden der Verbündeten, wie viele Pieptöne er gehört habe. Jeder dieser Mitverschwörer gab eine vorher abgesprochene – falsche – Gesamtzahl an.

Zu guter Letzt musste sich nun die/der Manipulierte äußern. Wie viele Pieptöne hatte sie oder er gehört?

Die Versuchspersonen, die das Foto eines Buchhalters gesehen hatten, schummelten bei der Antwort. Sie stimmten dem zu, was jeder andere sagte. Die Personen, die einen Punkrocker betrachtet hatten, taten dies nicht.

Wie viele Studien baut auch diese auf einer Vorarbeit auf. Pendry und Carrick räumen ein, dass sie einer Studie der New York University von 1996 über Probanden, denen man eine Liste mit Wörtern über ältere Leute zeigte, viel verdanken. Die Liste umfasste die Wörter »alt«, »einsam«, »grau«, »pensioniert«, »Falte«, »uralt« und »vorsichtig«. Die mit einer Stoppuhr bewaffneten Wissenschaftler entdeckten, dass diejenigen, die diese Wörter gesehen hatten, langsamer weggingen als andere, die sie nicht gesehen hatten.

Geistliches Amt von Clowns

Angelika Richter und Lori Zonner haben eine lustige Art, Leser in ihren Bann zu ziehen. In einer Studie mit dem Titel »Den Clown spielen: Eine Möglichkeit für das geistliche Amt« schreiben sie: »Erfahrungen aus über fünf Jahren des Interagierens mit Patienten wie dem Clown Jingles und das Experiment und die Erfahrung von einem Nachmittag als Clown Hairie in einem Krankenhaus veranlassten die Autoren, über

Clown Doctors: Shaman Healers of Western Medicine

The Big Apple Circus Clown Care Unit, which entertains children in New York City hospitals, is compared with non-Western healers, especially shamans. There is not only superficial resemblance—weird costumes, music, sleight of hand, puppet/spirit helpers, and ventriloquism—but also

die tiefere Bedeutung von Clowns nachzudenken ... Bevor wir weitere Erfahrungen mit Clownereien im geistlichen Amt mitteilen und von einem Nachmittag erzählen, als Jingles und Hairie auf ihrem Weg durch das Krankenhaus waren, möchten wir zuerst die allgemeine Bedeutung des Clownseins beschreiben.«

Richter, Pfarrerin an der Philipps-Universität in Marburg, und ihre Kollegin Zonner veröffentlichten ihre Studie im *Journal of Religion and Health.*

Das Clownsspiel, wie allgemein anerkannt, ist für sie nur ein Anfang. Richter und Zonner erklären, dass »der Clown überall als ein Symbol von Fröhlichkeit anerkannt ist und Lächeln und Gelächter erzeugt. Das Clownsamt jedoch ist nicht bloß Unterhaltung, noch ist es nur Predigen in einem Kostüm«.

Bei einem Blick über diese Forschung hinaus sieht man, dass das Clownsamt oft auf Krankenhäuser beschränkt ist, über alle Ländergrenzen hinweg. In Schottland verabreicht Olive Fleming Drane aus Aberdeenshire stolz die Lacher. In England ist Roly Bain aus Bristol der berühmteste dieser Spielart des spirituellen Clowns. Die USA haben Massen von Clowns mit einem seelsorglichen Dreh.

Für jeden, der eingeführt werden möchte, gibt es Mittel im Überfluss.

Janet Litherlands Buch *The Clown Ministry Handbook,* erschienen 1982, bietet eine Art Erziehung aus einer Hand. Das Inhaltsverzeichnis gibt die Richtung vor: »Ein historischer Überblick über die Aktivitäten von Clowns«, »Das ›Wo‹ und ›Wie‹ des Clownsamts«, »Wie unterhält man ein Publikum, indem man eine bunte Vielfalt von Objekten aus Ballons macht« und mehr. Das letzte Kapitel ist die Krönung: »Elf Clownseelsorger erzählen, wie sie Clowns für Christus wurden.«

Die Website ClownMinistry.com gibt Infos und Anweisung für Clownseelsorge und verkauft Utensilien für die Clownseelsorge von *The Clown Ministry Handbook* bis zu Golfverzierungen mit den Three Stooges. Als ich die Website besuchte, zeigte sie einen gesponserten Link zu MyGunSpot, einem »sozialen Netzwerk für Waffenbesitzer«.

Doch nicht jeder liebt Clowns. Und manchmal stößt clownesker Optimismus gar auf professorale Entmutigung.

Linda Miller Van Blerkom von der Drew University in New Jersey veröffentlichte eine Studie in *Medical Anthropology Quarterly,* in der sie warnte: »Kleine Kinder haben häufig Angst vor Clowns, deren bizarres Äußeres die Gefahren des Unbekannten und Unheimlichen evoziert und deren Vorführungen verbreitete Kindheitsängste verstärken.«

Für Liebhaber von Clowns mag Miller Van Blerkoms Arbeit platt, langweilig, steril klingen. Aber der Economic and Social Research Council warnte 2007, dass das Motiv des Clowns selbst im Rahmen eines Bildes an der Wand eines Krankenhauses problematisch sein könne. Der Council, der Forschungen von Penny Curtis von der University of Sheffield zitiert (die er sponserte), gab unter der Schlagzeile »Kinderstationen – schickt nicht die Clowns hinein« eine explizite Warnung an Krankenhäuser heraus. Das abschreckendste Detail: »Alle Kinder lehnten die Verwendung von Clowns im Dekor ab, wobei sogar die ältesten Kinder sie als gruselig empfanden.«

Eine unwahrscheinliche Erfindung
»Geruchserzeugender Alarm als Methode, um auf ungewöhnliche Situationen aufmerksam zu machen«
aka »Wasabi-Duft verströmender Alarm« von Makoto Imai, Naoki Urushihata, Hideki Tanemura, Yukinobu Tajima, Hideaki Goto, Koichiro Mizoguchi und Junichi Murakami (US-Patent-Aktenzeichen 2010/0308995 A1, eingereicht 2009 und ausgezeichnet mit dem Ig-Nobelpreis in Chemie 2011)

Die Käseakten

Weil Rasse ein unangenehmes Thema für viele Leute ist, werden bestimmte Fragen einfach nicht diskutiert. Es sind nun fast 30 Jahre vergangen, seit Beth A. Scanlons Hit »Rassenunterschiede bei der Auswahl der Käsefarbe« erschien. In dieser ganzen Zeit ist der Bericht kein einziges Mal auf öffentlichen Foren erwähnt worden.

In keiner politischen Rede irgendwo habe ich einen Hinweis auf Scanlons Bericht gefunden. Das überrascht nicht. Kein erfahrener Politiker wagt sich in die Nähe eines potenziell kontroversen Themas, zu dem die allgemeine Gefühlslage noch unklar ist.

Dagegen lieben es Wissenschaftler manchmal, in einer umstrittenen Frage eine frühe Position abzustecken. Es ist eine einfache Möglichkeit, sich in Fachkreisen einen Namen zu machen. Aber auch die akademische Welt ist in der Frage der Rassenunterschiede bei der Auswahl der Käsefarbe praktisch stumm geblieben.

Nur ein einziger anderer akademischer Beitrag hat Scanlons Rasse/Käsefarbe-Bericht beachtet. Und der im *Journal of Marketing Theory and Practice* erschienene Beitrag streift ihn nur ganz flüchtig in einem merkwürdigen Satz, der so beginnt: »In manchen Fällen sind die Versuchspersonen behindert durch: rote Schutzbrillen (DuBose et al. 1980), Augenbinden (Hyman 1983, Scanlon 1985), Rotlicht (Hall 1958, DuBose et al. 1980) oder rotes Glas (Duncker 1939), um Farbe zu kaschieren, Trichter und Krüge zum Spucken (Looy, Callaghan & Weingarten 1992).«

Die Betonung in dieser kleinen Erwähnung liegt auf Augenbinden. Aber Augenbinden sind bloß ein Detail in Beth Scanlons Experiment. Ihr Bemühen – Rassenunterschiede bei der Auswahl der Käsefarbe zu erforschen – wird ignoriert.

Scanlons Bericht an sich ist kurz – nur eine Seite lang. Und er ist ungeschminkt. »Weißer und gelber amerikanischer Käse wurde 155 Personen aus drei ethnischen Gruppen vorgelegt«, schreibt Scanlon. Eine Gruppe ist schwarz, eine weiß, die andere hispanisch. »In einem Supermarkt wurde ein Auslagentisch mit zwei Tellern mit amerikanischem Käse gedeckt, einem gelben, einem weißen. Während die Personen ein Stück Käse auswählten, wurden die Gruppenzugehörigkeit und der ausgewählte Käse registriert.«

Scanlon bot den Käse auch einer zusätzlichen, sogenannten »Kontroll«-Gruppe an, in der jeder Einzelne die Augen verbunden hatte. Die Käseprobierer mit verbundenen Augen, sagt sie, »gaben keinen bedeutenden Unterschied im Geschmack des Käses an«. Die Gesamtergebnisse des Experiments? Scanlon kommt zu dem Schluss, dass »die Vorlieben für eine von zwei Farben amerikanischen Käses ungleich sind im Hinblick auf die verschiedenen Rassen der Befragten.«

Soweit ich feststellen konnte, ist dies der einzige Forschungsbericht, den Beth A. Scanlon jemals veröffentlichte. Sie arbeitete – tut es aber zwischenzeitlich nicht mehr – an der

Central Connecticut State University. Was war ihre Absicht bei der Erforschung von Rassenunterschieden bei der Auswahl von Käsefarben? Warum griff niemand ihren Forschungsansatz auf und setzte ihn fort? Warum ließ Scanlon selbst die Frage fallen, und was hat sie stattdessen mit ihrer Zeit angefangen? Das alles bleibt ihr Geheimnis.

In Kürze
»Kratzen und schnüffeln: ein dynamisches Duo«
von W. Z. Stitt und A. Goldsmith (erschienen in den *Archives of Dermatology,* 1995)

Wäschezeichen

Wie verhalten sich Menschen in einem Waschsalon? Wissenschaftler umgingen die Frage zumeist bis in die frühen 1980er, als Regina Kenen, Assistenzprofessorin der Soziologie am Trenton State College in New Jersey, als erste Soziologin in einer Mittelklasse-Wäscherei kampierte und detaillierte Aufzeichnungen machte.

Wissenschaftler als Gruppe haben einen uneinheitlichen Ruf hinsichtlich körperlicher Reinlichkeit im Allgemeinen und dem Wäschewaschen im Besonderen. Kenen spricht dies zu Anfang ihres Berichts mit dem Titel »Seifenlauge, Raum und Geselligkeit: Eine teilnehmende Beobachtung im Waschsalon« behutsam an. Sie sammelte ihre Daten, verrät sie uns, in »dem Waschsalon im Gebiet der San Francisco Bay, den ich regelmäßig benutzte«.

Kenen skizziert die anderen Wäschereibenutzer für uns. »Die Kleidung, die sie tragen, ist sehr zwanglos. Nur gelegentlich kommen Frauen mit viel Make-up, die Pfennigabsätze, Strümpfe und elegante Kleider tragen. Sie stechen als komische Vögel heraus; sogar noch seltener tragen Männer Anzüge.«

Dann kommt sie zur Sache: genauen Beschreibungen der Aktionen und Interaktionen dieser Leute. Für den Laien gibt es Erkenntnisse in Hülle und Fülle.

Die Kunden »schauen sich um, um zu sehen, wo es leere Waschmaschinen gibt, sehen aber gewöhnlich andere Personen nicht direkt an ... Wenn der Waschsalon ziemlich leer ist und sie die Wahl haben, lassen sie oft eine leere Maschine zwischen ihrer und derjenigen benachbarter Benutzer.«

Die Waschenden interagieren nicht viel. Es gibt jedoch einige entscheidende Ausnahmen. Diejenigen, die zusammen zum Waschsalon kommen oder dort Bekannte treffen, »unterhalten sich, lachen und berühren sich, während sie mit den Aufgaben beschäftigt sind, und es gibt ein Gefühl von Gegenseitigkeit und Gemeinsamkeit, das deutlich signalisiert, dass sie eine Einheit sind und nicht weiter interessiert an Interaktionen mit anderen«. Einzelne Personen »wahren ernstere Gesichtsausdrücke als Paare, und sie reden nicht mit Fremden außer in rein sachlicher Art und Weise, z. B. um sich zu entschuldigen, wenn sie versuchen, ihren Wagen mit nasser Wäsche zum Trockner zu bringen, oder um zu jemandem zu sagen: ›Sie haben etwas fallen lassen.‹«

Manche Kunden gehen weg und kommen wieder, wenn ihre Sachen fertig sind. Andere bleiben die ganze Zeit. Diejenigen, die bleiben, zeigen eine Vielfalt von Verhaltensweisen.

Manche sitzen da und lesen. Kenen teilt sie in vier deutlich unterschiedene Typen ein. Der »sprunghafte« Leser »blättert nur die Seiten einer Illustrierten oder Zeitung durch«. Der »interessierte« Leser liest Zeitungen oder Zeitschriften »anscheinend mit Absicht und Konzentration«. Der »engagierte« Leser bringt die eigenen Bücher mit »und nimmt seine Umgebung gar nicht wahr«. Der »instrumentelle« Leser liest »Fachbücher und andere zugewiesene Materialien«.

Kenen sah auch Leute essen. Sie folgerte, dass »viele Snacks im Waschsalon gegessen werden und dies zum Teil dem gleichen Zweck zu dienen scheint wie im Rest der Gesellschaft«.

Kenen ging später in eine Wäscherei in einem armen, von Latinos bewohnten Viertel. Dort traten die Kunden häufiger in Kontakt miteinander als in dem anderen Waschsalon. Dies beeinflusste ihre letztendliche Schlussfolgerung: »Verhaltensweisen in Waschsalons scheinen stärker beeinflusst von einem breiteren soziokulturellen Kontext, in den sie eingelassen sind.«

Dies bleibt nach all diesen Jahren die umfassendste Aussage der Soziologie über das Verhalten der Leute in einem Waschsalon.

Die Forschungsbibliothek des Nudismus

Die American Nudist Research Library hat ein recht einfaches Motto: »Gewidmet der Dokumentation der Geschichte des Nudismus vermittels eines umfassenden Archivs nudistischen Forschungsmaterials.« Wie alle Spezialbibliotheken arbeitet sie mit einem begrenzten Budget. Folglich deckt die Bibliothek nur ab, was notwendig ist.

2004 beging die Einrichtung ihren 25. Jahrestag. Die Festschrift erklärte, dass »die Bibliothek 1979 gegründet wurde, um die Geschichte der gesellschaftlichen Nudistenbewegung in Nordamerika und weltweit in Erinnerung zu bewahren. Sie ist eher eine Aufbewahrungsstätte von Material aller Art als eine Leihbibliothek. Besucher können den größten Teil der Sammlung lesen oder betrachten, solange sie in der Bibliothek sind.«

Die Einrichtung befindet sich in Kissimmee, Florida, auf

dem Gelände des Cypress Cove Nudist Resort, nur ein paar Meilen von Disney World entfernt. Besucher sind willkommen, ob sie bekleidet kommen oder nicht.

Eine Bibliothek ist ein guter Ort, um Forschungen durchzuführen. Diese besondere Bibliothek ist womöglich ein guter Ort, um eine sehr geringfügige Kontroverse auf dem Gebiet der Kognitionswissenschaft beizulegen. Kognitionswissenschaftler, wenigstens einige, möchten wissen, wie das Betrachten nackter Körper das Gedächtnis einer Person beeinflussen kann.

Dr. Stephen R. Schmidt, Professor für Psychologie an der Middle Tennessee State University, versuchte, die Frage abzuklären, indem er einer Gruppe von Freiwilligen Nacktfotos zeigte. Er führte eine Reihe von Experimenten durch, die er anschließend in einem Bericht mit dem Titel »Herausragende Erinnerungen: Die positiven und negativen Auswirkungen von Nackten auf das Gedächtnis« beschrieb.

Schmidt setzte seine Freiwilligen sorgfältig ausgewählten Fotos aus, die er in unterschiedlichen Anordnungen und in verschiedenen Zeitintervallen vorlegte. Hier ist eine unvollständige Liste der Fotos: eine Frau, die Benzin zapft; ein Mann, der einen Berg besteigt; eine Frau, die am Fenster sitzt und Zeitung liest; ein Mann, der Holz stapelt; eine Frau, die Cello spielt. Einige – aber nicht alle – der Männer waren nackt. Frauen dito.

Dies war eine raffinierte Fortsetzung viel früherer Experimente, die von den Psychologen Douglas Detterman und Norman Ellis durchgeführt wurden. Detterman und Ellis fügten ein Foto eines nackten Mannes und einer nackten Frau, die sie einer Ausgabe der Zeitschrift *Sunbathing* entnommen hatten, in eine Reihe schwarz-weißer Strichzeichnungen gewöhnlicher Objekte ein und legten das Ganze dann

Freiwilligen vor. Das Ergebnis: »Nicht überraschend war die Erinnerung an die Nackten viel besser als die Erinnerung an [andere Gegenstände] – zu nahezu 100% korrekt. Doch die Anwesenheit der Nackten verursachte Gedächtnisverlust, insofern als die Erinnerung an Gegenstände, die den Nackten unmittelbar vorangingen oder auf sie folgten, dürftig war.«

Journal of Experimental Psychology:
Learning, Memory, and Cognition
2002, Vol. 28, No. 2, 353–361

0278-7393/02/$5.00 DOI: 10.1037//0278-7393.28.2.353

Outstanding Memories:
The Positive and Negative Effects of Nudes on Memory

Stephen R. Schmidt
Middle Tennessee State University

Der Sinn dieser Forschung? Die unterschwellige Eigenart des Grunds herauszukitzeln, warum manche Erinnerungen haften bleiben und andere vergessen werden. Warum Nackte? Weil, sagt Schmidt, »Nackte (mehr als andere emotionale Reize) anscheinend verlässlich starke Folgen zeitigen«.

Leibhaftige Nackte wiederum dürften verlässlich stärkere Folgen zeitigen, als man sie von Nacktfotos erwarten kann. Die American Nudist Research Library hat Nackte in beiden Varianten, ein Füllhorn, das für Wissenschaftler von Interesse sein sollte.

Und für Bibliothekare andernorts, die klagen, dass die Leute die Bibliotheken nicht mehr so wie früher besuchen, sollte das aufschlussreich sein.

Entscheiden, wohin man geht

Wohin gehen Leute? Obwohl es sich um eine einfache Frage handelt, sind Wissenschaftler unterschiedlicher Meinung, wo

Leute auf die Toilette gehen wollen. Was diese Wissenschaftler besonders beunruhigt, ist ein kleiner Aspekt des umfassenderen Rätsels. Wenn Sie jemandem die Wahl lassen zwischen mehreren – sagen wir vier – Toilettenkabinen, die alle in einer Reihe angeordnet sind, für welche entscheiden sich die Leute?

In den vergangenen 40 Jahren hat es zwei große experimentelle Studien zu diesem Thema gegeben. Die Ergebnisse der einen widersprechen direkt jenen der anderen. Die Verfasser der ersten, in der Antarktis erstellt, entdeckten, dass die Leute die Kabinen an den Enden vorziehen. Die anderen, in Kalifornien, fanden heraus, dass die Leute die mittleren Kabinen bevorzugen.

Die beiden Experimente wurden unter stark abweichenden Bedingungen durchgeführt, sodass es viel Raum für Diskussionen darüber gibt, was das zu bedeuten hat.

Dr. H. Hachisuga, ein Physiologe, verbrachte einen Winter in der japanischen Forschungsstation Syowa in der Antarktis. Aus Gründen, die heute unbekannt sind, dokumentierte er die Menge an Fäkalien, die sich unter jeder der vier im Freien nebeneinanderliegenden Toilettenkabinen der Basis ansammelten und gefroren. Hachisuga nutzte diese Messungen, um die »Häufigkeit des Gebrauchs« jedes einzelnen Sitzes zu schätzen. Während Hachisuga beobachtete, wie die Daten anwuchsen, sah er Beweise, dass die Endkabinen sich eines beträchtlich höheren Gebrauchs erfreuten als die mittleren Kabinen. Er schrieb dies dem psychologischen Einfluss der Eckbevorzugung zu, wie er es nannte.

Hachisuga präsentierte eine Zusammenfassung seiner Arbeit 1972 auf einem Symposion über medizinische Studien in der Antarktis, das unter der Schirmherrschaft der Japanischen Gesellschaft für Biometeorologie abgehalten wurde.

Darstellung: »Vergleich der Kothaufen, die sich unter Toilettensitzen in WCs in der Antarktis ansammeln«

Die Präsentation wurde später in der medizinischen Zeitschrift *Igaku No Ayumi* veröffentlicht. Sie enthält eine Zeichnung einer Schnittansicht der vier Kabinen. Die zwei mittleren Kabinen sind frei. In jeder der Endkabinen arbeitet ein sitzender Mann stoisch an seiner Aufgabe. Unter jeder Kabine enthält eine Kammer einen Stapel Daten, wobei die Stapelgröße auf die Beliebtheit der Kabine hinweist.

Professor Nicholas Christenfeld von der University of California, San Diego, kontrollierte vier Kabinen in einer öffentlichen Toilette an einem kalifornischen Strand. Er ließ von einem Aufseher zählen, wie viele Rollen Toilettenpapier über einen Zeitraum von zehn Wochen in jeder Kabine ersetzt wurden. Die Ergebnisse: Falls sich vom Toilettenpapierverbrauch genau auf die Häufigkeit der Kabinenbenutzung schließen lässt, wurden die mittleren Kabinen anderthalbmal so oft wie die äußeren Kabinen frequentiert. Christenfelds knappes Fazit: Die Leute »bevorzugen verlässlich die mittleren und meiden die äußeren«.

Christenfeld nahm seine Toilettenkontrollen in Kalifornien über zwei Jahrzehnte nach Hachisugas antarktischem Ausstoßexperiment vor. Doch er erwähnt in seiner veröffentlichten Studie die frühere Forschung nicht – durchaus möglich, dass er Hachisugas Schaffenswerk nicht kannte.

Dies geschieht oft in der Wissenschaft, genauso wie auf anderen Gebieten menschlichen Bemühens: einige kühne Pionierschritte in kaum bekanntes Territorium wagen, nicht wissend, dass dies nicht der allererste Besuch ist. Die Spuren dieser intellektuellen Expeditionen, abgelagert über viele Jahre in Schichten auf dem Grund, bilden eine Art von geistigem Kompost. Er ruht und reift, damit ihn zukünftige Wissenschaftler freilegen.

Schwingend über diesem und jenem

Jeder schwingt auf die eine oder andere Art. Wir vibrieren, wir summen, wir federn. Wir haben unsere Höhen und Tiefen. Etwas von dieser Schwingung erregt die Aufmerksamkeit von Forschern namens Tainsh.

1972 veröffentlichte Michael A. Tainsh eine Arbeit mit dem Titel »Die Schwingung menschlicher Leistung als Persönlichkeitsmaß« in der Zeitschrift *Perceptual and Motor Skills.* Tainsh arbeitete damals an der University of Aston, einer Einrichtung, deren Name bereits schwingt. In ihrer derzeitigen Phase lautet der Name Aston University.

Tainsh schrieb mir über seine Studie und sagte, sie sei von einem 45 Jahre alten Buch inspiriert: »Darf ich vorschlagen, dass Sie das Werk von Spearman und seine bahnbrechende Arbeit *The Abilities of Man* lesen, geschrieben 1927, wenn ich mich recht entsinne. Der Begriff der Schwingung wird im gleichnamigen Kapitel ausführlich beschrieben.«

Ich folgte seinem Vorschlag. Spearman – Charles H. Spearman, Professor der Philosophie des Geistes an der University of London – verbreitete sich in der Tat über den Begriff der menschlichen Schwingung. Spearman äußerte dann einen mitreißenden Aufruf: »Schließlich gibt es die große Aufgabe zu bestimmen, wie diese Tendenz zu schwingen mit Geschlecht, Rasse, Gesellschaftsschicht, Herkunft und vor allem beruflichem Erfolg in Wechselwirkung steht.« Tainsh ist einer der wenigen, die diesem Aufruf folgten.

Tainsh erklärt, dass sein Beitrag von 1972 »sehr kurz und schwer zu entschlüsseln [ist], wenn Sie den Hintergrund nicht verstehen, der aus drei Jahren Arbeit an meiner Dissertation im Vereinigten Königreich und in den USA bestand ... Die Zielsetzung der Arbeit war, die ›Stöße und Rucke‹ menschlicher Leistung im Sinne von Wellenfunktionen zu beschreiben, wie es viele Ingenieure normal fänden, wenn sie lineare Systeme überprüfen. Dies war etwas ganz Neues für Psychologen, und meine Dissertation wurde gut aufgenommen.«

Eine Wellenfunktion ist eine mathematische Beschreibung, eine Formel von etwas, das vibriert. Wissenschaftler, die Physik studieren, bemühen sich, Wellenfunktionen zu schreiben, die gewissen Verhaltensweisen des Lichts oder eines subatomaren Teilchens oder anderer idealisierter physikalischer Einheiten entsprechen. Einstein, Schrödinger und andere moderne Physiker schafften es nie, eine Wellenfunktion aufzustellen, um eine Person zu beschreiben. Aber vielleicht haben sie es auch nie versucht.

1975 veröffentlichten Tainsh und ein Kollege eine Untersuchung, vielleicht entfernt verwandt mit der Schwingungsarbeit, unter dem Titel »Der Einfluss des Reisens auf die Entscheidungsfindung«, in der sie darauf »schlossen, dass es eine Verminderung der Fähigkeiten der Reisenden gab, nach einer 100-Meilen-Reise mit dem Bus logische Entscheidungen zu treffen«. Zwei Jahre später veröffentlichte Tainsh allein eine

Studie mit fast demselben Titel (er entfernte lediglich das Wort »der« am Anfang). Obgleich weniger als eine Seite lang, enthält der spätere Bericht eine ungeheure Menge an Informationen, bevor der Autor seinen Schlusssatz formuliert, der folgendermaßen lautet: »Offenbar kann der Einfluss von Fernreisen auf das logische Denken bedeutsam sein, wenn auch ziemlich klein.«

Ein anderer Wissenschaftler mit Namen Tainsh erforschte 1988 eine weitere Art von menschlicher Vibration. Susan M. M. Tainsh von der University of Toronto und vier Kollegen veröffentlichten »Geräuscherzeugung unter Senioren in Langzeitpflege« in *The Gerontologist.* Die Zeitschrift erklärt, dass »etwa 30% der Heimbewohner ein Geräusch erzeugendes Verhalten zeigten«.

OSCILLATION OF HUMAN PERFORMANCE AS A PERSONALITY MEASURE

MICHAEL A. TAINSH

University of Aston in Birmingham

Summary.—The relationship between the frequency of the periodic characteristics of individual behaviour and Spearman's (1927) concept of oscillation is discussed in terms of Eysenck's concept of neuroticism. It is shown that the

Das Kernstück der Untersuchung ist »eine Typologie der Geräuscherzeugung«, die ein und vielleicht für alle Mal die sechs Kategorien der Geräuscherzeugung bei den Alten ermittelt. Diese sind: »Zweckfreie und ständig wiederkehrende Geräuscherzeugung«, »Geräuscherzeugung als Reaktion auf die Umgebung«, »Geräuscherzeugung, um eine Reaktion der Umgebung auszulösen«, »Geräuscherzeugung als ›Quasselstrippe‹«, »Geräuscherzeugung im Kontext der Taubheit« und die erschöpfende »andere Geräuscherzeugung«.

Aufruf an Forscher

Das hier angekündigte Projekt »Oszillierende Menschen« sucht ein lebendes Muster – ein Exemplar – eines oszillierenden Menschen.

Definition: Im Sinne des Projekts ist ein oszillierender Mensch jemand, der durchgängig, wiederholt, über viele Jahre Meinungen äußert, die Meinungen, die er oder sie früher äußerte, genau entgegengesetzt sind, wobei er oder sie die Existenz umfangreicher, leicht zu findender, klarer Beweise für die früheren Meinungen ignoriert und/oder leugnet.

Zielsetzung: Die exemplarische Person wird, sobald sie ausfindig gemacht ist, Lehrern als Beispiel zur Verwendung im Logikunterricht dienen. Um die Möglichkeit von Gerichtsverfahren zu minimieren, muss das Exemplar eine »Person des öffentlichen Lebens« sein, für die es (wie oben erklärt) umfangreiche, leicht zu findende, klare Beweise des jahrelangen Oszillierens gibt.

Wenn Sie ein herausragendes Muster kennen, geben Sie bitte an:

1. den Namen und eine biografische Skizze der Person in 20 Worten.
2. mehrere Internetadressen, die auf klare, unbestreitbare Belege hinweisen.

Bitte senden an marca@improbable.com mit der Betreffzeile: **Oscillating Humans Project**.

Herumkauen auf Wissen

Wenn Gäste zum Essen kommen, kann sich eine Frage ergeben: »Kauen die Leute köstliches Essen schneller, als sie widerliches Essen kauen?« Nach einem Experiment, welches das Team von France Bellisle, Bernard Guy-Grand und J. Le Magnen am Krankenhaus Hôtel-Dieu in Paris durchführte, scheint die Antwort ja zu sein. Bellisle, Guy-Grand und Le Magnen veröffentlichten ihren Mastikationsbericht in der Zeitschrift *Neuroscience and Biobehavioral Reviews.*

Es verdient Beachtung, dass Bellisle 2001 für Aufsehen sorgte, als sie und ihre Mitarbeiterin Anne-Marie Daliz im Rahmen einer größeren Studie berichteten, dass Frauen, die zu Mittag essen, während sie einer aufgenommenen Kriminalgeschichte zuhören, mehr Nahrung aufnehmen, als Frauen, die das nicht tun.

Die technischen Details der Studie von Bellisle, Guy-Grand und Le Magnen sind es wert, wie sie sagen, durchgekaut zu werden: »Offene Sandwiches in Cocktailgröße (3 cm im Quadrat) wurden in einer von fünf verschiedenen Geschmacksrichtungen gereicht. Eine oszillografische Aufnahme des Kauens und Schluckens zeigte, dass die Kautätigkeit mit der Schmackhaftigkeit und Auswahl der Speisen variierte. Die Kauzeit war kürzer, und es wurden weniger Kaubewegungen beobachtet, während die Schmackhaftigkeit zunahm. Das Schlucken veränderte sich nicht als Funktion des Reizaromas. Die Pausendauer zwischen zwei sukzessiven Speisestücken wurde kürzer, während die Schmackhaftigkeit zunahm. Die Auswirkungen der sinnlichen Faktoren waren zu Beginn der Mahlzeiten am deutlichsten und nahmen bis zum Ende der Mahlzeiten ab.«

Lassen Sie mich diesen Abschnitt teilweise verdauen und dann in schlichte Sprache umwandeln. Die Wissenschaftler treffen drei Aussagen:

1) Die Leute kauen köstliche Speisen schneller, als sie grässliche Speisen kauen.

2) Die Leute beeilen sich, köstliche Speisen in den Mund zu stecken, aber bei grässlichen Speisen zögern sie.
3) Die Leute genießen eine Mahlzeit mehr, wenn sie hungrig sind, als wenn sie satt sind.

Das ist gut zu wissen – und wir wissen es jetzt wissenschaftlich. Aber das ist noch nicht alles: Ein Edogramm liefert weitere Erkenntnisse.

Ein Edogramm ist ein Diagramm mit zwei Wellenlinien: Die eine Linie zickt jedes Mal, wenn eine Person kaut, die andere Linie zackt jedes Mal, wenn die Person schluckt. Bei ihrer Studie lernten die drei Wissenschaftler, dass gewöhnliche Menschen sich sehr gut an die ungelenke Ausrüstung, die für die Erstellung des Edogramms gebraucht wird, gewöhnen können. Hier ist ein gekürzter Abschnitt aus dem offiziellen Bericht: »Während der Testmahlzeiten wurde der Dehnmessstreifen an der Wange der Versuchsperson angebracht. Ein kleiner, mit Wasser gefüllter Ballon wurde mittels eines verstellbaren elastischen Kragens an die Kehle der Versuchsperson gehalten. Die Versuchspersonen gaben keinerlei Unbehagen durch den Apparat an. Eine Versuchsperson schlief während einer Mahlzeit sogar kurz ein, wobei ihr Kopf auf dem Tisch ruhte.«

Für Gastgeber und Gastgeberinnen, die sich eher in die Haushaltsorganisation als ins Kochen hineinsteigern, ist das eine gute Nachricht. Wenn Sie einigermaßen schmackhafte Speisen haben – oder zur Not, wenn Sie einfach genügend Speisen haben –, werden Ihre Gäste jegliche Ablenkung ignorieren können. Es sei denn, Sie lesen ihnen eine Kriminalgeschichte vor, während sie essen.

Fünf

Essen, denken und fröhlich sein

Mit besten Empfehlungen
»Die Wirkung von Bier, Knoblauch und saurer Sahne auf den Appetit von Blutegeln«
von Anders Barheim und Hogne Sandvik (1994 erschienen in *BMJ* und ausgezeichnet mit dem Ig-Nobelpreis in Biologie 1996)

Dies und mehr finden Sie in diesem Kapitel: Bauchknurren für Seelenklempner • Das Verkosten der Spitzmaus • Geschmacksproben des Wassers mit Ratten • Eier, Eier, Eier und noch ein paar essen • Wie und warum man Fleisch platzen lässt • Schmackhaftes Tierfutter • Die Haltungen zur Schokoladenumfrage • Wundern über Whisky und Kerzen • Standardpampe • Teebeutel • Die Schwäche von Häschen

Ihr Bauch sagt ...

Manche Psychoanalytiker können in den scheinbar gewöhnlichsten Häppchen Ihres Lebens Bedeutung finden. Einige erkennen es sogar an Ihrem Bauchknurren. Es gibt einen Fachbegriff für jene Verdauungsgeräusche: Borborygmi. Mehrere veröffentlichte Studien erzählen davon, wie man die Bauchgefühle der Leute interpretiert – wie man diese Borborygmi in gewöhnliche Alltagssprache übersetzt.

1984 veröffentlichte Christian Müller vom Hôpital de Cery in Prilly, Schweiz, einen Bericht mit dem Titel »Neue Beobachtungen zur Sprache der Körperorgane« in der Zeitschrift *Psychotherapy and Psychosomics.* Müller schreibt einen Aufsatz aus dem Jahr 1918 von jemandem namens Willener um, der »schlussfolgert, dass das allgemein als Borborygmi bekannte Phänomen als kryptogrammatikalisch verschlüsselte Körpersignale betrachtet werden kann, die mit der

Hilfe [speziellen] Geräts interpretiert werden könnten«. Müller beklagt, dass Willeners »Versuche, seine Theorie weiterzuverfolgen, durch die Mängel der damaligen Aufnahmetechnik durchkreuzt wurden«.

Zum Glück hatte Müller später Zugang zu besserer Ausrüstung. »Wir haben an unserer Klinik seit 1980 versucht«, schreibt er, »Elektromesenterikographie mit Spindels Alamografen zu kombinieren und zusätzlich die digitale Transformation für eine quantitative Analyse der Kurven mittels Computer zu verwenden.«

Müller verrät seinen größten Deutungstriumph: »Das Vorliegen einer negativen Übertragungssituation war unschwer abzuleiten aus der folgenden Sequenz: ›Ro... Pi... le... me... lo...‹ Die folgende Übersetzung ist sicherlich eine passende Wiedergabe: ›Rotten Pig, leave me alone.‹ [Fauliges Schwein, lass mich in Ruhe].«

Dieses schöne Beispiel von trockenem Humor und absichtlichem Unsinn, höre ich, wurde von einigen Lesern und vielleicht auch von einigen Redakteuren voll geschluckt.

Einige Jahre später veröffentlichte Guy Da Silva, ein Psychoanalytiker aus Montreal, mehrere anscheinend ganz ernsthafte Aufsätze über die psychoanalytische Bedeutung von Borborygmi. Der zugänglichste (aus meiner Sicht) ist sein »Borborygmi als Marker psychischer Arbeit während der analytischen Sitzung. Ein Beitrag zu Freuds Erfahrung der Befriedigung und Bions Vorstellung vom Verdauungsmodell für den Denkapparat«. Diese fachlich dichte Arbeit erschien 1990 in einer Ausgabe des *International Journal of Psychoanalysis*. Freud ist Sigmund Freud, der Pionier der Psychoanalyse, der in Wien lebte. Bion ist Wilfred Ruprecht Bion, Direktor der Londoner Clinic of Psychoanalysis in den 1950ern und späterer Präsident der British Psychoanalytical Society.

Guy Da Silva verdaute ein wenig Freud zusammen mit ein wenig Bion. Er schreibt: »Borborygmi können den Prozess und Erwerb neuer Gedanken (Symbolisierung) signalisieren, und die aus Borborygmi abgeleiteten freien Assoziationen liefern oft den Schlüssel zum Verständnis der Sitzung, indem sie den Sprachfluss von Gedanken mit der zugrunde liegenden sinnlichen und affektiven Erfahrung verknüpfen und dadurch einen ›Moment der Wahrheit‹ liefern. Innerhalb der primitiven mütterlichen Übertragung sind die Borborygmi oft Begleiter der Fantasie oder der Halluzination, vom Analytiker gefüttert zu werden.«

Guy DaSilva wird einigen Lesern vertraut sein als der Star von Hunderten von psychologisch qualvollen Filmen, darunter *Beyond Reality 3, The Lube Guy, Attack of the Killer Dildos* und *Porn-O-Matic 2000.* Aber Guy DaSilva der Schauspieler und Guy Da Silva der Psychoanalytiker sind nicht dieselbe Person, ganz gleich, wie ähnlich stimulierend ihre Arbeit sein mag.

Die Verkostung der Spitzmaus

Wenn Sie Spitzmäuse mögen, und besonders, wenn Sie sie angekocht mögen, werden Sie eine im *Journal of Archaeological Science* erschienene Studie verschlingen wollen. Unter dem Titel »Menschliche Verdauungseffekte auf ein Kleinsäugerskelett« erklärt sie, wie und warum einer der Autoren – entweder Brian D. Crandall oder Peter W. Stahl, wir erfahren nicht, wer – eine 90 Millimeter lange (ohne Schwanz, der weitere 24 Millimeter maß) Nördliche Kurzschwanzspitzmaus (Artname: *Blarina brevicauda*) aß und ausschied.

Dies war, fachlich gesprochen, »eine Vorstudie der menschlichen Verdauungseffekte auf das Skelett eines kleinen Insektenfressers«, mit »einer kurzen Erörterung der Ergebnisse und ihrer archäologischen Folgerungen«.

Crandall und Stahl sind Anthropologen an der State University of New York in Binghampton. Die Spitzmaus war ein einheimisches Exemplar, beschafft via Schlagfalle an einem nicht näher beschriebenen Ort nicht weit von der Universität entfernt.

Für die Eingabe des Experiments war die Vorbereitung anspruchsvoll. Nach dem Häuten und Ausweiden, sagt der Bericht, »wurde der Tierkörper ungefähr zwei Minuten leicht gekocht und in Portionen aus Vorder- und Hinterbeinen, Kopf sowie Körper und Schwanz ohne Kauen geschluckt«.

Und so behandelten Crandall und Stahl die Ausgabe: »Stuhlmaterial wurde über die folgenden drei Tage hinweg gesammelt. Jeder Stuhl wurde in einem Tiegel mit warmem Wasser gerührt, bis er vollkommen aufgelöst war. Diese Lösung wurde dann durch ein vierschichtiges Seihtuch abgegossen. Der gesiebte Inhalt wurde mit einer verdünnten Reinigungslösung gespült und mit einer Handlinse auf Knochenreste untersucht.« Dann analysierten sie die interessantesten Stücke mit einem Rasterelektronenmikroskop bei Vergrößerungen zwischen 10- und 1000-mal.

Eine Spitzmaus hat eine Menge Knochenteile. Alle gingen durch Crandalls oder vielleicht Stahls Kehle. Aber trotz außerordentlicher Anstrengungen, jeden einzelnen Knochen am Ende des Wegs zu finden und zu zählen, gingen viele verloren. Einer der größeren Kieferknochen verschwand. Desgleichen vier der zwölf Backenzähne, mehrere der größeren Bein- und Fußknochen, fast alle Zehenknochen und bis auf einen alle 31 Rückenwirbel. Und der Schädel, angeblich ein sehr harter Brocken, tauchte mit »erheblichem Schaden« auf, wie es im Bericht heißt.

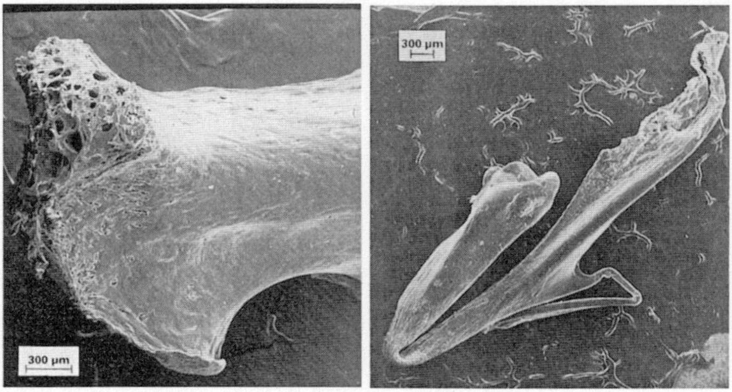

Verdauungsschäden mit Blick auf (links) den Oberarmknochen einer Spitzmaus und (rechts) mit Blick auf deren Tibiagelenk

Das Verschwinden erschreckte die Wissenschaftler. Wohlgemerkt, sie betonten in ihrem Aufsatz, dass diese Mahlzeit einfach hinuntergeschluckt wurde: »Die Spitzmaus wurde ohne Kauen aufgenommen; jeder Schaden entstand, während die Reste innerlich verarbeitet wurden. Kauen schädigt zweifellos Knochen, aber die Auswirkungen dieses Vorgangs werden vielleicht in dem sauren, rührenden Milieu des Magens wiederholt.«

Kauen, schreien sie beinahe den Kollegen zu, ist nur ein Teil der Geschichte. In jedem kleinen Haufen Überreste von antiken Mahlzeiten gibt es Rätsel zuhauf.

Vor diesem Experiment mussten Archäologen alle möglichen Mutmaßungen über die Tierknochen anstellen, die sie ausgruben – besonders bezüglich der Aussagen dieser Teilskelette über die Leute, die sie vermutlich verspeist hatten. Durch ihren disziplinierten Verzicht auf das Kauen haben Crandall und Stahl ihren Kollegen etwas Leckeres zum Nachdenken gegeben.

Mit besten Empfehlungen
»Irritationen des Rachens nach Verzehr von gekochter Vogelspinne« von Stephen J. Traub, Robert S. Hoffman und Lewis S. Nelson (erschienen im *Internet Journal of Medical Toxicology*, 2001)

Der Wassertest

Similar Preference for Natural Mineral Water between Female College Students and Rats

Yukiko Esumi and Ikuo Ohara*

Shimane Women's Junior College, Matsue 690–0044, Japan
** Faculty of Home Economics, Kobe Women's University, Suma-ku, Kobe 654–8585, Japan*

Die Studie »Eine ähnliche Vorliebe für natürliches Mineralwasser zwischen Collegestudentinnen und Ratten« bringt ein nettes Stück artübergreifender Diplomatie zuwege. Liest man sie von Anfang bis Ende, ist man in Verlegenheit zu sagen, wer – die Frauen oder die Ratten – von der Forschung profitieren soll.

Geschrieben von Esumi Yukiko vom Shimane Women's Junior College in Matsui, Japan, und Ohara Ikuo von der Kobe Women's University und erschienen im *Journal of Home Economics of Japan,* beschreibt diese sechs Seiten lange Untersuchung ein anscheinend einfaches Experiment.

Die Autorinnen erklären, dass ihre Arbeit zum Teil von einer einfachen Tatsache angeregt wurde: »Die Gesellschaft zum Studium von schmackhaftem Wasser, die vom Gesundheitsministerium gesponsert wird, schlug vor, dass Härte eine der wichtigsten Anforderungen an schmackhaftes Wasser sei.« Das griffen die beiden auf: »Die Zielvorgaben dieser Studie sind, das beste Mineralwasser zum Trinken zu ermitteln, indem die Härte des Wassers als Index herangezogen und gefragt wird, ob die Reaktion von Ratten auf Mineralwasser auf jene von Menschen hochgerechnet werden kann.«

Yukiko und Ikuo führten Geschmackstests mit 16 gesunden weiblichen Menschen, 16 gesunden weiblichen Ratten und 14 verschiedenen Tafelwässern durch (zehn japanischen, zwei belgischen und zwei französischen). Das Wasser, alle Marken, war kohlensäurefrei. Obendrein probierten die Geschmackstester auch Leitungswasser.

Die Frauen tranken aus Tassen, die Ratten aus Objekten, die »Trinkröhrchen« genannt wurden. Der Bericht präzisiert, dass die Ratten jeweils 160 Gramm wogen, plus minus 3 Gramm, und »individuell untergebracht« waren. Wir erfahren nichts, kein verflixtes Iota an Fakten, über das Gewicht der Frauen oder über ihre Wohnverhältnisse.

Der Bericht präzisiert des Weiteren: »Vor Beginn des Experiments wurde jedes Tier mit handelsüblicher Standardkost gefüttert«, sagt aber nichts über das, was die Frauen verzehrten.

Yukiko und Ikuo kamen zu zwei wesentlichen Ergebnissen. Erstens, schreiben sie, »wird ein angemessener Gehalt an Mineralien für schmackhaftes Trinkwasser benötigt, wobei zu wenig so schlecht ist wie zu viel und eine Härte von rund 58,3 Milligramm/Liter am günstigsten ist«. Zweitens, und vielleicht denkwürdiger: »Die vorliegende Studie hat bewiesen, dass die Bevorzugung verschiedener Mineralwässer durch Collegestudentinnen ähnlich jener bei Ratten war.«

Yukiko und Ikuo erheben nicht den Anspruch, das letzte Wort zu haben. Denn sie weisen auf Folgendes hin: »Der Menstruationszyklus der Probanden wurde in diesem Experiment nicht berücksichtigt, obwohl die Geschmacksempfindlichkeit davon beeinflusst werden kann.«

»Eine ähnliche Vorliebe für natürliches Mineralwasser zwischen Collegestudentinnen und Ratten« ist nicht die einzige Forschungsarbeit, die Collegestudenten und Ratten stolz und ausdrücklich einem Vergleichstest unterzieht. Aber es ist vielleicht die ausgelassenste seit C. Lathans und P. E. Fields für sich selbst sprechendem Experiment mit 38 College-Studenten und 27 weißen Ratten.

Alle Sorten Eier, jede Art von Vogelfleisch

Welche Vögel sind am ehesten genießbar und welche am wenigsten? Während des Zweiten Weltkriegs und unmittelbar danach ging Hugh B. Cott von der University of Cambridge beharrlich diesen Fragen nach und setzte Mittel ein, die wespig, katzenhaft und menschlich waren. Zusammengefasst sind seine Entdeckungen in einem 154-Seiten-Bericht mit dem Titel »Die Essbarkeit von Vögeln – veranschaulicht durch 5 Jahre andauernde Experimente und Beobachtungen (1941–1946) zu den Nahrungsvorlieben der Hornisse, der Katze und des Menschen«.

Im Oktober 1941 machte Cott eine zufällige Beobachtung. Während er in Beni Suef, Ägypten, Vogelbälge sammelte und konservierte, warf er die fleischigen Teile einer Palmtaube (*Streptopelia senegalensis aegyptiaca*) und eines Graufischers (*Ceryle rudis rudis*) weg. Hornissen fielen über den Taubenkörper her, ignorierten aber den Graufischer.

Verzaubert bot Cott später anderen Hornissen eine Auswahl an verschiedenen Stücken (Brust, Flügel, Schenkel und Innereien) von rund 40 verschiedenen Vogelarten im Rahmen von 141 Experimenten, die er in Beni Suef, Kairo und Tripoli im Libanon durchführte.

Die Hornissen fanden besonders Gefallen an Haubenlerche, Grünfink, Graubülbül und Haussperling. Sie senkten (metaphorisch) den Daumen für Pirol, Kappensteinschmätzer, Maskenwürger, Wiedehopf und andere.

Cott führte weitere 48 Experimente durch mit 19 Arten von Vogelfleisch und drei Katzen (zwei in Kairo und einer in Tripoli) als Verkoster. In jedem Experiment wählte der Verkoster zwischen zwei Vogelfleischsorten (oder entschied sich, nicht zu wählen).

Um die Frage »Was würde ein Mensch essen?« zu beantworten, sammelte Cott »Daten von Einheimischen im Libanon, aus persönlicher Erfahrung oder von Beobachtungen, die auf eine veröffentlichte Anfrage hin eingingen, sowie aus der [wissenschaftlichen] Literatur«. Am meisten schöpfte er aus Reverend H. A. Macphersons gelegentlich appetitlichem Werk von 1897 mit dem Titel *A History of Fowling.*

Als Cott die Ergebnisse all dieser Geschmackstests an all diesen Vögeln, vorgenommen durch Hornissen, Katzen und Menschen, begutachtete, sah er darin Sinn und Verstand. Er folgerte, dass in den meisten Fällen Menschen und Katzen »mit den Hornissen übereinstimmten, indem sie die auffälligeren Arten als relativ widerlich im Vergleich zu den unscheinbareren Arten einschätzten ... Vögel, die relativ verwundbar und auffällig sind ... erscheinen im Allgemeinen mehr oder weniger widerlich – in einem Maß, das wahrscheinlich für die meisten Beutegreifer als Abschreckung dient.«

Auf der anderen Seite sind Vögel, die ein besonders unauffälliges oder getarntes Äußeres haben, kichert Cott fast, »auch diejenigen, die besonders wegen der Vorzüglichkeit ihres Fleischs geschätzt werden«. Die Liste jener umfasst die Waldschnepfe, die Feldlerche und die Stockente.

Unter den weitgehend Abgelehnten waren Eisvogel, Papageitaucher und Dompfaff. Cott warnte seine Leser, dass »die Schmackhaftigkeit sich mit dem Wachstum und Alter des Vogels ändern kann, und sie unterscheidet sich deutlich mit Blick auf verschiedene Teile desselben Individuums«.

Aber wie in dem besonderen Fall des Huhns und des Eis ist dies weder der Anfang der Geschichte noch ihr Ende. Zu ungefähr derselben Zeit führte Cott auch ein umfangreiches Programm durch, um die Schmackhaftigkeit jeder Art von Vogelei zu testen, das er finden konnte. Die Titel seiner Untersuchungen erklären sich recht gut von selbst:

»Die Schmackhaftigkeit von Vogeleiern – veranschaulicht durch Experimente zu den Nahrungsvorlieben des Igels (*Erinaceus europaeus*)«

»Die Schmackhaftigkeit von Vogeleiern – veranschaulicht durch Experimente während dreier Jahre (1947, 1948 und 1950) zu den Nahrungsvorlieben der Ratte (*Rattus norvegicus*)«

»Die Schmackhaftigkeit von Vogeleiern – veranschaulicht durch Experimente zu den Nahrungsvorlieben des Frettchens (*Putorius furo*) und der Katze (*Felis catus*) – mit Anmerkungen zu anderen Eier essenden Fleischfressern« (Jene anderen Fleischfresser sind zahlreich und umfassen Zibetkatzen, Mungos und Erdmännchen, Hyänen, Hunde und Dingos, Otter, Erdwölfe und Füchse.)

Cotts Forschungsprogramm könnte zusammengefasst werden durch »Gehe Eier austrinken!« (wurde es aber nicht, soviel ich weiß).

Experimente zur Schmackhaftigkeit von Eiern sind potenziell von großem praktischen Wert. Inselstaaten, Großbritannien an erster Stelle, sind und waren verwundbar durch Feinde, die Nahrungslieferungen aus Übersee blockieren. Man könnte dieser Gefahr begegnen, indem man unbekannte und verkannte einheimische Nahrungsmittel entdeckte. Eine einfache Möglichkeit für den Anfang: Vogeleier sammeln und ihre Schmackhaftigkeit testen.

Eiersammeln ist, wie andere Forschertätigkeiten, nicht ohne Risiken. Cott berichtet über einen Vorfall, der in einer Studie von 1882 dokumentiert ist: »Nachdem das Opfer einen Korb voll mit den ersten Eiern der Saison gesammelt hatte und noch mehr besorgen wollte, schickte er seine Frau, um das Behältnis im Dorf zu leeren. In ihrer Abwesenheit befestigte er einen Strick am Klippenrand und unternahm einen zweiten Abstieg. Inzwischen lief ein Fuchs herbei und nagte an der Stelle, wo der Mann zuvor seine mit Eigelb verschmierten Hände abgewischt hatte, am Strick, bis dieser zerriss ...«

Cotts Experimente widmeten sich hauptsächlich einer wissenschaftlichen Frage – dem Nachweis, dass in der Regel die auffälligsten Eier schrecklich schmecken, gleich wer sie vielleicht essen möchte.

Cott setzte auch menschliche Eiverkoster ein. 1946 begann er eine sechsjährige Zusammenarbeit mit dem Eiergremium in Cambridge, einer von vielen ähnlichen Körperschaften, die sich während des Zweiten Weltkriegs bildeten, um zur Regelung der Lebensmittelversorgung beizutragen. Unter Cotts Leitung kosteten Mitglieder der Gruppe die Eier von 212 Vogelarten. Dies mündete in einen Bericht von 129 Seiten mit dem Titel »Die Schmackhaftigkeit von Eiern und Vögeln: hauptsächlich gestützt auf Beobachtungen eines Eiergremiums«. Er enthält Rohdaten, angereichert mit bunten Highlights aus den eigenen Notizen der Verkoster und aus anderen Quellen, darunter Cotts Seilschaft aus Eier sammelnden Korrespondenten.

Im Eiergremium »wurden die Proben in Form eines Rühreis getestet, über einem Dampfbad zubereitet, ohne jeden Zusatz von Gewürzen«. Jeder Verkoster bewertete jede Probe auf einer Skala, die von »ideal« bis ganz nach unten zu »abstoßend und unessbar« abfiel.

Die Abhandlung schließt mit einer Liste der verschiedenen Eiersorten »in absteigender Reihenfolge der Annehmbarkeit«. Man beachte, dass dies die Gesamtvorlieben sind; individuelle Geschmäcker mögen abweichen. Am angenehmsten ist Huhn, danach kommen Emu und Wasserhuhn, dann folgt Mantelmöwe. Die Eier der letzten Option, wie sie von amtlichen britischen Eiverkostern eingestuft werden: Grünspecht, Milchuhu, Zaunkönig, Braunflügel-Mausvogel und, an allerletzter Stelle, Mohrenmeise.

Cotts Werk erwies sich neben anderem als inspirierend. Eine Generation später zitierte der bereits erwähnte Richard Wassersug es als Inspiration und bis zu einem gewissen Grad als Anleitung für seine Forschungen zur Schmackhaftigkeit von Kaulquappen in Costa Rica.

Durchgeknalltes Rindfleisch

Bevor John Long dem Problem seinen Sachverstand widmete, versuchten die Leute auf vielerlei Art und Weise Fleisch zarter zu machen – durch Kauen, Klopfen oder Einweichen in Enzymen.

Der Bericht »Hydrodyne: Sprengstoff für zartes Fleisch«, 1998 vom amerikanischen Landwirtschaftsministerium (USDA) veröffentlicht, beschreibt Longs Schöpfungsakt als »eine Verwendung für Sprengstoff in Friedenszeiten«. Er fährt fort:

»Während seiner ganzen Laufbahn als Maschinenbauer arbeitete John Long mit Sprengstoffen am Lawrence Livermore [National Laboratory]. Seine Aufgabe: die Verteidigung der Nation vorzubereiten. Er fragte sich immer, ob die Sprengstoffe, die er untersuchte, für friedliche Zwecke genutzt werden könnten – etwa um Fleisch weichzuklopfen. Dann, nach über zehn Jahren in Rente und lange nach dem Ende des Kalten Krieges, begann er, das Hydrodyne-Konzept ernsthaft zu verfolgen.«

Der Artikel erklärt, dass Long sich mit dem Fleischwissenschaftler Morse Solomon zusammentat. Ihre erste Versuchsanordnung war »eine gewöhnliche Plastiktonne, mit Wasser gefüllt und mit einer Stahlplatte am Boden versehen, um Schockwellen von einer Explosion zu reflektieren«. 1998 gaben Long und Solomon Fleisch, Wasser und Sprengstoff in einen 3180-Kilogramm-Stahltank, abgedeckt mit einer 2,40 Meter hohen Stahlkuppel.

Diese offizielle Geschichte des USDA zum Anfang des Ganzen übersieht die Tatsache, dass ein anderer, Charles Godfrey aus Berkeley, Kalifornien, bereits 1970 ein Patent für seinen »Apparat zum Weichmachen von Lebensmitteln« erhielt. Godfreys erster Satz sprengt alle Verwirrung weg: »Ein Lebensmittel wird weichgemacht, indem man es in Wasser legt und in seiner Nachbarschaft eine Sprengladung zur Explosion bringt.«

Godfrey erklärt seine Methode: »Ein Stück Fleisch, das zartgemacht werden soll, wird unter Wasser in einen Tank gelegt. Angesichts der Neigung des Fleischs zu treiben, kann es notwendig sein, das Fleisch durch eine Schnur in Position zu halten ... Eine Druckwelle, die sich schneller als die Geschwindigkeit des Schalls fortpflanzt, kann im Wasser durch Hilfsmittel erzeugt werden, zum Beispiel eine Ladung Sprengstoff, die über dem Fleisch mit einer passenden Konstruktion angebracht wird, etwa den Überbrückungskabeln, die benutzt werden, um die Sprengkapsel eines Sprengstoffs zu zünden.«

Sobald die Idee veröffentlicht war, begannen andere Wissenschaftler mit Rind, Schwein, Huhn und anderen Dingen, die bum machten, zu experimentieren. Eine Studie von 2006 wies auf einen Forscher namens Schilling hin, der zeigte, dass »die hydrodynamische Druckwelle ... die Farbe von gekochtem Hähnchenbrustfleisch nicht beeinträchtigte«.

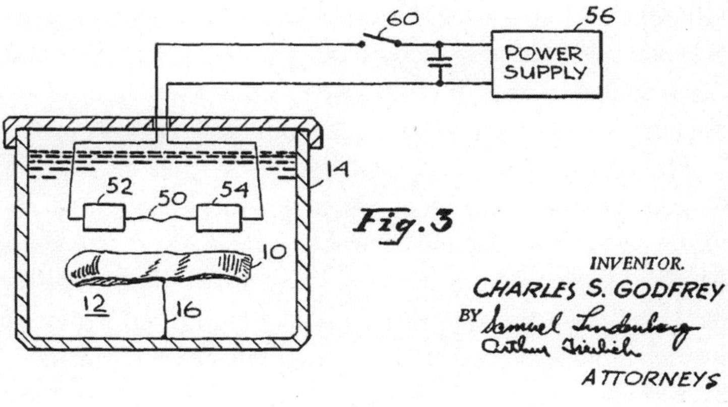

Wie man eine Schockwelle mit genügend Druck generiert, um ein Nahrungsmittel weichzumachen. Ausschnitt aus US-Patentnummer 3.492.688

In einer Broschüre prahlte der amerikanische Verband der Rinderzüchter, »die Technologie verbessert nachweislich die Zartheit von Rindfleisch um 30–80 %, und je zäher das Stück Fleisch, desto größer der Grad der Verbesserung«. Aber bis jetzt funktioniert das Verfahren nur in kleinen Mengen unterhalb des industriellen Rahmens. Das quälende Problem, wenn man Sprengstoffe an Fleischbergen anbringt, liegt darin, wie man sie weich bekommt, ohne sie zu pulverisieren.

Haustiergaumen

Tierfutter-Geschmackstests durch Menschen erreichten eine neue Stufe mit der Veröffentlichung der wissenschaftlichen Studie »Optimieren der sinnlichen Charakteristika und Akzeptanz von Dosenkatzenfutter: Verwendung eines menschlichen Verkostungsteams«. Der Autor, G. J. Pickering von der Brock University in St. Catharines, Ontario, Kanada, berichtet: »Katzen reagieren empfindlich auf Geschmacksunterschiede in der Kost, sind sehr anspruchsvoll in der Nahrungsauswahl und eindeutig nicht in der Lage, ihre Vorlieben und Abneigungen verbal auszudrücken. Diese Probleme haben die Industrie über Jahrzehnte verfolgt.«

Pickering erklärt, dass Geschmackstests mit freiwilligen Katzen unter drei Nachteilen leiden. Sie sind »teuer durchzuführen, zeitaufwändig und liefern nur begrenzte und oft mehrdeutige Daten«. Also bietet er eine Alternative an: »Hausinterne Geschmacksproben mit einem menschlichen Verkoster werden üblicherweise von der Tiernahrungsbranche durchgeführt, doch besteht ein Defizit an relevanter Information in der wissenschaftlichen Literatur.«

Seine Studie tischt eine herzhafte Portion an Informationen auf. Menschliche Freiwillige bewerteten 13 verschiedene kommerzielle Tiernahrungsproben, wobei sie sich auf 18 sogenannte Geschmacksattribute konzentrierten: süß, bitter/sauer, Thunfisch, pflanzlich, pikant, Soja, salzig, Getreide, Karamelle, Huhn, Methionin, Gemüse, Innereien, fleischig, angebrannt, Garnele, ranzig und bitter.

Produktbeschreibungen

Produktcode	Produktbeschreibung
A	Homogenes Produkt vermarktet als Rinderhack-basiert
B	Homogenes Produkt vermarktet als Sülze-basiert
C1	Produkt C – binäres System: Fleischbrocken-Portion
C2	Product C – binäres System: Soßen-Portion
D	Homogenes Produkt
E	Homogenes Produkt
F1	Produkt F – binäres System: Fleischbrocken-Portion
F2	Produkt F – binäres System: Soßen-Portion
G	Homogenes Produkt vermarktet als Fisch-basiert
H1	Produkt H – binäres System: Fleischbrocken-Portion
H2	Produkt H – binäres System: Gallert-Portion
I1	Produkt I – binäres System: Fleischbrocken-Portion
I2	Produkt I – binäres System: Soßen-Portion

Die Verkostungsprotokolle hingen von der Textur der Kostproben ab. Wenn die Leute Fleischstücke kauten, bewerteten sie Härte, Zähigkeit und Körnigkeit (»Probe gekaut mit Backenzähnen, bis sie so weit zerkaut war, dass sie geschluckt werden konnte«). Aber sie beurteilten Soße/Gallertpampe im Hinblick auf Zähflüssigkeit und Körnigkeit (»Probe in Mund genommen und über Zunge bewegt«). Das so gewonnene Wissen war jedoch nur ein erster Schritt. »Es ist jetzt notwendig«, schreibt Pickering, »die Brauchbarkeit und Grenzen geschmacklicher Daten, die von menschlichen Testern gewonnen wurden, für die Beschreibung und Vorhersage der Nahrungsakzeptanz und des Präferenzverhaltens bei Katzen zu bestimmen.«

Wo Pickerings Katzenfutterartikel vor allem für den industriellen Bedarf gedacht war, veröffentlichte ein Team unabhängiger Wissenschaftler – bestehend aus John Bohannon, Robin Goldstein und Alexis Herschkowitsch – den Beitrag »Können Menschen Pastete von Hundefutter unterscheiden?«, um eine gesellschaftlich relevante Frage aufzugreifen, nämlich bezüglich »des Potenzials von Dosenhundefutter für den menschlichen Verzehr angesichts der Bewertung seiner Schmackhaftigkeit«. Die Studie kommt etwas ratlos zu dem Schluss, dass (1) »Menschen nicht gern Hundefutter essen« und (2) »nicht fähig [sind], sein Geschmacksprofil von anderen Produkten auf Fleischbasis, die für den menschlichen Verzehr bestimmt sind, zu unterscheiden«.

Vielleicht hat Alkohol zu diesem Ergebnis beigetragen. Die Hundestudie wurde von der American Association of Wine Economists (AAWE) veröffentlicht, während der Katzenbeitrag von einem Professor der biologischen Wissenschaften/Weinwissenschaft geschrieben wurde und im *Journal of Animal Physiology and Animal Nutrition* erschien, das auch mit ergänzenden Studien aufwartet wie »Der Einfluss von polyphenolreicher Apfeltrester- oder Rotweintresterkost auf die Darmmorphologie von Absetzferkeln«.

Gemessene Einstellungen zu Schokolade

Ein Bericht mit dem Titel »Die Entwicklung des Fragenkatalogs bezüglich Einstellungen zu Schokolade«, 1998 erschienen, verrät, wie drei Forscher an der University of Wales, Swansea, sich ein neues analytisches Werkzeug einfallen ließen.

Die Psychologen hatten lange eine Möglichkeit herbeigesehnt, jemandes Gelüste nach Schokolade zu bewerten.

Warum Schokolade? Weil »Schokolade die mit Abstand am häufigsten ersehnte Nahrung ist«. Sie führt Schokoladensüchtige in Versuchung und auch Akademiker, die nach Wissen und vielleicht Anerkennung hungern.

Das erwünschte Ziel – der vielleicht unmögliche Traum – ist es, die Schokoladengelüste zweier beliebiger Menschen so zuverlässig zu messen und zu vergleichen, wie man die Höhe zweier Tische messen und vergleichen kann. Aber Gelüste sind oft mit Gefühlen verquickt, Tischhöhen dagegen nicht. Dies erklärt, warum Tischhöhen leichter zu messen sind.

Alle vorherigen Versuche, Gelüste zu messen, sagen die Koautoren der Studie, David Benton, Karen Greenfield und Michael Morgan, waren »unzuverlässig«. Sie ersannen also ein Hilfsmittel, das, wie sie behaupten, »eine quantitative Schätzung der grundlegenden Einstellungen zu Schokolade liefert«. Es misst die Größe des Verlangens; und es misst auch die Schuldgefühle.

Das Werkzeug – der Fragenkatalog hinsichtlich der Einstellungen zu Schokolade – ist eine einfache Liste von 24 Aussagen. Einige betreffen grundsätzlich das Verlangen:

Der Gedanke an Schokolade lenkt mich oft ab von dem, was ich tue.
Mein Verlangen nach Schokolade scheint oft überwältigend.

Manche handeln von Schuld:

Ich fühle mich schuldig, nachdem ich Schokolade gegessen habe.
Nachdem ich Schokolade gegessen habe, wünsche ich oft, ich hätte es nicht getan.

Um die Lust einer Person auf Schokolade zu messen, muss diese jede Aussage lesen und dann durch eine Markierung angeben, ob die Aussage »überhaupt nicht auf mich zutrifft« oder »sehr stark auf mich zutrifft« oder irgendwo dazwischen liegt. Ein bisschen statistische Manipulation – und *schwupps!* kommt eine Zahlenreihe heraus, die das Verlangen beschreibt.

Benton, Greenfield und Morgan testeten und eichten ihr neues Werkzeug an einigen studentischen Freiwilligen. Zusätzlich zur Beantwortung der Fragen spielten die Freiwilligen eine Art mechanisches Spiel. Durch Drücken eines Hebels konnten sie eine Belohnung erhalten – eine kleine Plakette aus Schokolade. Im Fortgang des Spiels mussten sie den Hebel immer häufiger drücken (zweimal, dann viermal, dann achtmal, dann sechzehnmal usw.), bevor ein weiteres Stück Schokolade herauskam. Der Punkt, an dem jemand sich weigerte, dieses Spiel weiterzuspielen, zeigte die Stärke des Verlangens an (oder das Völlegefühl ihres Magens, könnte man sagen, nachdem einige Zeit verstrichen ist).

Danach verglichen die Forscher die Punktzahl der Leute auf dem Fragebogen mit der Stärke ihres Verlangens, wie sie sich aus dem Schokoladenspenderspiel ergab.

Die Ergebnisse aus dem Fragebogen stimmten durchaus mit dem überein, was in dem Spiel geschah. Wenn laut Fragebogen jemand ein starkes Verlangen nach Schokolade hatte, zeigte die Person in den meisten Fällen Ausdauer, die frustrierende Maschine dazu zu bringen, Schokolade auszuwerfen. Somit ist der kleine Fragenkatalog eine billige, ziemlich akkurate Möglichkeit, die Lust auf Schokolade zu messen und auch das Schuldgefühl zu messen.

In ihrem Bericht verkünden die Forscher, dass sie mithilfe ihres neuen Werkzeugs eine aufregende neue psychologische

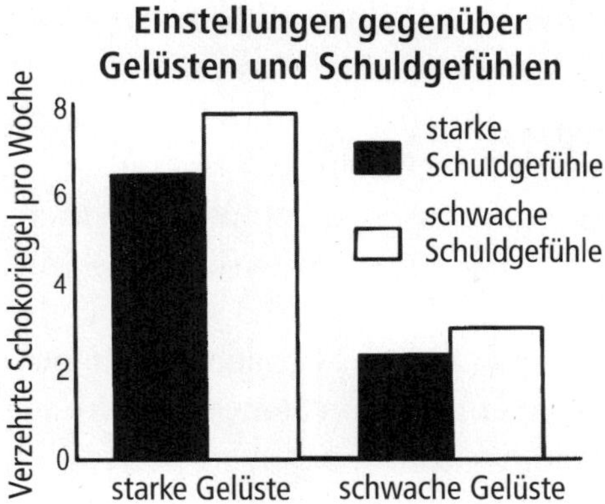

Darstellung: »Die Beziehung zwischen Gelüsten, Schuldgefühlen und dem Verzehr von Schokoriegeln ... Ein starkes Verlangen nach Schokolade bei gering ausgeprägtem Schuldgefühl wurde assoziiert mit dem Verzehr einer größeren Menge von Schokoriegeln«

Entdeckung gemacht hätten, nämlich dass »Verlangen, aber nicht Schuld mit dem Essen von Schokoladetafeln verknüpft war«.

Pah zu Whisky

Whisky und Kerzenlicht, über viele Jahre wiederholt konsumiert, beinhalten ein gewisses Maß an Gefahr. Zwei holländische Forschungsprojekte versuchten, dieses zu messen. Sie hofften, dem Gespenst des Todes zu trotzen – entweder zu bekräftigen oder zu widerlegen, dass guter Whisky und geweihte Kerzen, für sich oder kombiniert, sehr, sehr schlecht für einen Körper sind.

Das sehr spezifische Objekt, das gemessen werden sollte, sowohl im Fusel als auch im Kerzenrauch, war eine besondere Gruppe von Chemikalien. Bekannt unter dem Akronym »PAK« oder »PAH« (sagen Sie es laut, mit gespitzten Lippen, um zu verstehen, für wie fies manche Leute sie halten), haben diese schmackhaften, auffällig riechenden Moleküle einen ziemlich wohlverdienten Ruf, Krebs und andere Krankheiten zu verursachen.

Jos Kleinjans, Professor für Umwelthygiene an der Universität Maastricht, führte zwei Untersuchungen durch. Er stieß zu einer Gruppe von Kollegen, um Whisky in die Mangel zu nehmen. Mit einer anderen Gruppe schnüffelte er Kirchenkerzendünste (und auch Kirchenweihrauch) auf der Suche nach hinterhältiger Bosheit.

Der Whisky kam zuerst dran. Wie in einem 1996 in *Lancet* erschienenen Bericht ausführlich beschrieben, erhielten Kleinjans und fünf Freunde einige der erlesensten Whiskys der Welt. Zu Vergleichszwecken gabelten sie auch einiges an billigem Zeug auf.

Aus Schottland bekamen sie sechs Malt-Whiskys – Laphroaig, Oban, Glenkinchie, Glenfiddich, Highland Park und Glenmorangie – und auch vier Verschnitte – Famous Grouse, Chivas Regal, Johnnie Walker Red und Ballantines.

Aus Nordamerika vier Bourbons – Southern Comfort, Virginia Gentleman, Jack Daniel's, Four Roses und Old Overholt.

Aus Irland drei Whiskeys – Bushmills Malt, Jameson und Tullamore Dew.

»Karzinogene PAK«, verkündeten die Wissenschaftler, »waren in allen Whiskymarken vorhanden«, aber »es ist offensichtlich, dass schottische Malt-Whiskys das höchste karzinogene Potenzial haben.« Dummerweise enthüllten sie damit, dass die teuersten schottischen Malt-Whiskys die höchsten Gefahrenpegel enthalten.

Doch keine Sorge, oder wenigstens nicht allzu viel davon. Der Bericht schließt: »Verglichen mit geräucherten oder über

Holzkohle gegrillten Nahrungsprodukten ... sind die PAK-Konzentrationen in Whiskys niedrig und erklären wohl nicht die Krebsrisiken des Whiskykonsums.« Dies ist Gefahr mit einem ganz winzigen »g« geschrieben. Es ist die Würze des Lebens und auch des Whiskys.

Fast biblische sieben lange Jahre später veröffentlichten Kleinjans und drei andere Freunde einen Bericht mit dem Titel »Radikale in der Kirche«. Er erzählt von ihren Abenteuern in einer katholischen Kirche – der Onze Lieve Vrouwe Basiliek in Maastricht. Dort nahmen sie Proben des Qualms, der sich beim Abbrennen von Kerzen und Weihrauch in einer standardmäßigen (soweit solche Dinge Standard sind) Neun-Stunden-Runde entwickelt. Sie nahmen auch, buchstäblich um das Maß vollzumachen, Proben von der Luft vor und nach einem »simulierten Gottesdienst« in einer großen Basilika, wie sie es nannten. Die PAK-Pegel, entdeckten sie dabei, sind höher als bei einer Dosis Whisky, aber vielleicht nicht hoch genug, um die Frage »Ist es gefährlich?« zu beantworten.

Und so endet ihr Bericht mit einer dunklen Diagnose: »Es kann nicht ausgeschlossen werden, dass die regelmäßige Auswirkung von durch Kerzen oder Weihrauch verursachtem Feinstaub zu einem erhöhten Risiko von Lungenkrebs oder anderen Lungenkrankheiten führt.«

Standardpampe

Wenn Nahrungsmittelhersteller Nährwertangaben auf ihre Etiketten setzen, können sie entweder (a) die Zahlen erfinden (und eine Gefängnisstrafe riskieren) oder (b) die Nahrung chemisch analysieren, um zu sehen, wie viel davon gesättigtes Fett oder Natrium oder Vitamin A oder irgendein anderer bestimmter Nährstoff, ein Mineral oder ein Vitamin ist. Die analytischen Chemiker müssen wissen, falls sie ehrlich und ehrenwert sind, ob sie ihren eigenen Messungen trauen können – und so testen sie ihre Ausrüstung, indem sie zuerst ein offiziell gemessenes und zertifiziertes »typisches« Nahrungsmittel analysieren.

Für gerade mal 839 Dollar kann man die Essenz einer offiziell gemessenen und zertifizierten »typischen Kost« kaufen – offiziell zubereitet und abgefüllt durch das National Institute of Standards and Technology (NIST) der amerikanischen Regierung. Für das Geld bekommen Sie zwölf Gramm gemischtes »gefriergetrocknetes Homogenat von Mischkostnahrungsmitteln«, geliefert in einem Paar 17-cl-Fläschchen.

Ein beiliegendes NIST-Dokument, das »Analysezertifikat, Standardreferenzmaterial 1548a, typische Kost«, erhebt keinen Anspruch auf Schmackhaftigkeit. Das Zertifikat bemerkt, dass diese möglicherweise köstlichen Klumpen »nicht für den menschlichen Verzehr« sind.

Jede Portion umweht ein Hauch von Geheimnis, enthält einen Hinweis auf Ungenauigkeit in den Zahlen. Das Analysezertifikat erwähnt »Unsicherheiten, die nur Messgenauigkeit widerspiegeln mögen, schließen vielleicht nicht alle Quellen der Unsicherheit ein oder spiegeln vielleicht einen Mangel an ausreichender statistischer Übereinstimmung zwischen vielfältigen Methoden wider«. (Das Zertifikat erwähnt im Weiteren mit einem metaphorischen Zwirbeln des Schnurrbarts und einem Augenzwinkern, dass »es nicht genügend Informationen gibt, um eine Bewertung der Unsicherheiten vorzunehmen«.)

Trotz der Ungenauigkeit wäre es falsch, sehr falsch, zu sagen, dass die Kost sorglos zusammengeschüttet wurde. Sie wurde ganz im Gegenteil »zubereitet nach den Speisekarten, verwendet für die Stoffwechselstudien an der Human Study Facility« der US Food and Drug Administration. »Lebensmittelartikel in vorgeschriebenen Mengen, die einen Vier-Tage-Speiseplan abbilden, wurden zu einem Hauptmenü gebündelt/kombiniert ... Das Material wurde gefriergetrocknet, pulverisiert, gesiebt und strahlensterilisiert mit einer Dosis von 2,5 mrad, um bakterielles Wachstum zu verhindern«, dann »gemischt, in Flaschen abgefüllt und unter Stickstoff versiegelt«.

Zusätzlich zur typischen Kost produziert NIST Artikel, die spezialisiertere Gaumen ansprechen: Babynahrungsmischung, Erdnussbutter, Backschokolade, Fleischhomogenat und »Lake Superior Fish Tissue«. Letzteres enthält Standardmengen an Fett, Fettsäure, Pestiziden, polychlorierte Biphenyle (PCBs), Quecksilber und Methylquecksilber.

NIST bietet viele Arten von nützlichen und, für den Kenner, köstlichen Standardreferenzmaterialien. Sein Katalog bringt es auf 145 Seiten.

Kauflustige können Seite um Seite mit Körperflüssigkeiten und Pampe durchsehen, darunter Bilirubin, Cholesterin und Askorbinsäure in gefrorenem Human-Serum. Es gibt weitere Spezialprodukte in verwirrender Vielfalt: toxische Metalle in Rinderblut, Marinemessing, Hausschlamm und Plutonium-242-Lösung, um nur vier zu nennen.

Die Preise liegen meist im Bereich von 300 bis 600 Dollar. Am oberen Ende finden Sie New York/New Jersey-Fahrrinnensediment für 610 Dollar. Schnäppchen gibt es auch, darunter ein Posten namens »Zigaretten-Anzündstärke, Standard«, im Angebot der Karton (200 Zigaretten) für 192 Dollar. Leider war der Artikel »Multidrogen in Urin« nicht auf Lager, als ich zum letzten Mal nachschaute.

In Kürze
»Der Unterschied zwischen Wärmeintensität und Gesamthitzeaufnahme bei der Mikrowellen ausgesetzten Maus«
von Christopher J. Gordon und Elizabeth C. White (erschienen in *Physiological Zoology,* 1982)

Die Autoren bei der amerikanischen Umweltschutzbehörde fassen zusammen: »Diese Untersuchung bewertet die Fähigkeit des Wärme ableitenden Systems der Maus, auf gleichwertige Wärmebelastung (z. B. J/g) zu reagieren, die in wechselnden Intensitäten zugeführt wird (z. B. J/g/s oder W/kg). Die Verwendung eines Mikrowellenbelastungssystems lieferte ein Mittel, um exakte Energiemengen in wechselnden Quoten bei wachen, freilaufenden Mäusen zuzuführen.«

Die Begleiterscheinungen von Eierspeise

Es gibt eine Person, die vor allen anderen die Wirkungen von Eierspeise ausgelotet hat.

René A. de Wijk arbeitet am Wageningen Centre for Food Sciences in den Niederlanden. Während eines vierjährigen Ausbruchs an wissenschaftlicher Tätigkeit, was seine verblüffende Produktivität beweist, veröffentlichte de Wijk mehr als zehn um Eierspeise kreisende Forschungsberichte, von denen jeder einzelne ein maßgeblicher Beitrag zu unserem Verständnis von und unserem Verhältnis zu Eierspeise ist.

Stellen Sie sich Eierspeiseforscher nicht als einsame, asoziale Wesen vor. De Wijk ist es ganz gewiss nicht. Er wird als Koautor mit einer glücklichen Vielzahl von Kollegen genannt.

2001 tat sich de Wijk mit H. Weenen, L. J. Van Gemert, R. J. M. Van Doorn und G. B. Dijksterhuis zusammen. Das Ergebnis war »Textur und Mundgefühl halbfester Lebensmittel: handelsübliche Mayonnaise, Salatsoßen, Eierspeise-Desserts und warme Soßen«, das Leser des *Journal of Texture Studies* entzückte.

Zwei Jahre später veröffentlichte de Wijk zusammen mit Weenen und zwei anderen einen Bericht, der auf Anhieb ein Klassiker der Puddingstudien wurde: »Der Einfluss der Portionsgröße und des Verzehrs von mehreren Portionen auf orale Texturempfindungen.« Dieses sorgfältig formulierte Dokument beschreibt zwei Experimente.

Zuerst beobachteten die Wissenschaftler, was passiert, wenn eine Person sorgfältig bemessene Portionen eines Vanillecreme-Desserts zu sich nimmt. Creme auf diese Art und Weise zu genießen, beobachteten sie, »beeinflusste die Wahrnehmung der Dicke, Temperatur, Adstringenz und Cremigkeit«. In dem anderen Experiment begannen die Eierspeise kauenden Freiwilligen mit Portionen von einem bestimmten Vanillecreme-Dessert – wechselten dann aber plötzlich zu einem völlig anderen Vanillecreme-Dessert. Die Wirkung war ziemlich subtil: »Empfindungen von Dicke und ein fettiges Nachgefühl« machten sich stärker bemerkbar.

2003 erstellten de Wijk und Kollegen zwei Berichte über die Interaktion von Speichel und Eierspeise. In dem einen testeten sie die Wirkung der Zugabe von Speichel zur Eierspeise, bevor die Creme gegessen wurde. Der Bericht merkt gewissenhaft an, dass »der Speichel zuvor von den Versuchspersonen gesammelt worden war und jede Versuchsperson ihren eigenen Speichel bekam«. Der andere Bericht betrachtete, »ob und wie die Speichelmenge, die eine Versuchsperson erzeugt, die sinnlichen Bewertungen beeinflusst«, wenn diese Person dann ein Vanillecreme-Dessert verschlingt. Die Ergebnisse sind auf denkwürdige Weise zusammengefasst: »Eine Versuchsperson mit einer größeren Speichelflussquote während des Essens bewertete die Speisen nicht anders als eine Versuchsperson mit geringerem Speichelfluss.«

Ein anderer Bericht de Wijks aus jenem Jahr erforschte die

Wirkungen von Manipulationen bezüglich der Eierspeise im Mund. Die Aktivitäten »reichten vom einfachen Platzieren des Reizes auf der Zungenspitze bis zum energischen Hin-und-her-Bewegen im Mund«. Um eine gewisse Perspektive zu erhalten, mussten die Testpersonen auch Mayonnaise manipulieren, was allerdings separat geschah.

Amount of ingested custard dessert as affected by its color, odor, and texture

René A. de Wijk[a,b,*], Ilse A. Polet[a,c], Lina Engelen[a,d], Rudi M. van Doorn[a,c], Jon F. Prinz[a,d]

Abstract

The effects of nonoral sensations, such as visual texture and odor, on the size of the first bite were investigated in a series of studies using specially constructed food delivery cups with lower, from which custards were ingested ("ingested custard"), and upper, from which a custard was viewed and/or smelled ("upper custard") compartments. Ingested and upper custards were either the same or different. Bite size

Zusammen mit vier Kollegen legte de Wijk dann sein Opus magnum vor, ein Destillat all dessen, was über das Empfinden beim sorgfältigen Kauen von Eierspeise und einer intellektuell und gustatorisch stimulierenden Lektüre bekannt ist. Einige Leser wird »Menge des eingenommenen Eierspeise-Desserts unter dem Einfluss von Farbe, Geruch und Textur« an das Werk von Marcel Proust erinnern, denn es befasst sich ausschließlich damit, was geschieht, wenn ein feinfühliger Mensch den allerersten Bissen zu sich nimmt.

Die Knoblauchfamilie

»Diese Studie bewertete die Wirkungen des Geruchs und der Aufnahme von Knoblauchbrot auf familiäre Interaktionen.« Mit diesen Worten erklärte Alan R. Hirsch von der Smell & Taste Treatment and Research Foundation, Chicago, den Zweck und Umfang seiner Forschung. Doch Hirsch analysierte die Materie nicht so tief, wie er es hätte tun können.

EFFECTS OF GARLIC BREAD ON FAMILY INTERACTIONS
Alan R. Hirsch, Smell & Taste Treatment and Research Foundation, Chicago, IL

This study assessed the effects of the odor and ingestion of garlic bread on family interactions.
Fifty families were given 2 identical spaghetti dinners, randomly presented with and without garlic bread. Average family size was 3.6 (range 2 to 12). At each dinner, the number of interactions both positive and negative were recorded during 3 one-minute intervals. The 1st minute served as a baseline. During the 2nd minute the garlic bread aroma was presented. During the 3rd minute the bread was ingested. Three minutes of interactions

Das soll nicht heißen, dass Dr. Hirsch faul war. Im Rahmen seines Experiments untersuchte er die Interaktionen von Knoblauchbrot und 50 Familien, ein Unterfangen, das die Zubereitung und den Verzehr von nicht nur 50, sondern ganzen 100 Mahlzeiten umfasste. Jede Familie musste ein Essen mit Knoblauchbrot und auch ein Essen ohne mitmachen. Für jede Familie wurde die Reihenfolge der beiden Erfahrungen nach dem Zufallsprinzip bestimmt.

Hirsch veröffentlichte Einzelheiten in der Zeitschrift *Psychosomatic Medicine.* Die Familien reichten in der Größe von zwei bis zu zwölf Personen. Bei ihrem Brotmahl musste jede Familie eine volle Minute ausharren, bevor sie dem Knoblauchduft ausgesetzt wurde. Hirschs veröffentlichter Bericht liest sich wie die wissenschaftliche Abenteuergeschichte, die er ist. »Während der zweiten Minute«, schreibt er, »wurde der Knoblauchbrotduft präsentiert. Während der [dritten] Minute wurde das Brot eingenommen.«

Der Rest der Geschichte kann in Zahlen erzählt werden. »Das Riechen und Essen des Knoblauchbrotes verringerte die Zahl negativer Interaktionen zwischen den Familienmitgliedern«, hält der Bericht fest, »und die Zahl angenehmer Interaktionen nahm zu.« Hirsch kam zu folgendem Schluss: »Knoblauch zum Essen zu servieren verbessert die Qualität familiärer Interaktionen. Dies kann potenziell der Förderung und Erhaltung gemeinsamer Familienerfahrungen dienen, indem es die Familieneinheit stabilisiert, und auch als Ergänzung einer Familientherapie von Nutzen sein.«

Aber wie ist biochemisch der Mechanismus, der zu dieser Wirkung führt, zu erklären? Auf dieser Ebene wahrt Hirsch Stillschweigen.

Eine Antwort muss man anderswo suchen, vielleicht im *Journal of Biological Chemistry,* das eine Studie mit dem Titel »Das aktive Prinzip von Knoblauch bei der Auflösung in Atome« veröffentlichte. Die deutschen Autoren dieses Berichts mahnen zur Vorsicht: »Ungeachtet der Tatsache, dass viele Kulturen weltweit Knoblauch als grundlegende Komponente ihrer Küche wie auch ihres Arzneischranks schätzen und verwenden, ist relativ wenig bekannt über die Proteinstruktur der Pflanze, die für die besonderen Eigenschaften von Knoblauch verantwortlich ist.«

Dieser Mangel an Wissen drängte sich auch 1998 auf, als drei Wissenschaftler in Wales »Was für eine Art Männer nehmen Knoblauchpräparate?« veröffentlichten. Ihr Schluss: »Männer, die Knoblauchergänzungsmittel nehmen, sind im Allgemeinen den Nicht-Knoblauchessern ähnlich.«

»Teabagging« im Namen der Wissenschaft

Politisches »Teabagging« und sexuelles »Teabagging« haben in den letzten Jahren beträchtliche Aufmerksamkeit kontroverser Art auf sich gezogen, aber auch eine weniger bekannte Spielart – »Teabagging« in der Forschung – besitzt viel, was eine Beschäftigung mit ihr lohnenswert macht.

Für den Fall, dass Ihnen das Wort »Teabagging« noch nicht begegnet ist, folgt hier ein bisschen linguistischer Hintergrund. Politisches »Teabagging« leitet seinen Namen von einem verzerrten, zornigen Eintauchen in die amerikanische/britische Geschichte ab: dem als »Boston Tea Party« bezeichneten Protest von 1773 gegen die Besteuerung, während sexuelles »Teabagging«, bedeutet, dass man einen bestimmten Körperteil in einen anderen taucht, ein wenig so, wie ein Teebeutel in einen Becher getaucht wird.

»Teabagging« in der Forschung dagegen stellt sich ganz anderen Dingen – indem es Teebeutel verwendet, um wissenschaftliche und medizinische Fragen zu erforschen.

2009 berichtete eine Gruppe von neun japanischen Forschern, wie sie Beutel mit grünem Tee verwendeten, um einen ekelhaften Geruch zu bekämpfen, den die Hände extrem unglücklicher Opfer von Schlaganfällen verströmten. In ihrem Bericht, erschienen in der Zeitschrift *Geriatrica and Gerontology International* unter dem Titel »Faustbeutel mit Tee, um Geruch von verkrampften Händen und Achselhöhlen bei bettlägerigen Patienten zu verhindern«, fanden sie heraus, dass das Umklammern eines mit grünem Tee gefüllten Beutels den »Geruch bei diesen bettlägerigen Patienten beträchtlich mäßigen konnte«.

1997 veröffentlichte eine Krankenpflegerin in Winnipeg, Kanada, einen Artikel im *Journal of Obstetric, Gynecologic and Neonatal Nursing* mit dem Titel »Verschafft die Auflegung von Teebeuteln auf wunde Brustwarzen während des Stillens wirksame Erleichterung?«. Dies ist eine glücklich endende Geschichte, denn sie fasst zusammen, dass »Kompressen mit warmem Wasser oder Teebeuteln eine preiswerte, gleichermaßen wirksame Behandlung sind«, die »weitere Komplikationen wie starke Schmerzen, Aufplatzen, Bluten, unzureichende Milchspende und letztlich vorzeitiges Abstillen verhindern kann«.

Sieben Jahre später berichtete ein amerikanisches Ärzteteam über einen Fall von Drogenmissbrauch via Teebeuteln. Sein Aufsatz mit dem Titel »Der Fentanyl-Teebeutel« erschien in der Zeitschrift *Veterinary and Human Toxicology*. Er beschreibt »eine 21 Jahre alte Frau, die ein Fentanylpflaster in eine Tasse mit heißem Wasser tauchte und die Mixtur dann trank. Koma und Hypoventilation waren die Folge.«

Eine andere Gruppe von Teebeutelfans verwendete Maden. Eine Ausgabe von *Türkiye Parazitoloji Dergisi (Türkischer Digest für Parasitologie)* brachte 2009 einen Bericht mit dem Titel »Die Behandlung von eitrigen chronischen Wunden durch Maden-Débridement-Therapie«. Es wird berichtet, wie »sterile Maden, erzeugt in Laboratorien der Universität und von der privaten Industrie, gewöhnlich auf der Wunde angebracht werden, indem man einen käfigartigen Verband oder einen teebeutelartigen Käfig verwendet«.

Über 30 Jahre davor zielte ein Team von biomedizinischen Teebeutelfans auf Braune Hundezecken ab. In ihrer Studie von 1974, im *Bulletin of Epizootic Diseases of Africa* veröffentlicht, evaluierten sie die »Teebeutel-Methode«, indem sie eine teebeutelartige Struktur, die mit Maden gefüllt war, verwendeten, um »die milbentötende Anfälligkeit der Braunen Hundezecke *rhipicephalus sanguineus*« zu testen.

Anders als die anderen Formen des »Teabaggings«, die ein Element des Exhibitionismus beinhalten, ist »Teabagging« als Weg der Forschung ein stilles Unterfangen, typischerweise in unauffälliger Weise in Labors oder Krankenhäusern durchgeführt.

Von allen ist es die einzige Form, die typischerweise mit vielen, vielen Tassen von in richtigen Teebeuteln gebrauten Tees einhergeht.

In Kürze
»Die Impaktion einer verschluckten Gabel bei einem Patienten mit operativ verkleinertem Magen«
von A. Cassaro und M. Daliana (erschienen im *New York State Journal of Medicine,* 1992)

Osterpakete

Es gibt wenige von Experten begutachtete Abhandlungen zum Thema des Entwerfens und Testens einer verbesserten Verpackung von großen, innen hohlen Schokoladenhasen. Von diesen Artikeln hat der munterste unter den gründlichen den Titel »Entwerfen und Testen einer verbesserten Verpackung von großen, innen hohlen Schokoladenhasen«. Obgleich nur sieben Seiten lang, enthält er alles, was ein Forschungsbericht haben sollte.

Der einleitende Abschnitt beschreibt das Wesen des Problems: »Die Eigenschaften zu testen, die für die Verpackung von hohlen Schokoladenosterhasen erforderlich sind, um möglichen Risiken im Verteilungsmilieu zu widerstehen.« Der abschließende Abschnitt deutet an, dass weitere Forschung notwendig ist.

Die Experimente sind in klarer, sparsamer Prosa beschrieben, ebenso die Materialien (»Das Produkt für unsere Tests war eine hohle Milchschokoladenfigur in der Form eines Osterhasen«), die Testgeräte (»Die Falltestmaschine hatte zwei Klappen, die mit einem Fußhebel gesteuert wurden«) und die Verfahrensweisen (»Jede Serie von neun Hasen pro Muster wurde in drei Gruppen von je drei verpackten Hasen geteilt«). Am Ende kommt eine Liste von Referenzen, von denen eine C. M. Harris' sanft bewegliches, Maßstäbe setzendes *Schock- und Vibrationshandbuch* ist.

Mit vier Tabellen und sieben technischen Darstellungen ist

Fallhöhen

Gewicht in Pfund	Fallhöhe in Inches	Handhabung
1–20	30	One-man throw
21–40	24	One-man carry
41–60	18	Two-men carry
61–100	12	Light equipment
über 100	Neigungstest	Heavy equipment

die Abhandlung optisch informativ. Der Blick wird auf Abbildung 7 gelenkt, eine perspektivische Zeichnung eines Schokoladenhasen. Der Hase trägt eine Schürze, hält eine Karotte und hat keine Beine. Die Ohren stehen aufrecht. Der Gesichtsausdruck ist rätselhaft leer und lässt sowohl an Mona Lisa als auch an einen altgedienten Büroangestellten denken, ohne ihnen zu ähneln.

Die Hasen verpackenden Wissenschaftler, G. M. Greenway und R. E. Garcia Via vom Paketversiegelungslabor der University of Missouri-Rolla, listen ihre Ergebnisse auf und diskutieren ihre Folgerungen. In lobenswerter Weise benennen sie die Grenzen ihrer Untersuchung, besonders die wichtigste, dass »die Lieferbarkeit der Materialien – insbesondere Hasen – während dieses Experiments zwingend war«.

Obwohl es wenige von Experten begutachtete Abhandlungen zum Thema des Entwerfens und Testens einer verbesserten Verpackung von großen, innen hohlen Schokoladenhasen gibt, liegt eine beträchtliche Menge an veröffentlichten Forschungen vor, die andere Probleme in der Disziplin des Verpackens betreffen. Brauchen Sie eine gute Einführung in die chemische Physik von Plastikbeuteln? P. M. Vilela und ein Kollege an der Pontificia Universidad Católica del Perú in Lima veröffentlichten 1999 einen Knüller im *European Journal of*

Physics. Dort finden sich Informationen zu: Deformation, Spaghetti, das Boltzmann'sche Superpositionsprinzip, nichtlineare Kleinste-Quadrate-Passungen an das viskose Kriechen, sanftes Wackeln und ein herzlich befriedigender Titel: »Viskoelastizität: Warum Plastikbeutel nachgeben, wenn Sie auf halbem Weg nach Hause sind«.

Knackige Geräusche

Knackigkeit wird mit Knusprigkeit verknüpft, aber Ihre Ohren machen einen Unterschied. Das ist die »Nimm's mit und kau darauf herum«-Botschaft einer Studie der Oxford University mit dem Titel »Die Rolle akustischer Hinweise in der Abstimmung der wahrgenommenen Knackigkeit und Schalheit von Kartoffelchips«.

THE ROLE OF AUDITORY CUES IN MODULATING THE PERCEIVED CRISPNESS AND STALENESS OF POTATO CHIPS

MASSIMILIANO ZAMPINI[1] and CHARLES SPENCE[2]

Department of Experimental Psychology
University of Oxford, South Parks Road

Die Autoren, die Experimentalpsychologen Massimiliano Zampini und Charles Spence, werden ansatzweise poetisch: »Wir untersuchten, ob die Wahrnehmung der Knackigkeit und Schalheit von Kartoffelchips durch Abänderung der während des Bissakts erzeugten Geräusche beeinflusst werden kann. Die Teilnehmer an unserer Studie bissen mit den Schneidezähnen in Kartoffelchips, während sie entweder ihre Knackigkeit oder ihre Frische unter Verwendung einer computergestützten optisch analogen Skala bewerteten.«

Sie rekrutierten Freiwillige, die bereit waren, in streng geregelter Weise auf Pringels-Kartoffelchips zu kauen. Pringels selbst sind, wie jeder Liebhaber weiß, streng reguliert. Jeder Chip ist von nahezu identischer Form, Größe und Textur, da er sorgfältig aus rekonstituiertem Kartoffelglibber hergestellt ist.

Die Freiwilligen wussten nichts von der wahren Natur ihrer Zusammenkunft – dass sie verfälschte Knirschgeräusche hören würden. Aber die möglichen Risiken dabei waren klein. Das Experiment, geben sich Zampini und Spence große Mühe zu betonen, »wurde in Übereinstimmung mit den ethischen Standards durchgeführt, die in der Deklaration von Helsinki 1964 festgelegt wurden«. Die Teilnehmer erhielten fünf Pfund für ihr Mitwirken an der Studie.

Jeder Freiwillige saß in einer schalldichten Experimentierzelle mit Kopfhörern vor einem Mikrofon und bediente ein paar Fußpedale.

Die Kopfhörer lieferten Pringles-Knirschgeräusche, die zwar im Mund des Kauenden entstanden, aber elektronisch bearbeitet waren. Manchmal wurden die Knirschgeräusche an die Kopfhörer mit genauer, lebensechter Treue geliefert. Manchmal wurden die Geräusche jedoch verstärkt. Und andere Male wurden nur die hohen Frequenzen des Knirschens verstärkt.

Die Fußpedale waren das Mittel, mit dem der Freiwillige seine Urteile hinsichtlich (a) der Knackigkeit und (b) der Frische eines bestimmten Chips registrieren konnte.

Die Knackigkeit jedes Chips wurde nach einem einzelnen, vom Kopfhörer verstärkten Biss mit den Schneidezähnen beurteilt. Zampini und Spence wandten diese Methode aus zwei Gründen an. Sie maximierte die Einheitlichkeit des Kontakts der Teilnehmer mit jedem Chip. Frühere Forschungen von anderen zeigten, dass der Klang des ersten Bisses bei der Beurteilung der Knackigkeit am meisten zählt.

Die Ergebnisse? Der Bericht drückt es so aus: »Die Kartoffelchips wurden als knackiger wie auch frischer wahrgenommen, wenn entweder die Gesamtlautstärke erhöht wurde oder wenn nur die hochfrequenten Töne (im Bereich von 2 Kilohertz bis 20 Kilohertz) selektiv verstärkt wurden.«

Zampini und Spence sagen, dies eröffne neue Einsichten in einen alten Forschungsbefund. 1958 berichtete G. L. Brown im *Journal of Applied Psychology,* »dass Brot als frischer beurteilt wurde, wenn es in Zellophan verpackt war, als wenn es in Wachspapier verpackt war«. Das Geräusch, das Verpackungen machen, wagen sie zu sagen, kann einen unbeachteten Einfluss haben.

Es existiert eine holländische Studie, die zeigt, dass man im Allgemeinen ein Buch nach seinem Einband beurteilen *kann.* Ich erwähne das hier nur zum Vergleich, weil der Bericht aus Oxford bedeutet, dass man das Knirschen eines Chips vielleicht *nicht* nach dem Knistern seiner Verpackung beurteilen kann.

2008 erhielten Zampini und Spence den Ig-Nobelpreis auf dem Gebiet der Ernährung für ihre Anstrengungen, Knirschgeräusche elektronisch zu modifizieren, damit sie knackiger und frischer erscheinen.

Schon genug

»Hatten Sie genug?« Diese einfache Frage treibt Brian Wansink von der Cornell University in New York an, ein Experiment nach dem anderen durchzuführen. Hatten Sie genug Popcorn? Hatten Sie genug Bonbons? Hatten Sie genug Cola-Rum? Wansink möchte es wissen.

Die meisten anderen Experten für »Hatten Sie genug?« sind Ernährungswissenschaftler, Mütter oder Kellner. Sie tischen ihre Rückschlüsse in einem Sandwich ernährungswissenschaftlicher, mütterlicher oder kellnerischer Intuition auf. Professor Wansink ist Ökonom. Er präsentiert seine Gedanken auf Beeten frisch geernteter Daten.

Wansink kaut methodisch an dem Rätsel, was einen Esser ausmacht. Er verarbeitet Substanz durch Substanz.

Gleichsam zur Abstimmung seiner Ausrüstung begann Wansink mit schlichtem reinem Wasser in Flaschen und veröffentlichte 1996 eine Abhandlung unter dem Titel »Kann die Verpackungsgröße den Verwendungsumfang beschleunigen?« Die Antwort, sagt er, ist ja.

Fünf Jahre später veröffentlichten Wansink und ein Kollege, ein Student mit dem wohlklingenden Namen Se-Bum Park, einen Bericht in der Zeitschrift *Food Quality and Preference.* Er beschreibt das Experiment, das sie mit Gästen bei der Vorführung des Films *Payback* durchführten, in dem Mel Gibson mitspielt. Diese kritischen Cineasten mampften kostenloses Popcorn. Die Forscher bemerkten, dass »Kinogänger, die Popcorn geschmacklich relativ ungünstig bewertet hatten, 61 % mehr Popcorn aßen, wenn man ihnen nach dem Zufallsprinzip einen größeren statt einen kleineren Behälter gab«.

Im folgenden Jahr, 2002, kam es zur Veröffentlichung von »Wie Sichtbarkeit und Annehmlichkeit den Verzehr von Süßigkeiten beeinflussen« in der Zeitschrift *Appetite.* Diese Ergebnisse zu Süßwaren waren so verblüffend wie die früheren Erkenntnisse über Popcorn. Die Leute aßen mehr Schokoladendrops, wenn das Bonbonglas auf einem Schreibtisch stand, als wenn es weniger schnell zur Hand oder weniger sichtbar war.

Eine 2004 veröffentlichte Studie beschreibt eine Serie von relativ komplexen Experimenten mit Geleebohnen und M & M's. Dies war ein Versuch, um zu erforschen, wie »die Struktur einer Mischung (z. B. Organisation und Symmetrie oder Entropie) die Wirkung der tatsächlichen Vielfalt auf die wahrgenommene Vielfalt abmildert«.

Die Geleebohnen verursachten Probleme. Der Bericht sagt lediglich: »23 [Menschen] gaben an, dass sie keine Geleebohnen mochten, und wurden für die Studie nicht berücksichtigt. Fünf andere wurden aus der Analyse gestrichen, weil sie die Geleebohnen versehentlich verschüttet oder das ganze Tablett auf den Tisch geleert und die Geleebohnen in ihre Taschen geschaufelt hatten.«

Wansink hat den John-S.-Dyson-Lehrstuhl für Marketing und angewandte Wirtschaftswissenschaft an seiner Universität inne. Der Lehrstuhl wurde von Robert R. Dyson zu Ehren seines Bruders gestiftet. John S. Dyson entwickelte die »I ❤ NY«-Tourismuskampagne, die seit nunmehr über drei Jahrzehnten Fernsehwerbungen und Zeitschriftenanzeigen und andere PR bis zum Überdruss auftischt, um die Botschaft »I ❤ NY« durch die Augen und Ohren in die Gehirne von Milliarden von Menschen rund um den Erdball zu treiben.

Wansink erhielt den Ruf auf den John-S.-Dyson-Lehrstuhl 2005, nachdem er acht Jahre an der University of Illinois verbracht hatte, wo er mehrere Posten innehatte, darunter den eines Fellow der Julian Simon Memorial Faculty in Marketing. Dieser Posten war gestiftet worden, um das Gedenken an Julian Simon zu ehren, einen Wirtschaftswissenschaftler, der selbst eine fixe Idee mit »Hatten Sie genug?« hatte. Nach Simons ehemaligen Kollegen war er »ein Mann, der einen internationalen Ruf erwarb für seine beschwingten und oft kontroversen Ansichten vom grenzenlosen Potenzial der Menschen, sich der Herausforderung abnehmender Ressourcen zu stellen und sie zu überwinden – Ansichten, die ihm die knappe Bezeichnung »doomslayer« [Untergangskiller] eintrugen«.

In Wansinks späteren Experimenten schlürften die Leute Cola-Rum aus Gläsern, die hoch und schlank oder niedrig und gedrungen waren, mampften geröstete Nüsse und eine Salzstangenmischung aus Partyschalen in verschiedenen Größen und löffelten Suppe aus unerschöpflichen Schüsseln – eine Infragestellung zunehmender Ressourcen. Die Schüsseln waren nicht buchstäblich unerschöpflich – vielmehr wurden sie »langsam und unmerklich nachgefüllt, während ihr Inhalt verzehrt wurde«. Ein Experiment mit unerschöpflichen Suppenschüsseln, bei dem die Leute sich als fast unersättlich erwiesen, brachte Professor Wansink 2007 einen Ig-Nobelpreis auf dem Gebiet der Ernährung ein.

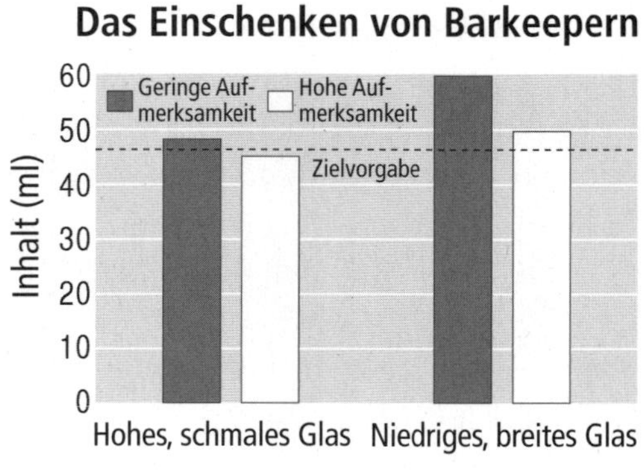

Die Quintessenz zum Einschenkverhalten von Barkeepern

Wansink ist noch einmal auf die Popcornfrage zurückgekommen und, vor Kurzem im *BMJ,* auf den Alkohol.

Fans dürfen hoffen, dass er eines Tages auch auf die Suppe zurückkommen wird. In einer Pressemitteilung sagte Wansink vor einigen Jahren: »Wir dachten, es wäre interessant, Persönlichkeitstypen, die auf deutlich geäußerten Suppenvorlieben gründen, zu untersuchen.« Doch eine Veröffentlichung zu diesem Thema in einer von Experten rezipierten wissenschaftlichen Zeitschrift steht noch aus.

Sechs

Geld kann wertvoll sein

In Kürze
»Wie hoch kann eine tote Katze springen? – Metaphern und die Hongkonger Börse«
von Geoff P. Smith (erschienen in *Linguistics and Language Teaching,* 1995)

Dies und mehr finden Sie in diesem Kapitel: Geldvernichtung in Ihrem Schädel • Die Verlockung der Piraterie für Ökonomen • 2127 Runden Schere, Stein, Papier pro Tag • Ein vorsichtiger Blick in russische Unterwäsche • Foucault und Fußball • Die formschönen Köpfe von CEOs • Griffiths, Spielautomaten-Psychologe • Parfüm für die Armen • Autor, Autor, Autor, Autor, Autor, Autor, Autor, Autor, Autor, Autor • 100 000 000 000 000 Dollar • Führungspositionen eines Clowns

Alles zerrissen

Wenn Sie nie jemanden beobachtet haben, der große Mengen Bargeld zerfetzt, sind Sie vielleicht nicht sicher, wie die verschiedenen Teile Ihres Gehirns in dem Fall reagieren würden, dass Sie tatsächlich jemanden sehen, der wertvolle Banknoten in winzige, wertlose Schnipsel zerreißt. Eine neue Studie mag dazu beitragen, dass Sie vorhersagen, was passieren würde.

Die Studie heißt »Wie das Gehirn auf die Vernichtung von Geld reagiert«. Sie verrät, wie die Gehirne von 20 Dänen, allesamt Erwachsene ohne psychiatrische oder neurologische Krankheitsgeschichte, reagierten, als sie Videos von jemandem anschauten, der große Mengen dänisches Geld vernichtete.

Wenn Sie kein Däne sind, erwarten Sie jetzt vielleicht, dass Ihr Gehirn in etwa genauso reagieren würde, wäre Ihre eigene nationale Währung betroffen (Pfund, Euro, Dollar oder was immer). Die Studie – durchgeführt von Uta Frith und Chris Frith vom University College London zusammen mit Joshua Skewes, Torben Lund und Andreas Roepstorff von der Universität Aarhus, Dänemark, und Cristina Becchio von der Universität Turin, Italien – stellt jedoch keine Behauptungen im Hinblick auf nicht-dänische Gehirne oder andere Währungen auf.

Im Folgenden in den Worten der Wissenschaftler, was die Freiwilligen sahen: »Eine Serie von Videos, in denen an echten Banknoten mit einem Wert von entweder 100 Kronen (ungefähr 13 Euro) oder 500 Kronen (ungefähr 67 Euro) oder an wertlosen Stücken Papier der gleichen Größe verschiedene Handlungen durchgeführt wurden ... Wir stellten Handlungen, die für Geld angemessen sind (falten oder wertvolle Noten oder wertloses Papier anschauen), Handlungen gegenüber, die unangemessen sind (Noten oder Papier zerreißen oder zerschneiden).«

Die Dänen hatten die Köpfe in einem funktionellen Magnetresonanztomografie-Scanner (fMRT), der einen Teil der Gehirnaktivität aufzeichnete. Die Forscher stellten auch jedem Freiwilligen einige Fragen, z. B.: »Wie haben Sie sich dabei gefühlt?« Das alles, sagt das Dokument, »bestätigte, dass die Teilnehmer sich weniger wohlfühlten, während sie die Vernichtungsaktion des Geldes beobachteten.« Eine zusätzliche Erkenntnis: Die Freiwilligen fühlten sich »erregter«, wenn sie zuschauten, wie etwas mit dem Geld passierte, als wenn sie das gleiche Geschehen an wertlosem Papier beobachteten.

Die Wissenschaftler finden die Gehirnscans besonders interessant. Die Aktivitätsmuster, sagen sie, sind ähnlich wie etwas, das sie früher gesehen haben: der »Gebrauch von konkreten Werkzeugen, z. B. Hämmer oder Schraubenzieher, ist mit der Aktivierung eines Netzwerks der linken Gehirnhälfte verknüpft worden, darunter der hintere Schläfenlappen, der *Gyrus supramarginalis*, der untere Parietallappen und der laterale *Praecuneus*. Hier weisen wir nach, dass die Beobachtung, wie Banknoten zerschnitten oder zerrissen werden, eine kritische Verletzung ihrer Funktion, eine Aktivierung im selben temporoparietalen Netzwerk auslöst. Außerdem ist diese Aktivierung umso größer, je höher der Wert der Banknote ist.«

Sie warnen, dass die Geschichte komplexer sein muss, dass Ihr Gehirn Geld vermutlich auf verschiedene – abweichende – Weisen betrachtet. Zum Beispiel merken sie die Existenz veröffentlichter Studien an, die »andeuten, dass Geld auch als Droge wirken kann«.

Teammitglied Chris Frith gehörte übrigens zu einer Gruppe, die Beweise dafür sammelte, dass die Gehirne von Londoner Taxifahrern höher entwickelt sind als die ihrer Mitbürger. Die Erkenntnisse jener Studie, die mit dem Ig-Nobelpreis in Medizin 2003 geehrt wurde, scheinen keinen Bezug zu diesen späteren Warnungen zu haben.

Der unsichtbare Haken der Piratenökonomie

Piraten sind ein praxisnaher Haufen, wenigstens in der Theorie. Die Theorie wurde 2007 von Peter T. Leeson geliefert, einem Assistenzprofessor der Ökonomie an der West Virginia University. Er ist der Ansicht, dass Piraten wegweisend für einige elementare Wirtschaftslehren waren.

In einer Studie mit dem Titel »Pi*rationale* Wahl: Die Ökonomie schändlicher Piratenpraktiken« untersucht Leeson »die internen Führungsinstitutionen gewaltsamer krimineller Unternehmen durch Untersuchung des Rechts, der Ökonomie und Organisation von Piraten«. Dies waren die klassischen Piraten des 17. und 18. Jahrhunderts, besonders jene, die professionell in und um die Westindischen Inseln und in den Gewässern um Madagaskar herum arbeiteten. Leesons Studie erschien, bevor 2008 und 2009 kistenweise Informationen an der Wall Street, in der Londoner City und an anderen romantischen Orten auftauchten, wo Risiko und günstige Gelegenheit manch einen Finanzkapitän dazu treiben, dem Geschäft der Plünderung nachzugehen.

»Das Piratenregiment schuf genügend Ordnung und Kooperation, um die Piraten zu einer der erfahrensten und erfolgreichsten kriminellen Organisationen in der Geschichte zu machen«, schreibt Leeson. »Für die effektive Organisation ihres Banditentums brauchten die Piraten Mechanismen, um internen Raub zu verhindern, Konflikte in der Mannschaft zu minimieren und den seeräuberischen Profit zu maximieren.«

Piraten, behauptet er, erfanden ein System von Kontrollen und Gegengewichten, »um Raub durch den Kapitän einzuschränken«, und ersannen demokratische Verfassungen, um untereinander »Recht und Ordnung zu schaffen«. »Bemerkenswerterweise«, betont Leeson, »führten Piraten beide Institutionen vor den Vereinigten Staaten oder England ein.«

Diese Piratenbräuche der Vergangenheit lesen sich heute wie ein Leitfaden für »optimale Vorgehensweisen« im Bereich Wirtschaft und Finanzen. Erfolgreiche Freibeuter lernten, wie man organisatorisches Wachstum verwaltet: »Viele Piratenmannschaften wurden zu groß, um in ein Schiff zu passen. In diesem Fall bildeten sie Piratengeschwader ... Oft schlossen sich mehrere Piratenschiffe zu abgestimmten Raubzügen zusammen. Die so entstandenen Piratenflotten konnten gewaltig sein.« Sie erkannten, dass die großen Piraten daran gehindert werden mussten, die Schätze der kleinen Piraten unter ihrem Kommando vollständig zu plündern. Leeson verwendet vereinfachte mathematische Modelle, um zu erklären, wie dies erreicht wurde. »Nehmen Sie ein Piratenschiff mit einem Kapitän und zwei ›Fraktionen‹ von gewöhnlichen Piraten, die zusammen die Mannschaft des Schiffs ausmachen«, sagte er. »Der Kapitän bewegt sich als Erster und entscheidet, ob er die Mannschaft ausplündern soll oder nicht. Wenn er beide Fraktionen gleichzeitig ausplündert, schließen sie sich zusammen, um ihn zu stürzen, also ist das keine Option, die er erwägt. Er kann nur eine Fraktion ausplündern.«

Die Studie arbeitet die theoretischen Konsequenzen heraus und fasst sie in zwei Diagrammen mit den Überschriften »Die Gefahr des Raubs durch den Kapitän« und »Piratenkontrolle und -gegengewichte: Beschränken des Raubs durch den Kapitän« zusammen. Prüft man die Linien, die die verschiedenen Knotenpunkte verbinden, kann man die alltäglichen Machenschaften des Wirtschaftslebens der Piraten verfolgen und sehen, wie diese in vielfache Gleichgewichte und eine Sammlung von erwarteten ›Auszahlungen‹ münden.

2 Buried Treasure: A Note on Sources

To explore the economics of infamous pirate practices, I consider late 17th- and early 18th-century (1660-1730) sea bandits who occupied the waterways that formed major trade routes surrounding the Bahamas, connecting Europe and the North American sea coast, between Cuba and Haiti, and around Madagascar. These areas encompass major portions of the Atlantic Ocean, Indian Ocean, Caribbean Sea, and Gulf of Mexico. The trade routes connecting the Caribbean, North America's

Man sieht auf einen Blick, wie Organisationen von Piraten es (in Leesons Theorie) schaffen, sich davon abzuhalten oder abzulenken, die eigenen Organisationen zu zerstören. Sie ermöglichen es sich, für die größere, effektivere Plünderung der breiteren, nicht-piratischen Gemeinschaft zu arbeiten.

Mit besten Empfehlungen
»Wie klug und tüchtig sind die klugen und tüchtigen Jungs wirklich? Ein ganz besonderer Blick auf Hedgefonds«
von John M. Griffin und Jin Xu (erschienen in der *Review of Financial Studies*, 2009)

Die Autoren von der University of Texas in Austin und Zebra Capital Management berichten: »Wir bieten die erste umfassende Untersuchung der Sicherheit von Hedgefonds und des Abschneidens dieser Aktien … Insgesamt wirft unsere Studie ernsthafte Fragen nach der Befähigung von Hedgefonds-Managern auf.«

Stein, Papier, Affen

Von den Scholars des Spiels Schere, Stein, Papier studiert nur eine winzige Minderheit auch Affen. Diese Tatsache an sich mag erklären, warum bis 2005 keine Untersuchungen darüber veröffentlicht wurden, was geschieht, wenn Affen Schere, Stein, Papier spielen.

Daeyeol Lee, Benjamin P. McGreevy und Dominic J. Barraclough von der University of Rochester in New York schrieben jenen ersten und bislang einzigen Bericht zu dem Thema: »Lernen und Entscheidungsfindung bei Affen während eines Schere-Stein-Papier-Spiels«. Lee, der Hauptautor, ist anschließend an die Yale University gewechselt, wo er außerordentlicher Professor für Neurobiologie ist.

Die Versuchstiere waren männliche Rhesusaffen. Niemand erklärte ihnen die Regeln des Spiels: dass Stein die Schere stumpf macht, die Schere Papier schneidet, das Papier den Stein einwickelt. Die Wissenschaftler wollten feststellen, ob und wie die Affen aus der puren Erfahrung lernen würden, wenn sie das Spiel immer wieder spielten. Wann immer ein Affe es gut machte, bekam er eine unerwartete süße Belohnung: einen kleinen Tropfen Saft nach jedem Unentschieden, zwei Tropfen nach jedem Gewinn. Nach einer Niederlage bekam er nichts – nicht einmal leise Buhs.

Aus nicht erklärten Gründen entschieden die Wissenschaftler, keine echten Steine, richtiges Papier oder eine echte Schere zu benutzen. Stattdessen programmierten sie einen Computer, grobe Muster aus Punkten und Kreisen zu zeigen. Verschiedene Muster stellten eine Schere, einen Stein und ein Blatt Papier dar. Die Affen bekamen nicht gezeigt, welches Symbol für welchen Gegenstand stand.

Sie wurden in einer Weise behandelt, die vielen eingefleischten Computerspielern bekannt ist. Jeder saß auf einem Stuhl und blickte auf einen Monitor, der die Symbole für Schere, Stein und Papier aufblitzen ließ. Sie wurden nicht aufgefordert, die herkömmliche Geste für Schere, Stein oder Papier zu machen, sondern es wurde erwartet, dass sie auf das Symbol ihrer Wahl starrten. Die Wissenschaftler verfolgten die Augenbewegungen jedes Affen mit dem in Deutschland hergestellten videogestützten Hochgeschwindigkeits-Augenverfolgungsgerät Thomas-ET49 und zeichneten die ganze Sequenz der Entscheidungen jedes Affen digital auf.

Es gab nur zwei Affen. Sie arbeiteten schwer.

Der eine Affe spielte Schere-Stein-Papier über 41 Tage hinweg, wobei er insgesamt 87 200 Entscheidungen traf, ein Durchschnitt von täglich 2127 Runden. Der andere Affe spielte über 52 Tage, traf insgesamt 82 661 Entscheidungen, ein Durchschnitt von täglich 1589 Runden. Auf Dauer wählte jeder Affe Papier ungefähr genauso oft wie Schere. Beide Affen zeigten eine etwas irrationale Abneigung gegenüber Steinen.

Die Wissenschaftler kritisierten die Gesamtleistung unter Zuhilfenahme von Wirtschaftstheorie, indem sie sagten: »Jedes Tier legte ein eigenwilliges Muster an den Tag, das wesentlich vom Nash-Gleichgewicht abwich.« Das Nash-Gleichgewicht wurde von John Forbes Nash ersonnen, der 1994 für seine »bahnbrechende Analyse des Gleichgewichts in der Theorie nicht-kooperativer Spiele« einen Nobelpreis erhielt. Er war auch das Thema des Films *A Beautiful Mind – Genie und Wahnsinn* von 2001.

Weil nur zwei Affen getestet wurden, räumten Daeyeol et al. ein, dass es »schwierig war zu folgern«, welche Strategien genau ein Affe einsetzt, um das Spiel zu spielen. »Dies zu untersuchen«, schreiben sie, »bleibt zukünftigen Studien überlassen.«

Deutung sowjetischer Unterwäsche

Olga Gurova untersucht die Kulturgeschichte der Unterwäsche in der Sowjetunion. »Wenn ich über sowjetische Unterwäsche rede«, erklärt sie, »meine ich Unterwäsche, die nach der Revolution von 1917 auftauchte.« Gurova arbeitet in der Abteilung für Gesellschaftsforschung an der Akademie von Finnland. 2005/06 verbrachte sie als Fulbright-Stipendiatin ein Jahr in den USA, und ihre öffentlichen Vorträge trugen dazu bei, die Informationslücke zu schließen, die während des Kalten Kriegs entstanden war.

In den 1920ern warben sowjetische Zeitschriften für ein »System der Reinlichkeit« für das Proletariat. »Unterwäsche«, erklärt Gurova, »war ein verbindlicher Teil dieses Systems.« Man setzte ein Ziel: Jeder sollte mindestens zwei Garnituren Unterwäsche besitzen und die Garnituren wenigstens einmal alle sieben bis zehn Tage wechseln. Die Massenproduktion wurde angekurbelt, um die Bevölkerung in offiziell gesunde, bequeme, hygienische lange Unterhosen, Boxershorts, Unterhemden und BHs zu kleiden. Gurovas Forschung zeigt, dass die meisten dieser Artikel »geräumig« waren und dass es »mit

Blick auf das Design keinen großen Unterschied zwischen der Unterwäsche für Männer und Frauen gab«.

Nachdem sich Gurova in Massen von Dokumentationen vertieft hatte, folgerte sie, dass während der 1920er »sowjetische Unterwäsche nichts mit Sex zu tun hatte, sondern mit Sport«. Sportkleidung – T-Shirts, Shorts und ärmellose Hemden – wurden die elementaren Prototypen. Unterröcke, die als auftragend und altmodisch angesehen wurden, verschwanden von der Szene, desgleichen Korsetts. Unterwäscheschnitte passten sich schnell an, um den breitgefächerten körperlichen Tätigkeiten der Frauen in Fabriken und in der Küche besser zu entsprechen. Im Gegensatz zu den meisten europäischen Ländern, berichtet Gurova, »erteilte die Russische Revolution Korsetts eine Absage und kleidete die Frauen schneller in BHs«.

Gurova stellt die Hypothese auf, dass es nach den 1920ern drei große Perioden in der Geschichte der sowjetischen Unterwäsche gab. Charakteristisch für die 1930er und 1940er war eine Rede Josef Stalins im Jahr 1935, in der er verkündete, dass das sowjetische Leben reicher und fröhlicher werde. Unterwäsche für Frauen wurde etwas femininer. Für beide Geschlechter durfte Unterwäsche jetzt in bestimmten Farben produziert werden. Gurova bemerkt hierzu: »Wenn sie vorher aus hygienischen Gründen weiß war, wird sie später schwarz, weinrot, khakifarben oder dunkelblau, und die Erklärung war das Gegenteil zu früher: Dunkle Farben werden langsamer schmutzig.«

In den 1950ern und 1960ern verstärkte Partei- und Regierungschef Nikita Chruschtschow den sowjetischen Austausch mit anderen Ländern. Mode wurde in der Sowjetunion wichtig. Sowjetische Geschäfte boten ein breiteres, wenn auch nicht schwindelerregendes Spektrum von Konsumartikeln an.

Sowjetische Unterwäsche wurde »ein Mittel des persönlichen Ausdrucks«.

Die letzte Periode, die 1970er und 1980er, war von Engpässen bei Gebrauchsgütern geprägt – und von einer Kampagne der Regierung gegen Fettleibigkeit mit dem Slogan »Mollig sein taugt nichts«. Für viele Bürger, sagt Gurova, »war es kaum möglich, Unterwäsche zu kaufen, die gut passte«.

An diesem Punkt zeigten die sowjetischen Völker ihre Unverwüstlichkeit. Gurova schreibt, dass »die Bearbeitung von Kleidung zu Hause sehr beliebt wurde: Die Leute nähten Kleider, besserten sie aus und machten neue Kleidung aus alter ... Der Sowjetmensch überwand den Mangel, personalisierte und privatisierte jene genormten Kleidungsstücke.«

Dies sind die knappsten Fakten. Dr. Gurova plant, sie vollständiger in einem Buch zu behandeln.

In Kürze
»Wie Hello Kitty alles Niedliche, Coole und Geschmacklose kommerzialisiert: ›Konsumutopia‹ vs. ›Kontrolle‹ in Japan«
von Brian J. McVeigh (erschienen im *Journal of Material Culture*, 2000)

Beweis: Hello-Kitty-Sparbuch und -Bankkarte

Von allen Fußballverbänden der Welt ist die Australian Football League der erste Verband, der Forschung sponsert, die explizit auf dem Werk des französischen Philosophen Michel Foucault basiert.

Australischer Fußball ist weder europäischer noch amerikanischer Fußball. Er beruht, wie Fans und Spieler gern betonen, auf einer Philosophie, die sich von allem anderen unterscheidet, das auf den Namen »Fußball« hört. Das australische Spiel hat sogar einen ganz eigenen, besonderen Spitznamen: Footy. Die australischen Verhaltensforscher Peter Kelly und Christopher Hickey erläutern einen bestimmten Aspekt der Philosophie des Spiels in einer Studie, der sie den Titel gaben: »Foucault geht zum Footy: Professionalität, Darbietung, Rationalität und Playstations im Leben der AFL-Fußballer.«

Sie veröffentlichten ihre Arbeit 2004, als beide an der Deakin University in Australien angestellt waren. Kelly ist inzwischen an der Monash University und auch Ehrenmitglied der University of Hull, Großbritannien. Beide Wissenschaftler sind vertraut mit dem Denken von Michel Foucault, dem bebrillten, kahlköpfigen Philosophen, der 1984 starb, dem Jahr, als die Essendon Bombers die Footy-Meisterschaft gewannen, indem sie nach einem Rückstand von vier Toren nach dem dritten Viertel des letzten Spiels aufholten und die Titelverteidiger, die Hawthorn Hawks, zerbröselten.

Eine berühmte Aussage von Foucault ist: »Wahnsinn, Tod, Sexualität, Verbrechen, das sind die Themen, die am meisten meine Aufmerksamkeit erregen.« Mehrere Millionen Footyverrückte Australier würden in etwa dasselbe sagen, gleich ob Anhänger von Geelong, St. Kilda, Adelaide, Carlton, Collingwood oder irgendeinem der anderen elf Klubs der Australian Football League.

Kelly und Hickey bekennen, ihre Forschung sei »durchdrungen von Foucaults späterem Werk über die Sorge des Selbst, sich auf die Weisen zu fokussieren, auf die Spieleridentitäten durch Trainer, Klubfunktionäre, Spieleragenten und die AFL-Kommission/Exekutive gelenkt werden, und auf die Art, wie Spieler sich selbst in einer Weise verhalten, die als professionell charakterisiert werden kann – oder auch nicht.«

Das ist starker Tobak. Es läuft darauf hinaus, Foucaults philosophische Ideen zu nutzen, um Footy-Klubs zu helfen, Spieler auszusuchen, welche die beträchtlichen Investitionen der Klubs in Werbung und Gehalt wert sind.

Die Ideen sind vor allem Foucaults »Die Ethik der Sorge um sich als Praxis der Freiheit« und »Subjektivität und Wahrheit« entnommen, Essays, die er spät in seinem Leben schrieb, in der Zeit, als die Australian Football League noch Victorian Football League hieß.

Damals waren die Gehälter niedriger, und Footy-Klubs waren fast sorglos in ihren Risikomanagementpraktiken. Heutzutage sind die Abschreibungskosten eines mangelhaften oder störenden Footy-Spielers größer, und entsprechend größer sind die Sorgen umsichtiger Footy-Manager.

Anderswo hat sich die Geschäftswelt insgesamt nicht beeilt, Foucaults Beiträge zur Philosophie der Buchhaltung anzunehmen. Aber die Australian Football League hat sich ein Schnabeltier von einem Spiel gebaut, indem sie sich seltsame Elemente von den überraschendsten Orten einverleibt hat. Sie hat keine Angst, etwas ganz anderes – sogar eine tote französische intellektuelle Kultfigur – in ihre Geschäftspläne aufzunehmen.

Eine neue Richtung amerikanisch-britischer Forschung behauptet, dass die Kopfform eines Firmenchefs anzeigen kann, wie gut seine Firma florieren wird. Die Form sagt auch voraus, ob der Chef unmoralisch handeln wird oder nicht.

Die einschlägige Forschung bietet ein mathematisches Mittel, das Finanzanalysten zu ihrem professionellen Handwerkszeug packen können: das Breite-zu-Höhe-Verhältnis des Gesichts eines Firmenchefs. Kurz, »das Gesichts-BHV des Chefs«. Die Forschung und ihre finanziellen Folgerungen sind in einer Studie mit dem Titel »Ein Gesicht, das nur ein Investor lieben könnte: Die Gesichtsstruktur von CEOs sagt die finanzielle Leistungsfähigkeit ihrer Firmen voraus« dargelegt, die in der Zeitschrift *Psychological Science* erschien.

Research Report

A Face Only an Investor Could Love: CEOs' Facial Structure Predicts Their Firms' Financial Performance

Elaine M. Wong[1], Margaret E. Ormiston[2], and Michael P. Haselhuhn[3]
[1]Department of Communication, University of Wisconsin–Milwaukee; [2]Department of Organisational Behaviour, London Business School; and [3]Sheldon B. Lubar School of Business, University of Wisconsin–Milwaukee

Die Autoren, Elaine Wong und Michael Haselhuhn von der University of Wisconsin-Milwaukee und Margaret Ormiston von der London Business School, erklären die Bedeutung ihrer Arbeit. Frühere Forscher, sagen sie, unterließen es, »physische Merkmale, die Führungserfolg voraussagen, empirisch zu bestimmen« oder »die Fähigkeit von Führern, organisatorische Ziele zu erreichen« vorherzusagen.

Diese Entdeckung stellt nach ihrer Ansicht einen Durchbruch dar: »Wir identifizieren ein bestimmtes körperliches

Merkmal von Wirtschaftsführern, die Gesichtsstruktur, die organisatorischer Leistung entspricht. Im Besonderen fahren Firmenchefs mit breiteren Gesichtern (im Verhältnis zur Höhe des Gesichts) außergewöhnlichen finanziellen Erfolg ein.«

Die Geschichte ist aber nicht immer so einfach, warnen die Forscher, noch ist das Ergebnis garantiert: »Das Verhältnis zwischen der Gesichtsstruktur des Chefs und der finanziellen Leistung wird gemildert von der Entscheidungsdynamik der Führungsmannschaft.«

Wong, Haselhuhn und Ormiston untersuchten gewissenhaft die finanzielle Leistungsfähigkeit und die Gesichtsmaße von Geschäftsführern bei General Electrics, Hewlett-Packard, Nike und 52 anderen börsennotierten Fortune-500-Firmen über den Zeitraum von 1996 bis 2002. Die Firmen sind groß, haben einen durchschnittlichen Jahresumsatz von 38 Milliarden Dollar und rund 120 000 Angestellte.

Die Forscher besorgten sich Gesichtsfotos von Chefs im Internet und verwendeten diese als Rohmaterial, nach dem sie das Gesichts-BHV jedes Chefs berechneten. Sie schlugen die Gesamtkapitalrentabilität jeder Firma (in der Kurzschrift der Finanzbranche GKR) nach und benutzten diese als das Maß der finanziellen Leistungsfähigkeit der Firma.

Wong und Haselhuhn verdeutlichen ihre Logik in einer Studie mit dem Titel »Durch und durch schlecht: Gesichtsstruktur sagt unethisches Verhalten voraus«, erschienen 2011 in *Proceedings of the Royal Society B.* Sie berichten von an Studenten durchgeführten Experimenten, die zeigten, »dass Männer mit breiteren Gesichtern (relativ zur Gesichtshöhe) mit größerer Wahrscheinlichkeit ausdrücklich ihre Gegenüber in Verhandlungen täuschen und bereiter sind zu betrügen, um ihren finanziellen Gewinn zu steigern«.

Sie erklären auch den Mechanismus, der dazu führen

könnte. Frühere Forschungen wiesen darauf hin, dass Männer mit breitem Gesicht »mit aggressiverem Verhalten verknüpft« werden. Falls »Beobachter auf Hinweise auf Gesichtsmerkmale reagieren, indem sie sich Männern beugen, die sie aufgrund ihres Gesichts-BHV als aggressiv wahrnehmen, finden diese Männer es vielleicht leichter, andere zu übervorteilen. Werden dementsprechend Männer mit größerem Gesichts-BHV in einer Weise behandelt, dass sie sich stärker fühlen, kann dies ein psychologisches Machtgefühl fördern, das dann das ethische Urteil und Verhalten beeinflusst.«

Die Gesichtsindikatoren, sagen die Forscher, sind bei Männern zuverlässiger als bei Frauen.

Die American Psychological Association, die die CEO-Studie veröffentlichte, gab eine Pressemitteilung heraus, die mit der Warnung endete: »Gehen Sie jedoch nicht los und investieren in Firmen von CEOs mit breiten Gesichtern. Wong und ihre Kollegen fanden auch heraus, dass die Art des Denkens der Führungsmannschaft, wie es sich in ihren schriftlichen Äußerungen widerspiegelt, dieser Wirkung in die Quere kommen kann. Teams, die eine grob vereinfachende Weltsicht haben, wo alles schwarz oder weiß ist, gelten als respektvoller gegenüber Autoritäten; in diesen Firmen ist die Gesichtsform des CEO wichtiger. Sie ist weniger wichtig in Firmen, wo die Topmanager die Welt eher in Grautönen sehen.«

Wongs Arbeit bekräftigt eine alte und widerstrebend gepflegte Ansicht: Dass es nicht von selbst Erfolg garantiert, einen klugen Kopf auf den Schultern zu haben.

Ein wenig Psychologie des Spielautomaten

Es ist schwer, gute Gewinne an Glücksspielautomaten zu machen, gewiss. Aber es ist auch schwer, gute Informationen von Glücksspielern zu bekommen, und das machte es heikel für die britischen Psychologen Mark Griffiths von der Nottingham Trent University und Jonathan Parke von der Salford University. Sie erklärten den Sachverhalt in einer Arbeit mit dem Titel »Glücksautomatenspieler: Warum sind sie so schwierig zu analysieren?«

Griffiths und Parke veröffentlichten ihren Bericht im *Electronic Journal of Gambling Issues.* »Wir haben beide über zehn Jahre mit Spielen und Forschen in diesem Bereich verbracht«, schrieben sie, »und wir können einige Erklärungen dafür anbieten, warum es so schwer ist, zuverlässige und belastbare Daten zu bekommen.«

Hier sind drei aus ihrer langen Liste.

ERSTENS: *Spieler vertiefen sich in das Spielen.* »Wir haben beobachtet, dass viele Spieler oft ihre Mahlzeiten auslassen und sogar Hilfsmittel einsetzen (z. B. Katheter), damit sie keine Toilettenpausen machen müssen. Angesichts dieser Beobachtungen besteht manchmal kaum eine Chance, dass wir sie als Forscher überreden können, an Studien teilzunehmen.«

ZWEITENS: *Spieler lieben die Ungestörtheit.* Sie »können bezüglich des Ausmaßes ihrer Glücksspielaktivitäten unaufrichtig sein gegenüber Forschern wie auch gegenüber ihren Nächsten. Dies hat offensichtlich Auswirkungen auf die Verlässlichkeit und Aussagekraft aller gesammelten Daten.«

DRITTENS: *Spieler bemerken manchmal, wenn eine Person sie sorgfältig beobachtet.* »Der wichtigste Aspekt der beobachtenden Forschung durch Nichtteilnehmer ist während der Überwachung von Spielern an Glücksautomaten die Kunst, unauffällig zu sein. Wenn es dem

> Forscher nicht gelingt, sich in die Szene zu integrieren, dann bemerken die Glücksspieler bald, dass sie beobachtet werden, und ändern deshalb mit hoher Wahrscheinlichkeit ihr Verhalten.«

Griffiths ist einer der Wissenschaftler mit den weltweit meisten Publikationen zu Themen, die sich auf die Psychologie von Glücksspielern beziehen, denn er hat mindestens 27 Abhandlungen geschrieben, die sogenannte »Groschengräber« erwähnen, eine Bezeichnung, die auf die Chancen, an den Automaten reich zu werden, hinweist. (Es ist nützlich anzumerken, dass reine Glücksspiele in Großbritannien nicht erlaubt sind, und daher verlangen Spielautomaten ein Maß an »Geschick«; Griffiths und Parke scheinen sich nicht besonders mit der unterschiedlichen Nomenklatur zu befassen.)

Griffiths' Titel reichen vom anerkennenden »Sieg über den Spielautomaten: Legale und illegale Systeme und Tricks« von 1994 bis zum mahnenden »Glücksspiel an Automaten und kriminelles Verhalten: Probleme für die Justiz« von 1998. Frauen wird besondere Beachtung zuteil (»Spielautomatensucht bei Frauen: Eine Fallstudie«), desgleichen Jugendlichen (»Glücksspiel an Automaten bei Heranwachsenden« und mehrere andere Arbeiten). Es gibt eine humanistische Perspektive (»Beobachtung des sozialen Umfelds beim Spiel an Glücksspielautomaten«) wie auch jene des biomedizinischen Spezialisten (»Die Psychobiologie des Beinahetreffers beim Spielen an Glücksspielautomaten«). Das *International Journal of Mental Health and Addiction* brachte einen Lobgesang von einem Forscher, der sagte: »Auf dem problematischen Feld des Glücksspiels legen wir nicht die gleiche Bewunderung wie Musikfans für ihre Idole an den Tag, aber wir haben unsere eigenen Superstars, und für mich ist Mark Griffiths einer.«

Griffiths und Parke arbeiten oft zusammen. (Wer ihre Arbeit noch nicht kennt, sollte vielleicht mit der Lektüre von »Die Psychologie des Spielautomaten« beginnen.) Die ergiebige Liste ihrer Veröffentlichungen erinnert jeden Wissenschaftler daran, dass selbst bei einem Thema, das schwierig zu untersuchen ist, Beharrlichkeit und Entschlossenheit ein lohnendes Ergebnis zeitigen können.

Mit besten Empfehlungen
»Physiologische Erregung und Sensationslust bei weiblichen Einarmiger-Bandit-Spielern«
von K. R. Coventry und B. Constable (erschienen in *Addiction*, 1999)

Die Autoren, die an der University of Plymouth, Großbritannien, arbeiten, folgern: »Spielen allein genügt nicht, um Erhöhungen der Herzfrequenzen bei weiblichen Einarmiger-Bandit-Spielern hervorzurufen; die Erfahrung des Gewinnens oder die Erwartung dieser Erfahrung sind notwendig, um die Herzfrequenzen zu erhöhen.«

Der Wert von Parfüm für die Armen

Was haben mittellose Leute im Sinn, wenn sie um bekannte Markenparfüms feilschen? Luuk van Kempen ging die Frage direkt an. Er beschreibt sein Experiment und seine Gedanken in einem Bericht mit dem Titel »Sind die Armen bereit, einen Aufpreis für Designermarken zu zahlen? Ein Feldversuch in Bolivien«.

Van Kempen von der Universität Tilburg in den Niederlanden versucht, zu einer tiefgründigeren Frage vorzudringen: »Warum kaufen Arme prestigeträchtige Waren, während sie unter unzureichender Befriedigung der Grundbedürfnisse leiden?« Seine Studie, die in der Zeitschrift *Oxford Development Studies* erschien, geht nach sozialwissenschaftlicher Methodik vor, indem jede seiner Thesen aufgelistet und dann erschüttert wird, um zu sehen, ob sie wahr ist.

ERSTE FRAGE: Werden verarmte Bolivianer um Markenparfüms feilschen? Um das herauszufinden, ließ van Kempen sie ein Was-wäre-wenn-Spiel spielen, das als Becker-DeGroot-Marschak-Erhebungsmethode bekannt ist. »Selbst Personen, die wenig formale Bildung erhalten haben«, erklärt er, »sollten in der Lage sein, das Verfahren zu verstehen.« Tatsächlich verstanden 104 Bewohner eines Armenviertels der Stadt Cochabamba das Verfahren gut genug, um mit van Kempen über den Preis von Parfüms zu streiten.

ZWEITE FRAGE: Wodurch weiß man, dass dieses Viertel arm ist? Wegen des Mangels an gesundem Wasser und guten sanitären Einrichtungen. Die Anlagen »bestanden oft aus einer einzigen Latrine und wurden meist von sieben bis zehn Familien genutzt«. Van Kempen erklärt, dass dies für akademische Zwecke seine Vorteile hatte: »Das Experiment bot die Möglichkeit einer stillschweigend inbegriffenen Überprüfung der Maslow'schen Bedürfnishierarchie, die behauptet, dass die Leute sich nicht in symbolischem Konsum ergehen, d. h. dem Erwerb von Waren, die das Zugehörigkeitsgefühl und Statusbedürfnisse befriedigen, solange ›Grundbedürfnisse‹ nicht befriedigt sind.«

DRITTE FRAGE: Ist es vernünftig anzunehmen, dass ein Mangel an gesundem Wasser und sanitären Einrichtungen wirklich auf Armut hinweist? Ja, folgert van Kempen und zitiert eine Untersuchung von 2001 bezüglich eines anderen Teils der Stadt, der ebenfalls kein Wasser und keine Kanalisation besaß. In jenem Viertel verfügten 87 % der Bevölkerung über Einkommen von durchschnittlich 1,80 Dollar im Monat. »Folglich«, sagt er, »ist fehlender Zugang zu grundlegenden Dienstleistungen ein ziemlich guter Indikator für Einkommensarmut.«

Der Hauptteil der Studie ist mit »Der Logo-Aufpreis: Schauen die Armen über den eigenen Tellerrand?« betitelt. Hierin beschreibt van Kempen sein Experiment. Es drehte sich um Parfümflaschen, einige mit einem Calvin-Klein-Etikett, andere ohne. Das Parfüm in den Flaschen roch gleich – und war das gleiche. Warum Calvin Klein? »Weil es eine der bekanntesten Designermarken in Bolivien ist.«

Jede arme Person musste sich entscheiden, welches Parfüm sie kaufen wollte – das von Calvin Klein oder das Nachahmerprodukt – und um den Preis feilschen, den sie für das eine oder das andere zahlen würde.

Ungefähr 40 % dieser extrem einkommensschwachen Bolivianer waren bereit, einen Aufpreis für den Designernamen zu zahlen. Was dachten sie sich, statistisch betrachtet, dabei? Soziale Maskierung, sagt van Kempen, die Fähigkeit, mit erhobenen Nasen zu gehen, ohne Rücksicht darauf, was sie da oben vielleicht riechen.

Extremes Schnellschreiben

Philip M. Parker ist der schnellste Buchautor der Welt, und angesichts der Tatsache, dass er erst seit etwa fünf Jahren dabei war, als ich ihn 2008 kontaktierte, und bereits über 85 000 Bücher unter seinem Namen erschienen waren, ist er wahrscheinlich auch der fruchtbarste wie der am meisten genannte.

Parker ist zudem der Autor mit dem breitesten Themenangebot – die Beschreibung »Schuhe und Schiffe und Siegelwachs, Kohl und Könige« deckt kein halbes Prozent davon ab. Auch sind diese besonderen Themen ihm nicht fremd. Er hat etwa 188 Bücher über Schuhe verfasst, 10 über Schiffe, 219 über Wachs, 6 über saure Rotkohlkonserven und 6 über Gelée-royale-Präparate.

Um irgendwo anzufangen, wollen wir festhalten, dass Parker der Autor des Buches *Die Prognose 2007–2012 für Badezimmer-Toilettenbürsten und Halterungen in den Vereinigten Staaten* ist, das 677 Seiten umfasst, für 495 Dollar verkauft wird und von den Verlegern als eine »Untersuchung, die die latente Bedarfsprognose für Badezimmer-Toilettenbürsten und Halterungen in den Staaten und Städten der Vereinigten Staaten behandelt« beschrieben wird. (Eine spätere Auflage, die 2009–2014 abdeckt, wird für 795 Dollar verkauft. Man darf damit rechnen, dass weitere Parker'sche Bände und aktualisierte Preisangaben automatisch in den kommenden Jahren, Jahrzehnten und Jahrhunderten erscheinen werden.)

Hier ist eine winzige Auswahl (verglichen mit der ganzen, stetig wachsenden Liste) von Titeln Philip M. Parkers:

Die Weltprognose 2007–2012 für Kreiselpumpen mit geplantem Druck von 100 psi oder weniger und geplanter Kapazität von 10 gpm oder weniger
Avocados: Medizinisches Wörterbuch, Bibliografie und kommentierter Forschungsleitfaden
Webster's Kreuzworträtsel Englisch–Rumänisch: Niveau 2
Die Prognose 2007–2012 für Golftaschen in Indien
Die Prognose 2007–2012 für chinesische Krabbenchips in Japan
Die amtliche Quellensammlung für Patienten 2002 zu Operationen am grauen Star
Der Bericht 2007 zu Toilettensitzen aus Holz: Weltmarktaufteilung nach Städten
Die Prognose 2007–2012 für Tiefkühlspargel in Indien

Parker ist Professor für wissenschaftliche Betriebsführung bei INSEAD, der internationalen Wirtschaftshochschule in Fontainebleau, Frankreich. Professor Parker ist kein Dilettant. Wenn er sich einem neuen Thema zuwendet, packt und schüttelt er es, bis mehrere Bücher herauskommen – oder mehrere hundert. Über die Prognose für Badezimmer-Toilettenbürsten und Halterungen hat Parker mindestens sechs Bücher verfasst. Von ihm gibt es *Die Prognose 2007–2012 für Badezimmer-Toilettenbürsten und Halterungen in Japan* und auch *Die Prognose 2007–2012 für Badezimmer-Toilettenbürsten und Halterungen in Greater China* und auch *Die Prognose 2007–2012 für Badezimmer-Toilettenbürsten und Halterungen in Indien* und auch *Der Bericht 2007 zu Badezimmer-Toilettenbürsten und Halterungen: Weltmarktaufteilung nach Städten.*

Als ich Parkers Ausstoß zum ersten Mal begegnete, bot Amazon.com 85 761 von ihm verfasste Bücher an. Parker selbst sagte, die Gesamtzahl liege bei weit über 200 000. Die Zahl war damals und ist vermutlich immer noch im Steigen (selbst während Sie diese Worte lesen, wann immer Sie sie lesen, möglicherweise sogar noch, wenn Professor Parker seit Jahrzehnten oder Jahrhunderten verschieden ist).

Wie ist das alles möglich? Wie kann ein einziger Mann so viel tun? Und warum?

Parker erschuf das Geheimnis seines eigenen Erfolgs. Er erfand, was er als »Methode und Instrumentarium für automatisierte Autorentätigkeit und Marketing« bezeichnet – eine Maschine, die Bücher schreibt. Er sagt, es dauert etwa zwanzig Minuten, um eins zu verfassen.

Diagramm 1 von 13 aus »Methode und Instrumentarium für automatisierte Autorentätigkeit und Marketing« – »Ablauf der aktuellen Erfindung«

Blättern Sie zu Seite 16 seines Patents, und Sie werden sehen, wie er die Frage nach dem Warum beantwortet.

Parker zitiert eine Klage, geführt von der Zeitschrift *The Economist,* dass das Verlagswesen »seit Gutenberg im Wesentlichen unverändert weitergegangen ist. Briefe werden noch geschrieben, Bücher gebunden, Zeitungen meist gedruckt und weitgehend wie immer verteilt«.

»Deshalb«, sagt Parker, »besteht ein Bedarf an einer Methode und einem Instrumentarium, um Titelmaterialien automatisch durch einen Computer zu verfassen, zu bewerben und/oder zu verteilen.« Er erklärt: »Des Weiteren gibt es einen Bedarf für ein automatisiertes System, das die mit menschlicher Arbeit verbundenen Kosten, etwa für Autoren, Herausgeber, Grafiker, Datenanalytiker, Übersetzer, Vertriebsleute und Marketingpersonal, beseitigt oder wesentlich reduziert.«

Die Bücher schreibende Maschine funktioniert auf einfache Weise, wenigstens im Prinzip. Zuerst füttert man sie mit einem Rezept für eine bestimmte Buchgattung – für einen Wälzer über Kreuzworträtsel etwa oder eine Marktprognose für Produkte oder ein Patientenhandbuch über Krankheiten. Dann klinkt man den Computer in eine große Datenbank ein, die voll von Informationen über Kreuzworträtsel oder Marktdaten oder Krankheiten ist. Der Computer nutzt das Rezept, um Daten aus der Datenbank auszuwählen und sie in Buchform zu bringen und zu formatieren.

Nichts als der Titel muss praktisch existieren, bis jemand einen Befehl eingibt – typischerweise online über einen automatisierten Buchhändler. An diesem Punkt stellt ein Computer den Inhalt des Buches zusammen und druckt ein einzelnes Exemplar.

Unter Parkers hundert Bestsellern (wie von Amazon sortiert) findet man Überraschungen. An fünfter Stelle unter seinen Bestsellern 2008 stand *Webster*'s Kreuzworträtsel Albanisch – Englisch: Niveau 1. Bestseller Nr. 21: *Der Import- und Exportmarkt 2007 für Seetang und andere Algen in Frankreich.*. Nr. 66 ist das oben erwähnte Buch *Die Prognose 2007–2012 für chinesische Krabbenchips in Japan.* Und abgerundet wird die Liste von der Nr. 100, *Die Prognose 2007–2012 für essbaren Talg und essbares Stearin, hergestellt in Schlachthöfen in Greater China.*

Parker scheint sich übrigens auch für Bücher zu begeistern, die in der altmodischen Weise verfasst sind. Er hat schon fünf davon geschrieben.

Das Hundert-Billionen-Dollar-Buch

Gideon Gono, Autor des mitreißenden Buches *Simbabwes Kasino-Ökonomie – Außergewöhnliche Maßnahmen für außergewöhnliche Herausforderungen,* zeigt eine seltene, vielleicht einmalige Art wissenschaftlicher Reserve. Er ist ein Gelehrter mit einem Doktortitel von der Atlantic International University, einer US-Einrichtung, die vor allem im Bereich des Fernstudiums tätig ist, und mit einer Website, die verkündet: »Atlantic International University ist nicht durch eine vom Erziehungsministerium der Vereinigten Staaten anerkannte Zulassungsbehörde zugelassen.« Und er hat Reserven – am besten noch mit Ausrufezeichen geschrieben. Denn seit Dezember 2003 ist Gideon Gono Präsident von Simbabwes Reserve Bank, d.h. der Landeszentralbank. Seine Amtszeit endet 2013.

2009 erhielt Gono den Ig-Nobelpreis in Mathematik. Die Urkunde lobt ihn dafür, dass er den Menschen ein einfaches, alltägliches Mittel an die Hand gibt, um mit einem weiten Spektrum von Zahlen zurechtzukommen – von den sehr kleinen bis zu den sehr großen –, indem er seine Bank Noten mit Nennwerten von einem Cent (0,01 Dollar) bis zu einer Billion Dollar (100 000 000 000 000 Dollar) drucken lässt.

2007 und 2008 stieg Simbabwes Inflationsrate über olympische Höhen hinaus: Sie stieg auf 231 Millionen Prozent nach Gideon Gonos Berechnung und erreichte 89 700 000 000 000 000 000 000 Prozent laut einer Studie von Dr. Steve H. Hanke von der Johns Hopkins University in Baltimore, Maryland, sowie dem Cato Institute.

Das Buch erklärt, dass jedes größere, reichere Land als Simbabwe irgendwann vor den gleichen Problemen stehen werde und diese dann Gonos außergewöhnliches Geschick, solchen außergewöhnlichen Herausforderungen zu begegnen, würdigen würden. Gono teilt bescheiden seine Verdienste mit einem anderen, wenn er auf der ersten Seite schreibt: »Besonderen Dank schulde ich meinem Vorgesetzten, Präsident Robert Mugabe.«

Gonos Talente wurden von anderen einflussreichen Personen erkannt. »Ich war sowohl gedemütigt als auch überrascht«, schreibt er, »dass [der amerikanische] Botschafter [in Simbabwe James] McGee am 25. Juli 2008 mit einem Angebot an mich herantrat, das, wie er sagte, von Präsident George W. Bush und Außenministerin Condoleeza Rice und dem Präsidenten der Weltbank komme und darin bestehe, eine Position in Washington als Senior-Vizepräsident der Weltbank anzunehmen.«

Er bekennt, dass später »meine Mitarbeiter und ich belustigt waren, das stete Sprießen von ziemlich schamlosen Geschichten in manchen Teilen der westlichen Presse und ihren verwandten Medien zu sehen, wonach ich die Behörden der Vereinigten Staaten um Hilfe ersucht hätte, für mich und meine Familie Asyl in irgendeiner Bananenrepublik zu bekommen, oder dass ich irgendwie Präsident Mugabe und Simbabwes nationale Führung verraten und angesichts des angeblichen Kollapses der Wirtschaft und von Präsident Mugabes Herrschaft aus Simbabwe fliehen wollte.«

Gono unterstreicht, wie wichtig es sei, an seinen Prinzipien festzuhalten. »Mein Team und ich wurden von der Philosophie geleitet«, schreibt er, »wo angemessene kurzfristige inflationäre Anstiege ein notwendiger Preis für das Erreichen eines mittel- bis langfristigen Wachstums in der Wirtschaft sind.«

Das Buch ist im Kern eine 232 Seiten lange literarische Ausgestaltung einer 22 Wörter zählenden Stellungnahme, die die Zentralbank von Simbabwe am 21. Januar 2008 herausgab: »Die andauernden Schuldzuschreibungen an die Adresse der Regierung, der Zentralbank oder deren Präsidenten sind *inakzeptabel* und werden ernste Konsequenzen nach sich ziehen.«

Psychological Reports, 2004, 94, 1442-1443.

CLEARING THE SUPERMARKET SHOPPING CART: AN INFORMAL LOOK[1]

JOHN W. TRINKAUS

Zichlin School of Business
Baruch College, City University of New York

Summary.—An informal enquiry of the behavior of 500 supermarket shoppers clearing carts of litter prior to entering the store showed that 69% dumped the rubbish into another cart, 26% dropped it on the sidewalk, and 5% deposited it in a trash container.

Einkaufswagen sind ein, wenngleich kleines, Fenster zu unserem inneren Sein.

»Manche Leute, die Supermärkte betreten, um ihren Lebensmitteleinkauf zu tätigen, beginnen ihr Unternehmen anscheinend lieber mit einem sauberen Wagen – einem, der frei von Abfällen ist. Doch häufig ist eine gewisse Anzahl der vorhandenen Wagen nicht frei von den Hinterlassenschaften der vorigen Käufer, zum Beispiel Werbematerial, Kassenzetteln, Einkaufslisten, Plastiktüten, Gemüseresten, Kosmetiktüchern und Bonbonpapier. Wenn solche Leute feststellen, dass der Wagen am Ende der Reihe nicht ›sauber‹ ist, stehen sie vor einer Entscheidung: den Wagen auf die Seite zu schieben und den nächsten zu probieren, ihn trotzdem zu benutzen oder das Zeug im Wagen irgendwie loszuwerden. Es ist diese dritte Alternative, die bei dieser Recherche unter die Lupe genommen wurde.«

So beginnt der Bericht vom Experten der akademischen Welt in allen Dingen, die knirschen und klein sind. John W. Trinkaus, ein emeritierter Professor der Zichlin School of Business in New York City, hat seine Luchsaugen auf die ärgerlichen kleinen Aspekte des modernen Lebens gerichtet.

Trinkaus gewann den Ig-Nobelpreis in Literatur für die Veröffentlichung von über 80 Untersuchungen von Dingen, die ihn ärgern. Als ehemaliger Ingenieur und stets neugieriger Beobachter des menschlichen Verhaltens hat er persönlich Statistiken zusammengetragen über Menschen, die ihre Baseballkappen umgekehrt tragen, über Einstellungen zu Rosenkohl, die Familienverhältnisse von Teilnehmern an Quizshows im Fernsehen, Fußgänger, die Sportschuhe tragen, die eher weiß als in irgendeiner anderen Farbe gehalten sind, Schwimmer, die im flachen Ende des Beckens Bahnen schwimmen anstatt am tiefen Ende, und Käufer, die die an der Schnellkasse des Supermarkts zulässige Zahl der Artikel überschreiten. Und viele, viele andere Marotten des menschlichen Verhaltens. Bis heute zählt sein Gesamtwerk über 100 Arbeiten.

Die Trinkaus-Methode bedeutet, zu beobachten und dann einen sachlichen Bericht zu produzieren, der typischerweise zwei oder drei Seiten lang ist. Viele seiner Veröffentlichungen zeigen ein tiefes Interesse an Warten, Behinderung und Verzögerung, wie es in seinem nur eine Seite langen »Wartezeiten in Arztpraxen: Ein informeller Blick« von 1985 versinnbildlicht ist.

Warten ist auch das Thema in Trinkaus' Geschenk von einer Studie »Besuch beim Nikolaus: Ein zusätzlicher Blick«, die er uns – uns allen – 2007 bescherte. Diese Arbeit war eine Fortsetzung von »Besuch beim Nikolaus: Noch ein Blick« aus dem Jahr davor, die ihrerseits auf der Arbeit aufbaute, die er in der allerersten seiner Nikolaus-Studien beschrieb, »Nikolaus: Ein informeller Blick« von 2004.

Jeder dieser Berichte bietet einen vergnügt düsteren Blick auf das Verhalten von Kindern und ihren Eltern in einem Einkaufszentrum. Der Bericht von 2007 beschreibt es so: »Der

Beobachter [das heißt Trinkaus] positionierte sich unauffällig in einem kleinen Abstand von einer einzelnen Schlange von Kindern und Betreuern, die vorrückten, um mit dem Nikolaus zu plaudern, an einer Stelle, von wo aus die Gesichtsausdrücke der Kinder und der Betreuer betrachtet werden konnten.« Die Erkenntnisse, schreibt er, waren »übereinstimmend mit den Schlussfolgerungen, dass dem größeren Prozentsatz der Kinder der Besuch beim Nikolaus gleichgültig war«. Wie

Die Woche nach Thanksgiving und die Woche vor Weihnachten: Zur Häufigkeit von Gesichtsausdrücken bei Kindern und Betreuern

Zeit und Gesichtsausdruck der Betreuer	**Kinder**			
	traurig	gleichgültig	glücklich	insgesamt
Woche nach Thanksgiving				
traurig	0	0	0	0
gleichgültig	2	8	1	11
glücklich	21	103	15	139
insgesamt	23 (15%)	111 (74%)	16 (11%)	150 (100%)
Woche vor Weihnachten				
traurig	0	2	0	2
gleichgültig	5	8	12	25
glücklich	1	79	43	123
insgesamt	6 (4%)	89 (59%)	55 (37%)	150 (100%)

bei seinen früheren Untersuchungen sahen allerdings viele der Betreuer aufgeregt aus oder zumindest so, als versuchten sie, aufgeregt auszusehen.

Trinkaus legt auch eine besondere Faszination dafür an den Tag, wie Menschen Gesetze, Vorschriften und Sitten einhalten. Sein »Stoppschildbeachtung: Ein informeller Blick«, veröffentlicht 1982, untersuchte, wie viele Autofahrer an einer bestimmten Straße zum völligen Stillstand kamen – und wie viele nicht. Trinkaus führte Folgestudien an derselben Kreuzung durch: 1983 (»Stoppschildbeachtung: Noch ein Blick«), 1988 (»... ein weiterer Blick«), 1993 (»... ein Follow-up-Blick«) und 1997 (»... ein letzter Blick«). In wieder einer anderen parallelen Serie von Studien untersuchte Trinkaus die Beachtung roter Ampeln durch Fahrer. Zusammen dokumentieren diese Studien einen ungehörigen, scheinbar nicht zu bremsenden Anstieg der Verhöhnung des Gesetzes.

Um seine Einkaufswagenstudie durchzuführen, lauerte Trinkaus in professioneller Weise in einem Supermarkt. Er beobachtete genau, aber wiederum unauffällig die Leute, die das Geschäft betraten. Dies alles fand im Frühjahr statt, »an Wochentagen, wenn das Wetter schön war, während der Zeit zwischen 9 und 16 Uhr«. Er achtete nur auf jene Kunden, die ihre Wagen von Abfällen säuberten, bevor sie ihre Einkäufe machten, und fand dabei Folgendes heraus: »69 % warfen den Abfall in einen anderen Wagen, 26 % ließen ihn auf den Gehweg fallen und 5 % beförderten ihn in einen Müllcontainer.«

Trinkaus sieht in diesen Zahlen ein kleines Warnzeichen an die Gesellschaft: »Viele Menschen machen sich solche Dinge wie die Tugenden der Goldenen Regel und brüderlichen Liebe zu eigen, aber ... man könnte sich durchaus fragen, wie viel daran nur rhetorisch gemeint ist und wie viel real. Wie viel soziales Bewusstsein zum Beispiel weisen jene Leute auf, die ihren Müll im Wagen lassen, damit andere damit fertigwerden? Oder wie viel Gemeinsinn bezeugen jene Menschen, die, wenn sie Abfälle in ihrem Wagen vorfinden, das Entsorgungsproblem auf andere verlagern?« Er sagt: »Praxisnahe, alltägliche Situationen wie die hier erzählten zu verstehen und zu messen könnte möglicherweise dazu beitragen, ein besseres Verständnis vom Aufbau und Handeln der heutigen Gesellschaft offenzulegen.«

Der strategische Jesus

Eine ganz neue Seite von Jesus offenbart sich auf dem Gebiet der Entscheidungswissenschaft, da eine aufstrebende Generation von Wissenschaftlern ihn in ihre kollektiven, theoretischen, strategischen Arme nimmt. Ihr Anführer qua Ansehen und Beispiel und vielleicht durch umsichtige Anwendung einer Strategie ist ein Mann von Intellekt und Tatkraft, der es weit gebracht hat.

»Jesus, der strategische Führer« von Oberstleutnant Gregg F. Martin vom US Army War College in Carlisle, Pennsylvania, kam im Jahr 2000 heraus und ist 51 Seiten lang. »Dies ist keine religiöse Studie«, schreibt Oberst Martin, »es ist eine praktische Analyse. Wenn man glaubt, dass Jesus einfach ein Mensch war und nicht, wie die Christen glauben, teils Mensch und teils Gott, dann offenbart die Studie, wie einer der größten Führer der Geschichte führte. Wenn man andererseits glaubt, dass Jesus Gott in menschlicher Gestalt war, dann zeigt die Studie nicht nur, wie ein großer Mensch die Kunst der Führerschaft ausübte, sondern auch, wie Gott zu führen entschied. In beiden Fällen kann der Student oder Praktiker des Fachs Führerschaft nichts falsch machen«.

Der Bericht enthält eine Zeichnung von Martins »Pyramidenmodell« von Jesus, dem strategischen Führer. Nach diesem Modell ist Jesus eine Pyramide, die oben ruht und sich teilweise mit Gott überschneidet. Gott ist ebenfalls eine Pyramide, aber mit breiterer Basis. Eine dritte, umgekehrte Pyramide wird von Jesu Pyramide getragen. Diese dritte Pyramide beginnt mit den »Top Drei«-Jüngern, wie Martin sie nennt (Petrus, Jakob und Johannes) und weitet sich, um die anderen Apostel aufzunehmen, dann die Jünger und, über allem anderen, die Massen.

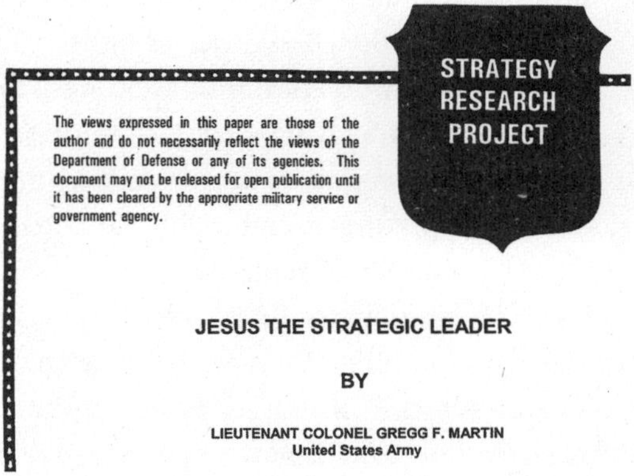
STRATEGY RESEARCH PROJECT

The views expressed in this paper are those of the author and do not necessarily reflect the views of the Department of Defense or any of its agencies. This document may not be released for open publication until it has been cleared by the appropriate military service or government agency.

JESUS THE STRATEGIC LEADER

BY

LIEUTENANT COLONEL GREGG F. MARTIN
United States Army

Der strategische Jesus gibt uns lapidare Sprüche mit auf den Weg: »Entwickle Sachverstand, gebrauche ihn dann mit Autorität ... Wähle deine Schlachten aus ... Delegiere und schalte ab.«

Oberst Martin verließ das War College nicht lange nach Veröffentlichung seines Berichts. Er befehligte dann die 130. Ingenieursbrigade des Fünften Armeekorps, wo er vor, während und für über ein Jahr nach dem Einmarsch in den Irak Pioniere anführte. Danach ist er in seine Heimat zurückgekehrt, in den Rang eines Generalmajors befördert und zum Kommandanten der Führungsakademie ernannt worden, wo eine neue Generation von amerikanischen Militärführern von seiner jesusmäßigen strategischen Führung profitieren kann.

Glauben Sie, wie es irgendjemand irgendwo vielleicht tut, dass Sitzungen, Sitzungen, Sitzungen, gefolgt von noch mehr Sitzungen, ingesamt eine gute Sache sind? Falls ja, meinen Alexandra Luong von der University of Minnesota, Deluth, und Steven G. Rogelberg von der University of North Carolina in Charlotte, Sie sollten es noch einmal überdenken. Sie sagen: »Trotz der Tatsache, dass Sitzungen dazu beitragen mögen, berufliche Ziele zu erreichen, behaupten wir, dass zu viele Sitzungen und zu viel in Sitzungen verbrachte Zeit pro Tag negative Auswirkungen auf die Person haben können.«

Ihr Bericht, erschienen in der Zeitschrift *Group Dynamics: Theory, Research and Practice,* beginnt mit einem etwas kurzen Vortrag der Geschichte wichtiger Forschungsentdeckungen über Sitzungen. Hier eine Kurzfassung ihrer Erzählung:

ENTDECKUNG: Der größte Teil des typischen Arbeitstags eines Managers wird in Sitzungen verbracht. Dies wurde 1973 von einem Forscher namens Mintzberg berichtet.

ENTDECKUNG: Die Häufigkeit und Länge von Sitzungen haben beträchtlich zugenommen. Dies dokumentierte das Team Mosvick und Nelson 1987.

ENTDECKUNG: Ein Wissenschaftler namens Zohar fand in einer Reihe von Berichten, die während der 1990er erschienen, Beweise, dass »ärgerliche Vorfälle« – die manchmal auch als »Scherereien« bekannt sind – zu Burn-out, Angst, Depression und anderen negativen Gefühlen beitragen. Zohar legte ein theoretisches Gerüst vor, das eines Tages erklären mag, warum dies so ist.

ENTDECKUNG: Ein Wissenschaftler namens Zijlstra ließ 1999 »eine Auswahl von Büroangestellten über einen

> Zeitraum von zwei Tagen in einem simulierten Büro arbeiten, um die psychologischen Auswirkungen von Unterbrechungen zu untersuchen. [Sie] wurden periodisch durch Telefonanrufe von dem Forscher unterbrochen.« Dies hatte, in Zijlstras Worten, »negative Auswirkungen« auf ihre Stimmung.

Luong und Rogelberg nutzten diese und andere Entdeckungen als Grundlage für ihre eigene innovativ breit angelegte Theorie.

Sie entwickelten zwei Hypothesen, indem sie begründeterweise vermuteten:

1) Je mehr Sitzungen jemand besuchen muss, desto größer die negativen Auswirkungen, und
2) je mehr Zeit jemand in Sitzungen verbringt, desto größer die negativen Auswirkungen.

Dann führten sie ein Experiment durch, um ihre Hypothesen auszutesten. 37 Freiwillige führten jeweils ein Tagebuch über fünf Arbeitstage und beantworteten Erhebungsfragen nach jeder Sitzung, die sie besuchten, und auch am Ende jedes Tages. Das war das ganze Experiment.

Die Ergebnisse sprechen Bände. »Es ist beeindruckend«, schreiben Luong und Rogelberg in ihrer Zusammenfassung, »dass eine allgemeine Beziehung zwischen Sitzungsbelastung sowie dem Ermüdungsgrad und der subjektiven Arbeitsbelastung des Angestellten gefunden wurde.« Ihre zentrale Einsicht, sagen sie, ist die Vorstellung von »der Sitzung als einer weiteren Art von Ärger oder Unterbrechung, die Personen passieren kann«.

Dr. Rogelberg vermittelte diese Einsicht in einem Vortrag

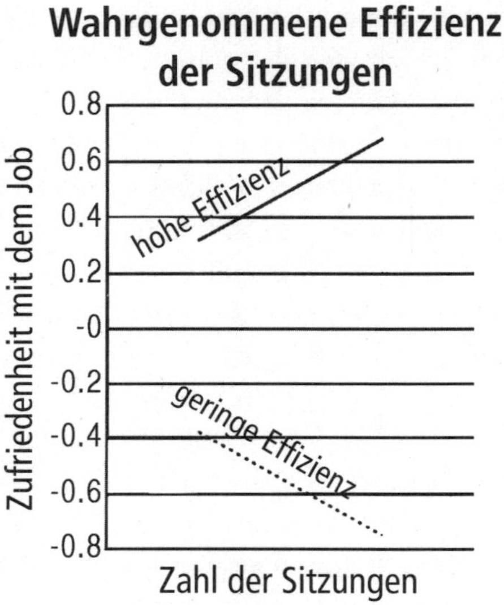

Darstellung: »Die Wechselwirkung zwischen der Zahl der Sitzungen bzw. deren wahrgenommener Effizienz und der Zufriedenheit mit dem Job«

mit dem Titel »Sitzungen und noch mehr Sitzungen«, den er auf einer Sitzung an der University of Sheffield hielt. Er hielt zudem einen Vortrag mit dem Titel »Nicht noch eine Sitzung!«, der auf zwei Sitzungen in North Carolina und auch auf zwei Sitzungen in Israel gut ankam.

Führungspositionen eines Clowns

Ronald McDonald ist nicht bloß ein Clown, der Hamburger und Pommes verhökert. Nach zwei Wissenschaftlern, die in der Zeitschrift *Leadership Quarterly* schreiben, ist Ronald McDonald auch ein transformationeller Unternehmensführer.

David M. Boje hat die Stiftungsprofessur für Management

der Bank of America an der New Mexico State University inne. Carl Rhodes ist außerordentlicher Professor der School of Management an der University of Technology in Sydney, Australien. Gemeinsam legten sie »Die Führerschaft von Ronald McDonald: Doppelerzählung und stilistische Linien der Transformation« vor.

Boje und Rhodes legen ihren Fall geradeheraus dar. »Das Argument ist«, sagen sie, »dass Ronald nicht einfach ein Aushängeschild oder ein Marketingmittel für das Unternehmen McDonald's ist, sondern vielmehr eine wichtige transformationelle Führungsfunktion ausübt.« »Wir behaupten«, behaupten sie, »dass Ronald zwar von den tatsächlichen Bossen von McDonald's gestaltet worden ist, seine Führerschaft aber wegen der kulturellen Bedeutungen, die mit seiner Figur als Clown verknüpft sind, über offizielle Unternehmenserzählungen hinausgeht.«

Clownsfiguren, die von anderen Unternehmen angestellt werden, sind bestenfalls bloße Angestellte, schlimmstenfalls reine Fiktionen. Mithilfe von Organigrammen festgestellt, steht Mr. McDonald weit über den anderen Unternehmensclowns. Boje und Rhodes zeigen auf: »Seit 2003 hat er die quasi-formelle Führungsposition eines obersten Glücksbeamten inne, und am 16. April 2004 wurde er Botschafter für einen aktiven Lebensstil.«

Boje und Rhodes erzählen im Einzelnen, wie und warum Mr. McDonald in die Führungsränge aufstieg. Dann bringen sie alles auf den Punkt: »Die Unternehmensführer von McDonald's glaubten, Ronald könne mehr tun, als nur als ›Werbeclown‹ ein Aushängeschild bei ›sehr öffentlichen PR-Nummern wie der Lieferung von Happy Meals an die Vereinten Nationen‹ zu sein. Die Worte [des russischen Philosophen Michail] Bachtin treffen auf Ronald zu: ›Es bleiben in ihm immer unerfülltes Potenzial und unerfüllte Forderungen zurück.‹«

Obwohl die Forscher womöglich zu bescheiden sind, um es anzudeuten, kann ihre Analyse von Ronald McDonald auf andere Recherchefelder angewandt werden. Zum Beispiel könnte sie dazu beitragen, jüngere Führungstrends in wichtigen Staaten zu erklären.

Hier sind einige McNuggets aus der Studie:

»Unsere Analyse deutet darauf hin, dass eine neue Kategorie von Führern gebraucht wird, etwas, was als ›Clownsführer‹, bezeichnet wird. Indem Ronald die alten Masken des Spitzbuben, Clowns oder Narren übernimmt, integriert er verschiedene Formen des Lachens (destruktiver Humor des Spitzbuben, fröhliche Täuschung des Clowns und das Recht des Narren, das System nicht zu verstehen). Es ist diese Aneignung eines Clownstypus durch das größte Restaurant-Unternehmen der Welt, das im Mittelpunkt seiner Verwandlung steht. Eine Methode, die verwendet wird, um Clowns in Führer zu verwandeln, ist, sie in unglücklichen Situationen darzustellen, die durch ihre Führungskräfte überwunden und zu einem guten Abschluss geführt werden …

Es gibt gute Gründe, skeptisch zu sein hinsichtlich neuer Formen der Führerschaft, welche die Macht des Unternehmens in einer Weise vergrößern, die neue Formen von Autoritarismus erzeugt, dessen Vorgehensweisen alles andere als transparent sind. Dies ist noch charakteristischer für eine Führerschaft wie die Ronalds, deren Einfluss vielleicht angesichts seines fiktiven Charakters nicht so leicht zu bemerken ist.«

In Kürze
»Die Vision eines integrierten Glücks-Bilanzierungssystems in China« von G. Cheng, Z. Xuand und J. Xu (erschienen in *Acta Geographica Sinica*, 2005)

Infinitesimalrechnung der Prostitution

Es gibt viele Theorien über Prostitution. Die von Marina Della Giusta, Maria Laura Di Tommaso und Steinar Strøm ist eine der wenigen, die partielle Differentialgleichungen einbezieht. Gewiss, sie könnten, wenn sie wollten, Prostitution in Worten beschreiben. Aber für Wissenschaftler, die Prostitution erklären wollen, mag die Differentialrechnung die klarste Sprache sein.

Diese drei Wissenschaftler, alle Ökonomen, arbeiten in Großbritannien, Italien und Norwegen, was dies zu einer internationalen Angelegenheit macht. Della Giusta lehrt an der University of Reading, Di Tommaso an der Universität Turin und Strøm sowohl an der Universität Turin wie der Universität Oslo.

Sie präsentieren ihren Fall in einem Bericht, der 2007 im *Journal of Population Economics* erschien. Er beginnt mit einer Zusammenfassung der Art und Weise, wie andere Ökonomen Prostitution erklären. Hier eine Zusammenfassung ihrer Zusammenfassung: Diese anderen Ökonomen irren sich.

Die anderen Ökonomen konzentrieren sich auf Geschlecht, Bezahlung und das »Wesen aufgegebener Verdienstmöglichkeiten der Prostituierten und Kunden«. Aber, sagen Della Giusta, Di Tommaso und Strøm, diese zählen nicht viel. Wirklich wichtig ist die ökonomische Rolle, die Stigma und Ruf spielen. Und der einfachste und beste Weg, dies zu erklären, ist mittels der Mathematik.

Die Gedanken sind einfach und vertraut wie eine gute Straßenprostituierte:

U ist Ihre Befriedigung. Es ist, was Ihnen als Prostituierte wirklich wichtig ist – die Befriedigung, die Sie aus dem Verkauf Ihrer Dienste gewinnen. Ökonomen nennen dies gern »Nutzen« und nehmen dafür gern den Buchstaben U vom englischen »utility«.

L ist die Menge der Muße, die Sie haben.

C ist die Menge der Waren und Dienste, die Sie, als Verbraucher, konsumieren.

S ist die Menge der Prostitution, die Sie als Prostituierte Ihren Kunden verkaufen.

w ist der Marktpreis für Prostitution.

r ist das Maß für Ihren Ruf.

Die ganze, anscheinend so komplizierte Situation köchelt so ein auf eine hübsche partielle Differentialgleichung. Hier ist sie – Della Giustas, Di Tommasos und Strøms Faustregel für Prostituierte. Sie, als Prostituierte, finden es lohnend, Ihre Dienste zu verkaufen, wenn:

$$[(\partial U / \partial L) / (\partial U / \partial C) \mid S_{p=0}] \pm w - [(\partial U / \partial r) / (\partial U / \partial C) \mid S = 0]$$

Das ist die einfache poetische Art, es auszudrücken. Aber Prostitution wird traditionell als vulgär betrachtet, also gibt das Team eine vulgäre Beschreibung nur in Worten: »Eine Person wird beginnen, Dienstleistungen im Bereich der Prostitution zu verkaufen, wenn der Preis für den Verkauf der ersten Menge Prostitution, abzüglich der Kosten eines deswegen verschlechterten Rufes, den Schattenpreis der Muße bei null verkaufter Prostitution übertrifft.«

Das ist theoretisch die Geschichte der Prostitution. Aber es ist nicht die einzige.

Wie die Konkurrenz unter Prostituierten kann die Konkurrenz unter Ökonomen, die Theorien zur Prostitution haben, lebhaft sein. Lena Edlund von der Columbia University in New York und Evelyn Korn von der Eberhard-Karls-Universität Tübingen haben ebenfalls eine Theorie erarbeitet, die partielle Differentialgleichungen verwendet. Sie nennen sie bescheiden »Eine Theorie der Prostitution«. Della Giusta, Di Tommaso und Strøm zitieren Edlunds und Korns Theorie – sagen aber, dass es andere Theorien gibt, die anspruchsvoller sind.

Prostitution ist ein schwieriger, gefährlicher Beruf. Zusätzlich zu ihrem offensichtlichen Ungemach müssen Prostituierte auch noch das Wissen darum ertragen, dass Ökonomen immer noch darüber streiten, warum und wie genau sie ihre Arbeit machen.

Sieben

Über uns, im Bett

In Kürze

»Penis-Suffizienz: Eine verwendungsfähige Definition«
von C. M. Earles, A. Morales und W. L. Marshall (erschienen im *Journal of Urology*, 1988)

Dies und mehr finden Sie in diesem Kapitel: Stachel und Paarung • Kipppunkte beim Schoßtanz • Ostdeutsche, die mit Westdeutschen rummachen • Akademische Perversion im 21. Jahrhundert • Küssende Puppe • Bierflaschen liebende Käfer • Neugier über Kastration • Strichmännchensex • Gueguen, Busenspezialist • Brindley vor aller Augen • Komm jetzt, Rhinozeros • Man schläft nie allein

Albert und seine Stachelschweinstacheln

Wie lieben Stachelschweine? Wendy Cooper entdeckte die Antwort, während sie eines Tages nahe der Jahrtausendwende im Keller der nationalen australischen Universitätsbibliothek in Canberra herumstöberte. Cooper ist Parasitologin. Sie untersucht Parasiten, keine Stachelschweine. Im Verlauf ihrer Arbeit studiert sie auch wissenschaftliche Zeitschriften. Über diese letztere Methode war es, dass sie ihr professionelles Wissen über das stachlige Fortpflanzungsprozedere erwarb.

Cooper fand zwei Studien aus dem Jahr 1946, unter dem Namen Albert R. Shadle von der University of Buffalo, New York, veröffentlicht (und eine von beiden zusammen mit Koautoren verfasst). Shadle war von 1919 bis 1953 Direktor des Fachbereichs Biologie in Buffalo. Ein Beitrag heißt »Die sexuellen Reaktionen von Stachelschweinen (*Erethizon d. dorsatum*) vor und nach der Paarung«. Der andere ist »Paarung bei Stachelschweinen«.

RATE OF PENETRATION OF A PORCUPINE SPINE

By Albert R. Shadle and Donald Po-Chedley

During the examination of one of the porcupines in the vivarium of the University of Buffalo, the animal became excited, and, as a result of its struggle, fell backwards from the porcelain top of the table. She fell upon the antero-lateral surface of the junior author's right leg, embedding her spines primarily in the belly of the tibialis anterior muscle. Apparently the mid-sacral region of the animal's back made contact with the leg, for the embedded quills were similar in length, diameter, and color to the spines in that area. The force of the fall of the 12.5-pound animal drove its quills through the heavy laboratory coat, the trousers, and deeply into the flesh of the leg. This incident occurred at about 10:50 A.M., January 20, 1947.

Wendy Cooper verdaute die Information und veröffentlichte eine Zusammenfassung, sorgfältig formuliert, damit sie sowohl für Stachelschweinspezialisten als auch für Laien verständlich war. Von Anfang an ist sie direkt: »Wie lieben Stachelschweine? Sie werden wahrscheinlich glauben, die Antwort sei ›sehr vorsichtig‹, aber Sie dürften sich vermutlich irren.«

Die Stachelschweine in der Studie gehörten zu einer Kolonie, die Shadle an der University of Buffalo hielt. Die Kolonie bestand aus fünf Weibchen (Maudie, Nightie, Prickles, Snooks und Skeezix) und drei Männchen (Old Dad, Pinkie und Johnnie).

Bei Beginn der Paarungszeit setzten die Wissenschaftler ein Männchen in einen Käfig, in dem sich bereits ein Weibchen aufhielt. Wendy Cooper beschreibt die Handlung. Zuerst kam die Werbung: »Als das Männchen dem Weibchen begegnete, beschnupperte er sie überall, dann richtete er sich auf den Hinterbeinen auf ... Wenn sie bereit war zur Paarung, richtete sie sich ebenfalls auf und stand dem Männchen

Bauch an Bauch gegenüber. In dieser Position sprühten die meisten Männchen das Weibchen mit einem starken Urinstrom an und machten sie von Kopf bis Fuß nass. Sie pflegte entweder 1) durch Laute zu protestieren, 2) mit den Vorderpfoten zu schlagen, als boxte sie, 3) zu beißen bzw. dies zu versuchen oder 4) den Urin abzuschütteln und wegzurennen. Wenn das Weibchen paarungswillig war, protestierte es allerdings nicht heftig gegen diese Dusche.«

Dann erledigten die Stachelschweine ihre Aufgabe. »Das Männchen stellte den sexuellen Kontakt von einer Position hinter dem Weibchen aus her. Die Stacheln beider Tiere waren entspannt und lagen flach an. Seine Stöße waren von der ›üblichen Art‹ und wurden durch Beugen und Strecken der Knie erzeugt. Die Männchen krallten sich in keiner Weise an das Weibchen. Die Paarung ging weiter, bis das Männchen erschöpft war ... Wenn Männchen die Kooperation verweigerten, näherte sich das Weibchen einem Männchen in der Nähe und spielte die männliche Rolle beim Koitus mit dem unbeteiligten Männchen.«

Dieses Forschungsprojekt war potenziell riskant für die Stachelschweine – und für die Wissenschaftler. Aber andere von Shadle geschriebene Berichte bieten eine Perspektive.

Shadles Interesse an der Interaktion zwischen Stachelschwein und Mensch bestand seit langem. Es setzte etwa um 10.50 Uhr am 20. Januar 1947 ein: »Während der Untersuchung eines der Stachelschweine im Vivarium der University of Buffalo wurde das weibliche Tier erregt, und als Folge seines Kampfes fiel es rückwärts von der Porzellanfläche des Tisches. Sie fiel auf die anterolaterale Oberfläche des rechten Beins des Autors, wobei sie ihre Stacheln in die Wölbung seines Schienbeinmuskels eingrub. Anscheinend kam die mittlere Kreuzbeinregion des Tierrückens in Kontakt mit dem Bein, denn die eingegrabenen Stacheln waren in Länge, Durchmesser und Farbe ähnlich wie die Stacheln in diesem Bereich. Die Wucht des Sturzes des 12,5 Pfund schweren Tieres trieb die Stacheln durch den schweren Labormantel, die Hose und tief ins Fleisch des Beins.«

Gute Wissenschaftler versäumen es nicht, gute Zahlen und Messungen zu bekommen. Shadle und sein Kollege Donald Po-Chedley bestimmten, dass »79 Stacheln so tief in die Haut eingedrungen waren, dass sie fest verankert waren« und dass die größte Eindringtiefe in das Bein 16 Millimeter betrug.

Eine von Shadle 1955 geschriebene Abhandlung fasst seine Erfahrung aus zwei Jahrzehnten zusammen: »Viele hundert Stacheln sind in verschiedene Körperteile des Autors eingedrungen, von einem oder zweien bis zu mindestens vierzig Stück auf einmal«, sagt er. »In der Regel waren die Finger, Hände und Arme die gepikten Bereiche, aber bei einer Gelegenheit wurden durch einen Schlag des mit Stacheln besetzten Schwanzes des Stachelschweins vierzig in die Stirn und den Nasenrücken getrieben, eine Brille verhinderte mögliche Verletzungen der Augen.« Dann teilt er seine wesentliche Entdeckung mit: Dass das Entfernen eines Stachels »sehr schmerzhaft ist, wenn es nicht mit einer schnellen Bewegung geschieht, die den Stachel mit einem Ruck in die Richtung zieht, die der entgegengesetzt ist, in der er in das Fleisch eindrang«.

»Das Eindringen von Stachelschweinstacheln in den menschlichen Körper ist niemals ein angenehmes Gefühl«, schrieb Shadle. »Aber 20 Jahre Erfahrung bei der Arbeit mit einer Stachelschweinkolonie und andauernder Umgang mit diesen stachligen Tieren haben den Autor davon überzeugt, dass die Beschreibung der Unannehmlichkeit, gestochen zu werden, oft doch sehr stark übertrieben wird.«

Mit besten Empfehlungen
»Auswirkungen des Ovulationszyklus auf das Einstreichen von Trinkgeldern bei Stripteasetänzerinnen: Ein ökonomischer Beleg für menschliche Paarungsbereitschaft?«
von Geoffrey Miller, Joshua M. Tybur und Brent Jordan (2007 erschienen in *Evolution and Human Behavior* und 2008 mit dem Ig-Nobelpreis für Wirtschaftswissenschaften ausgezeichnet)

Die Autoren an der University of New Mexico erklären: »Alle Frauen verdienten weniger Geld während ihrer Menstrualperioden, ob sie die Pille nahmen oder nicht. Doch die Frauen mit normalem Zyklus verdienten viel mehr Geld während des Östrus (um 354 Dollar pro Schicht) – etwa 90 Dollar mehr als während der Lutealphase und etwa 170 Dollar mehr als während der Menstruation. Frauen in der Östralphase verdienten etwa 70 Dollar pro Stunde, Frauen in der Lutealphase verdienten rund 50 Dollar die Stunde und menstruierende Frauen verdienten gegen 35 Dollar die Stunde. Dagegen hatten die Frauen, die die Pille nahmen, keine Spitze an Trinkgeldeinnahmen in der Mitte des Zyklus … Dies führt bei den Frauen, die die Pille nehmen, auch dazu, dass sie nur 193 Dollar pro Schicht verdienen, verglichen mit den Frauen mit normalem Zyklus, die 276 Dollar pro Schicht verdienen – ein Verlust von über 80 Dollar pro Schicht.«

Deutsche sexuelle Vereinigung

Eine Untersuchung mit dem Titel »Die sexuelle Vereinigung Deutschlands« verrät, was auf dem Papier und in den Köpfen mancher Leute geschah, als Ostdeutsche mit Westdeutschen rummachten.

Nachdem die Berliner Mauer 1989 gefallen war, fragten sich schlüpfrige Gemüter, wie viele Ossis mit Wessis ins Bett fallen würden und wie schnell, wie oft und einfach wie.

Ingrid Sharp, außerordentliche Professorin für Deutsch an der University of Leeds, studierte eingehend Zeitungen und akademische Abhandlungen auf der Suche nach etwas, das einen Zusammenhang mit der Antwort haben könnte. Sie veröffentlichte ihre Erkenntnisse in einer Ausgabe des *Journal of History of Sexuality* von 2004.

Sharp konzentrierte sich auf eine einzige Frage: »Was geschah mit der Sexualität der DDR, als sie mit den sexuellen Gepflogenheiten Westdeutschlands konfrontiert wurde?« »Die Antwort«, schreibt sie, »scheint eine Explosion des Redens über Sex gewesen zu sein.« In anderen Worten: jede Menge Gerede, wenig Aktion.

In Presseberichten jedoch ging es hoch her. Wenigstens für kurze Zeit. Sharp beschreibt einen der Haupthandlungsstränge: »Während das traditionelle Verhalten siegreicher Armeen (die Männer zu töten und die Frauen zu vergewaltigen) nach dem Zusammenbruch des Kommunismus offensichtlich unangemessen war für westliche Männer, schien sich etwas Ähnliches auf einer metaphorischen Ebene abzuspielen ... Der Kontext war die ideologische Schlacht zwischen Ost und West, der Kalte Krieg wurde in der sexuellen Arena zu einem Ende gebracht, wobei das orgastische Potenzial das Nuklearpotenzial ersetzte.«

Die Boulevardpresse freute sich über eine auflagesteigernde »kurze Obsession mit der DDR-Sexualität«. Und eine gewaltige, jedoch lähmende Obsession war es in der Tat: »DDR-Frauen wurden als geeignete Produkte für die Fantasien westlicher Männer dargestellt, während die ostdeutschen Männer als sozial und sexuell unzulänglich abgetan wurden.« Sharp erzählt auch folgende im Fernsehen gesendete Behauptung eines westdeutschen Mannes nach: »DDR-Frauen sind eigentlich nicht hässlicher als westdeutsche Frauen und kleiden sich genauso gut. Aber der wirkliche Vorteil ist, dass sie bescheidener, anspruchsloser, leichter zufriedenzustellen sind.«

Auf der anderen Seite des früheren Zaunes verknüpfte ein DDR-Sexologe namens Dr. Kurt Starke »Erkenntnisse über das größere sexuelle Vergnügen der Frauen mit der Sozialpolitik der DDR«. Die *Bild-Zeitung* konterte mit der Schlagzeile »Kommen DDR-Frauen wirklich öfter? Der Orgasmus-Professor spinnt« über einer Geschichte, in der eine ostdeutsche Krankenschwester namens Adelheid sagte: »Wir haben in der DDR wirklich nicht mehr Orgasmen. Ich jedenfalls nicht, weil ich bis zu zwölf Stunden am Tag arbeiten muss, und da bleibt nicht viel Zeit für Liebe.«

Im Großen und Ganzen erzählt Sharp von zwei Deutschlands, die zuerst vereint waren durch den Hype um Sex und dann durch die Enttäuschung, dass das Sexualleben der meisten Leute, gleich wo sie lebten, eintönig blieb.

Der Bericht endet mit einem die Erwartungen dämpfenden Kommentar der Journalistin Regine Sylvester, die versuchte, ihre eigene Erfahrung und die der ganzen Nation zu resümieren. Der angebliche »Sexboom«, der unmittelbar nach der Wiedervereinigung stattfand, meinte Sylvester, »verwandelte die Bundesrepublik nicht in eine lärmend kopulierende Gesellschaft, noch verwandelten die offiziellen Tabus die alte DDR in eine asketische«.

Ein Katalog perversen Verhaltens

Perversionen bekommen neuen Auftrieb, zumindest chronologisch, wann immer ein neues Jahrhundert beginnt. William L. Salton, klinischer Psychologe in New York City, verabschiedete das alte und läutete das neue ein, indem er eine Studie schrieb mit dem Titel »Perversion im 21. Jahrhundert: Vom Holocaust zur Karaoke-Bar«. Sie erschien 2004 in der *Psychoanalytic Review.*

Nachdem er einige der vielen psychologischen Theorien über die Unterschiede zwischen Perversionen und Nicht-Perversionen beschrieben hat, nimmt Salton im Wesentlichen eine kalte Dusche und schüttelt den Kopf. »[Ich werde] versuchen, die in den vorausgehenden Abschnitten zitierten Theorien weder zu entkräften noch ihnen zu widersprechen«, schreibt er. »Stattdessen hoffe ich, sie zu erweitern und zu kombinieren.«

Er versucht dies, indem er die Geschichte eines Patienten mitteilt, der widerstrebend in seine Obhut kam. »Der Patient, den ich ›Alan‹ nennen will, ist ein 28 Jahre alter Mann von Roma-Herkunft. Er wurde vom Strafgericht nach wiederholten Verurteilungen wegen Diebstahls von kostenlosen Bademänteln aus den Zimmern von Hotels gehobener Kategorie zu mir geschickt.«

Alans Anwalt konnte sich wiederholt »auf Bewährung und psychologische Beratung anstatt einer Haftstrafe verständigen, als festgestellt wurde, dass Alan die Bademäntel nicht nahm, um sie zu verkaufen oder zu stehlen, was Gäste möglicherweise in Taschen zurückgelassen hatten. Vielmehr brachte er sie nach Hause, um in sie zu masturbieren. Dann warf er den Bademantel weg, wenn er ihn nicht mehr interessierte, was anschließend erforderlich machte, wieder zu suchen und einen zu stehlen«.

Alan hatte auch ein Ziel, nämlich Karaoke in einer Bar in allen 50 amerikanischen Staaten vorzuführen. Kurz, er hatte einige Probleme. Nachdem er uns in seinem Bericht davon erzählt hat, schildert Salton, wie er eine Vielzahl traditioneller psychologischer Theorien erweitert und kombiniert hat und derart versuchte, eine Behandlungsmöglichkeit zu entwickeln.

Salton preist auch einige seiner Vorläufer. »Perversion«, bemerkt er fröhlich, »ist für Psychiater schon immer von Interesse gewesen.« Er schreibt fast bewundernd über eine Studie, die grob gesagt eine viel gewaltigere Entsprechung mit Blick auf das 20. Jahrhundert darstellt als die Untersuchung, die er zum 21. vorbereitet. Richard von Krafft-Ebings 452-Seiten-Buch *Psychopathia Sexualis,* erschienen 1906, trug wesentlich zur Entstehung des modernen wissenschaftlichen Ansatzes beim Thema Perversion bei. Salton sagt, das Buch »faszinierte Psychotherapeuten und Theoretiker gleichermaßen«, da es im Grunde »ein Katalog perverser Verhaltensweisen und Praktiken [ist], die mit allem im Internet von heute konkurrieren würden«. Das Buch führte auch neue Wörter ein (am einflussreichsten »Sadismus« und »Masochismus«). Es wies auch einen köstlichen Index auf. Hier drei Kostproben:

Dementia paralytica
Diebstahl aufgrund von Fetischismus
Effeminatio

Kohabitation
Koketterie
Konträre Sexualempfindung

Melancholie
Menstruation
Metamorphosis sexualis paranoica
Misshandlung von Weibern

Trotz dieser Verneigungen vor der Vergangenheit handelt Saltons Studie zum 21. Jahrhundert vor allem von dem armen Alan, dem Dieb der zur Verfügung gestellten Bademäntel. Ein großer Teil von Alans Innenwelt, schreibt Salton, »bleibt ein Rätsel ... Ich hoffe und freue mich darauf, eine Gelegenheit zu haben, über Alans weitere Entwicklung in der Behandlung zu schreiben. Ich plane, den nächsten Artikel ›Von der Karaoke-Bar zur depressiven Position‹ zu nennen.«

Das Erscheinen dieser Follow-up-Studie steht der ungeduldigen Öffentlichkeit noch bevor.

Eine unwahrscheinliche Erfindung
»Die Kusshändchen werfende Puppe«
von William B. Nutting (US-Patentnummer 3.603.029, erteilt 1971)

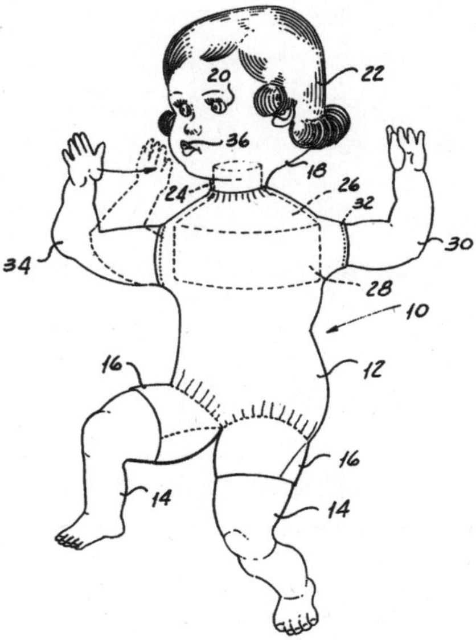

Die patentierte Kusshändchen werfende Puppe

Jeder, der versucht, einen Kuss patentieren zu lassen (der Liebesromanverlag Harlequin zum Beispiel, der im Februar 2011 einen Antrag für »Der wesentliche romantische Kuss« stellte), muss sich mit Nutting streiten. Seine Erfindung zeige (behauptet Mr. William Nutting) »eine zentrale Achse, auf die ich eine drehbare Antriebswelle für schwingende Bewegung montiere, unter dem Einfluss einer Zugschnur in die eine Richtung und durch die Neigung einer Schraubenfeder in die andere Richtung«. Hat jemand, metaphorisch betrachtet, jemals eine vollkommenere Beschreibung des romantischen Kusses ersonnen?

Käfer-Flaschen-Nummer

Gewisse männliche Wesen in Australien werden von einer besonderen Art von Bierflaschen körperlich angezogen. Ein Experiment in Westaustralien bewies, das dort als »Stubbies« bekannte Bierflaschen auf unerwartete Weise recycelt werden. Stubbies sind gedrungene kleine Flaschen mit einem Inhalt von 370 Millilitern. Eine 1983 veröffentlichte Studie beginnt mit der Erklärung: »Männliche *Julodimorpha bakewelli* (White) wurden beim Versuch beobachtet, mit Bierflaschen zu kopulieren.«

Julodimorpha bakewelli (White) sind Käfer. Vor 1983 wussten nur wenige Menschen, dass die Käfer sich die Stubbies zu Willen machten. Und es ist immer noch nicht Allgemeingut.

BEETLES ON THE BOTTLE: MALE BUPRESTIDS MISTAKE STUBBIES FOR FEMALES (COLEOPTERA)

D. T. Gwynne and D. C. F. Rentz

Department of Zoology, University of Western Australia, Nedlands, 6009, W.A.
CSIRO Division of Entomology, P.O. Box 1700, Canberra City, 2601, A.C.T.

Abstract

Male *Julodimorpha bakewelli* White were observed attempting to copulate with beer bottles. Colour and reflection of tubercles on the bottle glass are suggested as causes for attraction and release of sexual behaviour.

Darryl Gwynne, damals an der University of Western Australia (er ist inzwischen an die University of Toronto gewechselt), und David Rentz von der Commonwealth Scientific and Industrial Research Organisation (CSIRO) in Canberra versuchten, die Welt darauf aufmerksam zu machen. Sie veröffentlichten zwei Berichte mit intensiven, aber erfreulichen Details. »Bei zwei Gelegenheiten wurde ein fliegendes Männchen beobachtet, wie es sich auf einer Stubbie niederließ und zu kopulieren versuchte«, schreiben sie. »Es fand eine Suche statt nach anderen Stubbies in der Gegend, und zwei weitere, mit begleitenden Käfern, wurden aufgefunden. Die Männchen waren entweder an der Seite oder hatten das obere Ende der Flasche ›bestiegen‹, mit ausgestülpten Genitalien beim Versuch, den Aedeagus einzuführen. Nur eine einzige Flasche wurde ohne Käfer gefunden. Ein kurzes Experiment wurde durchgeführt, bei dem vier Stubbies in einem offenen Gelände auf den Boden gestellt wurden.«

Das Experiment war ein Erfolg. Die Käfer liebten die Flaschen. Gwynne und Rentz versuchten später, sie vom Glas zu lösen, stellten aber fest, dass dies nicht leicht war. Ein Käfer, beobachteten sie, saß so anhänglich an der Flasche, dass er ihr treu blieb, obwohl er von Ameisen angegriffen und angenagt wurde.

Die Wissenschaftler entwickelten eine Theorie, die das Wesen der anscheinend unnatürlichen Anziehung erklärt: »Es war offenkundig, dass es kein Restinhalt in den Stubbies war, was die Käfer anzog; nicht nur werfen Westaustralier niemals eine Flasche mit Bier darin weg, sondern in vielen Flaschen hatte sich über die Monate Sand und Abfall angesammelt ... Das braune Glas der Stubbies hatte Ähnlichkeit mit der Färbung der Käfer; zudem reflektierten die Reihen von regelmäßig angeordneten Höckerchen am oberen und unteren Ende der Flasche das Licht ähnlich wie die Narben auf den Flügeldecken des Käfers.«

Gwynne und Rentz sprachen eine Warnung an ihre Mitbürger aus: »Unsachgemäß entsorgte Bierflaschen stellen nicht nur eine physische und ›optische‹ Gefahr in der Umwelt dar, sondern könnten potenziell auch eine starke Beeinträchtigung der Paarungsmethode einer Käferart verursachen.«

Sie sagen, dieses Käferverhalten stimme mit anderen biologischen Berichten überein – dass es nämlich bei den meisten Arten das Männchen ist, das die »Paarungsfehler« begeht. Ihr zweiter Bericht, der ein Jahr nach dem ersten erschien, erwähnt, dass eine Krankenschwester in Perth ihnen »eine parallele Geschichte [erzählte], in der es um einen männlichen *Homo sapiens* ging, der an eine Milchflasche ›geheftet‹ ins Krankenhaus kam«.

Was kommt nach dem Frosch im Hals

Als junger Mann überredete Richard Wassersug elf andere Wissenschaftler, einen Geschmackstest mit Kaulquappen zu machen. Seine Abhandlung von 1971 mit dem Titel »Zur vergleichenden Schmackhaftigkeit von Trockenzeit-Kaulquappen aus Costa Rica« erklärte, warum er das tat: um ein altes wissenschaftliches Rätsel zu beantworten, nämlich die Frage, warum auffällig aussehende Tiere nicht alle von Beutegreifern gefressen werden und somit aussterben. Die Antwort ist, so stellt sich heraus, dass viele farbenprächtige Kaulquappen ekelhaft schlecht schmecken.

Wassersug wurde später Professor für Biologie an der Dalhousie University in Halifax, Nova Scotia, und eine anerkannte Autorität im Bereich Physiologie der Amphibien und in Medizin. Wie es aber so manchem bedeutenden Wissenschaftler widerfährt, gab ein höchst unerwartetes, höchst unglückliches Ereignis seinem Leben – und seiner Forschung – eine spektakuläre Wendung.

1998 wurde bei dem 52-jährigen Wassersug Prostatakrebs diagnostiziert. Als Wissenschaftler verstand er, dass die zur Behandlung verfügbaren medizinischen Therapien ihn technisch zum Eunuchen machen würden. Er entdeckte, dass das Dasein eines Eunuchen neben den berühmten Nachteilen auch einige unerwartete Vorteile hat: eine geringere Neigung, aggressiv und streitsüchtig zu sein, mehr und eine vielleicht tiefere Empathie mit anderen Menschen und, ohne die hormongesteuerte sexuelle Ablenkung, eine entspannte Freude beim Genuss der Schönheit in Frauengesichtern.

Die Wissenschaft übersieht Eunuchen weitgehend als Gegenstand des Interesses und als eine wahrscheinliche Quelle wertvoller Erkenntnisse. Wassersug machte sich daran, dies zu korrigieren, indem er seine offenkundige Tragödie in eine ekstatische neue Manie wendete.

Seine Eunuchenstudien, viele davon in Zusammenarbeit mit anderen Wissenschaftlern entstanden, schließen Beurteilungen medizinisch-sozialer Dilemmata ein. Und es gibt darin auch einige erstaunliche Blicke auf unbekannte Bereiche des Menschseins.

Wassersugs Forschung führte ihn auf einen Seitenpfad, auf den Akademiker selten den Fuß setzen. Es gibt Männer, die kastriert werden möchten, obwohl es dafür weder krankheits- noch verletzungsbedingte Gründe gibt. Wassersug suchte dieses wissenschaftliche Rätsel zu verstehen. In »Lust auf Kastration: Charakterisierung von Männern, die von Kastration fasziniert, aber nicht kastriert sind«, erschienen im *Journal of Sexual Medicine,* identifizieren er und seine Kollegen »Faktoren, die diejenigen, die bloß darüber fantasieren, von denjenigen, die unter größtem Risiko tatsächlich kastriert werden, unterscheiden«. Eine gesonderte Studie, »Eunuchen in der heutigen Gesellschaft: Erwartungen, Folgen und Anpassungen an Kastration«, berichtet, was vielleicht die verstörendste Tatsache bezüglich der freiwilligen Kastraten ist: »Die Mehrzahl der Kastrationen (53 %) wurde nicht von medizinischen Fachkräften durchgeführt.«

Für seine Kaulquappenverkostung erhielt Wassersug im Jahr 2000 einen Ig-Nobelpreis auf dem Gebiet der Biologie.

Anzügliches über Strichmännchen

Welche Körperteile beachten Studenten, wenn sie ihre Rivalen in Liebesdingen taxieren? Pieternel Dijkstra und Bram Buunk gingen in eine Universitätsbibliothek, um die Antwort zu finden. Sie gaben Fragebogen an Studenten aus, die Bücher oder gegenseitig die Körperteile studierten. Die Arbeit »Geschlechtsunterschiede in der Eifersucht hervorrufenden Art des Körperbaus eines Rivalen«, erschienen 2001 in der Zeitschrift *Evolution and Human Behavior,* erklärt, was Dijkstra und Buunk aus diesem Versuch lernten.

Die zwei Psychologen der Universität im niederländischen Groningen beginnen mit einem Überblick über den Stand des Wissens auf ihrem Gebiet. Das höchste Ziel der beiden: die Geheimnisse romantischer Rivalität und Eifersucht aufzuklären.

Frühere Forscher, sagen Dijkstra und Buunk, begründeten, dass Eifersucht »ausgelöst [wird], wenn Menschen Bedrohungen von Beziehungen mit ihren Partnern aufgrund tatsächlicher oder eingebildeter Rivalen wahrnehmen«. Studien wiesen darauf hin, dass »Menschen dazu neigen, Eigenschaften von Rivalen mit ihren eigenen zu vergleichen«.

In der Absicht, auf diesen Entdeckungen aufzubauen, befragten Dijkstra und Buunk 91 Frauen und 94 Männer. Sie legten den Versuchspersonen Fragebögen vor, die einige Zeichnungen von Strichmännchen und einige vorformulierte Fragen enthielten. Frauen sollten Strichfiguren betrachten, die Frauen darstellten, Männer Figuren von Männern. Die Zeichnungen, alle mit »identischen Gesichts- und Körpermerkmalen«, zeigten eine Vielfalt von breiten und schmalen Schultern, Taillen und Hüften. Die Studenten wurden gebeten, jede Zeichnung zu betrachten und zu sagen, »wie eifersüchtig sie sich fühlen würden, wenn diese Person an ihrem Partner in romantischer Hinsicht interessiert wäre«. Die Studenten mussten dann »bewerten, wie attraktiv« sie jede Strichfigur fanden und wie attraktiv sie für ihren tatsächlichen oder vorgestellten Herzenspartner wäre.

Zum Schluss kam eine weitere Frage. Die Studie stellt nüchtern fest: »Als die Teilnehmer alle oben stehenden Punkte beantwortet hatten, wurden sie gebeten, die Charakteristika des Körpers der Figuren, auf die sich konzentriert hatten, aufzuführen.« Frauen erwähnten, dass sie die Taille, die Hüften und die Beine der Rivalin betrachtet hätten. Männer erwähnten, dass sie die Schultern, Brust und Bäuche der Rivalen betrachtet hätten. Frauen gaben an, dass Strichfiguren von Rivalinnen mit schlanken Taillen und breiten Hüften »sozial dominanter und attraktiver [sind].« Männer dagegen sagten, sie seien beeindruckt von der Attraktivität und sozialen Dominanz breitschultriger Strichmännchen-Rivalen, besonders wenn sie schmale Taillen besäßen.

Die Abhandlung von 2001 stellte die grundlegenden Fakten fest, wie eine Gruppe von Menschen in den frühen Zwanzigern nach eigener Aussage auf Strichzeichnungen reagiert, die Rivalen in Liebesdingen darstellen.

Aber Dijkstra und Buunk ließen nicht locker und forschten und publizierten ausgiebig weiter über verschiedene Aspekte der Beziehung zwischen Eifersucht, schmalen Taillen, breiten Schultern und breiten Hüften. Ihr Bericht von 2009, »Eine schmale Taille versus breite Schultern: Geschlechts- und Altersunterschiede in den Eifersucht erzeugenden Merkmalen des Körperbaus eines Rivalen«, verrät, wie sich dies bei älteren Menschen äußert. Wie jeder sorgfältig ausgearbeitete wissenschaftliche Beitrag erklärt er unverblümt, dass er Grenzen hat. Diese werden durch die Aussage hervorgehoben: »Im wahren Leben werden Personen in der Regel nicht mit Rivalen konfrontiert, die so spärlich bekleidet sind wie die Figuren in unserem Experiment.«

Professor Gueguen, Analytiker von Brusteffekten

Professor Nicolas Gueguen findet Bedeutung, oder zumindest Faszination, in etwas, das man als voyeuristische Mikroskopie bezeichnen könnte: Er beobachtet, wie Menschen auf alltäglich bemerkbare Anblicke und Geräusche und Berührungen reagieren. Viele Experimente beziehen junge weibliche Verbündete ein, die wohlgeformt oder parfümiert sind oder die eine Hand in besonderer Weise auf Fremde legen. Die Versuchspersonen, die am heftigsten reagieren, sind im Allgemeinen Männer.

Gueguen von der Universität der Südbretagne in Frankreich hat seit dem Jahr 2000 Veröffentlichungen herausgepumpt. Er ehrt die akademischen Bräuche dadurch, dass er im Druck von sich selbst als königlichem »wir« redet.

Seine Experimente erforschen eine ganze Bandbreite menschlichen Verhaltens. Eine Studie mit dem Titel »Brustgröße von Frauen und Werbeansuchen von Männern«, erschienen in der Zeitschrift *Body Image,* beschreibt, wie Gueguen »die Wirkung der Brustgröße einer Frau auf Annäherungen von Männern [testete]. Wir stellten die Hypothese auf, dass eine Zunahme der Brustgröße mit einer Zunahme der Annäherungen durch Männer verknüpft wäre.« Die Studie endet mit einer Ode in 827 Worten auf den Einleitungssatz: »Unsere Hypothese wurde bestätigt.«

Ein verwandtes Experiment führte zu einer Studie mit dem Titel »Brustgröße und Trampen: Eine Feldstudie«, erschienen in *Perceptual and Motor Skills.* Hier berichtet Gueguen, dass »1200 französische Autofahrer und Autofahrerinnen in einer Autostopp-Situation getestet wurden. Eine 20-jährige Frau fungierte als Lockvogel; sie trug einen BH, der eine Veränderung der Körbchengröße erlaubte, damit sie ihre Brustgröße wechseln konnte. Sie stand am Rand einer Straße, die von vielen Trampern benutzt wurde, und streckte ihren Daumen aus, um eine Mitfahrgelegenheit zu bekommen. Eine Erhöhung der BH-Größe der Tramperin war deutlich verbunden mit einer Zunahme der Zahl der Fahrer, aber nicht der Fahrerinnen, die anhielten, um eine solche anzubieten.«

Häufigkeit und Prozentangabe von Autofahrern, die anhielten, differenziert nach Versuchsanordnung und Geschlecht der Fahrer

Geschlecht der Autofahrer	*n*	**Körbchengröße des BHs**		
		A	B	C
männlich	774	14.92 % 40/268	17.79 % 46/256	24.00 % 60/250
weiblich	426	9.09 % 12/132	7.64 % 11/144	9.33 % 14/150

Eine frühere Studie mit dem Titel »Die Wirkung einer Berührung auf das Trinkgeld: Eine Auswertung in einer französischen Bar«, erschienen im *International Journal of Hospitality*

Management, bezweckte, eine sehr spezifische Wissenslücke der Psychologen bezüglich des menschlichen Verhaltens zu schließen. Die Studie erklärt: »Obwohl die positive Wirkung einer Berührung auf das Trinkgeldgeben im Restaurant verbreitet in der Literatur zu finden ist, wurde keine Bewertung außerhalb der Vereinigten Staaten von Amerika und in einer Bar vorgenommen. Deshalb wurde ein Experiment in einer französischen Bar durchgeführt. Eine Kellnerin berührte kurz den Unterarm eines Kunden/einer Kundin (oder auch nicht), wenn sie ihn/sie fragte, was er/sie zu trinken haben möchte. Die Ergebnisse zeigen, dass eine Berührung das Trinkgeldverhalten verbesserte, obwohl es in einer Bar in Frankreich ungewöhnlich ist, einer Kellnerin Trinkgeld zu geben.« Gueguen ist ähnlichen Fragen nachgegangen, von denen einige sich um ein Lächeln drehten, worüber er dann in weiteren Studien berichtete.

»Die Wirkung von Parfüm auf prosoziales Verhalten von Fußgängern« wiederum, erschienen in der Zeitschrift *Psychological Reports,* ist repräsentativ für mehrere Untersuchungen Gueguens, wie Menschen auf die Anwesenheit und die Handlungen einer stark parfümierten Frau reagieren. In dieser Studie geht die parfümierte Frau vor Fremden her und »lässt, scheinbar ohne es zu merken, ein Päckchen Papiertaschentücher oder einen Handschuh fallen«.

Solche und andere Streifzüge untersucht also Professor Gueguen und grübelt dabei über das Menschsein nach.

In Kürze
»Erfolgreiche Befruchtungsexperimente mit kryokonserviertem Sperma von Wildschweinen«
von D. Krause, D. Ick und H. Treu (erschienen in *Zuchthygiene,* 1981)

Giles Skey Brindley, Arzt, Mitglied des Königlichen Ärzteverbands, Mitglied der Royal Society, weiß herauszuragen. Bei einem Vortrag der Gesellschaft für Urodynamik in Las Vegas 1983 demonstrierte Dr. Brindley – mit Verve –, dass er Drogen in seinen Penis injizieren und dadurch eine Erektion und Aufregung verursachen konnte.

Brindley hatte die erste wirksame Behandlung für das entwickelt, was damals lose als »Impotenz« bezeichnet wurde und heute unter dem steiferen Euphemismus »erektile Dysfunktion« läuft. Sein Auftritt in Las Vegas garantierte, dass die Entdeckung nicht unbemerkt bleiben würde.

Zwei Jahrzehnte später schrieb Laurence Klotz, Urologe an der University of Toronto, einen Bericht aus erster Hand über sein Erlebnis auf der Konferenz. Unter dem Titel »Wie man neue wissenschaftliche Information (nicht) kommuniziert: Eine Erinnerung an den berühmten Brindley-Vortrag« belebt und schmückt er bis zu einem gewissen Grad die Seiten der urologischen Zeitschrift *BJU International.* Klotz berichtet, dass Brindley »darauf hinwies, dass seiner Ansicht nach keine normale Person das Erlebnis, vor großem Publikum einen Vortrag zu halten, erotisch stimulierend oder eine Erektion herbeiführend finde. Er habe sich deshalb, sagte er, in seinem Hotelzimmer Papaverin injiziert, bevor er seinen Vortrag halten gegangen sei, und trage absichtlich weite Kleidung, um es möglich zu machen, die Ergebnisse zu zeigen ... Dann ließ er kurzerhand seine Hose und Unterhose fallen, um einen langen, dünnen, eindeutig erigierten Penis zu enthüllen. Es war kein Laut im Raum zu hören. Jeder hielt den Atem an. Aber das bloße öffentliche Vorzeigen seiner Erektion vom Podium aus war ihm nicht genug. Er hielt inne und schien seinen nächsten Schritt abzuwägen. Die dramatische Stimmung war zum Greifen. Dann sagte er ernst: ›Ich würde gern einigen im Publikum die Gelegenheit geben, den Grad der Schwellung zu bestätigen.‹ Mit seiner Hose um die Knie watschelte er die Treppe hinunter und näherte sich (zu ihrem Entsetzen) den Urologen und ihren Partnerinnen in der ersten Reihe.« Und so weiter.

Brindleys Aktivitäten in Wissenschaft und Medizin und auch in der Musik umfassen ein breites Spektrum. Er erfand eine neue Variante des Fagotts und brachte 1973 viele seiner diversen Interessen in einem Traktat mit dem Titel »Geschwindigkeit des Schalls in einem gebogenen Rohr und die Formgebung von Blasinstrumenten« in der Zeitschrift *Nature* zur Geltung.

Das Erektionsexperiment mit Selbstinjektion gelangte mit der März-Ausgabe des *British Journal of Pharmacology* 1986 in die medizinische Literatur, in Form von Brindleys Abhandlung »Pilotversuch über die Wirkung von in das menschliche Corpus cavernosum penis injizierten Drogen«. Brindley schreibt: »Die Drogen wurden durch eine 0,5 Millimeter x 16 Millimeter-Nadel in das rechte Corpus cavernosum in das zur Körpermitte hin liegende Drittel des freien Penis injiziert. Der Penis wurde dann systematisch massiert, um die Droge durch beide Corpora cavernosa wie folgt zu verteilen ...« Dann schließt sich eine 307 Wörter umfassende Beschreibung der Drogen und der Massagetechnik an.

Das letzte Wort darf man Klotz überlassen, der sagt: »Professor Brindley gehört in das Pantheon berühmter britischer Exzentriker, die spektakuläre Beiträge zur Wissenschaft geleistet haben. Die Geschichte seines Vortrags verdient einen Platz in den urologischen Geschichtsbüchern.«

Wie abgelenkt wird ein junger Mann genau, während er masturbiert?

Ein mit Studenten an der University of California, Berkeley, durchgeführtes Experiment versuchte das herauszufinden.

Alle Details wurden im *Journal of Behavioral Decision Making* veröffentlicht. Dan Ariely vom Massachusetts Institute of Technology und George Loewenstein von der Carnegie Mellon University in Pittsburgh beschreiben ihre erregende Leistung in trockener, förmlicher Sprache: »Wir untersuchen die Wirkung sexueller Erregung, herbeigeführt durch Selbststimulierung, auf Urteile und hypothetische Entscheidungen, getroffen von männlichen Collegestudenten.«

Die Wissenschaftler beginnen ihren Bericht mit dem Hinweis, dass die »sexuelle Motivation eine direkte oder indirekte Rolle im Zusammenhang breitgefächerter sozialer Interaktionen und, in beträchtlichem Ausmaß, wirtschaftlicher Aktivitäten spielt«. Das Geschäft mit Pornografie allein führe, sagen sie, zu höheren Einnahmen in den Vereinigten Staaten als die drei größten Profisportverbände (Football, Basketball, Baseball) zusammen erwirtschafteten.

Nachdem sie begründet haben, dass das Thema von Wert ist, schreiten Ariely und Loewenstein direkt zur Tat. Sie erklären, wie sie 35 Studenten rekrutierten, indem sie ihnen eine kleine Vergütung für die Anstrengung des Masturbierens und des gleichzeitigen Beantwortens eines Fragenkatalogs anboten. Jeder Student bekam einen Laptop mit einer Tastatur, »konzipiert, um leicht nur mit der nicht dominanten Hand bedient zu werden«.

Einige Freiwillige waren angewiesen, die Fragen zu beantworten, »während sie in ihrem natürlichen, mutmaßlich nicht sehr erregten Zustand waren«. Andere »wurden zuerst gebeten, sich selbst zu stimulieren, und bekamen dieselben Fragen erst vorgelegt, nachdem sie einen hohen, aber präorgastischen Zustand der Erregung erreicht hatten«.

Der Computerbildschirm zeigte »ein ›Erregungsthermometer‹ mit Bereichen, die von Blau bis Rot gefärbt waren, was zunehmende Grade der Erregung darstellte. Zwei Tasten auf der Tastatur erlaubten den Benutzern, den Fühler auf dem Erregungsmesser zu bewegen, um ihren momentanen Stand der Erregung anzuzeigen. Das Bedienungsfeld oben links nahm den größten Teil des Bildschirms ein und zeigte verschiedene erotische Fotografien«.

Der Bildschirm dokumentierte auch die lange Reihe der Erhebungsfragen. Manche Fragen galten der Attraktivität verschiedener sexueller Betätigungen, Themen und Gelegenheiten. Darunter waren: Frauenschuhe, ein zwölfjähriges Mädchen, ein Tier, eine fünfzigjährige Frau, ein Mann und eine extrem dicke Person. Andere Fragen sondierten die Risiken, die der Freiwillige eingehen würde, um sexuelle Erfüllung zu erlangen.

Die Freiwilligen waren angehalten, die Tabulatortaste des Computers zu drücken, falls sie ejakulierten. Keiner meldete dies.

Ariely und Loewenstein sagen, ihre Ergebnisse seien »beeindruckend« und bestätigten in mehr als erwartbarer Weise, was die meisten Leute von jungen Männer als Gruppe glauben – dass sie im Zustand der Erregung (1) von Dingen sexuell angezogen werden, die sonst abschreckend sind, (2) bereitwilliger werden, sich auf ein moralisch fragwürdiges Verhalten einzulassen, das zu Sex führen könnte, (3) mit größerer Wahrscheinlichkeit ungeschützten Sex haben. »[Unsere] Studie zeigt, dass sexuelle Erregung die Menschen in tiefgreifender

Weise beeinflusst«, schreiben sie. »Bemühungen um Selbstkontrolle, die rohe Willenskraft einschließen, bleiben wahrscheinlich wirkungslos.«

Das ist eine Spitze gegen Theoretiker – diejenigen, die den Leuten raten, »einfach nein zu sagen« – seitens der Experimentatoren, die keine Angst haben, sich die Hände schmutzig zu machen.

(2008 erhielten Dan Ariely und drei seiner Kollegen den Ig-Nobelpreis in Medizin für ihre Untersuchung der Wirkung teurer gefälschter Arzneien im Vergleich zu billigen gefälschten Arzneien.)

Füllhorn

»Beobachtung der Elektroejakulation beim Nashorn mit Ultraschall« lautet der Titel einer Forschungsarbeit, die 1996 erschien. Die Studie ist bemerkenswert – verdient Aufmerksamkeit und fordert sie vielleicht – aus wenigstens zwei Gründen. Zunächst wegen des Themas.

Hauptautorin Nan Schaffer ist Tierärztin in Chicago. Sie veröffentlichte diesen Bericht im selben Jahr, in dem sie eine gemeinnützige Organisation namens SOS Rhino gründete. Die Gruppe versucht, die fünf Nashornarten der Welt vor dem Aussterben zu bewahren. Schaffer zählte und zählt zu den führenden Forschern auf dem Gebiet der Fortpflanzung der Nashörner. Das Gebiet erfährt wenig öffentlichen Beifall.

Beim Nashorn geschieht die Fortpflanzung, wenn überhaupt, in einem zweiteiligen Vorgang. Zuerst produziert das Männchen Samen. Dann wird der Samen in das Weibchen übertragen. Der Vorgang geht oft schief.

ULTRASONOGRAPHIC MONITORING OF ARTIFICIALLY STIMULATED EJACULATION IN THREE RHINOCEROS SPECIES (*CERATOTHERIUM SIMUM, DICEROS BICORNIS, RHINOCEROS UNICORNUS*)

Nan Schaffer, D.V.M., William Bryant, D.V.M., Dalen Agnew, D.V.M., Tom Meehan, D.V.M., and Bruce Beehler, D.V.M.

Abstract: Manual massage of the penis and rectal electroejaculation methods have been minimally effective for collecting semen from the rhinoceros. These two methods for stimulating ejaculation were evaluated by rectal ultra-

Tierärzte versuchen, helfend zur Hand zu gehen. Manchmal trifft das buchstäblich zu, und manchmal bezieht es den Gebrauch elektromechanischer Geräte ein. In einer Studie von 1998 erklären Schaffer und ihre Kollegen, dass »manuelle Massage des Penis und rektale Elektroejakulationsmethoden minimal effektiv gewesen sind, um Samen von dem Nashorn zu gewinnen«. Das fasste mehr oder weniger den neuesten Stand der Technik zusammen. Und diese Technik traf natürlich nur auf Teil eins des zweigeteilten Fortpflanzungsvorgangs zu.

Es handelt sich um gefährliche Arbeit, weniger für die Tiere als für die Menschen. Viel weniger. Ein Mensch wiegt typischerweise nur ein Zehntel, und in manchen Fällen ein Vierzigstel, eines ausgewachsenen Nashornbullen. Dem Unterschied im Gewicht wird Vorschub geleistet von dem feurigen Muskelpotenzial eines Nashornbullen, während er, direkt oder indirekt, durch die Anstrengungen von Nashornfortpflanzungstechnikern stimuliert wird. Es ist auch eine mühsame Arbeit, die sorgfältige technische Planung verlangt und immer nur mit äußerster Vorsicht durchzuführen ist. Die Tierärzte und ihre Assistenten, die sich auf diese Arbeit einlassen, tun dies mit einem kleinen Arsenal von spezialisierten, gründlich entwickelten Verfahren und Geräten. Das kräftige Horn des Nashorns trägt demonstrativ zur Gefährlichkeit des Unterfangens bei.

Aber zurück zu Schaffers Studie von 1996.

Schon der Titel »Beobachtung der Elektroejakulation beim Nashorn mit Ultraschall« fesselt die Aufmerksamkeit. Aber das ist nicht das Bedeutsamste an dem Bericht.

Denken Sie an jede Schreibübung zurück, die Sie in jeder beliebigen Klasse irgendwann einmal gemacht haben, um den aussagekräftigsten Teil gebührend zu würdigen. Fast sicher hat der Lehrer Ihnen einen grundlegenden Rat gegeben und viele Male wiederholt: Wenn man einen Bericht schreibt, ist es wichtig, einen guten Einleitungssatz zu haben!

Hier ist der Einleitungssatz in Dr. Schaffers Bericht. Lesen Sie ihn laut. Er sagt: »Elektroejakulation ist beim Nashorn schwierig durchzuführen.«

Ich empfehle Ihnen, wann immer Sie einen Bericht schreiben – gleich zu welchem Thema –, mit diesem Satz zu beginnen.

Die Wirkung von Handys auf Kaninchensex

Damit sich niemand fragt, warum vier Wissenschaftler die Wirkung von Mobiltelefonen auf das Geschlechtsleben von Kaninchen untersuchten, legen Nader Salama, Tomoteru Kishimoto, Hiro-Omi Kanayama und Susumu Kagawa ihre Gründe dar. Viele Wissenschaftler hatten zu beweisen versucht (allerdings im Großen und Ganzen vergebens), dass wiederholtes Halten eines Handys an den Kopf einer Person Schäden im Gehirn verursache. Die vier Wissenschaftler blickten voraus auf eine vielleicht andere Frage: Wird das Tragen eines Handys nahe den Hoden eines Mannes dessen sexuelles Verhalten beeinträchtigen?

Sie ersannen ein Experiment. Angesichts der Kosten, Komplexität und heiklen Natur, es mit Menschen durchzuführen, entschieden sie sich stattdessen für Kaninchen.

Salama et al. reklamieren pauschal, dass sie als Erste »die potenzielle Auswirkung der Belastung durch von Mobiltelefonen ausgesendete elektromagnetische Wellen auf das männliche Sexualverhalten analysiert haben«. Die Einzelheiten wurden in ihrer Arbeit mit dem Titel »Auswirkungen der Belastung durch ein Mobiltelefon auf das Sexualverhalten erwachsener männlicher Kaninchen: Eine Beobachtungsstudie« veröffentlicht, erschienen im *International Journal of Impotence Research.* Das Team führte dieses Experiment an der Tokushima School of Medicine in Japan durch.

Sie dokumentierten die Brunftzeit (unter zugegebenermaßen künstlichen Bedingungen) von sechs männlichen Kaninchen, die über zwölf Wochen eingeschaltete Handys nahe den Genitalien trugen, während sechs andere ausgeschaltete Handys trugen und weitere sechs handylos waren.

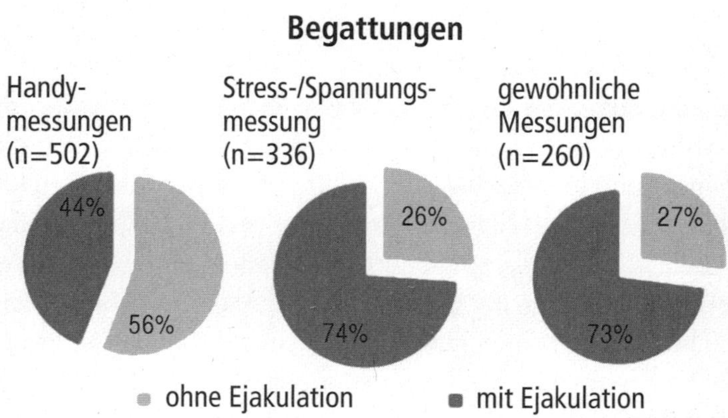

Darstellung: Begattungen, mit und ohne Handy

Die Wissenschaftler vermerkten die Besonderheiten jedes Bespringens und warteten auf den Moment, in dem jedes Kaninchen in »einen Zustand sexueller Erschöpfung« geriet.

Sie berichten, dass die Karnickel mit aktiven Handys »früher sexuell erschöpft waren«. Diese Entdeckung, betonen sie, »könnte einige praktische Implikationen haben«. Forschung auf den Gebieten Urologie und Impotenz umfasst das Wechselspiel – manchmal delikat, manchmal nicht – von Technologie und Biologie. Das Team weiß dies durchaus. Drei Jahre früher veröffentlichten sie einen Bericht mit dem sich weitgehend selbst erklärenden Titel »Ein ungewöhnliches banales Trauma kann mit Abstoßung einer gut funktionierenden Penisprothese enden: Ein Fallbericht«. Er stellt nicht nur einen, sondern gleich zwei aufschlussreiche Fälle dar.

Der erste betrifft einen 57 Jahre alten Mann, der »behauptete, die Prothese habe gut funktioniert und ihm und seinen zwei Frauen, da er eine polygame Ehe führte, einen ausgezeichneten Grad von Befriedigung gegeben«. Das Problem war, dass »er auch berichtete, fünf Tage, bevor er vorstellig wurde, mit seinem Penis gegen den Koffer eines vor ihm gehenden Passagiers gestoßen zu sein, als er an Bord eines Flugzeugs ging«.

Der zweite Patient war ein 64 Jahre alter Mann, der »beschrieb, dass er vier Tage zuvor seinen Penis an einem Toilettensitz einklemmte, während er sich niederließ, um den Darm zu entleeren«. Die Ärzte befreiten beide Patienten von dem Gerät. Sie berichten nüchtern, dass »die Erholung in beiden Fälle ohne Zwischenfälle verlief«. Die Ärzte bemerken weiter: »Diese Prothesen [die einen Durchmesser von 13 Millimetern haben] sind ein wenig sperrig und können nicht zufriedenstellend in relativ kleine Organe gestopft werden«. Gut möglich, dass diese Zusammendrängung »Patientenorgane leichter einem unerwarteten Trauma aussetzt«. Die wesentliche Lehre, sagt der Bericht, ist folgende: »Wenn die Implantation einer biegsamen Penisprothese erwogen wird, sollte einer angemessenen Dimensionierung Rechnung getragen werden.«

Wir werden nun sehen, ob diese Männer, prothesenfrei und ihren eigenen Geräten überlassen, hecken wie Kaninchen.

Forschungsvorschläge: Sex mit einem Fremden

»Geschlechtsunterschiede bei der Empfänglichkeit für sexuelle Angebote« sollte ein aufsehenerregender Forschungsbericht sein. Doch die meisten Leute wissen nichts davon. Oder vielleicht können sie nicht glauben, dass es ihn gibt.

Es gibt ihn.

Erschienen 1989 im *Journal of Psychology and Human Sexuality,* erzählt dieser 17 Seiten lange Hit eine einfache Geschichte. Fünf Frauen und vier Männer wurden einzeln auf einen Universitätscampus geschickt. Sie gingen jeweils auf Fremde des anderen Geschlechts zu und sagten: »Ich habe Sie auf dem Campus bemerkt. Ich finde Sie sehr attraktiv.« Dann forderten sie die Fremden zum Sex auf.

Dieses Experiment wurde zweimal durchgeführt, einmal 1978 und dann wieder 1982. Die Ergebnisse waren die gleichen. Der Bericht beschreibt es so: »Die große Mehrheit der Männer war bereit, ein sexuelles Verhältnis mit den Frauen einzugehen, die an sie herantraten. Keine einzige Frau jedoch willigte in ein sexuelles Verhältnis ein.«

Die Studie wurde von Elaine Hatfield, Professorin für Psychologie an der University of Hawaii in Manoa, und Russell D. Clark III, Professor für Psychologie an der Florida State University, konzipiert und geleitet. Sie beginnt mit einer Erklärung: »Männer sind gemäß kulturellen Stereotypen begierig nach Geschlechtsverkehr; es sind Frauen, die solchen Aktivitäten Grenzen setzen.« Sie endet mit einer Deklamation: »Doch unabhängig davon, warum wir diese Daten beschafften, ist die Existenz dieser ausgeprägten Geschlechtsunterschiede interessant.«

Der Beitrag erklärt nie, *warum* die beiden die Daten beschafften, aber dafür bringt er eine Liste von 59 früher erschienenen Studien, die sie nützlich, interessant oder wenigstens erwähnenswert fanden. Darunter sind vier andere auf Sex bezogene Berichte von Hatfield und drei fachspezifische Berichte von dem renommierten amerikanischen Ausschuss zu Obszönität und Pornografie.

14 Jahre später veröffentlichten Hatfield und Clark eine Studie mit dem Titel »Liebe am Nachmittag«, in der sie zu erklären versuchten, warum sie das Experiment durchgeführt hatten und was daraufhin geschehen war. Hier ist eine knappe Version ihrer Erklärung:

> Im Frühjahr 1978 unterrichtete Russ Clark einen kleinen Kurs in experimenteller Sozialpsychologie ... Russ ließ eine Bombe platzen. »Die meisten Frauen«, sagte er, »können jeden Mann dazu bringen, alles zu tun, was sie wollen. Männer haben es schwerer. Sie müssen sich um eine Strategie, den richtigen Moment und ›Tricks‹ sorgen.«
>
> Nicht unerwartet waren die Frauen im Kurs erbost. Eine Frau schleuderte einen Bleistift in Russ' Richtung.
>
> In einem von Russ' besseren Momenten bemerkte er: »Wir brauchen nicht zu kämpfen. Wir brauchen uns nicht gegenseitig aufzuregen. Es ist eine empirische Frage. Entwickeln wir doch einen Feldversuch, um festzustellen, wer recht hat!«

Eine Zeitschrift nach der andern lehnte die Veröffentlichung ihres Beitrags mit barschen Kommentaren ab, von denen dieser eine typisch ist: »Die Studie an sich ist zu bizarr, banal und unernst, um interessant zu sein. Wen kümmert es, was das Ergebnis der Beantwortung einer solch dummen Frage ist.«

Aber Hatfield und Clark waren unverzagt. So erklären sie am Ende von »Liebe am Nachmittag«: »Die banale, uninteressante und moralisch verdächtige Forschung von heute stellt sich oft als die ›klassische Studie‹ von morgen heraus.«

Bettgenossen, immer

Niemand schläft allein. Dies hat wenig oder nichts mit Moral zu tun. Es ist einfach ein Naturgesetz, eine Tatsache. Eine Erhebung nach der anderen belegt, dass mit oder ohne die Feinheiten der förmlich geschlossenen Ehe Staubmilben die große schweigende Mehrheit in jedem Bett sind.

Professorin J. E. M. H. van Bronswijk von der Technischen Universität Eindhoven in den Niederlanden warf einen guten, langen, wissenschaftlichen Blick darauf, wer womit im Bett ist. Van Bronswijk erörterte all die schmutzigen Details auf einer Sitzung des Benelux Congress of Zoology 1994. Ihre Untersuchung heißt »Ökosystem Bett«.

Ein Bett ist ein überfüllter Ort. Selbst ohne die Menschen ist es voller Biomasse. Van Bronswijk schrieb, dass diese Biomasse »aus Hausmilben (hauptsächlich von der Familie Pyroglyphidae) und Hauspilzen (hauptsächlich die Gattungen *Aspergillus, Penicillium, Wallemia*) besteht, dazu ein kleinerer Beitrag an Insekten, Spinnen und Bakterien«. Vor allem sind es Milben.

Das war eine aufregende Nachricht. In den Jahrzehnten seit van Bronswijks charmantem öffentlichem Bettgeflüster haben viele andere Wissenschaftler an die Gewohnheit des biologischen Voyeurismus im Schlafzimmer angeknüpft.

Krzysztof Solarz von der Schlesischen Medizinischen Akademie in Katowice, Polen, führte eine Studie in drei Betten in Sosnowiec, Oberschlesien, durch. Dies sei, berichtete Solarz 1997 in den *Annals of Agricultural and Environmental Medicine,* die erste derartige Untersuchung überhaupt in Polen gewesen. Die Stadt Sosnowiec hatte damals eine menschliche Bevölkerung von etwa 250 000 Einwohnern. Die Zahl der Hausstaubmilben sei dahingestellt.

Solarz zählte Stichproben von Milbenpopulationen zu verschiedenen Zeiten ein ganzes Jahr hindurch. Dann verglich er diese mit früher veröffentlichten Daten aus Betten in der Tschechischen Republik, den Niederlanden, Rumänien, England, Spanien, Indien, Hawaii und anderswo.

Hausstaubmilben sind nicht jedermanns Fall, obwohl sie in jedermanns Falle sein können, auch wenn man häufig die Bettwäsche wechselt. Manche Menschen interessieren sich wenig für Hausstaubmilben – die meisten Leute sind bereit, so weit zu gehen, dass sie mit ihnen schlafen.

SEASONAL DYNAMICS OF HOUSE DUST MITE POPULATONS IN BED/MATTRESS DUST FROM TWO DWELLINGS IN SOSNOWIEC (UPPER SILESIA, POLAND): AN ATTEMPT TO ASSESS EXPOSURE

Krzysztof Solarz

Für den neuen Fan gibt es jedoch viel zu lernen und ohne Ende gute Sachen zu lesen. Jeder, der Poesie mag, auch eine Milbe, könnte Gefallen finden an H. R. Sesays und R. M. Dobsons »Studien zur Milbenfauna des Hausstaubs in Schottland mit besonderer Bezugnahme auf Bettwäsche« von 1972. Für den Milbenliebhaber, der Poesie verabscheut, gibt es J. Z. Youngs Meisterwerk in Prosa von 1981: »Morphologische Adaption für präkopulatives Beschützen bei astigmatischen Milben«.

Akarologen – Wissenschaftler, die Zecken und Milben studieren – kommen, wie die Objekte ihres Studiums, gern in Gruppen zusammen. Akarologen auf der Suche nach Bettgenossen, nichtmenschlichen oder anderen, versammeln sich jedes Jahr auf dem Internationalen Kongress der Akarologie. Sie können zu ihnen stoßen, wenn Sie möchten. In den Worten der Organisatoren vergangener Konferenzen: »Wir freuen uns jeden kennenzulernen ... mit einem lebhaften Interesse an Milben und/oder Zecken.«

Professorin van Bronswijk erhielt den Ig-Nobelpreis 2007 auf dem Gebiet der Biologie für die Zählung unserer Bettgefährten.

In Kürze
»Traumatische Knutschflecken«
von M. Al Fallouji (erschienen im *British Journal of Surgery,* 1990)

Anons Liebesleben

Hat irgendwer wissenschaftliche Forschung über Bärte betrieben? Ja, wirklich. Das meiste betrifft Bärte, die an Wissenschaftlern hängen. Die meisten dieser Forscher sind Männer. Die meisten von ihnen sind Briten. Warum das so ist, weiß ich nicht.

1970 veröffentlichte die Zeitschrift *Nature* einen Brief mit der Überschrift »Auswirkungen sexueller Aktivität auf den Bartwuchs beim Mann«. Der Name des Autors wurde aus Gründen, die sich von selbst verstehen mögen, nicht genannt. Ich werde ihn hier, wie es *Nature* tat, »Anon« nennen. In Anons Brief hieß es: »Während der vergangenen zwei Jahre habe ich Abschnitte von mehreren Wochen auf einer entlegenen Insel in relativer Isolation verbracht.«

Anon führte im Weiteren aus, er habe sein Bartwachstum

gemessen, »indem [er] den Schnitt vom Kopf eines Philips-Philishaver-Apparats nach einer einzelnen Rasur einmal alle 24 Stunden sammelte und wog.« Er erfuhr zwei Dinge. Erstens, dass während des Tages oder so, bevor er die sexuelle Aktivität wieder aufnahm, sein Bart viel schneller wuchs. Zweitens, dass binnen eines oder zwei Tagen nach Wiederaufnahme der Festivitäten sich sein Bartwachstum verlangsamte.

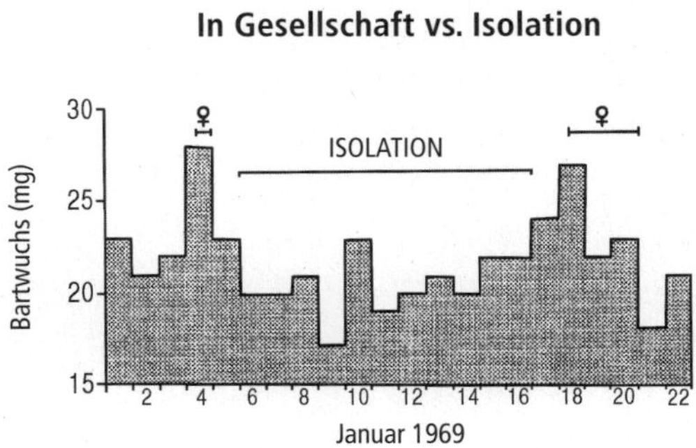

Unterschiede im Bartwuchs während eines kurzen Aufenthalts auf der Insel

Anons Brief löste einen Zustrom von Briefen an *Nature* aus, von stolzen Männern namens Hardisty, Huxley, Bullough, Parsons, Goodhart und Cook. Alle erschienen unter der allgemeinen Überschrift »Sexuelle Aktivität und Bartwuchs«. Hardisty, Huxley, Bullough, Parsons, Goodhart und Cook sprachen eine Vielzahl von Punkten an, von denen nur einige Haarspaltereien sind.

Hardisty erkundigte sich, ob Anon sich gründlicher rasiert habe, wann immer ein eheliches Treffen bevorstand. Huxley fragte, ob Anon seinen Bart täglich konsequent zur gleichen Zeit gemessen habe. Bullough vertiefte sich in die Frage der Spannung, die der Haarfollikelmuskel ausübt. Parsons bot einen hilfreichen Hinweis zum Messen des Flüssigkeitsgehalts der Gesichtshaut an. Goodhart äußerte die Meinung, dass Anon »im Interesse der Wissenschaft versuchen sollte, teilweise während seiner Rückkehr in die Zivilisation von sexueller Aktivität abzusehen«. Cook, der an der Londoner Klinik für Nervenleiden angestellt war, schlug schließlich vor, dass »geringer emotionaler Stress eine stimulierende Wirkung auf Bartwuchs haben kann«.

Es sind zahlreiche andere wissenschaftliche Berichte über Bärte erschienen, viele von ihnen absolut so wichtigtuerisch wie der von Anon.

Von vielleicht größerer Tragweite für bärtige Männer ist eine Reihe von Briefen, die 1998 und 1999 in der Zeitschrift *Anaesthesia* erschienen. Ein Ärztepaar, Ames und Vincent, vom Queen Victoria Hospital in East Grinstead im englischen Sussex schrieb: »Einen Atemweg beim Einsatz einer Gesichtsmaske bei Patienten mit Bärten aufrechtzuerhalten kann schwierig sein ... Eine einfache Lösung für dieses Problem ist, Klebefolie mehrfach um Gesicht und Kopf des bewusstlosen Patienten zu wickeln.« Dies führte zu Briefen von Ärzten in Sutton Coldfield und Southampton, die darum baten, anderer Ansicht sein zu dürfen.

Voracek über das Aufklapp-Model

Dr. Martin Voracek ist so etwas wie ein Spezialist für Schuhe, Schiffe und Siegelwachs. Seine Sachkenntnis reicht von Romantik und Eifersucht über die »Genauigkeit der Volumenmessung bei Nieren menschlicher Leichen« bis zu den Auswirkungen von Sonnenfinsternissen auf Selbstmord und auch zu Politik, Intelligenz und vielem mehr.

Ein Mann mit vielen Titeln (insbesondere Dr. rer. nat.,

Dr. phil., Mag. rer. nat. und Mag. phil.), ist Voracek Forschungsassistent im Fachbereich Psychoanalyse und Psychotherapie an der Medizinischen Fakultät der Universität Wien. Am ehesten bekannt ist seine Arbeit, ja nun, Spezialisten. Aber er hat mindestens zwei Runden öffentlicher Aufmerksamkeit erlebt.

Seine Studie im *British Medical Journal* aus dem Jahr 2002 mit dem Titel »Wohlgeformte Mittelbilder? Zeitweilige Veränderungen in Körpermaßen: Trendanalyse« ist eine Übung in statistischem Voyeurismus. Gemeinsam mit Maryanne Fisher von der York University in Kanada geschrieben, weist sie eine Sprache auf, die man als »algebraisch« bezeichnen könnte. Hier ist ein Abschnitt: »Wir betrachteten die Trends bei den Körpermaßen von Ausklapp-Models im *Playboy,* indem wir 577 fortlaufende Monatsausgaben von der Gründung der Zeitschrift im Dezember 1953 bis Dezember 2001 analysierten. Wir entnahmen anthropometrische Daten der Ausklappbilder: Körpergröße, Gewicht und Maße für Busen, Taille und Hüfte. Wir berechneten kombinierte Maße aus diesen Daten: Body-Mass-Index, Verhältnis Taille:Hüfte, Verhältnis Taille:Busen, Verhältnis Busen:Hüfte und einen Androgynie-Index.«

Vier Jahre später übertrafen Voracek und Fisher sich selbst in den *Archives of Sexual Behavior* mit ihrer Studie »Erfolg liegt ganz in den Maßen: Androgynität, Vollbusigkeit und Auftrittshäufigkeit bei Darstellerinnen in Medien für Erwachsene«. Die Sprache ist sensationell statistisch, erkennbar sogar schon an einem kleinen Ausschnitt: »Wir erfassten die Häufigkeit der Auftritte von 125 Darstellerinnen in Filmen und Magazinen in Medien für Erwachsene als Maßstab der körperlichen Attraktivität der Frauen und prüften ihre Beziehung zu den anthropometrischen Daten der Darstellerinnen.«

Voraceks andere Schriften handeln von langweiligeren

Themen, zumindest einige. Hier ist eine kleine Liste repräsentativer Titel und der Zeitschriften, in denen sie erschienen:

Fingerlängenverhältnis (2D:4D), laterale Präferenzen und Leistung beim Fechten (*Perceptual and Motor Skills*)

Dreidimensionale histomorphometrische Analyse der Distraktionsosteogenese mittels einer implantierten Vorrichtung zur Unterkieferverlängerung bei Schafen (*Plastic and Reconstructive Surgery*)

Selbstmord und Parlamentswahlen in Österreich: Lassen Unterschiede in vorhergehenden regionalen Selbstmordraten anschließende Stimmungsumschwünge im Wahlverhalten erahnen? (*Journal of Affective Disorder*)

Allgemeine Geschlechtsunterschiede im Verlangen nach sexueller Abwechslung: Tests aus 52 Staaten, 6 Kontinenten und 13 Inseln (*Journal of Personality and Social Psychology*)

Muster und Universalien des Abwerbens von Partnern in 53 Staaten: Die Auswirkungen von Geschlecht, Kultur und Persönlichkeit auf romantisches Anlocken des Partners einer anderen Person (*Journal of Personality and Social Psychology*)

»Ich finde dich sehr attraktiv ...«: Vorurteile bei Einschätzungen im Hinblick auf die Einwilligung in sexuelle Angebote (*Psicothema*)

Geschlecht und Seitenunterschiede bei der relativen Daumenlänge (*Journal of Hand Surgery*)

Und es gibt noch mehr – über hundert bis jetzt.

Die Geschlechtsbestimmung von Nahrung schuldet einem Herrn namens Ernest Dichter großen Dank. In einer neueren Studie heißt es: »Dichter war eine entscheidende Kraft bei der Ermutigung von Werbetreibenden, das Geschlecht einer Nahrung zu bewerben.« Viele Psychologie- und Marketingbücher nennen Dichter »den Vater der Motivforschung«.

Heute fördert das Ernest Dichter Institut in Frankfurt am Main den Ruhm des Meisters, der seine ihn beruflich formenden Jahre im nicht so weit entfernten Wien verbrachte, einer Stadt, die seit Langem Sex und Essen fetischisiert hat. In späteren Jahren war Dichter erfolgreich, indem er Nahrungsherstellern riet, ihre Werbung sexier zu machen.

Katherine Parkin, Assistenzprofessorin der Geschichte an der Monmouth University in New Jersey, veröffentlichte eine Hommage an den Dichterismus in der *Advertising and Society Review*. Sie schreibt, dass Dichter seine Kunden ermutigt habe, »Nahrungsmittel als weiblich oder männlich zu bewerben«, und dass er »den Glauben an die sexuellen Eigenschaften verschiedener Speisen förderte«.

Dichters Äußerungen reichten »von seinen Einsichten in Rice Krispies als ›übersprudelnde, lebhafte junge Frau‹ bis zu seinem Rat, wie man Fisch vermännlicht«.

Er konnte die verborgene sexuelle Macht in jeder Nahrung sehen. Kuchen zum Beispiel. Dichter schrieb: »Vielleicht die typischste weibliche Nahrung ist Kuchen ... [Hochzeitskuchen ist] das Symbol des weiblichen Organs. Der Akt des gemeinsamen Herausschneidens des ersten Stücks durch die Braut und den Bräutigam steht eindeutig als Symbol für die Defloration.« Außerdem »bekräftigt die Forderung der Frauen nach Feuchtigkeit in einem Kuchen seine feminine Symbolik.« Die Abneigung der Frauen gegenüber trockenen Kuchen

»kann eine Projektion der Gefühle der Frau bezüglich sich selbst auf den Kuchen darstellen. Sie möchte feucht und frisch sein, mit tauigen Augen und feuchten Lippen, keine ausgetrocknete, dürre alte Schachtel.«

Dichter erkannte den Appetit der Öffentlichkeit nach allem Freud'schen. Er ließ einfließen, dass er 20 Jahre lang »gegenüber von Sigmund Freud« gewohnt und dass er einen Kurs in Rhetorik bei Freuds Schwiegertochter gemacht habe. Dichter verstand Sex als den Schlüssel zum Verkauf aller Waren. Er riet Autoherstellern, dass »ein Cabrio wie die Geliebte eines Mannes sei und eine Limousine wie eine Ehefrau«.

Nahrung scheint jedoch seine besondere Leidenschaft gewesen zu sein. Parkin zitiert ein Dichter-Exposé von 1955, das mit »Exposé Kreative Forschung zum Geschlecht von Reis« überschrieben ist und der Geschlechtsbestimmung von Nahrung eine wissenschaftliche Grundlage gibt. Es besagt: »In einem von einem berühmten Chirurgen durchgeführten Experiment wurde entdeckt, dass Nahrung ein Geschlecht hat. Während er bei einer Untersuchung der Speiseröhre Barium verabreichte, fand der gute Arzt heraus, dass sich, wenn er das Wort ›Salat‹ vor seinen weiblichen Patienten erwähnte, ihre Speiseröhren weiteten und den Durchgang der kreidigen Verbindung erlaubten. Wenn den männlichen Patienten das Wort ›Steak‹ vorgeschlagen wurde, reagierten ihre Speiseröhren ähnlich.«

Im späteren Leben, sagt Parkin, konzentrierte sich Ernest Dichter auf Nahrung, die er für männlich hielt. Wiener Würstchen und Frühstücksfleisch faszinierten ihn. »Männer«, schrieb er 1968, »scheinen nicht so ›verlegen‹ zu sein, Wiener Würstchen zu essen, wie es Frauen anscheinend sind.«

Acht
Aufregende Verletzungen und Krankheiten

In Kürze
»Zur Qualitätsdebatte in der Krebstherapie: Wie lange können wir unseren Kopf noch in den Stuhlbeutel stecken?«
von Thomas J. Smith, Bruce E. Hillner und Harry D. Bear (erschienen im *Journal of the National Cancer Institute*, 2003)

Dies und mehr finden Sie in diesem Kapitel: Fehlbezeichnungen des Mundes • Die Romantik der Proktologie • Discogefahren • Ein riesiger Pariser Zahnzieher • Ludwig XIV. fehlende Zähne • Iss deine Mutti • Michael-Jackson-Chirurgie • Verfolgung eines elenden Juckreizes • Dr. Beans Fingernägel • Stolpern über eine schwarze Katze • Ungeöltes Karaoke • Das berühmte Rektum des Bischofs von Durham

Eine heiße Kartoffel

Dr. Mahmood Bhuttas größte Leistung – die Messung des Geräuschs, das eine Person mit einer heißen Kartoffel im Mund macht – ist in der ganzen Aufregung über seine neue Studie zu der Frage, ob sexuelle Gedanken Niesanfälle auslösen können, übersehen worden.

Bhutta praktiziert Chirurgie am Wexham Park Hospital in Slough, Großbritannien. Sein Beitrag, erschienen im *Journal of the Royal Society of Medicine* unter dem Titel »Durch sexuelle Vorstellungen oder einen Orgasmus ausgelöstes Niesen: Ein wenig dokumentiertes Phänomen«, hat Bhutta und seinem Koautor und Koexperten im durch sexuelle Vorstellungen oder Orgasmen ausgelösten Niesen, Dr. Harold Maxwell, einem pensionierten außerordentlichen Professor und beratenden Psychiater, ehemals am West Middlesex University Hospital in Isleworth tätig, Beifall eingebracht. Der Beitrag hob ein Phänomen, das nur eine Handvoll Male in offiziellen medizinischen Berichten aufgetaucht war, nämlich 1875, 1872 und 1972, auf ein höheres Niveau der Reportage. Während Bhutta und Maxwell durch die von Krankheiten verseuchten Chatrooms des Internets spazierten, gruben sie 17 neue Fälle von Personen aus, die behaupten, dass sie unmittelbar nach einem Gedanken an Sex niesen, und drei andere, die sich beklagen oder rühmen, dass sie nach einem Orgasmus niesen.

2006 arbeitete Bhutta in der Abteilung für Ohr-, Nasen- und Hals-, Kopf- und Nacken-Chirurgie am Royal-Sussex-Kreiskrankenhaus in Brighton. Er und seine Kollegen am Royal Sussex, die Spezialisten George A. Worley und Meredydd L. Harries, untersuchten das (nicht mit sexueller Vorstellung, einem Orgasmus oder Niesen verwandte) Phänomen, das als »Heiße-Kartoffel-Stimme« bekannt ist.

Die Studie »›Heiße-Kartoffel-Stimme‹ bei Peritonsillitis: Eine Fehlbezeichnung« erschien im *Journal of Voice*. »Veränderungen der Stimme sind ein gut erkanntes Symptom bei Patienten, die an Peritonsillitis leiden«, erklären die Autoren in dem Bericht. »Die Stimme gilt als dick und gedämpft und wird als eine ›Heiße-Kartoffel-Stimme‹ beschrieben, weil man glaubt, sie ähnele der Stimme von jemandem, der eine heiße Kartoffel im Mund hat. Es hat bisher sehr wenige Studien gegeben, die das Profil und die Charakteristika der stimmlichen Veränderungen bei Tonsillitis oder Peritonsillitis analysieren, und keine, die diese Veränderungen mit denen vergleichen, die mit einer heißen Kartoffel in der Mundhöhle auftraten.«

Um diesem Mangel an Wissen abzuhelfen, rekrutierten die drei Ärzte zwei Gruppen von Freiwilligen. Die erste Gruppe bestand aus zehn Krankenhauspatienten, deren Leiden mit ihren Mandeln zu tun hatten. Jeder Freiwillige sprach drei bestimmte Vokale aus, die die Ärzte aufnahmen und anschließend mithilfe spezieller Software analysierten. Die zweite Gruppe bildeten zehn gesunde Krankenhausangestellte, »wobei jeder dieser Teilnehmer eine britische Kartoffel von ungefähr 50 Gramm in die Mundhöhle nahm, die durch Mikrowelle auf eine ›heiße‹, aber nicht unangenehme Temperatur erhitzt war«.

Die Ärzte entdeckten unverkennbare Unterschiede. Der spezifische Klang von jemandem, der mit einer wirklichen Kartoffel belastet ist, erklären sie, »steht in Verbindung mit einer Beeinträchtigung durch die Vorderzungenfunktion aufgrund der physischen Anwesenheit der Kartoffel.«

Tiefe, dunkle Romantik

Welcher von allen Liebesromanen, die jemals geschrieben wurden, hat die erstaunlichsten Tiefen?

Die Romanze von Tristan und Isolde? Nein. *Die Romanze von Isabel, Lady Burton?* Nein.

Die Romanze von Pepperell, nämlich ein kurzer Bericht des Werdegangs von Sir William Pepperell, Soldat, Pionier, amerikanischer Kaufmann und Entwickler der Industrie Neuenglands, nach dem die Pepperell Manufacturing Company benannt ist, und Förderer der Städte Saco und Biddeford im Staate Maine, wo die erste Fertigungsstätte der Pepperell Company begründet wurde? Nein.

Nein, keines dieser Bücher erreicht annähernd die Tiefen von Charles Elton Blanchards Thriller von 1938, *Die Romantik der Proktologie.*

Blanchard war Proktologe von Beruf und Temperament. Er schrieb rund 20 Bücher zu dem Thema. *Die Romantik der Proktologie* ist sein Meisterwerk.

Spätere Autoren wurden von Blanchards Schwung inspiriert. Emilio de los Ríos Magriñá zum Beispiel ist wegen seines 1980 erschienenen *Farbatlas der anorektalen Krankheiten* angesehen. Aber wie der Titel andeutet, mangelt es dem Buch an Romantik.

Blanchard versprüht Romantik. Sein einleitender Satz ist eine unwiderstehliche Anmache: »Niemand weiß, wer der erste Arzt war, der den rektalen Ausgang des menschlichen Körper untersuchte.«

Der Leser wird ganz zappelig, wenn Blanchard uns die historische Parade charismatischer Proktologen, heroischer Aktionen und beängstigender Gerätschaften des Gewerbes vor Augen führt.

»Diese Pioniere waren ernsthaft auf der Suche nach proktologischer Wahrheit«, schreibt er, als er Dr. William Allingham aus London vorstellt. »Allingham glaubte an den Wert der linearen Verätzung mithilfe des Paquelin-Brenners bei Rektumprolaps. Er behauptet, er sei der Erste (und möglicherweise der Letzte), der die ganze Hand in das Rektum einführte.«

Der Arzt Morgani aus dem 17. Jahrhundert erhält besonderes Lob. Blanchard spricht als unser Stellvertreter von ihm: »Wir sind Morgani dankbar, dass er, unter all den großen Namen in Padua, mitten in seinen vielen Forschungsarbeiten in das menschliche Rektum blickte und seine Grüfte und Säulen entdeckte und benannte.«

»Es ist seltsam«, erinnert uns Blanchard, »wie Unsterblichkeit in der Medizin oft durch irgendeinen sehr geringen Beitrag erreicht wird. Morgani bleibt in Erinnerung wegen der Grüfte und Säulen des rektalen Ausgangs. Hilton wegen seiner ›weißen Linie‹, die beim lebenden Objekt selten weiß ist.« Er schreibt über John Hilton vom Guy's Hospital in

London – *den* John Hilton, der als »anatomischer John«, bekannt war und zu Königin Viktorias Hofchirurgen ernannt wurde. Blanchards Verehrung für ihn ist fast grenzenlos. »Ich würde eher eine Träne am Grab von John Hilton fallen lassen, als einen teuren Kranz auf das Grabmal von Napoleon legen.«

Blanchard zieht seinen Hut auch vor Dr. Joseph M. Mathews aus Louisville, Kentucky, über den er schreibt: »Dr. Mathews war Dr. Allingham sehr ähnlich, jovial, redselig und doch ziemlich sicher, dass seine Ansichten richtig waren. Er mochte viel lieber als ›Rektalspezialist‹ bezeichnet werden als mit irgendeinem anderen hochklingenden Namen. Ihm sollte ein Großteil der Ehre gebühren, die Proktologie zu einem eigenen Spezialfachbereich gemacht zu haben.«

Es gibt natürlich viele biologische Romantikbücher. Jeder, dem Blanchards *Die Romantik der Proktologie* gefällt, kann auch in A. Radclyffe Dugmores *Die Romantik des Bibers,* erschienen 1914, Beglückung suchen.

Ansteckung mit Discofieber

Wie ernsthaft auch immer Forscher Discotheken nahmen, so schwiegen die meisten doch für lange Zeit zu diesem Thema. Dann aber ließ ein wunderbares Jahrzehnt zwei Richtungen von Discostudien entstehen. Eine beschreibt Verletzungen, Krankheiten und andere Übel, die man Discos und Discomusik zur Last legen sollte oder konnte. Die andere erzählt von einer Welt aufregender discoinspirierter und discoermöglichter – kurz discobefeuerter – Untersuchungen.

Von einer einsamen, merkwürdigen Stimme, der von M. S. Swani aus Birmingham, Großbritannien, war vielleicht der erste interessierte Aufschrei zu vernehmen. In einem Brief vom 30. November 1974, veröffentlicht im *British Medical Journal*, schrieb Dr. Swani: »Frühe Taubheit bei jungen Menschen als Folge der Belastung durch übermäßigen Lärm in ›Discos‹ hat zwischenzeitlich epidemische Ausmaße angenommen. Die Bedeutung dieses Problems ist mir besonders bewusst gemacht worden, weil jetzt bei einer 18-jährigen Medizinalsekretärin, die für mich gearbeitet hat, festgestellt worden ist, dass sie unter diesen Beschwerden leidet. Wenn jeder Allgemeinmediziner im Land einen einzigen solchen neuen Fall im Jahr hat, wären das jährlich 20 000 neue Fälle im Land.«

Discos wurden in den 1960ern beliebt und wahnsinnig beliebt in den 1970ern, aber bis 1980 erschien so gut wie keine offizielle Studie zum Thema Disco. Danach blühte die Discowissenschaft regelrecht auf.

Eine Richtung der Berichterstattung, vielleicht eine indirekte Folge der stetigen Nachfragerei von Swanis Sekretärin bei ihrem frustrierten Chef, erklärte, dass Menschen, die zu viel Zeit der viel zu lauten Musik zuhören, schwerhörig würden.

Rund um die Welt veröffentlichten Ärzte Arbeiten, die weitere medizinische Fragen aufwarfen. Eine Auswahl: »Wirkung eines Discothekenumfelds auf epileptische Kinder« (Großbritannien 1981), »Akute Verletzung des zentralen Rückenmarks aufgrund von Discotanz« (Irland 1983), »Der dyspeptische Discotänzer« (Hongkong 1988), »Discofieber: Epidemische Meningokokken-Erkrankung im nordöstlichen Argentinien in Verbindung mit häufigem Discothekenbesuch« (Argentinien 1988) und »Valsalva-Retinopathie in Verbindung mit heftigem Tanzen in einer Discothek« (Israel 2007). Rollerdiscos regten eine eigene Untergattung an mit Titeln wie: »Rollerdisco-Neuropathie« (USA 1981) und »Die Rollschuh-

Discothek – ein Quickstepp ins Krankenhaus? Eine Analyse von 196 Unfällen« (Deutschland 1985).

Aber es waren nicht nur Ärzte, die tätig wurden. Disco eröffnete aufregende neue Welten für jedermann. Ich werde nur zwei Studien erwähnen, die in jenem Durchbruchsjahr 1980 erschienen: Margaret Doyle Pappalardo schrieb ihre Doktorarbeit an der Boston University in Massachusetts über »Die Auswirkungen des Tanzens in Discotheken auf ausgewählte physiologische und psychologische Parameter von Collegestudenten«, während der Doktorand Bruce Taylor an der Universität Bergen nicht auf die Nebenwirkungen der Disco abzielte, sondern direkt in ihr Herz vordringen wollte.

Taylors Doktorarbeit mit dem Titel »Shake, Slow und Selektion: Ein Aspekt des Traditionsprozesses, widergespiegelt durch Discothekentänze in Bergen, Norwegen« erschien in der Zeitschrift *Ethnomusicology*. Er interviewte Stammgäste nahe der Tanzfläche. »Ihnen zufolge«, schrieb Taylor, »ist das wichtigste Prinzip, dem Rhythmus und dem Takt zu folgen, aber auch Variation ist notwendig, und ein guter Tänzer ist an dem Tanz ebenso interessiert wie an seiner Partnerin ... Gespräche zwischen Fremden werden begonnen, persönlicher Kontakt wird hergestellt, und viele der Gäste, die allein kamen, sind aktiv daran interessiert, mit einer neuen Bekanntschaft des anderen Geschlechts nach Hause zu gehen.«

Sogar Ärzten gelingt es manchmal, Vergnügen an der Disco zu finden, besonders im Beschreiben der Wirkungen und Nachwirkungen. Das wird deutlich in der Formulierung eines Fallberichts mit dem Titel »Die Universitäts-Rollerdisco: Die ungewöhnliche Ursache eines Großschadensereignisses«, der in der Zeitschrift *Injury Extra* erschien.

Die Koautoren spielen eher die Rolle von Anekdotenerzählern als von traditionellen spießigen Medikussen: »Rollerdiscos sind verknüpft mit einem hohen Verletzungsereignis, ebenso wie mit Alkoholexzessen. Am Abend des Valentinstages 2008 kombinierte die Liverpool University diese zwei ehrwürdigen Freitzeitbeschäftigungen auf einer Studentenparty, ohne die örtlichen Gesundheitsdienste zu informieren. Folglich waren die Notfalldienste überfordert von den Rollerdiscounfällen und einem ›Großschadensereignis‹ ... Die Veranstaltung wurde in einer frisch beschichteten Halle für Rollschuhläufer abgehalten; man warb für alkoholische Getränke, der Dresscode entsprach dem Stil der 1980er. Sicherlich wurde die Notaufnahme daher ein farbenfroher Ort mit verschiedenartig verletzten Patienten in greller Kleidung und in allgemein ›überschäumender‹ Stimmung. Insgesamt wurden acht Patienten aufgenommen (ein Patient alle 17 Minuten, während die Disco lief).«

CASE REPORT

The University Rollerdisco: An unusual cause of a major incident

A.J. Highcock [a,*], K. Rourke [b], D. Brown [b]

In Kürze
»Die Lunge eines Punk-Rockers: Lungenfibrose bei einem Drogen sniffenden Feuerschlucker«
von D. R. Buchanan, D. Lamb und A. Seaton (erschienen im *British Medical Journal*, 1981)

Das zahnlose Regiment von Ludwig XIV.

Französische Zähne sind so etwas wie eine Spezialität für den Präsidenten der Königlichen Historischen Gesellschaft von Großbritannien. Colin Jones, auch Geschichtsprofessor am

Queen Mary, University of London, hat zwei denkwürdige Arbeiten zu diesem Thema geschrieben.

Zeugnis eines riesigen Pariser Zahnreißers. »Ein französischer Zahnarzt zeigt ein Exemplar seiner künstlichen Zähne und seiner falschen Gaumen« von Thomas Rowlandson (1811). Wellcome Library, London

Jones' Studie mit dem Titel »Zähneziehen im Paris des 18. Jahrhunderts« dreht sich um einen buchstäblich riesigen Zahnreißer namens *Le Grand Thomas.* Jones erklärt: »Über fast ein halbes Jahrhundert, von den 1710ern bis in die 1750er, war Thomas eine feste Einrichtung, eine lebende Legende, der sein dentales Handwerk auf dem Pont Neuf in Paris betrieb ... Falls der Zahn, den er attackierte, seinen Angriffen widerstand, ließ er, so hieß es, die Person niederknien, dann hob er sie mit der Kraft eines Stiers dreimal in die Luft, die Hand fest um den widerspenstigen Zahn geklammert.« Jones behauptet, dass ein gut informierter, an Zahnschmerzen leidender Mensch, der sich die relevanten Alternativen des damaligen Gesundheitswesens vor Augen hielt, sich wohl vernünftigerweise für *Le Grand Thomas* oder einen seiner autodidaktischen Kollegen entschied.

Chirurgen, die Leute, die am ehesten gute Arbeit leisteten,

erfreuten sich eines Zuwachses an Prestige und Honoraren. Sie lehnten üblicherweise aber die prosaische, relativ schlecht bezahlte Aufgabe des Zähneziehens ab. Allgemeinärzte und Apotheker »waren immer noch hemdsärmlige Praktiker«, deren Dienste teuer sein konnten und deren Spektrum an Heilmitteln noch Dinge enthielt wie »die Einnahme von gehäuteter, zerstoßener und gekochter Maus«.

Angesichts dieser Alternativen, schreibt Jones, »kann man sich unschwer vorstellen, dass die begrenzten zahnärztlichen Fähigkeiten des Grobschmieds oder der therapeutische Wert geschmorter Maus eine Nische für eine hilfreichere und fantasievollere Methode aufgetan haben muss. Diese Nische scheint von Männern vom Schlag von *Le Grand Thomas* gefüllt worden zu sein«.

Jones schrieb auch eine Studie mit dem Titel »Des Königs zwei Zähne«. Der Titel bezieht sich auf die zwei Hauer, die bei der Geburt 1638 im Mund Ludwigs XIV. vorhanden waren, des Mannes, der später Ludwig der Große und der Sonnenkönig genannt wurde. »Für Zeitgenossen«, schreibt Jones, »schien dieses wunderbare, unersättliche, gefräßige Paar Zähne die Wunder vorherzusagen, die dieser hungrig schlingende Prinz in der Fülle der Zeit auf der Karte Europas bewirken würde.«

Jones erwähnt dabei eine Tradition der französischen Porträtmalerei: Königliche Zähne, selbst wenn sie existierten und schön waren, wurden immer hinter geschlossenen Lippen versteckt.

Aber die Traditionen sollten sich ändern.

Ein vielgefeiertes, 1701 gemaltes Porträt von einem 63-jährigen Ludwig »auf der Höhe seiner Macht« zeigt den König mit beeindruckend jugendlichen Beinen und jugendlicher Haltung. Selbst bei dieser eklatanten Ungenauigkeit, sagt Jones, »sticht ein Merkmal wegen seines krassen Naturalismus heraus – und schockiert: Hohle Wangen und ein faltiger Mund verraten einen Herrscher ohne einen einzigen Zahn«.

Zusammen mit der Entwicklung einer besseren Zahnmedizin, folgert er, »markierte die Verdrängung des Zahnziehers durch den Zahnarzt und das Entstehen einer kräftigen Nachfrage auf dem Markt nach einer anderen Art von Mund in unterschiedlicher Weise eine stille Revolution der Zähne und des Lächelns, das gebot, das Ancien Régime der Zähne zunichtezumachen«.

Mumienrezept für gute Gesundheit

Heutzutage mag pulverisierte Mumie nicht jedermanns Geschmack sein, aber für viele Jahre war es genau das, was Ärzte verschrieben. Das ist eine der Botschaften, die man aus Richard Suggs Studie »›Gute Arznei, aber schlechte Nahrung‹: Frühneuzeitliche Einstellungen zu heilkundlichem Kannibalismus und seinen Anbietern« mitnimmt. Sugg, Forschungsstipendiat in Literatur und Medizin an der Durham University in Großbritannien, beginnt mit einer Beobachtung: »Das Thema des heilkundlichen Kannibalismus in der gängigen westlichen Medizin hat überraschend wenig historische Aufmerksamkeit erhalten.«

Sugg teilt uns mit, dass die Vorstellung von Mumie, im Allgemeinen in pulverisierter Form, »was ursprünglich eine natürliche Mischung aus Pech und Asphalt gewesen war, im 12. Jahrhundert allmählich mit erhaltenen ägyptischen Leichen verknüpft wurde«. Dann »tauchte es als populäre westliche Medizin auf« und blieb eine übliche Arznei, bis »die Meinung sich im 18. Jahrhundert gegen sie zu wenden begann«.

Die Ärzte verschrieben pulverisierte Mumie für verschiedene Leiden. Ein 1721 erschienenes englisches Arzneibuch gibt zwei Unzen Mumie als richtige Menge an, um ein »Pflaster gegen Brüche« zu machen. Ambroise Paré, königlicher Wundarzt der französischen Könige des 16. Jahrhunderts, proklamierte Mumie als »die allererste und letzte Arznei fast aller unserer praktischen Ärzte« gegen Prellungen.

Dr. Paré hegte jedoch Zweifel an der Wirksamkeit der Arznei und klagte, »wir sind ... in törichter und grausamer Weise gezwungen, die zerstückelten und verwesten Leichenteile der gemeinsten Menschen Ägyptens oder solcher, die gehängt worden sind, zu verschlingen«. Aber Paré war ein ungewöhnlich engagierter ungläubiger Thomas – er beklagte, »Mumie ›einhundertmal‹ ohne Erfolg probiert« zu haben.

Suggs Studie erklärt, dass »Mumie eine wichtige Handelsware war. Sie ist oft auf langen Listen von Waren und Prisen der Kaufleute zu sehen.« Der Markt zog Fälscher an. Sugg liefert eine Anekdote: »Als Samuel Pepys eine Mumie sah, war es bezeichnenderweise im Lagerhaus eines Kaufmanns, während ›die Missbräuche von Mumienhändlern mit dem Verkauf minderwertiger Waren‹ besonders gegen Ende des 17. Jahrhunderts verbreitet und berüchtigt waren.«

Die besten Lieferanten hielten hohe Standards aufrecht. Das vermutlich bewundernswerte Rezept, das Johann Schröder, der deutsche Pharmakologe aus dem 17. Jahrhundert, verwendete, enthielt »die Leiche eines rötlichen Mannes (weil bei einem solchen Mann das Blut für leichter gehalten wird und also das Fleisch besser ist), ganz, frisch ohne Makel, von etwa 24 Jahren, verstorben durch einen gewaltsamen Tod (nicht an Krankheit), den Mondstrahlen ausgesetzt für einen Tag und eine Nacht, aber bei einem klaren Himmel. Man schneide das Muskelfleisch dieses Mannes und besprenge es mit Myrrhenpulver und mindestens einem kleinen bisschen Aloe, dann weiche man es ein.«

Michael Jackson sein, nach einer Umgestaltung

Mandibular angle augmentation with the use of distraction and homologous lyophilized cartilage in a case of morphing to Michael Jackson surgery

M.Y. Mommaerts [1*], J.S.V. Abeloos [1], H. Gropp [2]

Summary

Correction of an ill-defined mandibular angle is not an easy task, whether it is requested by the "congenital, orthognathic or cosmetic" patient. Deliberate over-correction has not been reported to our knowledge. This

1997 bat ein 24-jähriger Belgier, dass sein Kopf neu gestaltet werden solle, um ihn dem des Sängers Michael Jackson ähnlich zu machen. Drei plastische Chirurgen gewährten ihm den Wunsch. Ihr Bericht darüber, erschienen in der Zeitschrift *Annales de Chirurgie Plastique et Esthétique,* ist reizend anzublicken. Der Reiz liegt in der detaillierten technischen Beschreibung, monochromatisch im Hinblick auf die Reihe der Davor-und-danach-Röntgenbilder der Gesichtsknochen und denkwürdig bezüglich der medizinisch stilvollen Fotografien, die den jungen Mann vor und nach dem Behandlungsverlauf zeigen.

Die Ärzte, Maurice Mommaerts und Johan Abeloos vom Hôpital Général Saint-Jean in Brügge, Belgien, und H. Gropp vom Diakoniehospital in Bremen beschrieben die Forderung des Patienten an sie folgendermaßen: »Sein Trachten war, die Gesichtszüge Michael Jacksons zu erhalten, seines Idols, das er beruflich imitierte.« Dies war ein ungewöhnliches Verlangen. Die Ärzte erklären, dass »normalerweise Patienten nach einer idealen, schönen, normalen Kontur [der Gesichtsknochen] streben. Wir waren hier aber mit einem Patienten konfrontiert, der eine dreidimensionale Überkorrektur verlangte.«

Ihr Patient war kein gewöhnlicher junger Mann. Er beeindruckte die Ärzte durch die Bestimmtheit seines Wunsches, aber auch mit seiner detaillierten Kenntnis seiner eigenen kraniofazialen Anatomie (besonders seiner Unterkieferwinkel und vorstehenden Wangenknochen).

Diese Aufgabe, entschieden die Ärzte nach nur geringfügigem Zögern, war etwas, das sie bewältigen könnten. »Nach gründlicher Erörterung und psychiatrischer Analyse willigten wir ein, ihn in einer Weise zu verwandeln, dass alle Veränderungen rückgängig gemacht werden könnten und dass die Gewebe nicht der Gefahr eines beträchtlichen dauerhaften Schadens ausgesetzt waren.«

Der Fall war gleichzeitig leicht und schwer. Die Chirurgen sahen sofort einfache Möglichkeiten, das Kinn des jungen Mannes und auch die Bogen seiner Wangenknochen umzuformen. Aber wie sollte man die hintermandibulare Augmentationsplastik bewerkstelligen? Das war der harte Brocken; die Lösung wäre ein medizinisches Novum.

Die Ärzte schwangen sich zu der Herausforderung der hintermandibularen Augmentationsplastik auf. Sie überwanden sie und schrieben damit Geschichte. Zwei Runden chirurgischer Eingriffe brachten den Erfolg. Die vollständigen Details finden sich in ihrem Bericht. Für Nichtspezialisten mag die wichtige Besonderheit die einfache und beruhigende Erkenntnis sein: Ja, wir wissen jetzt, es ist möglich, einen weißen jungen Belgier mit langem Kiefer so zu verwandeln, dass er wie Michael Jackson aussieht.

Doch eine bedeutende Einrichtung, die jene besondere Sorte Mensch beherbergt, hat dadurch plötzlich, wenigstens potenziell, ein großes Problem. Horden von Leuten wollen ihn sehen, berühren, bewundern, ihm vielleicht sogar Schriftsätze zustellen. Ich fand keine Berichte, dass dies im Fall des belgischen Doppelgängers passierte. Ich vermute, der Grund ist, dass die Chirurgen sich in der medizinischen Literatur auf dem Laufenden hielten und aus einem Bericht in der Zeitschrift *Hospital Security and Safety Management* von 1996 lernten. Dieser lehrreiche Artikel, geschrieben im Gefolge von Mr. Jacksons unglücklichem und dramatischem Zusammenbruch auf der Bühne in New York City, heißt: »Michael Jackson im Beth Israel: Umgang mit Presse, Fans, gaffenden Angestellten«.

Verfolgen eines erbärmlichen Juckreizes

Kann Capsaicin – die Chemikalie, die den größten Teil des brennenden Gefühls verursacht, wenn Sie eine Peperoni kauen – Jucken am unteren Ende des Verdauungstrakts lindern? Ein Team israelischer Wissenschaftler versuchte, das herauszufinden.

Sie gingen eine unerträgliche Erkrankung mit dem Namen »idiopathischer hartnäckiger *Pruritus ani*« an. Die meisten Menschen, einschließlich der meisten Ärzte, wenn sie zwanglos miteinander reden, gebrauchen den weniger förmlichen Namen »hartnäckiges Pojucken«. Es ist ein Leiden innerhalb einer umfangreichen Klasse von Beschwerden, die komisch klingen, bis man sie selbst erlebt. Und dann klingen sie immer noch lustig, was vielleicht das Unbehagen vermehrt.

Dr. Eran Goldin und ein großes Team von Kollegen am Hadassah University Hospital in Jerusalem versammelten 44 Patienten, die an chronischem Afterjucken litten. Jeder hatte das Leiden mindestens drei Monate ertragen. Keiner hatte auf die traditionellen Behandlungen angesprochen – behutsames Waschen und Trocknen des befallenen Bereichs und Meiden bestimmter Speisen, die dafür berühmt sind, chronisches Afterjucken zu verursachen.

Kaffee, Tee, Cola, Bier, Schokolade und Tomaten werden für die sechs wichtigsten Ursachen des Problems gehalten, als solche in einem Bericht William C. Friends von der University of Washington aus dem Jahr 1997 identifiziert. Friend glaubte, dass Kaffee der Hauptschuldige sei, verantwortlich für 80% aller Fälle von hartnäckigem Afterjucken. Trinken Sie weniger Kaffee, und Sie werden still sitzen können, falls Sie einer der glücklicheren Leidenden an Afterjucken sind. Die 44 israelischen Juckreizopfer allerdings hatten dieses Glück nicht. Sie litten unter einem Jucken unbekannten Ursprungs, ein Rätsel zum Verrücktwerden für jeden Arzt, der sie zu behandeln versuchte.

Goldin und sein Team lösten dieses Rätsel für 31 ihrer 44 Patienten, indem sie das Capsaicin oberflächlich auftrugen. Vier Patienten spürten nach der Behandlung in Goldins Worten »ein sehr mildes perianales Brennen, das 10–15 Minuten dauerte«, aber offenbar war das für sie ein akzeptabler Preis.

Einige Monate später machten die Ärzte bei 18 Patienten eine Nachuntersuchung. Alle sagten, dass sie sich immer noch ziemlich gut fühlten, solange sie sich jeden Tag eine anale Dosis Capsaicin oder zwei verabreichten. Der Goldin-Bericht folgerte, dass »Capsaicin eine neue, sichere und höchst wirksame Behandlung für ernsten hartnäckigen idiopathischen *Pruritus ani* ist«.

Neu zwar für die Behandlung dieses sehr spezifischen Leidens, war Capsaicin, wie die Ärzte selbst betonen, aber schon allgemein dafür »bekannt, bei der Behandlung von Schmerz und Juckreiz wirksam und sicher zu sein«. Capsaicin war natürlich auch dafür bekannt, ziemlich heftige Wirkungen zu haben, wenn man es an das vordere Ende des Verdauungssystems einer Person gibt.

Ein Experiment aus dem Jahr 2002 von Ärzten am L. Nair Hospital in Mumbai, Indien, erforschte beide Seiten der Aktion. Das Forscherteam verabreichte zehn Gramm Pulver von roten Peperoni (in anderen Worten eine gehäufte Dosis Capsaicin) an 21 Männer, die wohltemperierte Eingeweide hatten. Die Ärzte berichten, dass dies »die rektale Schmerzschwelle erhöht«. Sie werden mir verzeihen, hoffe ich, wenn ich nicht beschreibe, wie sie diese Messung vornahmen.

Dr. Beans Fingernägel

Viele Leute, besonders Akademiker und Taxifahrer, sind stolz darauf, geheimes Wissen immer zur Hand zu haben. Dr. William B. Bean übertraf sie alle. Beans geheimes Wissen war nicht nur zur Hand, es betraf diese auch, oder vielmehr die Fingerspitzen. Bean verbrachte einen großen Teil seines Erwachsenenlebens mit der Überwachung des Wachstums seiner Fingernägel. Er stutzte seine Nägel weder, um elegant zu sein, noch um seine Presseausschnitte zu vermehren. Er tat es für die Wissenschaft.

William B. Bean (geboren 1909, gestorben 1989) führte durch, was als Longitudinalselbststudie des Fingernägelwachstums bekannt ist. Es ist eine der wenigen bekannten derartigen Studien und vielleicht die langwierigste. Bean lehrte für viele Jahre an der medizinischen Fakultät der University of Iowa und später an der medizinischen Abteilung der University of Texas in Galveston, Texas. Die Nagelforschung wurde in Teilen und Intervallen in den *Archives of Internal Medicine* veröffentlicht, deren Herausgeber Bean zufällig war.

1968 erschien die erste von Beans Nagelabhandlungen gedruckt. Für »Nagelwachstum: 25 Jahre Beobachtung« war der Zeitpunkt des Erscheinens insofern unglücklich für Bean, als die Welt durch Ausschreitungen, Attentate, den Vietnamkrieg und die Zitterpartie der amerikanischen Präsidentenwahl, durch die Richard Nixon an die Macht kam, abgelenkt war. Das Jahr 1974 sah die Veröffentlichung von Beans erweiterten Beobachtungen. Seine Abhandlung »Nagelwachstum: 30 Jahre Beobachtung« erschien nur wenige Wochen nach Präsident Nixons aufsehenerregendem Rücktritt vom amerikanischen Präsidentenamt. Wieder erhielt Bean spärlichen Beifall.

Zwei Jahre später, vielleicht allmählich ein wenig ungeduldig, trommelte Bean mit seinen metaphorischen Fingerspitzen auf eine andere Tischplatte und veröffentlichte einen um Nägel kreisenden Essay nicht in seiner eigenen Zeitschrift, sondern im *International Journal of Dermatology.* Unter der Überschrift »Einige Anmerkungen eines alternden Nagelbeobachters« erklärte er: »Das Wachstum von nachwachsendem Gewebe gibt uns einen natürlichen Kymographen an die Hand, um lang anhaltende Trends aufzuzeichnen, und wird in manchen Fällen auf dem Bewegungsprotokoll festgehalten. Für den aufmerksamen Klinikarzt mag die Kenntnis der Rate des Nagelwachstums eine gelegentliche spektakuläre Diagnose erlauben, obgleich sie sehr viel häufiger nur ein kleines Stück zu unserem Verständnis einfacher, aber grundlegender biologischer Prinzipien von Gesundheit und Krankheit hinzufügt.« Dies scheint eine erfreuliche Reaktion hervorgerufen zu haben.

Danach kam Bean auf seinen ursprünglichen Publikationsplan zurück. 1980 verfasste er »Nagelwachstum: 35 Jahre

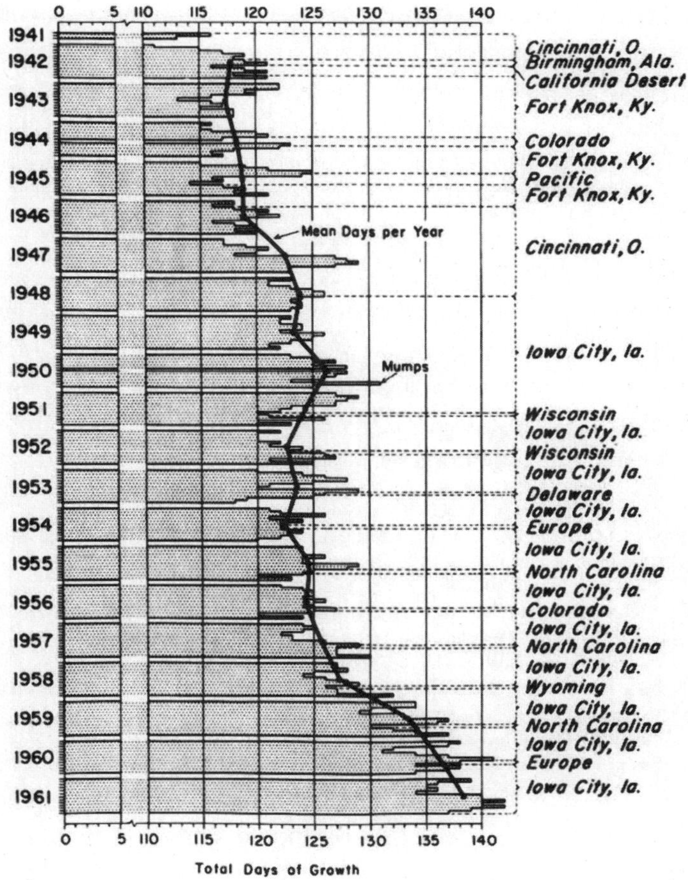

Dr. Beans Schaubild zu 20 Jahren Nagelwachstum aus »Nagelwachstum und ungewöhnliche Fingernägel«

Beobachtung«. Es ist eine vollständige Geschichte des Wachstum der Fingernägel eines Arztes, wie sie die Welt noch nicht gesehen hat. Hier ist seine Zusammenfassung: »Eine 35-jährige Beobachtung des Wachstums meiner Nägel zeigt die Verlangsamung des Wachstums mit zunehmendem Alter. Das durchschnittliche Wachstum des linken Daumennagels zum Beispiel hat sich von 0,123 Millimeter am Tag während des ersten Teils meiner Studie, als ich 32 Jahre alt war, zu 0,095 Millimeter am Tag im Alter von 67 geändert.«

Neue Haustiertheorie

Einige australische Forscher haben eine neue Haustiertheorie über ältere Menschen und ihre geliebten Haustiere aufgestellt, von denen viele behauptet haben, und übrigens auch das *Medical Journal of Australia,* sie seien »gut für die Gesundheit« – die Gesundheit der Menschen. Diese neue Theorie kippt diese Annahme schonungslos.

Susan Kurrle und Robert Day vom Hornsby Ku-ring-gai Health Service in Sydney, Australien, und Ian Cameron von der University of Sydney betrachteten während eines Zeitraums von sechs Monaten Fälle von haustierbedingten Stürzen, die Patienten von 75 Jahren und älter in ein bestimmtes Krankenhaus brachten. Sie definierten das Haustier als »ein Tier, das als Gefährte gehalten und mit Zuneigung behandelt wird«. Dies umfasste Tiere wie Ziegen und Esel ebenso wie Hunde, Katzen und Vögel. Ihre Definition der Verletzten engten sie auf Sturzopfer ein, die einen traumatischen Knochenbruch erlitten hatten. Die Analyse schloss Verletzungen aus, die »eintraten, wenn alte Menschen von Mäusen, Kakerlaken oder Spinnen erschreckt wurden, da diese Tiere für den Zweck dieser Studie nicht als Haustiere betrachtet wurden«.

Die Umstände jedes Falls, wie sie im Bericht dargestellt werden, sind bedauerlich nüchtern. Hier sind einige, jeder einzelne ziemlich typisch:

1) Führte Jack-Russell-Terrier an einer einziehbaren Leine aus. Hund rannte mehrmals um die Beine des Patienten und riss ihn um.
2) Kletterte an Übertritt über Zaun, um Mohairziegen zu füttern, rutschte aus und stürzte auf den Boden.
3) Fütterte Esel aus Eimer. Esel schubste Patientin und stieß sie nach hinten um.
4) Rutschte in Urinpfütze von neuem Labradorwelpen aus. Stürzte gegen Holzlehne eines Sessels.
5) Stürzte vornüber beim Versuch, einen Welpen daran zu hindern, in ein Fischbecken zu tauchen.
6) Stürzte im Garten auf die Seite beim Versuch, die Katze daran zu hindern, einen Blauzungenskink zu fangen.
7) Stolperte in dunklem Flur über schwarze Katze.
8) Sturz beim Versuch, schnell aus der Hintertür zu laufen, als Katze lebendige Schlange durch Seitentür hereintrug.

»Es wurden keine Todesfälle als Folge der sturzbedingten Frakturen verzeichnet«, verraten uns Kurrle et al., »aber eines der beteiligten Tiere (eine Katze) starb, als ihr Besitzer stürzte und auf ihm landete.«

Bezüglich der Karaoke-Pandemie, lautstark

Ein wissenschaftliches Experiment mag wie Folter aussehen und wie Folter klingen und dennoch frei von rechtlichen Konsequenzen sein. An der Universität Hongkong führten Edwin M.-L. Yiu und Rainy M. M. Chan ein Experiment durch, das nach Folter für die Teilnehmer, die Experimentatoren und jeden in Hörweite schmeckt. Ihr anschließend veröffentlichter Bericht hat einen Titel, der Elend hervorruft: »Auswirkung von Hydratation und Ruhepausen der Stimme auf die stimmliche Erschöpfung bei Amateur-Karaoke-Sängern«.

Das Experiment brachte einer Gruppe von Freiwilligen eine mehrere Stunden andauernde, immer größer werdende, schmerzhafte Unannehmlichkeit ein. Doch das Ziel der Wissenschaftler war edel. Sie schreiben, dass »Karaoke-Singen ein sehr beliebtes Vergnügen unter jungen Menschen in Asien ist ... Es ist nicht ungewöhnlich, Teilnehmer zu finden, die jedes Mal ohne Unterbrechung vier oder fünf Stunden singen. Da die meisten Karaoke-Sänger keine formale Ausbildung im Singen haben, sind diese Amateursänger anfälliger, unter diesen intensiven Singaktivitäten Stimmprobleme zu entwickeln.«

Dies spielt das Problem bescheiden herunter. Viele tausend junge Menschen singen Karaoke. Multiplizieren Sie das mit der Dauer des Singens – vier oder fünf Stunden. Jetzt multiplizieren Sie das mit der durchschnittlichen Anzahl der Male, die jede Person pro Woche Karaoke singt. Dann multiplizieren Sie es mit 52 Wochen. Die sich ergebende Summe stellt eine ächzende jährliche Belastung an schmerzhaftem Singen dar – auf einen einzigen Kontinent bezogen. Aber das ist nur Asien. Karaoke ist auf mindestens sechs Kontinenten pandemisch.

Bei den Versuchspersonen handelte es sich um eine sorgfältig ausgewählte Gruppe, alle in den Zwanzigern, bei guter Gesundheit und gewohnt, mindesten zweimal in der Woche Karaoke zu singen. Sie hatten keine Stimmbildung oder Gesangsunterricht genossen, keine Vorgeschichte mit Blick auf stimmliche Probleme und keine nennenswerten chronischen psychiatrischen Probleme.

Yiu und Chan führten dieses Experiment im Stimmforschungslabor der Universität durch. Jede Person »wurde gebeten zu singen, in einem stillen Raum mit Karaoke-Anlage, die ein Musikvideo auf einem Fernseher und Hintergrundmusik mit Echoeffekten bot ... Die Teilnehmer mussten andauernd singen, bis sie meldeten, dass sie die Ermüdung ihrer Stimmen fühlten und nicht mehr singen könnten«.

Effect of Hydration and Vocal Rest on the Vocal Fatigue in Amateur Karaoke Singers

Edwin M-L Yiu and Rainy MM Chan

Hong Kong, China

Zehn von ihnen durften nach jedem Song eine Minute ausruhen und etwas Wasser trinken. Die anderen zehn erhielten weder Hydratation noch Ruhe zugestanden; sie machten sozusagen bis zum Umfallen weiter.

Die hydratisierten Sänger sangen länger, wenn nicht besser, als jene, denen man Flüssigkeit verweigert hatte. Die Ersteren kamen im Durchschnitt auf über 100 Minuten Trällern, die Letzteren auf etwa 80. (Die vier oder fünf Stunden, die sie in Karaoke-Klubs zu singen behaupteten, umfassten vermutlich sehr viele Auszeiten.)

Yiu und Chan stießen doch auf eine Überraschung. Sie hatten erwartet, dass die Sänger mit benetzten Kehlen besser singen würden als die mit trockenen. Diese Erwartung wurde weitgehend nicht erfüllt. Beurteilungen durch geschulte Ohren und Augen (Letztere umfassten Phonogramme – elektroakustisch erzeugte Diagramme der Tonhöhe und Lautstärke) zeigten, dass Träller für Träller die stimmlichen Qualitätsniveaus in beiden Gruppen ungefähr gleich waren.

Ungeschulte Sänger, könnte man daraus schließen, erheben sich selten über ihre Mittelmäßigkeit, scheitern aber auch selten daran, diese zu erreichen. Ab und zu Wasser und Ruhe können dazu beitragen, ihre bemerkenswerte Leistungsbilanz zu verlängern.

Nesselausschlag auf dem Spielfeld

»Dies ist der erste gemeldete Fall eines Nesselausschlags, der offenbar durch die Frustration, England Fußball spielen zu sehen, verursacht wurde.«

Mit diesen Worten, 1987 geschrieben, machte ein Londoner Allgemeinmediziner im Praktikum namens P. Merry die Leser des *Journal of the Royal Society of Medicine* auf ein kaum vermutetes Risiko des Anfeuerns einer Fußballmannschaft bei der Weltmeisterschaft aufmerksam. Anfeuern kann emotionale Aufregung verursachen, die wiederum Urtikaria verursachen kann. Urtikaria ist landläufig als »Nesselsucht« bekannt.

Folgendes ist einem Patienten passiert, der das Spiel im Fernsehen verfolgte: »Als Portugal das einzige Tor des Spiels schoss, um 1:0 zu gewinnen, wurde er äußerst aufgeregt und bekam einen Nesselausschlag, der seinen Rumpf und seine Gliedmaßen befiel. Dieser hielt 36 Stunden an und legte sich dann.« Vier Tage später sah der Mann sich England gegen Marokko an. »Als ein Mitglied der englischen Mannschaft vom Platz gestellt wurde, regte er sich auf und entwickelte daraufhin den gleichen Nesselausschlag am Rumpf und den Gliedmaßen.«

Dann machte 2006 der 34 Jahre alte Paul Hucker aus Ipswich, Suffolk, Großbritannien, Schlagzeilen, weil er eine Versicherung gegen ein mögliches Trauma als Folge einer englischen Niederlage bei der Weltmeisterschaft abschloss. Viele schmunzelten über die Nachricht. Ein Gang durch die medizinische Literatur legt nahe, dass die Schmunzler ihre Heiterkeit zügeln sollten.

Fünf Forscher an der University of Bristol veröffentlichten 2002 eine Warnung im *British Medical Journal,* dass »ein Herzinfarkt durch emotionale Aufregung ausgelöst werden kann, etwa wenn Sie Ihre Fußballmannschaft ein wichtiges Spiel verlieren sehen«. Ihr wichtigster Beweis: statistische Daten der britischen Krankenhäuser, die während der Weltmeisterschaft 1998 gesammelt wurden. »Das Risiko der Aufnahme wegen akuten Herzinfarktes«, erklären die Ärzte, »nahm am 30. Juni 1998 [dem Tag, an dem England im Elfmeterschießen gegen Argentinien verlor] und den folgenden zwei Tagen um 25 % zu.«

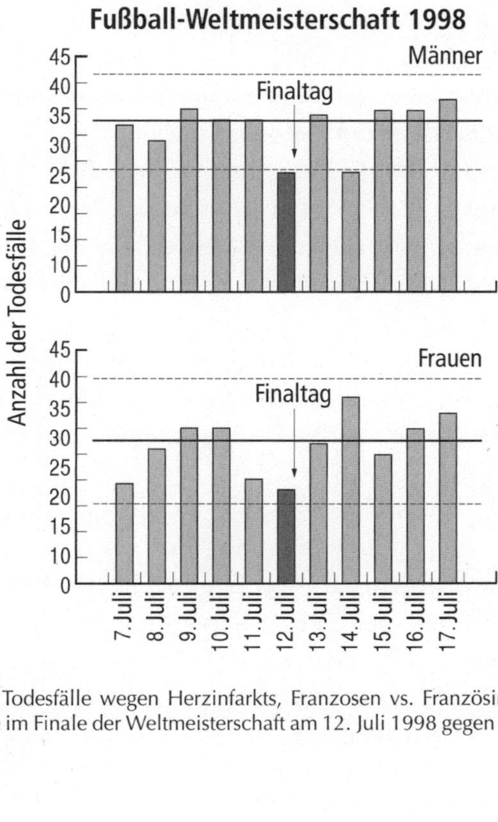

Anzahl der Todesfälle wegen Herzinfarkts, Franzosen vs. Französinnen. Frankreich spielte im Finale der Weltmeisterschaft am 12. Juli 1998 gegen Brasilien.

Vier Forscher im schweizerischen Lausanne sagen, dass Ähnliches während der Weltmeisterschaft 2002 auftrat. Sie erklären ihre Statistik in einer Ausgabe des *International Journal of Cardiology.* Die Zahl von Todesfällen durch akuten Herztod war während der Weltmeisterschaft 63 % höher als während der entsprechenden Periode ein Jahr zuvor, als es keine Weltmeisterschaft gab. Die Ärzte versuchten, das zu analysieren: »Wir erklären dies mit einer Zunahme an mentalem Stress und Zorn und möglichem ungesunden Verhalten (erhöhtem Alkohol- und Tabakkonsum, verminderter Einhaltung ärztlicher Vorschriften) der Fußballanhänger. Die tödliche Wirkung von mentalem Stress und Zorn ist der dadurch bedingten Aktivierung des sympathischen Nervensystems zugeschrieben worden, was zu Bluthochdruck führt, zu verminderter Durchblutung des Herzmuskels im Rahmen einer atherosklerotischen Erkrankung und einem hohen Grad von kardialer elektrischer Instabilität, die maligne Arrhythmie herbeiführt.«

Das Lebens als Fan ist gefährlich, ja, aber es gibt einen besonderen Lohn für diejenigen, deren Seite die höchste Ehre erringt. Wenigstens besagt das eine Studie, die 2003 in der Zeitschrift *Heart* erschien. Von zwei französischen Ärzten verfasst, verkündet der Titel: »Weniger Sterbefälle aufgrund von Herzinfarkt bei französischen Männern am Tag, als Frankreich die Weltmeisterschaft 1998 im Fußball gewann.«

Objekt RCSHC/P 192

Das Rektum des Bischofs von Durham ist in London ausgestellt und wartet auf Ihre Untersuchung. Nicht mehr am Bischof anhängend, ruht es allein in einem Glasgefäß im Hunterian Museum des Royal College of Surgeons of England, dem Berufsverband der englischen Chirurgen. Das Museum bezeichnet es mit seinem amtlichen Namen: Objekt RCSHC/P 192.

Besucher können zwanglos die Schönheit des Objekts bewundern, Wissenschaftler und Dichter unerwartete Freuden im Studieren und Beschreiben des bischöflichen Rektums finden. Dieser anscheinend bescheidene Körperteil darf sich einer historischen Verbindung zu John Hunter rühmen, dem Chirurgen, aus dessen Sammlung medizinischer Erinnerungsstücke schließlich das Hunterian Museum erwuchs.

Das Museum gibt offiziell eine einfache Beschreibung von Objekt RCSHC/P 192: »Ein Rektum, das die Wirkungen sowohl von Hämorrhoiden als auch von Darmkrebs zeigt. Der Patient in diesem Fall war Thomas Thurlow (1737–1791), der Bischof von Durham. Thurlow hatte eine Zeit lang unter Darmbeschwerden gelitten, die er anfangs für die Folge von Hämorrhoiden hielt. Er konsultierte John Hunter, nachdem eine Anzahl von anderen Ärzten und Chirurgen ihm keine befriedigende Diagnose hatten stellen können. Hunter bestimmte den Tumor erfolgreich durch rektale Untersuchung, aber erkannte, dass er unheilbar war. Thurlow starb zehn Monate später.«

John Hunter verfertigte ausführliche Notizen darüber, wie er den Fall anging, das Rektum (das damals natürlich noch ein wesentlicher Bestandteil des Bischofs gewesen war) untersuchte und sofort durch Abtasten erkannte, dass es einen unheilbaren Tumor gab.

Die Notizen berichten auch, wie die Dinge abliefen. Der Bischof, der Dr. Hunters Diagnose anzweifelte, versuchte dann, sich selbst mit einem Hausmittel namens Ward's White Drops zu kurieren. Er verließ sich lieber auf frühere Erfahrung bei einem unbedeutenderen Leiden, anstatt Hunters sachkundige Beurteilung zu akzeptieren. Hunter merkt an: »Seine

Lordschaft hatte vor etwa zehn Jahren Hämorrhoiden, für die er Ward's Paste nahm, und wurde geheilt.«

Die weißen Tropfen heilten jedoch nicht den Krebs des Bischofs. Stattdessen nahmen seine Beschwerden zu. Hunter schreibt, die Familie rief dann »Taylor, den Tierarzt, um ihn zu behandeln, und ich wurde gebeten, diesen Doktor zu prüfen, um zu sehen, ob er eher Unheil anrichten würde oder nicht«. Hunter entschied, dass Taylor keinen Unfug machen würde. Taylor fügte sich erfreulicherweise den Ansichten des berühmten Arztes und gab mit seiner Zustimmung dem Bischof Opium und Salben, um das Leid zu lindern.

Zehn Monate später tat der Bischof seinen letzten Atemzug. John Hunter führte eine Autopsie durch, wobei er die Gelegenheit auskostete, eine detaillierte fachliche Beurteilung des Tumors und seiner Rolle beim Tod eines Patienten, der die Diagnose des Arztes bezweifelte, zu schreiben.

Die weitschweifigen Details sind ein wenig grausig für ein allgemeines Publikum. Hunters Aufzeichnungen waren für ihn selbst und für andere seines Fachs bestimmt, sollten er oder sie einem ähnlichen Rektum oder ähnlichen Patienten begegnen. Heute, über 200 Jahre später, stehen die Geschichte und ein guter Anblick des Rektums jedem, der Aufklärung sucht, zur Verfügung.

Steve Farrar stieß auf des Bischofs Rektum und bewegte mich zu einem Besuch. Daraus ergab sich ein Abendessen mit Simon Chaplin, dem Direktor des Museums, der eine besondere Vorliebe für historische Körperteile hat und viel darüber weiß. Ich bin beiden Männern auf ewig dankbar für ihre Einblicke in das verbliebene Stück Bischof.

Mit besten Empfehlungen
»Non-Skalpell-Vasektomie (NSA) im Rahmen des Vasektomie-Festes aus Anlass des Geburtstags des Königs«
von Apichart Nirapathpongporn, Douglas H. Huber und John N. Krieger (erschienen in *Lancet*, 1990)

101 Verwendungen für die heilige Vorhaut

Eine Studie mit dem Titel »Die Beschneidung Jesu Christi« bereitet den Weg für eine neue Richtung interdisziplinärer Forschung: Urologie arbeitet endlich mit Theologie zusammen. Erschienen im *Journal of Urology*, konzentriert sich die Studie darauf, was mit der Vorhaut Jesu während und besonders nach biblischer Zeit passierte.

Hauptautor Johan J. Mattelaer eröffnet diesem eng gefassten Thema eine weite Perspektive. Als ehemaliger Vorsitzender des Historischen Sekretariats der Europäischen Gesellschaft für Urologie in Kortrijk, Belgien, und emeritierter Professor für Psychiatrie an der University of British Columbia in Vancouver hatte Mattelaer zuvor bereits ein Buch mit dem Titel *The Phallus in Art and Culture* geschrieben. Und kurz bevor er sich des Projekts der heiligen Vorhaut annahm, tat er sich mit dem österreichisch-kanadischen Neuropsychologen Wolfgang Jilek zusammen, um eine Studie mit dem Titel »Koro: Das psychologische Verschwinden des Penis« zu schreiben. Für die Beschneidung-Jesu-Studie vertieften sich Mattelaer und seine Kollegen Robert A. Schipper und Sakti Das in religiös-phallozentrische Schriften, Gemälde, Skulpturen, Musik und theologische Debatten aus 2000 Jahren.

Es gibt Kunst in Hülle und Fülle, erklären sie, aber »es erscheint paradox, dass unbeschnittene christliche Künstler so viele Darstellungen in Malerei und Skulptur schufen, die sich auf die Beschneidung Jesu beziehen. Allein in Belgien gibt es nicht weniger als 54 verzeichnete Werke in Kirchen, Museen und öffentlichen Gebäuden, die sich auf die Beschneidung Christi beziehen, darunter Gemälde, Grisaillen, Fresken, Statuen, Altartafeln, Buntglasfenster und Schlusssteine.« Auch Ikonen in griechisch- und russisch-orthodoxen Kirchen, berichten sie, umfassen üblicherweise Beschneidungsdarstellungen.

Musiker produzierten nur wenige Werke. Das berühmteste ist die »Missa Circumcisionis Domini Nostri Jesu Christi« (»Messe für die Beschneidung unseres Herrn Jesus Christus«), 1728 komponiert von Jan Dismas Zelenka aus Dresden.

Kirchen, Museen, Kreuzritter und Könige versuchten die echte Vorhaut zu bekommen und zu besitzen. Die Studie merkt an, dass »der dominikanische Gelehrte A. V. Müller, der 1907 als Autor hervortrat, nicht weniger als 13 gesonderte Orte auflisten konnte, von denen alle behaupteten, die ehrwürdige Vorhaut als ihre heiligste Reliquie zu besitzen. Wir waren in der Lage, diese Liste auf 21 Kirchen und Abteien zu erweitern, die zur einen oder anderen Zeit angeblich die Vorhaut Christi besaßen.«

Die Studie berichtet auch, dass König Heinrich V. von England das echte Teil – das von Papst Clemens VII. als solches identifizierte – von den Franzosen 1422 raubte und dass »die Mönche von Chartres es nur unter großer Schwierigkeit wiedererlangen konnten«.

Mehrere Theologen bzw. Theologinnen widmeten ihr Leben der Vorhaut. Zwei versinnbildlichen dies besonders: Die heilige Katharina von Siena (1347–1380) »soll die Vorhaut Jesu als Ring an ihrem Finger getragen haben«, um ihre Vermählung mit Christus zu symbolisieren. Etwa eine Generation früher führte die österreichische Nonne Agnes Blannbekin »ein Leben, das der Vorhaut Jesu gewidmet war«. Die Studie sagt: »Sie war von Gedanken an den Blutverlust und den Schmerz gequält, die der Erlöser während seiner Beschneidung erlitten hatte. Einmal, als sie beim Gedanken an dieses Leid zu Tränen gerührt war, spürte sie die Vorhaut plötzlich auf ihrer Zunge.«

Die Studie bildet ein Gemälde von der heiligen Katharina und ihrem Ring von 1523 ab, bringt aber, vielleicht mit Rücksicht auf den heutigen Geschmack, keine visuelle Darstellung der Agnes Blannbekin.

Tod durch Einatmung

Einatmungen können töten – falls Dr. Sakae Inouye von der Otsuma Women's University in Tokio recht hat –, und chinesische Einatmungen sind besonders tödlich.

Inouye entwickelte eine einfache Theorie über ein irritierendes Problem der Volksgesundheit. Sie lautet wie folgt: Die englische Sprache kann, wenn sie von jemandem gesprochen wird, der normalerweise die chinesische Sprache spricht, tödlich sein.

Inouye zog seinen logischen Faden durch die Seiten von *Lancet*: »Schweres akutes Atemwegsyndrom (Severe acute respiratory syndrome: SARS) wird durch Tröpfchen übertragen, die von infizierten Personen übertragen werden. Tröpfchen werden erzeugt, wenn Patienten husten und, in geringerem Grad, wenn sie während der frühen Stadien der Krankheit sprechen. Ich glaube, dass der Wirkungsgrad der Übertragung von SARS durch das Sprechen der Sprache, die gesprochen wird, beeinflusst werden könnte.«

Hier sind die Details von Inouyes Gedankengang. Sie sind hintergründig. Und sie sind atemberaubend. Sie sollten vielleicht still gelesen werden.

- Die als SARS bezeichnete Krankheit scheint ihren Ursprung in China zu haben.
- China zählt Millionen von Besuchern aus den USA und noch mehr Besucher aus Japan.
- *Einige* amerikanische Besucher (ungefähr 70 von 2,3 Millionen) bekamen die Krankheit – dagegen *kein* japanischer Besucher.
- Dafür muss es einen Grund geben.
- Der Grund muss sein: die Sprache. Sowohl im Chinesischen wie auch im Englischen werden viele Laute von einem starken Ausatmen begleitet – aber Japanisch hat keine solchen Laute.
- Der letzte Schritt in der Kette führt diese Stücke zusammen. Es ist schockierend. Dr. Inouye schreibt: »Ein chinesischer Angestellter in einem Souvenirladen spricht gegenüber amerikanischen Touristen wahrscheinlich Englisch und gegenüber japanischen Touristen Japanisch. Wenn dieser Ladengehilfe in den frühen Stadien von SARS ist und keinen Husten hat, glaube ich, dass amerikanische Touristen daher den ansteckenden Tröpfchen in einem größeren Ausmaß ausgesetzt wären als japanische.«

Inouye gibt keinen bestimmten chinesischen Dialekt an, also sind für den Moment alle verdächtig.

Falls die eigene gesprochene Sprache gefährlich ist, lässt sich daran etwas ändern? Vor fast einem Jahrhundert hat der spätere Nobelpreisträger George Bernard Shaw genau diese Frage aufgeworfen. Im gedruckten Vorwort zu seinem Stück *Pygmalion,* über einen Professor, der sich gewissenhaft bemüht, die Sprachmuster einer jungen Frau zu ändern, schrieb Shaw: »Die von Professor Higgins bei dem Blumenmädchen bewirkte Veränderung ist weder unmöglich noch ungewöhnlich ... Aber die Sache muss wissenschaftlich vonstattengehen, oder der schlussendliche Zustand des Kandidaten wird schlimmer sein als der ursprüngliche.«

In Kürze
»Selbstmordversuch oder: den Nagel auf den Kopf treffen – Ein Fallbericht«
von A. S. Spears (erschienen im *Journal of the Florida Medical Association*, 1994)

Die Autoren am H. Lee Moffitt Cancer Center & Research Institute, Tampa, Florida, schreiben: »Berichtet wird über den Fall eines versuchten Selbstmords durch Schlagen von Nägeln durch den Schädel in das Gehirn. Dieser einzigartige Versuch der Selbstzerstörung war vergeblich, und die Behandlung, anfangs durch einen ungeschulten Ersthelfer und dann durch einen Neurochirurgen, war erstaunlich einfach.«

Neun
Ernsthaft tödlich

In Kürze
»Eine teilweise mumifizierte Leiche mit pinken Zähnen und pinken Nägeln«
von C. Ortmann und A. DuChesne (erschienen im *International Journal of Legal Medicine,* 1998)

Dies und mehr finden Sie in diesem Kapitel: Der Mann, der makabre Witze studiert • Christian End und einige tote Sportfans • Komplikationen mit Braunen Nachtbaumnattern, Gift und einem Fallschirm • Eine kurze Geschichte gewisser Nekrophiliegesetze • TIT, GAS und Variationen des F-Worts • Bewertung toter Künstler • Herumbuddeln in Kirchen • Einschraubsärge • Der Messerfresser

Die Geburt makabrer Witze

Alan Dundes untersuchte gern unangenehme Witze und die Leute, die sie erzählen. In seiner Studie von 1979 mit dem Titel »Der Totes-Baby-Witzzyklus«, erschienen in der Zeitschrift *Western Folklore,* erklärt er: »Totes-Baby-Witze sind nichts für Zimperliche oder für jemanden mit schwachen Nerven. Erzählt werden sie meist von amerikanischen Jugendlichen beiderlei Geschlechts bei Witzrunden in der Absicht, die Zuhörer zu schockieren oder anzuekeln. ›Oh, wie eklig!‹ ist eine häufige (und offenbar erwünschte) Reaktion auf einen Totes-Baby-Witz. Befragte Teenager der 1960er- und 1970er-Jahre geben an, dass Totes-Baby-Witze oft im Rahmen eines ›Ekelwettstreits‹ erzählt werden, in dem jeder Teilnehmer versucht, vorhergehende Witzbolde durch das Erzählen von geschmacklosen oder groben folkloristischen Sachen auszustechen.«

Wenn eine große Gruppe von Menschen ständig unangenehme Witze über etwas macht, dann ist es für Dundes etwas, wobei sie sich selbst unwohl fühlen. Dementsprechend schreibt er, dass Totes-Baby-Witze in den USA beliebt sind wegen »des traditionellen Versagens von Amerikanern, offen über Krankheit und Tod zu sprechen ... viele Amerikaner möchten lieber nicht sagen, dass eine Person tot ist oder gestorben ist.«

Dundes, lange Professor der Anthropologie an der University of California, Berkeley, ist selbst tot, eingetreten in diesen Zustand im Jahr 2005.

Genüsslich warf er England vor, »schwarzen Humor« in die USA eingeführt zu haben, und behauptet, dass die amerikanische Variante vermutlich »von dem unbedeutenden englischen Dichter Harry Graham inspiriert wurde, der Spezialist für leichte Versdichtung und amüsante Knittelverse war. 1899 veröffentlichte der *Ruthless Rhymes for Heartless Homes*, und einige Verse in diesem Band lauten folgendermaßen:

Billy, in one of his nice new sashes
Fell in the fire and was burnt to ashes;
Now, although the room grows chilly,
I haven't the heart to poke poor Billy.

[Billy, in einer seiner hübschen neuen Schärpen,
fiel in das Feuer und verbrannte zu Asche.
Jetzt, obwohl das Zimmer frostig wird,
bringe ich es nicht übers Herz, im armen Billy herumzustochern.]

In einer anderen Studie, »Polnischer-Papst-Witze«, stellt Dundes Beispiele vor, die repräsentativ für viele verschiedene

Varianten von Witzen über den polnischen Papst Johannes Paul II. sind, und bemerkt: »Es war vermutlich unvermeidbar, dass die Hoffnung der polnischstämmigen Amerikaner, die Wahl eines polnischen Papstes werde die Polenwitze mindern oder eindämmen, vergebens war. Das genaue Gegenteil trat ein. Die Wahl lieferte einen frischen Impuls für einen neuen Kreativitätsausbruch in diesem Genre.«

Eine Arbeit von Dundes mit dem Titel »Sechs Zoll von der Präsidentschaft: die Gary-Hart-Witze als öffentliche Meinung« untersucht den Reigen an Witzen, der von der verblühten Kandidatur von Gary Hart, dem in Front liegenden Kandidaten der Demokraten für die amerikanische Präsidentenwahl 1988, ausgelöst wurde. Der Witzerausch begann, als Zeitungen Fotos von Hart veröffentlichten, der in Abwesenheit von Mrs. Hart während einer nächtlichen Fahrt »von Miami nach Bimini auf einem Boot mit dem unwahrscheinlichen, aber passenden Namen ›Monkey Business‹ [›krumme Tour‹, ›fauler Zauber‹]« eine junge Schauspielerin auf dem Schoß hatte.

Dundes' bekanntestes Buch heißt *Life is Like a Chicken Coop Ladder: A Portrait of German Culture Through Folklore* [›Das Leben ist wie eine Hühnerleiter: Ein Porträt der deutschen Kultur durch Folklore‹]. Es erforscht die vielen Varianten des deutschen Sprichworts »Das Leben ist wie eine Hühnerleiter – kurz und beschissen«. Auf 174 Seiten lotete Dundes die analerotische Beschaffenheit der deutschen Kultur aus und lieferte Beweise für seine These, wonach die Überbetonung der Reinlichkeit durch teutonische Eltern ihren Kindern eine lebenslange Liebe zu fäkalem Humor und fäkaler Symbolik einimpft.

Christian Ends Untersuchungen

Obwohl Professor Christian End mit einem anschaulichen Namen [Christian end: »christliches Ende«] gesegnet ist, führt er vor, dass man bedeutende Entdeckungen machen kann, indem man unscheinbare Fragen stellt.

End, der an der Xavier University in Cincinnati, Ohio, arbeitet, spezialisierte sich darauf, die Psychologie von Sportfans zu untersuchen. Im Jahr 2009 übertrumpfte er seine beruflichen Konkurrenten, die ihre Interessen allgemein auf die Lebenden begrenzen, als er in der Zeitschrift *Perceptual and Motor Skills* eine Studie mit dem Titel »Identifizierung von Sportfans in Todesanzeigen« veröffentlichte.

End und drei Kollegen sahen 1101 Todesanzeigen in 19 amerikanischen und kanadischen Zeitungen durch. Zu jeder notierten sie, ob der/die Verstorbene als Sportfan identifiziert wurde oder nicht. (Sie geben folgendes Beispiel eines eindeutigen Indikators: »Sie war ein Fan der Red Sox.«) Und sie notierten, ob die Person ein Mann oder eine Frau war.

Ends Team überprüfte eine originelle Theorie. »Es wurde die Hypothese aufgestellt«, schrieben sie, »dass ein größerer Anteil an Todesanzeigen von Männern als von Frauen die Identifizierung als Sportfan erwähnen würde.«

Die Wissenschaftler erfuhren, dass 24 Prozent der verstorbenen Männer postmortal als Sportfans gefeiert wurden, aber nur 7,2 Prozent der Frauen wurde diese Ehre zuteil. Folglich vermelden End und seine Koautoren, dass ihre Hypothese sich als richtig erwies.

End hat auch eine Unterspezialisierung hinsichtlich eines ganz anderen Aspekts der Psychologie von Fangemeinden getroffen. In seiner Studie von 2003 mit dem Titel »Sichtweisen von Sportfans, die BIRGen« (zusammen mit vier anderen Mitarbeitern verfasst) stellt er ihn kurz dar. BIRG, erklärt die

Studie den Lesern, die mit diesem Zweig der Psychologie nicht vertraut sind, ist die Abkürzung von »basking in reflected glory« [zu Deutsch etwa »sich im Erfolg eines anderen sonnen«]. Ends Œuvre umfasst mindestens zwei weitere veröffentlichte Studien, die sich in das mehrdimensionale Rätsel des »BIRG« in Fangemeinden vertiefen.

Doch die Erhebungen des Christian End gehen weit über Sportfans hinaus.

2007 veröffentlichten er und drei weitere Mitarbeiter eine Studie mit dem Titel »Unrealistischer Optimismus bei Internet-Ereignissen« in der Zeitschrift *Computers in Human Behavior.* Sie »bewerteten die Tendenz von Personen, unrealistisch optimistisch hinsichtlich internetbezogener Aktivitäten zu sein«, etwa »Musik herunterzuladen«, »Straßenkarten zu verwenden«, »ein Schnäppchen zu machen« und »einen gesuchten Artikel zu finden«. Die wichtigste Entdeckung war, dass »häufige Internetnutzer« optimistischer im Hinblick auf ihren Erfolg bei diesen Aufgaben sind als »gelegentliche Nutzer«.

2010 betrat End Neuland. Mit wieder einer anderen Kombination von drei Kolleginnen (von denen eine, Shaye Worthman, auch an der Studie über Todesanzeigen mitgearbeitet hatte) veröffentlichte er »Teure Mobiltelefone: Die Auswirkung von Mobiltelefon-Rufzeichen auf die akademische Leistung«. Für die Studie wurden Universitätsstudenten gebeten, ein Video zu betrachten und sich Notizen zu machen. Dann prüften die Forscher die Studenten über das Video und werteten ihre Notizen aus. Bei einigen Personen wurde die Videositzung »durch ein klingelndes Mobiltelefon unterbrochen«. Diese Studenten (1) »schnitten erheblich schlechter ab« in dem Test als jene, die nicht unterbrochen wurden, und (2) machten lausige Notizen.

So kamen die Forscher zu einer bedeutenden Entdeckung. In ihren eigenen Worten: »Die Hypothese, dass die Rufzeichen von Mobiltelefonen die Leistung beeinträchtigen würden, wurde bestätigt.«

Perfektion beim Abwurf toter Mäuse

Falls Sie vorhaben, toten Mäusen eine Giftspritze zu verpassen, und sie so aus einem Hubschrauber in den Regenwald von Guam fallen lassen, dass sie hoch in den Bäumen hängen bleiben, wo sie die Braunen Nachtbaumnattern ermorden könnten, aber (so gut wie irgend möglich) vermeiden möchten, dass die giftig leckeren Mäuseleichen bis ganz auf den Boden fallen, wo sie stattdessen von Palmendieben (*Birgus latro*) verschlungen werden, sollten Sie sie vielleicht an eine Art Fallschirm knüpfen. Peter Savarie, Tom Mathies und Kathleen Fagerstone vom National Wildlife Research Center in Fort Collins, Colorado, taten genau das. Auf einem Symposium 2007 erzählten sie davon in einem Bericht mit dem Titel »Schwebematerialien für Luftabwurf von giftigen Acetaminophen-Ködern für Braune Nachtbaumnattern«.

Baumnattern leben erst seit den späten 1940ern auf Guam, erklären Savarie, Mathies und Fagerstone. Kritiker behaupten, dass die Schlangen bis nahe an deren Ausrottung heran einige einheimische Vögel, Eidechsen und Flughunde gefressen, Jagd auf Hausgeflügel gemacht und kleine Kinder gebissen haben sowie »Stromausfälle verursachen, indem sie auf Stromkabel klettern«. Also erhob sich Geschrei, die Schlangen zu beseitigen.

Die nächstliegende Möglichkeit dafür war, wie gewisse Biologen es sahen, tote Mäuse zu besorgen, sie mit Acetaminophen zu »behandeln«, die verlockenden Acetaminophen/

Maus-Leckereien in PVC-Röhren zu stopfen und diese dort abzulegen, wo die Schlangen sind. »Doch PVC-Röhren«, beklagt der Bericht, »sind für die Lieferung von Ködern in entlegene Gegenden des Dschungels oder ins Blätterdach nicht praktisch. Überdies ist es wichtig, dass die Köder sich im Blätterdach verfangen und nicht auf den Boden fallen, wo sie dann von nicht im Visier befindlichen Tieren wie zum Beispiel Krebsen ergattert werden.«

Kurz nach der Jahrhundertwende kam es zu einer Innovation: Kleine Fallschirme, »von Hand aus einem Hubschrauber fallen gelassen, sind als Schwebegeräte verwendet worden, damit sich tote Mäuse im Blätterdach verfangen«. In diesen frühen Tests wurden Fallschirme aus Plastik oder Maisstärke verwendet – aber Ersteres braucht Jahre, bis es biologisch abgebaut ist, und Letzteres löst sich in der Nässe zu schnell auf.

Savarie, Mathies und Fagerstone probierten mehrere Alternativen aus.

In einem Probelauf wurden aufgetaute tiefgefrorene tote Mäuse, »mit einem 30,5 cm langen Baumwollfaden an einem Hinterbein an einem biologisch abbaubaren Jutenetz befestigt und von Hand aus einem Knighthawk MH-60S-Hubschrauber der US Navy etwa 30 Meter über Bodenniveau verteilt«. Dann kamen die Tests mit Fallschirmen, manche aus Papier, manche aus biologisch abbaubarem Material namens Ecofilm. Die Wissenschaftler probierten auch – anstelle von Fallschirmen – Luftschlangen, Papierteller und Papierbecher aus.

Um diese verschiedenen Sinkkonglomerate zu verfolgen, klebten die Forscher einen Sender an jeden Mäusebauch.

termine
n the forest

dance

icent to
e Beach
ninsula.

have been
ngan
ant tree on
e sites, 3
n intervals

Biodegradable Parachutes

In September-October 2005, 2 aerial bait drops were conducted on 50 x 200 m drop zones; 1 each on AAFB, Tarague Beach Road, and US Naval Computer and Telecommunications Station Guam (NCTS, Haputo Beach Road). Vegetation on NCTS is similar to Tarague. Two types of biodegradable parachutes were evaluated: paper towel, 23.8 x 27.3 cm, A-A-696 Type 1 Singlefold, Lighthouse for the Blind, New Orleans, Louisiana; and a plastic-like material, 20.3 x 20.3 cm, EcoFilm®, Cortec Corp., St. Paul, Minnesota. Four pieces of cotton thread (3-30.5 cm long and 1-35.6 cm long) were individually tied to the corners of each parachute type. The threads were knotted and the longer thread was tied to a rear leg of a DNM.

Ausschnitt: Methoden, mit Bezugnahme auf Braune Nachtbaumnattern und toxische Gefahren

Jedes Paket erfüllte seine Aufgabe, sagt das Team. »Doch ein Problem mit den zwei Fallschirmen und dem Papierteller und dem Papierbecher ist, dass Fäden daran befestigt werden müssen, um die toten Mäuse festzubinden. Dies ist eine zeitraubende Mühe.« Um aufgetaute, also vordem tiefgefrorene, vergiftete, tote, mit Sendern ausgestattete Mäuse aus einem Hubschrauber auf einen Baum fallen zu lassen, ist es das erfolgversprechendste Vorgehen, signalisieren sie, einfach eine Luftschlange an einem Stück Pappe zu befestigen und die Pappe mit Heißleim an ein Hinterbein der Maus zu kleben.

Manche sprechen von Liebe, aber die meisten nennen es Nekrophilie

John Troyer, ein frisch dazugestoßener Wissenschaftler am Zentrum für Tod und Gesellschaft an der University of Bath, grub Beweise für eine etwas unbeachtete Lücke im Gesetzbuch aus. Seine Studie mit dem Titel »Missbrauch einer Leiche: Eine kurze Geschichte und Re-Theoretisierung der Nekrophiliegesetze in den USA« erschien in der nur gelegentlich makabren Zeitschrift *Mortality*.

Troyer macht auf einen Vorfall aufmerksam, der die Polizei und die Gerichte eines amerikanischen Staates frustrierte. Er schreibt: »Im September 2006 ertappte die Polizei von Wisconsin Nicholas Grunke, Alexander Grunke und Dustin Radtke, die das Grab einer vor Kurzem verstorbenen Frau öffneten. Auf Befragung durch die Polizei erklärte Alexander Grunke, dass sie die Leiche zum Zweck des Geschlechtsverkehrs exhumieren wollten. Nach der Rechtsordnung von Wisconsin wurden die drei Männer wegen versuchter sexueller Nötigung dritten Grades und versuchten Diebstahls angeklagt. Keiner der Männer konnte jedoch wegen versuchter Nekrophilie angeklagt werden, da der Staat Wisconsin kein Gesetz hat, das Leichenschändung verbietet. Was der Fall aus Wisconsin offenlegte, war die folgende Lücke in der amerikanischen Rechtslehre: Viele Staaten haben kein Gesetz, das Nekrophilie verbietet.«

Troyer skizziert das Dilemma des Gerichts: »Da [das Opfer] zur Zeit des angeblichen Verbrechens bereits tot war und deshalb keine Person mehr vor dem Gesetz, wurde die Leiche juristisch als menschliche Überreste und nicht als Opfer eingestuft ... Nicholas Grunke, Alexander Grunke und Dustin Radtke wurden dann wegen der übrigen ungesetzlichen Akte angeklagt, nämlich Beschädigung von Friedhofseigentum und versuchten Diebstahls beweglicher Habe, eine Kategorie, die den Leichnam [des Opfers] einschloss. Was viele Beobachter des Falls schockierte, war der Umstand, dass die drei Männer, selbst wenn es ihnen gelungen wäre, die Leiche aus dem Grab zu nehmen, nur wegen Diebstahls privaten Eigentums hätten angeklagt werden können, da der Körper [des Opfers] nach dem Tod seinen Eltern gehörte.«

Am 5. März 2008 hörte der Oberste Gerichtshof von Wisconsin mündliche Argumente, wie man die Gesetzeslücken vielleicht umgehen könnte. Die Sitzung begann mit einem munteren »Wir freuen uns, Schüler der West Salem High School bei uns zu begrüßen.«

Die 50 amerikanischen Bundesstaaten unterscheiden sich in ihrem rechtlichen Verständnis von Nekrophilie, und die Regierung in Washington bietet ihnen kaum Orientierungshilfe, einige andere Länder sind jedoch bezüglich ihrer Einschätzung dieses Themas besser organisiert. Großbritannien insbesondere widmet ihm besondere Aufmerksamkeit. Abschnitt 70 des Sexualstrafrechts von 2003 trägt den Titel »Sexuelle Penetration einer Leiche«. Er verbietet ausdrücklich, sehr ausdrücklich, nur die kanonischste Form der Nekrophilie. Troyer merkt an, dass »das britische Gesetz anscheinend andere sexuelle Akte [Troyer führt mehrere an] davon ausklammert, als kriminell betrachtet zu werden«.

Die Feinheiten des Gesetzes, besonders solche, die ungewöhnliche Handlungen betreffen, leiden unter dem Ruf, abstrus, langweilig, fade zu sein. Aber Troyer hat eine Ausnahme ausgegraben. Seine Studie macht klar: »Nekrophilie ist jene Art von sexueller Abartigkeit, die mit ihrer erbärmlichen Perversität und erregenden lasziven Details wirklich die öffentliche Aufmerksamkeit fesselt.«

Die australische Faszination für Autounfälle

Australier sind besonders fasziniert von Autounfällen, behauptet Catherine Simpson, Dozentin an der Macquarie

University in Sydney. Simpson erklärt das Wie und Warum in ihrer Arbeit »Antipodische Automobilität und Zusammenstoß: Verrat, Vergehen und Verwandlung auf offener Straße«, die in der *Australian Humanities Review* erschien. »Ich erforsche die Bedeutung des Autounfalls im postkolonialen Australien«, schreibt sie, »und argumentiere, dass Autounfälle nicht nur als eine alltägliche und akzeptierte Form von Gewalt dargestellt werden, sondern dass die Untersuchung von Zusammenstößen in australischen Filmen nahelegt, dass sie letztlich ein Moment des Risses abbilden, der mit Blick auf die unausgesprochene Gewaltbeziehung zwischen Siedlern und Einheimischen durch die Gesellschaft geht.«

Australische Spielfilme liefern Stunde um Stunde lebhafte, zwingende Beweise dessen. Aussie-Filmunfälle entfalten sich in unverwechselbar stolz australischer Weise. Das nationale Flair begegnet einem nicht bloß in der umgebenden Landschaft, sondern, was wichtiger ist, im Stil.

Simpson erklärt, dass »Australien keine glamourösen Promi-Unfälle im Hollywood-Stil bietet«. Sie zitiert Tom O'Regan, Professor für Medien und Kulturwissenschaft an der University of Queensland, zu den Unterschieden zwischen australischen und amerikanischen Crash-Kinotricks: »Amerikaner träumen von Massenkarambolagen auf Autobahnen, und ihr Exploitationsfilm lässt ›Verrückte‹ spektakulär über überfüllte Großstadtstraßen fahren, verfolgt von leicht verrückten Polizisten … Dagegen träumen Australier von Autos, die in der Mitte oder auf der falschen Seite der Straße über Hügel kommen.«

Australiens Faszination für Autounfälle rührt zum Teil von der Unermesslichkeit des einsamen offenen Raumes her. »Im Unterschied zu Europa und vielen anderen Teilen der Welt«, sagt Simpson, »besteht, wenn ein Fahrzeug eine Panne oder einen Unfall hat, eine gewisse Möglichkeit, dass niemand

Hilfe anbieten wird ... Für die meisten in Städten wohnenden Australier ist die theoretische Vorstellung, ›dort draußen‹ im Busch umzukommen, viel bedrohlicher als ihre eher geringe Wahrscheinlichkeit ... [Dies] zapft eine tiefsitzende Angst vor dem Hintergrund der in der australischen Gesellschaft dominanten Symbolik an, die verbunden ist mit der Vorstellung vom Land als nicht nur feindselig, sondern ausgestattet mit einer Macht, denjenigen etwas anzutun, die sich dorthin wagen.«

Simpson identifiziert *Mad Max* von 1979 mit Mel Gibson in der Hauptrolle als denjenigen Film, der die internationale Aufmerksamkeit auf das australische Autounfall-Genre gelenkt hat. Gibson spielt einen futuristischen, doch primitiven Sheriff, der einen Übeltäter über viele Meilen auf der Straße verfolgt, eine Beziehung, die in einem spektakulären Unfall und dem Tod des Übeltäters gipfelt; dies wird verstärkt durch andere Autounfälle und auch den Tod anderer Übeltäter.

Obgleich in der Studie nicht erwähnt, ging Mel Gibson schließlich in die USA, wo er sich an Autounfälle im Stil des amerikanischen Kinos gewöhnen musste, bei denen vom australischen Standpunkt aus jeder auf der falschen Straßenseite fährt. Man könnte argumentieren – was Simpson allerdings nicht tut –, dass dieser intellektuelle Zusammenprall von Unfallparadigmen vielleicht zu Mel Gibsons späterer Faszination durch blutiges Märtyrertum führte, wie es in solchen Filmen wie *Braveheart* und *Die Passion Christi* gezeigt wird.

Mit besten Empfehlungen
»Blut- und Gewebespritzer bei Kettensägen-Zerstückelungen«
von Brad Randall (erschienen im *Journal of Forensic Sciences*, 2009)

»Wir [Pluralis Majestatis] zerstückelten zwei große Schweinekadaver mit einer kleinen elektrischen Kettensäge in einem kontrollierten Umfeld ... Diese Experimente haben gezeigt, dass eine

menschliche Leiche leicht mit einer Kettensäge zerlegt werden kann, selbst mit einem kleineren elektrisch betriebenen Modell ... Trotz verbreiteter Ansichten, die durch Sendungen mit Tatortszenen im Fernsehen und neuere Kettensägenmassaker-*Filme Nahrung erhalten haben, erzeugt eine postmortale Zerstückelung tatsächlich nicht unbedingt eine große Menge Blutspritzer am Zerstückelungsort.«*

Die Tödlichkeit von Monogrammen

Die anfängliche Entdeckung – dass das Monogramm eines Mannes seinen frühen Tod verursachen könnte – war erschreckend. Aber vielleicht war alles ein Fehler. Ein zweiter Blick, ein sehr sorgfältiger Blick, den in jüngerer Zeit zwei skeptische Ökonomen taten, sagt, dass das einfach nicht stimmt.

1999 machte der ursprüngliche aufsehenerregende Bericht mit dem Titel »Was in einem Namen steckt: Sterblichkeit und die Macht der Symbole« bestimmte Leute verrückt. Darin hieß es: »Personen mit ›positiven‹ Initialen (z. B. A. C. E. [Ass], V. I. P. [Promi]) leben vielleicht länger als solche mit ›negativen‹ Initialen (z. B. P. I. G. [Schwein], D. I. E. [stirb!]).« Drei Psychologen von der University of California, San Diego, entdeckten dies, indem sie Sterberegister gründlich studierten und Daten sammelten, rechneten und sinnierten. Dann veröffentlichten sie eine Warnung im *Journal of Psychosomatic Research.*

Nicholas Christenfeld, David Phillips und Laura Glynn war es todernst damit. »Männer mit positiven Initialen leben 4,48 Jahre länger« als die meisten Menschen, erklärten sie, »während Männer mit negativen Initialen 2,80 Jahre jünger sterben.« Sie sagen, die Auswirkungen bei Frauen seien geringer, vielleicht weil so viele ihren Namen ändern, wenn sie heiraten, und somit ihre Lebenschance vergrößern. Keiner aus dem Forscherteam, dies sollte angemerkt werden, hat selbst besonders interessante Initialen.

Christenfeld, Phillips und Glynn erklärten den Mechanismus: »Eltern könnten übersehen, dass die Initialen, die sie einem Kind jetzt geben möchten, negative Konnotationen haben könnten. Dieses Versehen der Eltern deutet an, dass es viele Nachkommen geben kann, die ungewollt Initialen mit negativen Konnotationen zugeteilt bekommen haben ... Initialen wie ›A. P. E.‹ [Affe] oder ›B. U. M.‹ [Penner, Hintern] können Personen veranlassen, nicht gut von sich zu denken, und die Träger dieser Initialen müssen vielleicht Hänseleien und andere negative Reaktionen von ihrem Umfeld aushalten.«

Monogrammic Determinism?

STILIAN MORRISON AND GARY SMITH, PHD

Objective: Attempt to replicate a report that people whose names have positive initials (such as ACE or VIP) live much longer than do people with negative initials (such as PIG or DIE). The primary analysis in the original 1969 to 1995 study grouped decedents

Anfangs zögerten Christenfeld et al. »Bei einer vorläufigen Prüfung«, schrieben sie später, »erschienen die Auswirkungen auf die Lebensdauer zu groß, um echt zu sein.« Aber sie erlagen am Ende der offenbar ominösen Macht ihrer Daten. (David Phillips verwendete zum Teil dieselben Methoden, um eine Reihe von Studien anzufertigen, in denen die Daten unter anderem darauf hinwiesen, dass Menschen ihren Tod so terminieren, dass er mit Geburtstagen oder wichtigen Feiertagen zusammenfällt.)

Gary Smith, Ökonomieprofessor am Pomona College in Claremont, Kalifornien, tat sich mit seinem Studenten Stilian Morrison zusammen, um einen guten, strengen statistischen Blick auf die Monogramm-Ergebnisse zu werfen. Sie schauten, sie sahen, sie schüttelten den Kopf. Dann veröffentlichten sie ihre Schlussfolgerungen in der offensichtlich konkurrierenden Zeitschrift *Psychosomatic Medicine.*

Die Christenfeld-Studie verglich das Alter all dieser Menschen, die in einem bestimmten Jahr starben. Aber, sagen Smith und Morrison, wenn man stattdessen die Lebensdauer aller Menschen anschaut, die in einem bestimmten Jahr geboren sind, zeigt sich das Muster nicht. Auch wenn man, sagen sie, eine vollständigere Liste von »guten« und »schlechten« Wörtern (einschließlich T. I. T. [Titte], G. A. S. [Gas], Varianten des F-Worts, um nur einige zu nennen) verwendet, kommt der Effekt nicht zum Tragen.

Durchschnittsalter bei Eintritt des Todes (gestaffelt von niedrig zu hoch) mit Blick auf positive und negative Initialen

Durchschnittsalter bei Eintritt des Todes	**Initialen**		**Anzahl der Fälle**
	positive	negative	
58.90		D. T. H.	194
59.90		S. A. D.	470
62.89		R. A. T.	725
63.11		B. A. D.	539
63.12		D. E. D.	695
63.17		B. U. G.	6
63.33		D. U. D.	3
67.00		U. G. H.	10
67.48		S. I. C.	91
68.09		D. I. E.	45
68.94		M. A. D.	1826
69.02	J. O. Y.		40
69.48		S. I. K.	50
69.76	W. E. L.		659
69.87	W. O. W.		192
69.99		R. O. T.	97
71.36		A .P. E.	94

Durchschnittsalter bei Eintritt des Todes	**Initialen**		**Anzahl der Fälle**
	positive	negative	
71.76		P. I. G.	50
72.15		A. S. S.	566
72.62	V. I. P.		97
72.77	H. U. G.		9
72.83	L. I. F.		116
73.06	A. C. E.		376
73.97	G. O. D.		132
74.17	W. I. N.		41
74.67		B. U. M.	12
74.83		I. L. L.	203
75.90	L. I. V.		43
76.03		H. O. G.	123
76.85	L. O. V.		28

Falls Smith und Morrison mit ihrer Kritik richtigliegen, dürfte die Urknalltheorie über Initialen im frühen Alter von sechs Jahren verstorben sein.

Die ökonomische Kunst des Selbstmords

Eine Studie mit dem Titel »Künstlerselbstmorde als öffentliches Gut« erklärt, wie wir davon profitieren, wenn ein berühmter Künstler sich umbringt. Soviel ich weiß, ist dies der einzige akademische Bericht, der Kurt Cobain als wesentliche Informationsquelle nennt.

Kurt Cobain, der Frontsänger der Grunge-Band Nirvana, beging 1994 Selbstmord (allerdings ist es Tradition, wenn Prominente sich um die Ecke bringen, dass manche Leute beharrlich von Mord reden). Die Professoren Samuel Cameron, Bijou Yang und David Lester theoretisierten über die ökonomischen Folgen von Cobains Selbstmord. Cameron ist Professor der Ökonomie an der University of Bradford in Großbritannien. Yang und Lester sind Frau und Mann, sie Ökonomin an der Drexel University in Philadelphia, er Psychologe am Richard Stockton College von New Jersey.

Nach fast jedem numerischen Maß ist Lester der herausragende Selbstmordforscher der Welt. Seit 1966 hat er mehr als 800 akademische Berichte über Selbstmord veröffentlicht. Seine Artikel sind meist kurz, viele von ihnen nur eine oder zwei Seiten lang. In einer Studie von 2003, »Selbstmord durch Sprung von einer Brücke«, zum Beispiel enthüllt er, dass von den 132 Selbstmördern, die zwischen 1952 und 2003 von der Delaware Memorial Bridge sprangen, die Mehrheit aus Delaware stammte.

»Künstlerselbstmorde als öffentliches Gut« ist vor allem eine Studie im Fach Ökonomie, der sogenannten öden Wissenschaft, aber der Ton der Abhandlung ist fast fröhlich. »Der Blickwinkel auf Selbstmord vom Fach der Ökonomie aus«, sagt der Bericht, »muss uns zu dem Standpunkt führen, dass Selbstmord eine gute Sache sein kann.«

Die drei Professoren begleiten uns durch Soll und Haben von Kurt Cobains Selbstmord. Vor allem sehen sie die Habenseiten: gesteigerter Umsatz mit seiner Musik und zugehöriger Handelsware, erhöhter »Kultwert« der Produkte, die seine Fans bereits gekauft hatten, und eine Vielzahl von emotionalen Gewinnen, denen man theoretisch einen finanziellen Wert geben könnte. Die mit Kurt Cobain verbundenen Musiker, besonders seine Frau Courtney Love und ihre Band Hole, profitierten vermutlich ebenfalls von einem Zuwachs an Aufmerksamkeit und gefühltem Wert.

Lester und seine Kollegen weisen auf einige weitere subtile Vorteile von Kurt Cobains Selbstmord hin. Cobain starb mit 27

Jahren, früh angesichts der menschlichen Lebenserwartung, aber vielleicht ziemlich spät vor dem Hintergrund der voraussichtlichen Länge der Karriere eines Rock- oder Popsängers. »Die potenzielle Ergiebigkeit seiner zukünftigen künstlerischen Leistungsfähigkeit wäre eventuell viel geringer gewesen als das, was durch seinen Selbstmord erreicht wurde«, schreiben sie. »Es ist sogar möglich, dass zukünftige mittelmäßige Werke ein Vermächtnis verdorben hätten, was zu negativen Bewertungen und möglicherweise geringeren Umsätzen seines Werks auf seinem Höhepunkt geführt hätte.«

Über Selbstmord im Allgemeinen – und besonders über mögliche Nachfolgeselbstmorde, die Cobains Tod ausgelöst haben mag – schreiben die Professoren, was sie als eine höhere Art des ökonomischen Nutzens für die Gesellschaft sehen. Es gibt, erläutern sie, eine »selektive Eliminierung jener, die unfähig sind, den Anforderungen des Umfelds, in dem sie zu überleben versuchen, auf angemessene Weise gerecht zu werden.«

Am Ende der Studie erwähnen Lester, Young und Cameron, dass sie tatsächlich nicht in der Lage waren, die meisten für eine fachgerecht durchgeführte Studie notwendigen Daten zu erhalten. »Somit«, schreiben sie im letzten Satz des Berichts, »war es zum gegenwärtigen Zeitpunkt unmöglich, eine methodologisch solide Untersuchung dieses Phänomens durchzuführen.«

Mit besten Empfehlungen
»Auf das Betreten von Dungabfallgruben zurückzuführende Todesfälle«
(erschienen im *Morbidity and Mortality Weekly Report* des US National Institute of Health (nationale amerikanische Gesundheitsbehörde), 7. Mai 1993)

Sollten Sie einem Fremden freie Hand lassen, wenn er sagt, er wolle eine Leiche ausgraben, die unter den Bänken Ihrer Kirche begraben sein könnte? Würde es helfen, wenn er erklärt, dass: (a) er vor Kurzem eine Leiche auf der anderen Seite des Ozeans ausgegraben habe und (b) nicht sicher sei, um wen es sich bei dieser fremden Leiche handle, aber glaube, es könne ein Verwandter der Leiche sein, die in Ihrer Kirche begraben liege, und (c) er dies tue, um auf einen Mann aufmerksam zu machen, der eine Rolle bei einem kleinen jämmerlichen Misserfolg vor 400 Jahren gespielt habe?

Der amerikanische Historiker William M. Kelso meint, Sie sollten. Kelsos Buch *Jamestown – The Buried Truth* erzählt davon, wie er (a) zwei britische Kirchen überzeugte, ihn in ihren Eingeweiden stochern zu lassen, und (b) auch die Kirche von England überzeugte, zum ersten Mal in ihrer Geschichte die Erlaubnis zu solcher Stocherei zu geben, und (c) die Grabung nicht reibungslos vonstattenging, und (d) die Kirchenleichen sich wahrscheinlich nicht als die herausstellten, die er suchte.

Jamestown, Virginia, war Britanniens erste richtige Siedlung in Nordamerika. Nach einer Seereise voller Krisen, Desaster und Meutereien zogen die Siedler stümperhaft ein. Das frühe Jamestown war eine Katastrophe. Dennoch feierten die Historiker 2007 seinen 400. Jahrestag.

Fünf Jahre zuvor hatte Kelso einen alten Sarg in Jamestown ausgegraben. Das Skelett darin, mutmaßte er, könnte doch Bartholomew Gosnold sein, ein Anführer der Expedition, der wenige Wochen nach der Ankunft starb. Kelso hat eine Theorie, nach der die Kolonie Erfolg hätte haben können, wenn Gosnold nur überlebt hätte. »Die Entdeckung seiner Überreste«, schreibt Kelso, »könnte dazu beitragen, eine sorgfältigere Lektüre der Dokumente anfänglicher englischer Besiedlung anzuregen.«

Angeregt von dieser Möglichkeit, andere anzuregen, machte Kelso sich an den Beweis, dass dies Gosnolds Knochen waren. Seine Strategie: ein Vergleich der DNA von diesem anregenden Skelett mit DNA von toten Verwandten Gosnolds, falls er welche finden könnte. »Mit geschickter Folgerung aus Hinweisen in verschiedenen Testamenten und Kirchenbüchern«, sagt Kelso, identifizierte er zwei Orte, wo er suchen konnte. Bartholomews Schwester war möglicherweise unter der Allerheiligenkirche in Shelly nahe Ipswich begraben. Bartholomews Nichte lag möglicherweise unter einer Kirche in Stowmarket. Kelso beschreibt ausführlich seinen Kampf, um alle notwendigen Genehmigungen zu erhalten. »Die internationale Bedeutung von Gosnold trug den Sieg davon«, schreibt er.

Dann kam das Graben. Kelso fand tatsächlich Skelette, aber sie schienen nicht Gosnolds Verwandte zu sein. Natürlich, sagt Kelso, könne er die Möglichkeit aber auch nicht ausschließen.

Kelsos Buch ist weitgehend ein Katalog der entsetzlichen Kämpfe und Schwierigkeiten der Kolonie. Die berühmteste Gestalt, John Smith, war ein prahlerischer Lügner. Die Kolonisten, viele von ihnen schlecht auf das Dasein als Siedler vorbereitete Männer von Stand, scheiterten bei fast allem, was sie versuchten. Als die Lebensmittel ausgingen, machten sie sich daran, »Hunde, Katzen, Ratten und Mäuse« zu essen und anscheinend im Fall wenigstens eines Ehemanns seine schwangere Frau.

Und die möglicherweise wichtigste Gestalt, Kapitän Bartholomew Gosnold, liegt in geheimnisvollem Dunkel begraben, obwohl man nicht mit Sicherheit sagen kann, wo genau.

Eine unwahrscheinliche Erfindung
»Eingefasste nichthorizontale Bestattungsbehälter«
von Donald E. Scruggs (US-Patentnummer 8.046.883, Patent 2011 erteilt)

Scruggs' vorherige Erfindung – »The Easy Inter Burial Container« – bot zum ersten Mal »eine Serie von Bestattungsbehältern, die in ein Aufnahmematerial gepresst, geschüttelt, geschraubt und/oder selbst gebohrt werden können und kostengünstige Beerdigungsmethoden bieten«, auch bekannt als Einschraubsarg. Der neue Behälter stellt einen weiteren Fortschritt hinsichtlich Zeit- und Raumeinsparungen dar.

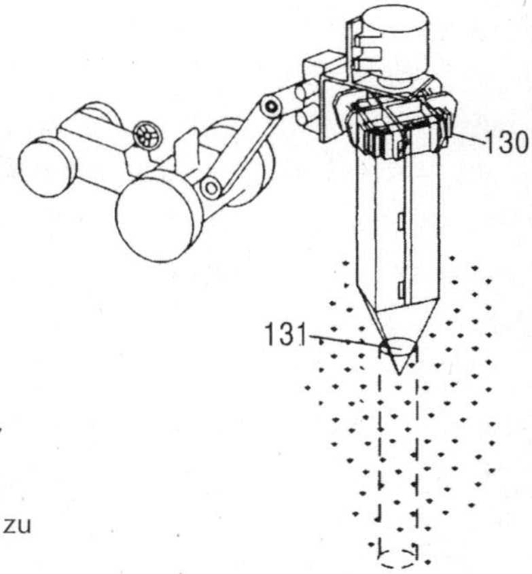

Darstellung: Ein traktorartiger Bagger, der einen viereckigen Klemmgreifer benutzt, um einen Sarg zu halten, zu drehen und in ein vorgebohrtes Loch zu versenken

Er aß das Silberzeug

Eine Studie mit dem Titel »Bericht von einem Mann, der zehn Jahre überlebte, nachdem er eine Anzahl von Klappmessern geschluckt hatte, mit einer Beschreibung des Leichnams nach dem Tode«, erschienen 1823, hat einen genauen Titel. Aber in gewisser Hinsicht ist er auch falsch. Der Autor hätte sich mit ebenso großer Genauigkeit für den Titel »Bericht von einem Mann, der zehn Jahre, nachdem er eine Anzahl von Klappmessern geschluckt hatte, verstarb« entscheiden können.

Alex Marcet, Dr. med., Mitglied der Königlichen Gesellschaft etc., war ein Londoner Arzt. Dieser Bericht ist sein bedeutsamstes Vermächtnis an Gelehrte, Ärzte und vielleicht auch an Hersteller von Taschenmessern. Marcet bezeichnete es als »höchst bemerkenswerte Veranschaulichung der Selbsterhaltungskräfte des Magens und der Eingeweide«.

Der Held – oder zumindest die zentrale Persönlichkeit – der Geschichte ist John Cummings, ein amerikanischer Matrose, der 1809 im Guy's Hospital in der Obhut von Marcets Kollege Dr. Curry starb. Marcet beschrieb, was geschehen war. Er stützte seinen Bericht teils auf Berichte von Curry und teils auf »eine Schilderung, mit großer Deutlichkeit und Einfachheit von dem Patienten selbst geschrieben«, die man »nach seinem Ableben in der Tasche des Patienten fand«.

Eines Tages, bei einem Landgang in Frankreich mit einigen Kameraden, sah Cummings einen Straßenkünstler, der vorgab, Klappmesser zu schlucken. Später, »nach reichlichem Trinken«, rühmte sich Cummings, »dass er genauso gut wie der Franzose Messer schlucken könne«. Angestachelt von seinen Begleitern schluckte Cummings sein eigenes Taschenmesser. Nach weiterer Ermunterung aß er drei weitere.

Drei der Messer tauchten recht bald aus seinem Verdauungssystem wieder auf. Das vierte nicht.

Sechs Jahre später, auf Drängen einer Gruppe von Zechern in Boston, Massachusetts, schluckte Cummings 14 Klappmesser. In den folgenden Wochen wurde Cummings, wie er es selbst ausdrückte, »sicher von seiner Fracht entbunden«.

Das Grundmuster wiederholte sich viele Male. Messer gelangten in das Verdauungssystem. Einige verließen es. Einige blieben zurück.

Zeit, Gezeiten und günstige Winde brachten Cummings

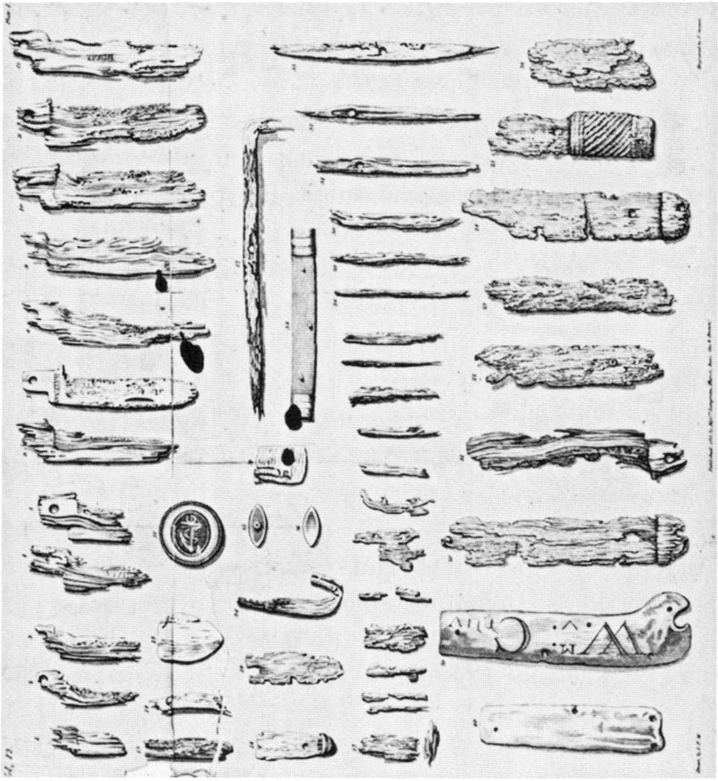

Die besagte »Anzahl von Klappmessern«

später nach England zurück. Mehrere Male wurde er zur Behandlung im Guy's Hospital aufgenommen. 1808 wurde er »Patient von Dr. Curry, in dessen Obhut er blieb, während er unter seinen Leiden allmählich und elendiglich schwächer wurde, bis er im März 1809 in einem Zustand äußerster Auszehrung starb«.

Marcets Bericht enthält eine hübsche Zeichnung, die 38 Objekte zeigt, einige deutlich als Messerteile erkennbar, die während einer Autopsie des verstorbenen Mr. Cummings geborgen wurden.

Die Cummings'sche Bestecksammlung, damals bemerkenswert, erscheint heute beinahe armselig, vergleicht man sie mit Errungenschaften in späteren Jahrhunderten. Vielleicht am eindrucksvollsten ist die Kollektion von 78 Gabeln und Löffeln (aber keinen Messern), die aus den Innereien von jemandem stammten, der auch Deckel von Salz-und-Pfeffer-Streuern und mehr als 1000 weitere Dinge schluckte. Diese und andere seltene Sammlerstücke sind im Glore Psychiatric Museum in St. Joseph, Missouri, ausgestellt. Sie sind ein versilbertes Beispiel der Auswüchse der Verbrauchermentalität.

Ich sollte Dan Meyer, dem Präsidenten der Sword Swallowers Association International, Gewinner des Ig-Nobelpreises und Koautor der Studie »Schwertschlucken und seine Nebenwirkungen«, dafür danken, dass er einige der feinen Spitzen dieser Forschung vorführte.

Zehn

Schöne Mathe

In Kürze
»Eine pfiffige Charakterisierung spitzwinkliger Dreiecke«
von H. J. Seiffert (erschienen in *American Mathematical Monthly*, 2000)

Dies und mehr finden Sie in diesem Kapitel: Trockne, Wäsche, trockne • Der Aufstieg und Fall von Friseur-Mathematikern • Schinkensandwiches im Denken von Mathematikern • Wie man noch eine Tasse Kaffee eingießt • Blei kontra Federn • Statistische Gesichter • Schöne Mathe im Mund • Cheddarkäse, maschinell • Ein Pünktchen-Schiefe-Messer • Das Problem des faulen Bürokraten • Menschen fördern, willkürlich

Über das Trocknen der Wäsche

»Es ist erstaunlich, dass der den meisten Menschen vertraute Trocknungsprozess, namentlich der von trocknender Wäsche, die an eine Wäscheleine gehängt worden ist, anscheinend noch nicht in quantitativer, wissenschaftlicher Weise untersucht worden ist.«

Mit diesen Worten und vielen mehr führte Erik B. Hansen eine ganze Generation in die hintergründigen mathematischen Freuden feuchten Stoffes ein. Hansens Abhandlung »Über das Trocknen der Wäsche« nimmt in den Sammlungen und Herzen zahlloser Mathematiker, Ingenieure und Personen in geistlicher Tracht einen geschätzten Platz ein. Buchstäblich zahllos, denn es gibt keine verlässliche Möglichkeit zu zählen, nicht einmal annähernd, wie viele Personen Exemplare (oder Kopien von Exemplaren) des Berichts besitzen und wie viele Exemplare ausgeliehen haben und wie viele andere den Inhalt mündlich erfahren haben.

Der zehnseitige Aufsatz erfreute und begeisterte vermutlich die Leser des *SIAM Journal on Applied Mathematics,* als er in der Oktobernummer 1992 erschien. Aber einige von ihnen müssen ihn auch mit dem Gefühl endlich befriedigter Erwartung gelesen haben. Eric Hansen hatte das Trocknen von Wäsche nämlich zwei volle Jahre vorher in Montreal auf der Internationalen Konferenz über Probleme offener Grenzen diskutiert. Soweit ich festgestellt habe, war dies das erste Mal, dass trocknende Wäsche in der Öffentlichkeit ventiliert worden war, wenigstens in mathematisch korrekter Weise.

Hansen arbeitete an der Technischen Universität von Dänemark, und sein Werk muss das Tagungsgespräch gewesen sein, trotz der Einbeziehung anderer, noch trockenerer Präsentationen. Das war schließlich das Jahr von Klarbrings, Mikelics und Shillors »Über den starren Stempel mit Reibung« und M. Chipots »Neue Anmerkungen zum Staudammproblem«. (Chipot machte sich auf einer Plenarsitzung Luft. Sie können Einzelheiten erfahren, wenn Sie ein Exemplar der *Proceedings of the Montreal Meeting on Free Boundary Problems* lesen.)

Wäsche zu trocknen ist ein vielschichtiges und hintergründiges Phänomen. Hansen leistete Löbliches, indem er es klar und relativ einfach hielt. Gleichungen sind natürlich klarer und prägnanter als Prosa, und Hansen gelang es, eine zu erwartende riesige Menge dichter Prosa umzuwandeln, indem er sie in 21 knackige, saubere Gleichungen zwängte.

Skeptiker mögen versuchen, dies als »bloße« theoretische Übung abzuschreiben, aber sie würden sich irren. Hansen ging weit über die Theorie hinaus. Er führte ein Experiment mit einem nassen T-Shirt durch. Er berichtet, dass die Ergebnisse durchaus mit seinen theoretischen Voraussagen übereinstimmen.

Die Überprüfung und Analyse nasser T-Shirts ist etwas,

das viele Nichtwissenschaftler zu verstehen glauben, wenigstens auf der praktischen Ebene. Aber Eric Hansens köstlicher Aufsatz deutet an, dass ein Wissenschaftler, wenn er ein nasses T-Shirt betrachtet, ihn zutiefst zu schätzen weiß.

Eine Bürste mit Mathe

Manche Mathematiker schenken Friseuren mehr Beachtung als andere Mathematiker. Zwei moderne Wissenschaftler fokussierten ihre Aufmerksamkeit sehr unterschiedlich, als sie über die berühmteste numerisch-haarige Zusammenarbeit der Geschichte schrieben.

1784 verbündeten sich Mathematiker mit Friseuren in einem Umfang, wie es vermutlich davor oder seitdem niemals versucht wurde. Eineinhalb Jahrhunderte später blickte Raymond Clare Archibald auf diese Häufung voll Staunen zurück. Archibalds »Tabellen trigonometrischer Funktionen in nicht-sexagesimalen Argumenten« füllte zwölf ganze Seiten in der Aprilnummer 1943 von *Mathematical Tables and Other Aids to Computation,* einer Zeitschrift, die ungefähr so lebendig ist, wie Sie wohl erwarten.

Archibald, Mathematikprofessor an der Brown University in Providence, Rhode Island, ist ein Beispiel für Knappheit. Er kürzte sich selbst oft als R. C. Archibald ab. Diese Studie weist ihn einfach als »*RCA*« aus.

Manche Mathematiker mögen kahl sind – er war es nicht. Ein ehemaliger Student schrieb, Archibald »war beeindruckend vom Äußeren her, sein Haar gewellt und angegraut, ein wenig länger getragen als allgemein üblich«.

Archibald skizzierte die Grundzüge der Friseurgeschichte:

Die französische Regierung wünschte neue, verbesserte »Tabellen der Sinusse, Tangenten etc. und ihrer Logarithmen«.

Der verantwortliche Kollege, der namentlich nicht so prägnante Gaspard Clair François Marie Riche de Prony, dessen Porträts seinem Kopf einen beeindruckenden Berg von Haar zuschreiben, stellte ein Team zusammen. De Prony ließ drei oder vier Mathematiker die geistige Schwerarbeit tun, sieben oder acht Personen die mühsamen Berechnungen durchführen und – hier wartete die Geschichte mit ihrer kleinen Überraschung auf – »70 oder 80« Leute die Arbeit überprüfen.

Diese Prüfer, sagte Archibald, waren »nicht mit großen mathematischen Fähigkeiten ausgestattet. Tatsächlich wurden sie hauptsächlich unter Friseuren rekrutiert, die der Verzicht auf die Perücke und gepudertes Haar in der Männermode des Lebensunterhalts beraubt hatte.«

Archibald widmete jenen Friseuren nur einen Absatz, während er ansonsten stur auf einer beinahe zwanghaften Beschreibung der Sinusse, Kosinusse und anderen, manchmal tangentialen Feinheiten der Geschichte beharrte. Das Projekt produzierte »17 große Foliobände«, lässt er uns wissen, wovon »8 Bände den Logarithmen der Zahlen bis 200 000 gewidmet waren«.

Dagegen plapperte Ivor Grattan-Guinness praktisch über die Ex-Coiffeure. Grattan-Guinness, emeritierter Professor für Geschichte der Mathematik und Logik am Middlesex Polytechnic, trägt auf den Fotos, die ich von ihm gesehen habe, stolz gesunde Büschel weißen Haars. Seine Arbeit mit dem Titel »Arbeit für die Friseure: Die Erstellung von de Pronys logarithmischen und trigonometrischen Tafeln« erschien 1990 in den *Annals of the History of Computation.* Er schrieb darin: »Viele dieser Arbeiter waren arbeitslose Friseure: Eines der meistgehassten Symbole des Ancien Régime waren die Haartrachten der Aristokratie, und die obligatorische Reduzierung der Frisur ›auf ihren einfachsten Ausdruck, wie die

Geometer sagen‹ ließ das Friseurgewerbe in einem ernsten Zustand der Rezession zurück. Somit wurden diese Künstler in elementare Rechenmeister verwandelt.«

Alles wurde sorgfältig organisiert, erklärte Grattan-Guinness, »um Multiplikation und Division zu vermeiden und die Berechnungen auf Summen und (besonders) Differenzen zu beschränken, bei denen man erwarten konnte, dass die Friseure einigermaßen damit zurechtkämen«.

Die Friseure beendeten ihre Arbeit in weniger als drei Jahren. Die Historiker haben (soweit ich weiß) vernachlässigt, was sie danach taten.

Überreste von Schinkensandwich-Theorien

Das Schinkensandwich-Theorem war für Mathematiker ein Leckerbissen und ein Ansporn über mehr als ein halbes Jahrhundert hinweg. Es gab ein bisschen Gedöns darüber, wer es erfunden hatte, aber diese Frage ist erledigt.

Das Schinkensandwich-Theorem tauchte in einem Bereich der Mathematik namens algebraische Topologie auf.

Das Theorem beschreibt eine besondere Wahrheit über gewisse Formen. Die meisten veröffentlichten Abhandlungen zu dem Thema vermasseln es, wenn sie es jemandem erklären, der kein algebraischer Topologe ist. Aber die Autoren eines Beitrags von 2001 mit dem Titel »Überreste vom Schinkensandwich-Theorem« packten einen wichtigen kleinen Überrest ein – sie brachten den Gedanken in eine klare Sprache.

Das Schinkensandwich-Theorem, schrieben sie, »rettet den unbekümmerten Sandwichhersteller, indem es garantiert, dass es immer möglich ist, das Sandwich mit einem einzigen Schnitt so zu schneiden, dass der Schinken und die zwei Brotscheiben jeweils in gleiche Hälften geteilt werden, gleich wie willkürlich die Zutaten angeordnet sind«.

Eine Zeit lang befasste sich das Theoretisieren über Schinkensandwiches mit einfachen Fällen. Eine Abhandlung mit dem Titel »Berechnung eines Schinkensandwichschnitts in zwei Dimensionen«, erschienen 1986 im *Journal of Symbolic Computation,* ist typisch. Sie betrachtete nur Schinkensandwiches, die platter geplättet waren, als es selbst der billigste Koch sich auszudenken wagen würde. Mathematiker gehen häufig so vor, dass sie erst die extremen Fälle betrachten, diese gründlich verdauen und erst dann zu den gehaltvolleren Versionen fortschreiten. Tatsächlich enthält der Beitrag »Berechnung eines Schinkensandwichschnitts in zwei Dimensionen« selbst einen Abschnitt mit der Überschrift »Beseitigung von Entartungsfällen«.

Die Leute lösten tatsächlich das Rätsel, ein dickes Schinkensandwich zu schneiden. Und zwangsläufig entwickelten sie einen Appetit auf gehaltvollere Probleme.

1990 schrieben jugoslawische Theoretiker im *Bulletin of the London Mathematical Society* über »Eine Erweiterung des Schinkensandwich-Theorems«. Zwei Jahre später veröffentlichte ein Theoretiker an der Staatlichen Universität Jaroslawl in Russland einen Beitrag mit dem Titel »Eine Generalisierung des Schinkensandwich-Theorems«. Im selben Jahr stellte ein Team hungriger amerikanischer, tschechischer und deutscher Mathematiker eine Meistersammlung von Rezepten zum Schneiden von Schinkensandwiches zusammen. Mathematiker verwenden fast nie das Wort »Rezept«, also nannten sie ihren Beitrag »Algorithmen für Schinkensandwichschnitte«. Sie finden ihn in der Dezembernummer 1994 der Zeitschrift *Discrete and Computational Geometry.*

Die Forschung ging dann weiter zu exotischen, entfernt

verwandten Fragen, veranschaulicht durch eine Studie von 1998 mit dem Titel »Grüne Eier und Schinken«.

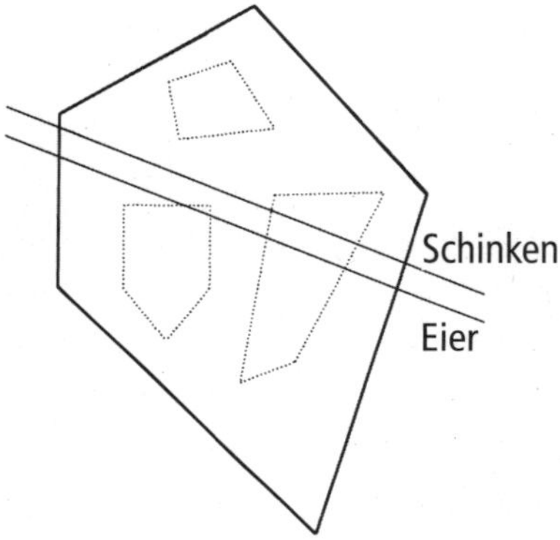

Polygonale »Grüne Eier und Schinken«

Darstellung: »Der Schnitt mit dem Messer, der den Schinken in Portionen mit gleicher Fläche teilt«, so wie dargestellt in »Grüne Eier und Schinken«

Und wer trat das los? Eine Abhandlung von 2004 mit dem Titel »Die Frühgeschichte des Schinkensandwich-Theorems« kümmerte sich um einen übrigen Rest: Sie identifizierte den Erfinder. Die Mathematikhistoriker W. A. Beyer und Andrew Zardecki vom Los Alamos National Laboratory in New Mexico sagen, dass es ein jüdischer Theoretiker gewesen sei, der das Schinkensandwich in die mathematische Theorie eingeführt habe. Beyer und Zardecki verfolgen das Theorem bis zu einer Abhandlung des polnischen Mathematikers Hugo Steinhaus von 1945 zurück, die »die Arbeit darstellt, die Steinhaus in Polen zum Schinkensandwich-Problem im Zweiten Weltkrieg konzipierte, während er sich bei einer polnischen Bauernfamilie versteckte«.

Mit besten Empfehlungen
»Griechische Postboten im ländlichen Raum und ihre Stornierungsnummern«
herausgegeben von Derek Willan (Publikation der Hellenic Philatelic Society of Great Britain, 1994)

Die perfekte zweite Tasse Kaffee

Ja, es gibt – mathematisch – eine beste Art und Weise, Ihre zweite Tasse Kaffee einzugießen, sagt eine Studie mit dem Titel »Berechenbare Binärfolgen von Differenzen«.

Aber niemand bemerkte es bis zum Jahr 2001, als Robert M. Richman sein einfaches Rezept in der Zeitschrift *Complex Systems* veröffentlichte. Während des folgenden Verstreichens von dreizehn Jahren und des Trinkens von Milliarden Tassen Kaffee ist das Geheimnis allen zugänglich gewesen.

»Das Problem ist, dass der Kaffee, der anfangs durch den Filter kommt, viel stärker ist als der, der zuletzt herauskommt, also ist der Kaffee am Boden der Kanne stärker als der obenauf«, sagt Richman. »Das Schwenken der Kanne homogenisiert den Kaffee nicht, wohl aber die Anwendung des richtigen Eingießmusters.«

Hier ist alles, was Sie tun müssen: Bereiten Sie Kaffee – eine Menge von zwei Tassen – in einer Karaffe zu. Jetzt nehmen Sie zwei Tassen, nennen Sie sie A und B. Dann: »Wenn man die Geduld hat, viermal die gleiche Menge einzuschenken, sind die möglichen Einschenkfolgen AABB, ABBA und ABAB.«

Entscheiden Sie sich für ABBA.

Das war's. Sie haben jetzt zwei fast identisch schmeckende Tassen Kaffee.

Richman verrät Ihnen, was Sie tun können, wenn Sie pingelig sind. »Falls man die Unterschiede weiter verringern will und mehr Geduld hat, kann man achtmal die gleiche Menge einschenken, viermal in jede Tasse. Die Zahl der möglichen Sequenzen ist jetzt 35.« Die optimale Sequenz, berechnet er, ist ABBABAAB.

Und falls Sie noch zimperlicher sind, lässt Richman Sie auch nicht im Stich. »Mit noch mehr Geduld kann man sechzehnmal einschenken, achtmal in jede Tasse. Hier gibt es jetzt 6435 mögliche Einschenksequenzen.« ABBABAABBAABABBA ist die richtige Vorgehensweise.

Das gleiche Mischungsproblem taucht auch anderswo im modernen Leben auf: bei der gleichmäßigen Verteilung von Farbstoffen, wenn man Malerfarbe mischt, und selbst wenn man für ein Basketballspiel die Mannschaften wählt. »Überlegen Sie die fairste Art für ›Kapitän A‹ und ›Kapitän B‹, die Mannschaften zu wählen«, weist Richman an. Die traditionelle Methode – abwechselnde Auswahl – führt zu ungleich starken Teams. Nehmen Sie stattdessen das Kaffeerezept, das »wahrscheinlich zu der gerechtesten Verteilung von Talent führt«. Bestehen Sie darauf, dass »Kapitän A die erste, vierte, sechste und siebente Wahl hat, während Kapitän B die zweite, dritte, fünfte und achte Wahl hat.«

Die Mathematik in dieser Studie betrachtet die Kaffeeherstellung als eine Sammlung von »Walsh-Funktionen«. Diese sind Folgen von An/Aus-Pulsen, die sich in aufschlussreicher Weise addieren.

Die Studie endet bescheiden oder vielleicht realistisch mit einem wehmütigen Gedanken: »Wie es typischerweise bei grundlegenden Beiträgen der Fall ist, werden die wissenschaftlich bedeutsamen Anwendungen dieser Arbeit vielleicht noch einige Zeit nicht erscheinen.«

Richman ging vor Kurzem als Chemieprofessor an der Mount St. Mary's University in Emmitsburg, Maryland, in den Ruhestand. Er hat jetzt mehr Zeit, sich mit Vergnügen dieser

Mixgeschichte zu widmen. »Ich brauchte über zehn Jahre, um die Mathematik zu entwickeln, die dieses Problem löst, das durchaus außerhalb meiner ursprünglichen Fachkenntnis liegt. Ich versuche, einen klassischen Zahlentheoretiker zu finden, der bereit ist, an der Fortsetzung mitzuarbeiten: Ich glaube, ich kann bestimmt die beste Art und Weise nachweisen, um drei Tassen Kaffee einzuschenken.«

Das volle Gewicht der Wissenschaft

Ein Pfund Blei fühlt sich schwerer an als ein Pfund Federn – eine lange vermutete, aber nicht gründlich überprüfte Sache, bis Jeffrey B. Wagman, Corinne Zimmerman und Christopher Sorric 2007 ein Experiment durchführten, das Blei, Federn, Plastiktüten, Pappschachteln, einen Stuhl, eine geschwärzte Schutzbrille und 23 Freiwillige aus der Stadt Normal in Illinois umfasste.

Die Wissenschaftler arbeiten an der Illinois State University. In einer in der Zeitschrift *Perception* erschienenen Studie erklären sie, warum sie sich die Mühe machten. »›Was wiegt mehr – ein Pfund Blei oder ein Pfund Federn?‹ Die scheinbar naive Antwort auf dieses bekannte Rätsel ist das Pfund Blei, während die richtige Antwort ist, dass sie die gleiche Summe wiegen.« Aber, schrieben sie, diese »naive Antwort ist vielleicht doch nicht so naiv. Seit mehr als 100 Jahren wussten Psychologen, dass zwei Objekte gleicher Masse sich je nach Massenverteilung dieser Objekte ungleich schwer anfühlen können«.

Wagman, Zimmerman und Sorric füllten etwas Bleischrot in eine Plastiktüte, dann versiegelten sie die Tüte und klebten sie an den Innenboden einer Pappschachtel. Der Klarheit halber nennen wir dies die »Schachtel-mit-Blei-am-Boden«.

Dann stopften sie ein Pfund Gänsedaunen in einen großen Plastikbeutel. Da Federn und Tüten sind, was sie sind, sah dieses aufgeplusterte, schlabbrige Ding, das die ganze Schachtel ausfüllte, genau aus wie die Schachtel-mit-Blei-am-Boden. Nennen wir diese mollig bepackte zweite Schachtel die »Schachtel-mit-Federn-in-ihren-ganzen-Innereien«.

Dann folgte der Test. Ein Freiwilliger nach dem anderen setzte sich auf den Stuhl, setzte die geschwärzte Schutzbrille auf, dann »drehte er die Handfläche der bevorzugten Hand mit entspannten Finger nach oben. In einem vorgegebenen Versuch wurde jede Schachtel nacheinander auf die Hand jedes Teilnehmers gelegt. Der Teilnehmer wog jede Schachtel ab und meldete, welche Schachtel sich schwerer anfühlte.«

In ein wenig mehr Fällen sagten die Freiwilligen, dass die Schachtel-mit-Blei-am-Boden schwerer sei als die Schachtel-mit-Federn-in-ihren-ganzen-Innereien.

Nach Abwägen und Beurteilen aller Daten riskierten die Wissenschaftler begründeterweise eine Vermutung, warum die eine Schachtel schwerer schien. Wahrscheinlich, sagen sie, rühre das daher, dass »die Masse der Federn mehr oder weniger symmetrisch in der Schachtel verteilt war (d. h. die Federn füllten die Schachtel aus), aber die Masse des Bleis asymmetrisch entlang der vertikalen Achse verteilt war (d. h. die Schachtel war ›bodenlastig‹). Deshalb war die Schachtel mit dem Blei schwerer zu kontrollieren und fühlte sich schwerer an.

Die Wissenschaftler testeten nicht, wie die Freiwilligen reagieren würden, wenn das Blei genau in der Mitte der Schachtel fixiert anstatt an den Boden geklebt würde. Dies überließen sie der Betrachtung durch künftige Wissenschaftler.

Mit besten Empfehlungen
»Kennen Hunde die Infinitesimalrechnung?«
von Timothy J. Pennings (erschienen im *College Mathematics Journal*, 2003) sowie

»Hunde brauchen keine Infinitesimalrechnung«
von Michael Bolt und Daniel C. Isaksen (erschienen im *College Mathematics Journal*, 2010)

Die Gesichter der Zahlen

Ein Smiley-Gesicht ist sehr ausdrucksvoll – statistisch. Durch feine Veränderungen der Augen, des Mundes und anderer Teile können Sie jedem beliebigen Zahlenwirrwarr buchstäblich ein aussagekräftiges Gesicht geben. Herman Chernoff zeigte dies 1973 im *Journal of the American Statistical Association* in einem Artikel mit dem Titel »Der Gebrauch von Gesichtern zur anschaulichen Darstellung von Punkten im k-dimensionalen Raum«.

Daraufhin gingen die Leute dazu über, diese Dinge als Chernoff-Gesichter zu bezeichnen. Chernoff-Gesichter können die statistische Analyse zu einer erkennbar menschlichen Tätigkeit machen.

Die meisten Menschen stöhnen und schrecken zurück, wenn man ihnen irgendwelche Statistiken zeigt. Aber Herman Chernoff bemerkte, dass fast jeder gut im Deuten von Gesichtern ist. Also ersann er Rezepte, um jeden beliebigen Satz von statistischen Daten in ein Bündel von Smiley-Zeichnungen umzuwandeln.

Jeder Datenpunkt, schrieb er, »wird dargestellt durch einen

Cartoon eines Gesichts, dessen Merkmale, etwa Länge der Nase und Rundung des Mundes, Komponenten des Punktes entsprechen. Somit wird jede multivariate Beobachtung als ein vom Computer gezeichnetes Gesicht visualisiert. Diese Darstellung macht es dem menschlichen Verstand leicht, viele der in den Daten vorhandenen Regelmäßigkeiten und Unregelmäßigkeiten zu erfassen.«

»Der Gebrauch von Gesichtern zur anschaulichen Darstellung von Punkten im k-dimensionalen Raum« ist eine der wenigen statistischen Abhandlungen, die vielleicht optisch albern sind, aber alles andere als trocken.

Eine Seite ist mit 87 Cartoon-Gesichtern gefüllt, jedes geringfügig anders. Manche Gesichter haben kleine Knopfaugen, andere haben große, erschrockene, hellwache Glotzaugen. Es gibt breite Münder, kleine eingetrocknete »Ich bin nicht hier, nimm mich nicht wahr«-Münder und mittelmäßige Münder. Eine andere Seite prahlt mit der Vielfalt im Cartoon, die möglich ist: rundliche Trottelköpfe, dickbackige Alien-Köpfe und ein paar vereinzelte Birnen, die froschähnlich aussehen. An anderer Stelle enthält die Studie aber auch den vielleicht unvermeidlichen konventionellen statistischen Apparat – Zahlentabellen, Differenzial- und Integralgleichungen und eine Menge Fachsprache.

Chernoff entdeckte durch Experiment, dass Menschen gut und gern ein Gesicht interpretieren konnten, das ziemlich große Datenmengen ausdrückt. »An diesem Punkt«, schrieb er, »kann man bis zu 18 Variable behandeln, aber es wäre relativ leicht, diese Zahl zu erhöhen, indem man andere Merkmale wie Ohren, Haare [und] Gesichtsfalten hinzufügt.«

Die Welt hat daraufhin angefangen, Chernoffs Gesichter ein wenig zu verwenden, aber noch nicht häufig. Ein Bericht von 1981 im *Journal of Marketing* zum Beispiel nutzte sie, um Unternehmensfinanzierungsdaten darzustellen, mit folgender Erklärung: »Von Jahr 5 bis Jahr 1 wird die Nase schmäler und nimmt an Länge zu, und die Exzentrik der Augen verstärkt sich. Diese Gesichtszüge repräsentieren jeweils eine Abnahme an Gesamtkapital, eine Zunahme im Verhältnis von Gewinnrücklagen zum Gesamtkapital und eine Zunahme im Kapitalfluss.«

Die Widerspiegelung finanziellen Erfolges im Gesicht
(1 bis 5 Jahre vor dem Scheitern)

Zeitlicher Rahmen	**Jahre bis zum Scheitern**				
	5	4	3	2	1
1. Kapital-/Vermögensrendite	0.10	0.11	0.06	0.03	–0.16
2. Schuldendienst	3.66	3.79	1.55	0.78	–14.11
3. Kapitalfluss	1.53	1.48	1.39	1.35	0.94
4. Kapitalisierung	0.22	0.20	0.18	0.16	–0.02
5. Verhältnis Vermögen zu Verbindlichkeiten	71.40	89.10	97.85	96.80	58.21
6. Bargeldumsatz	24.03	25.92	25.62	27.40	71.26
7. Debitorenumschlag	5.25	4.46	4.26	4.36	9.56
8. Lagerumschlag	5.38	4.77	4.57	4.44	5.34
9. Verkäufe pro Dollar Betriebskapital	6.74	6.33	7.02	7.61	–45.77
10. Gewinnrücklagen/ Gesamtvermögen	0.32	0.30	0.01	– 0.01	–0.26
11. Gesamtvermögen	0.94	0.76	0.39	0.45	0.43

Eine Anmerkung ganz am Ende von Chernoffs Abhandlung von 1973 deutet einen praktischen Grund an, warum seine Idee nicht sofort Schule machte: »Zu diesem Zeitpunkt liegen die Kosten für das Zeichnen dieser Gesichter bei etwa 20 bis 25 Cent pro Gesicht auf einer IBM 360–67 an der Stanford University unter Verwendung des Calcomp Plotters. Der größte Teil der Kosten steckt im Berechnen, und ich glaube, dass es möglich sein sollte, diesen Betrag beträchtlich zu reduzieren.«

Eine goldene Mitte in Ihrem Mund

Eddy Levin aus der Harley Street in London setzt einen Goldenen Schnitt, nicht nur Goldzähne, in die Münder der Menschen. Dr. Levin macht dies schon eine ganze Weile. Er war es, der eine Studie mit dem Titel »Dentalästhetik und der Goldene Schnitt« schrieb, die die Seiten 244–252 der Septemberausgabe 1978 des *Journal of Prosthetic Dentistry* zierte.

Der Goldene Schnitt ist die besondere Zahl, die den Nerv und die Fantasie von Mathematikern, Künstlern und jetzt, dank Levin, Zahnärzten getroffen hat. Manche nennen es die »goldene Mitte« (obwohl die Philosophen unter diesem Ausdruck etwas anderes verstehen); manche bezeichnen es als »Goldenen Schnitt«. Fast jeder bezeichnet es als schön.

Der Goldene Schnitt ist die Zahl, die man erhält, wenn man die Längen bestimmter Teile bestimmter vollkommen schöner Dinge vergleicht (darunter: Schneckenhausspiralen, der Parthenon in Athen und da Vincis *Abendmahl*). Sie werden feststellen, dass das Verhältnis des größeren Teils zum kleineren dem Verhältnis der kombinierten Länge zum größeren gleicht. Dieses Verhältnis, diese Zahl, ist immer die gleiche, ein klitzekleines bisschen größer als 1,6180339.

Wenn Rechnen Ihnen Schmerzen bereitet, suchen Sie sich einfach jemanden, der perfekte Zähne hat und nichts dagegen, wenn Sie ihm oder ihr in den Mund starren.

Levin erklärt, dass er vor vielen Jahren Mathematik studierte und gleichzeitig herauszufinden versuchte, was Zähne schön aussehen ließ. »Es war in einem Moment«, sagt er, »wie als Archimedes in seine Badewanne stieg, dass ich plötzlich bemerkte, dass die beiden verbunden waren – der Goldene Schnitt und die Schönheit der Zähne. Ich begann dies praktisch umzusetzen und fing an, meine Ideen an meinen Patienten zu testen. Mein erster Fall war ein junges Mädchen in einem Krankenhaus, wo ich lehrte, dessen Frontzähne in einem schrecklichen Zustand waren und überkront werden mussten. Trotz der Skepsis der anderen Mitarbeiter und der lustlosen Techniker, mit denen ich arbeiten musste und von deren Zusammenarbeit ich abhing, überkronte ich alle Frontzähne, wobei ich die Prinzipien des Goldenen Schnittes anwendete. Jeder, die junge Dame eingeschlossen, stimmte zu, dass ihre Zähne nach der Behandlung prächtig aussahen.«

Am wichtigsten in Levins Rechnung ist das einfache Verhältnis von Zahn zu Zahn: »Die vier Frontzähne, vom mittleren Schneidezahn bis zum Prämolar, sind der wichtigste Teil des Lächelns, und sie stehen zueinander im Goldenen Schnitt.«

Levin schuf ein Instrument, das er »Goldene-Mitte-Messlehre« nannte. Aus Edelstahl hergestellt, 1,5 Millimeter dick und für £ 85 (rund 100 €) im Einzelhandel zu haben, zeigt es, ob die zahlreichen wichtigen dentalen Orientierungspunkte »im Goldenen Schnitt liegen« und ob es für das Autoklavieren geeignet ist. Er bietet auch eine größere Version an, »nützlich für Gesamtgesichtsmessungen« und »um umfangreichere Gegenstände oder größere Bilder oder Möbel etc. zu messen«.

In Kürze

»Interessante Datenlücken entdecken«

von Bing Liu, Liang-Ping Ku und Wynne Hsu (in: *Proceedings of Fifteenth International Joint Conference on Artificial Intelligence*, Nagoya, Japan, 1997)

Die Autoren an der National University of Singapore erklären: »Zweifelsohne ist nicht jede Lücke interessant ... Doch in manchen Situationen enthalten Leerstellen doch wichtige Informationen.«

Käsestringtheorie

Dynamic Rheological Properties of Mozzarella Cheese During Refrigerated Storage

M. MEHMET AK and SUNDARAM GUNASEKARAN

ABSTRACT

Storage (G') and loss (G") moduli of low-moisture, part-skim Mozzarella cheese were determined at 10 and 20°C during 1 mo of refrigerated aging. At both temperatures, G' was always greater than G". Averaged over aging, G' increased from 90 to 630 and G" from 44 to 52 kPa at 10°C, and at 20°C G' increased from 28 to 190 and G" from 14 to 53 kPa for the frequency range 0.005–20 Hz. Averaged over frequency, both G' and G" decreased about 20% at 10°C and 25% at 20°C during aging. Relaxation spectrum, computed from shear relaxation data, was used to calculate the G'. The calculated values of G' were in good agreement with those determined experimentally. These data help predict and compare melting behaviors of such cheeses.

mula (i.e., Alfrey's rule) in determining the dynamic storage modulus of cheese from shear relaxation data.

MATERIALS & METHODS

Sample preparation and testing

Fresh, low-moisture, part-skim Mozzarella cheese blocks obtained from a commercial cheese plant were stored in a refrigerator (6–8°C) until sample preparation. Disk shape cheese samples (mean thickness 3.7 mm, diameter 30 mm) were prepared from blocks using a slicer and borer. A Bohlin VOR Melt Rheometer (Bohlin Reologi, Cranbury, NJ)

Der Januar 1995 war ein herausragender Monat für das Verständnis von Käse. Maria N. Charalambides und zwei Kollegen, J. G. Williams und S. Chakrabarti, veröffentlichten ihr Meisterwerk: »Eine Studie über den Einfluss des Alterns auf die mechanischen Eigenschaften von Cheddarkäse«. Sie dokumentierte eine raffinierte Art, mathematische Berechnungen über Käse anzustellen.

Charalambides ist außerordentliche Professorin für Maschinenbau am Imperial College in London. Ihr Bericht beginnt mit einem zweiseitigen Rückblick auf bestimmte einschneidende Käse-Studien der Vergangenheit. Das Ziel dieser Studien war allgemein, einen Brocken Käse zwischen zwei Platten zusammenzupressen, um zu sehen, was der Käse machen würde.

Dies ist mühevolle technische Arbeit. 1976 meldeten Forscher namens Culioli und Sherman »eine Veränderung im Spannungs-Dehnungs-Verhalten von Goudakäse, wenn Platten mit Öl beschmiert waren, anstatt mit Schmirgelpapier bedeckt«. Zwei Jahre später verrichteten Sherman und ein anderer Mitarbeiter ähnliche Arbeit mit Leicesterkäse. Später führten andere Wissenschaftler verwandte Experimente mit Mozzarellakäse, Cheddarkäse und Schmelzkäse durch.

Die Platten und der Käse reiben und kleben aneinander. Ihre Reibung veranlasst den Käse, sich zu krümmen – sich nach außen oder innen zu biegen –, wenn er unter Druck ist. Und diese Krümmung treibt Wissenschaftler halb in den Wahnsinn. Reibungsloser Käse wäre leichter zu studieren ... aber reibungsloser Käse existiert nicht.

»Es liegt auf der Hand«, schreibt Charalambides, »dass die quantitative Bestimmung der Reibungseffekte bei komprimiertem Käse eine komplizierte Sache ist.« Kompliziert, ja – aber Charalambides et al. brachten es fertig.

Sie komprimierten Käserollen unterschiedlicher Höhe, berechneten die Spannungen und Dehnungen und zeichneten dann eine mathematische Familie von Käse-Spannungs-Dehnungs-Diagrammen. Einige weitere, fast banale Berechnungen ergaben einen köstlichen heiligen Gral von Käsedaten: eine Möglichkeit zu schätzen, wie Käse sich unter Abzug der Reibungseffekte unter Druck verhält.

Dann kam das eigentliche Ereignis: zu messen, wie das Käseverhalten sich verändert, wenn der Käse von der Kindheit ins hohe Alter übergeht. Das wäre ein glücklicher Käsehersteller, der zuverlässig das Alter eines Käses abschätzen könnte, indem er einen einfachen mechanischen Test vornimmt.

Charalambides und ihr Team führten auch Bruchtests an dem Käse durch. Diese und die Kompressionstests, an jungem und altem Käse vorgenommen, ergaben ein numerisches Porträt des Käseverhaltens von der Geburt bis zum reifen Alter von sieben Monaten.

Der Charalambides-Bericht ist eine zutiefst vergnügliche Lektüre für jeden, der Käse lebt und atmet und bescheidene praktische Kenntnisse in Werkstoffkunde hat. Aber Leute, die sehr an ihrem Käse hängen, bemerkten, dass die Studie nur drei Sorten betrachtete: milden Cheddar, scharfen Cheddar und Monterey Jack.

Im folgenden Jahr müssen sich Mozzarella-Fans gedrängelt haben, um Exemplare der Mai/Juni-Ausgabe 1996 des *Journal of Food Science* zu kaufen, wo sie »Dynamische Fließeigenschaften von Mozzarella-Käse während gekühlter Lagerung« von M. Mehmet Ak und Sundaram Gunasekaran lesen konnten.

Seitdem haben viele Wissenschaftler Käsesorten komprimiert und gebrochen und sich sogar in das Reich der Schmelzkäse vertieft. Auf Mathematik gestütztes mechanisches Käsetesten ist längst kein romantischer Traum mehr.

Eine unwahrscheinliche Erfindung
»Ein Pünktchen-Schiefe-Messer«
von Zhengcai Li (Internationale Patentanwendungsnummer PCT/CN2007/003282, eingereicht 2007)

Zhengcai Li aus Tianjin, China, setzte alle seine i-Tüpfelchen in die Einreichung: »Wenn der Pünktchen-Schiefe-Messer gekippt wird, das Gravitationspendel alle Getriebe dreht und die Bodenfläche des Gehäuses normal zur zentralen Linie einer vertikalen Achse sein kann, die zu messen ist, die Bodenfläche des Gehäuses normal sein und mit der angenäherten Lotfläche an der horizontalen Linie, die parallel zur Antriebsachse ist, gekreuzt werden kann, dann vermag das Anzeigegerät die Schiefe anzuzeigen.«

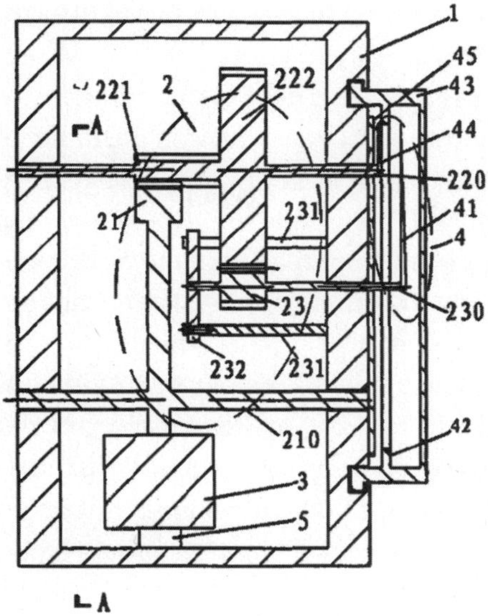

Der Pünktchen-Schiefe-Messer

Maßnehmen an Linealen

Da sie ungenau, falsch, unsolide und von Werbung verunstaltet sind, finden kleine Gratislineale aus Plastik nur in Maßen Respekt bei Metrologen. 1994 ergriffen zwei von ihnen Maßnahmen, um genau festzustellen, wie viel Respekt die Lineale verdienen.

Metrologen sind die Menschen, die mit richtigeren, genaueren Möglichkeiten aufwarten, um Dinge zu messen.

Die Metrologengemeinde kämpft unaufhörlich um neue Standarddefinitionen für die einschüchternd wichtigen Normen, die nie ganz so gut sind, wie sie idealerweise sein könnten – allen voran, das Kilogramm, das Meter und die Sekunde.

Das Vater-und-Sohn-Team, bestehend aus T. D. Doiron und D. T. Doiron, betrachtete kurz eine vernachlässigte Norm. Ihr Bericht mit dem Titel »Längenmetrologie von kleinen Gratislinealen aus Plastik« weckte ein gewisses Maß an Interesse, als er auf der Metrologie-Konferenz in Pasadena, Kalifornien, 1994 vorgestellt wurde.

Theodore Doiron war ein Mitglied der Gruppe »Dimensionale Metrologie« am amerikanischen National Institute of Standards and Technology. Daniel war damals noch ein Teenager in der Schule.

Der Bericht von Doiron und Doiron beinhaltet zwei gleichzeitige und gegensätzliche Wahrheiten. Metrologen äußern sich manchmal verächtlich über kleine Plastiklineale (im Handel als SPRs – für ›small plastic rulers‹ – bekannt), weil sie aus billigem Polystyrol gemacht und auf lockere Fehlergrenzen angelegt sind. Aber Metrologen hegen auch tief in ihrem Inneren Respekt vor diesen flotten, nützlichen, dünnen, platten Objekten, mit den vier Linealarbeitsflächen und einer Oberseite, die eine hinreichende Menge an farbigen Markierungen und erhabenen Graduierungen aufweisen, wobei besagte Graduierungen an den äußeren Kanten der abgeschrägten Oberseiten liegen.

Die Doirons erklären diese zwiespältige Einstellung: »Es gibt praktisch keine aktiven Wissenschaftler oder Ingenieure, die nicht eine Anzahl von SPRs auf ihren Schreibtischen haben, die ständig benutzt werden für die Entwicklung der frühesten und grundlegendsten Entwürfe praktisch jedes hergestellten Gegenstands. Eine schnelle Umfrage unter Ingenieuren wird zeigen, dass diese frühen Skizzen, die eigentliche Basis unserer produzierenden Wirtschaft, weitgehend auf den Gebrauch von SPRs angewiesen sind. Während es eine nationale Norm für Plastiklineale gibt, Federal Specification GG-R-001200–1967 und die neuere A-A-563 (1981), hat es nie eine systematische Untersuchung der Metrologie dieses elementaren Werkzeugs des nationalen Messsystems gegeben.«

Doiron und Doiron untersuchten 50 Lineale, die sie »über

einen langen Zeitraum hinweg auf Konferenzen und bei Kollegen« gesammelt hatten. Sie entdeckten, dass die Regierungsvorschrift so erschreckend dürftig war, dass sie auf eine Schlüsselpassage zeigen und sagen konnten: »Wir können nicht verstehen, was diese Aussage bedeutet.«

Nachdem sie die Dinge so gut sie konnten gemessen hatten (und da sie gute Metrologen waren, konnten sie die Dinge in der Tat gut messen), gelangten die Doirons zu zwei Schlussfolgerungen. Erstens, dass die meisten kleinen Gratislineale aus Plastik »ziemlich mühelos« der offiziellen (wenngleich undurchsichtigen) Norm entsprachen. Zweitens, dass sie wahrscheinlich umso genauer waren, »je älter das Lineal« war.

Das National Institute of Standards and Technology (NIST) selbst, sagte mir eine Amtsperson, bestellte einmal einen Schwung von kleinen Gratislinealen aus Plastik, die sich nach Lieferung als erbärmlich geeicht erwiesen. Als Vorsichtsmaßnahme (sie haben einen Ruf zu verteidigen) und vielleicht mit etwas Wut und Verlegenheit im Bauch, schickte das NIST sie an den Hersteller zurück.

Das Problem des faulen Beamten

Das Problem des faulen Beamten ist uralt, so alt wie das Beamtentum selbst. In den 1990ern beschlossen Mathematiker, sich des Problems anzunehmen. Sie haben seitdem Fortschritte gemacht, die, abhängig von Ihrem Standpunkt, entweder beeindruckend oder irrelevant sind.

Vier Wissenschaftler an der State University of New York, Stony Brook, gaben den ersten offiziellen Bericht heraus. »Das Terminproblem des faulen Beamten« von Esther Arkin, Michael Bender, Joseph Mitchell und Steven Skiena erschien in der Zeitschrift *Algorithms and Data Structures*. Die Studie beschreibt einen prototypisch faulen Beamten, indem sie diese unerfreuliche Person in eine Sammlung aus mathematischen Formeln, Theoremen, Beweisen und Algorithmen verwandelt.

jobs. For the LBP we consider three different objective functions, which naturally arise from the bureaucrat's goal of inefficiency:

1. *Minimize the total amount of time spent working* — This objective naturally appeals to a "lazy" bureaucrat.

2. *Minimize the weighted sum of completed jobs* — In this paper we usually assume that the weight of job i is its length, t_i; however, other weights (e.g., unit weights) are also of interest. This objective appeals to a "spiteful" bureaucrat whose goal it is to minimize the fees that the company collects on the basis of his labors, assuming that the fee (in proportion to the task length, or a fixed fee per task) is collected only for those tasks that are actually completed.

»Objektive Funktionen/Ziele« aus: »Das Terminproblem des faulen Beamten«

Dieser Beamte hat immer nur das eine im Kopf. Sein Ziel ist, wie Arkin, Bender, Mitchell und Skiena es beschreiben, »die Menge der Arbeit, die er tut, zu minimieren (er ist ›faul‹). Er ist einem Zwang unterworfen, dass er fleißig sein muss, wenn es Arbeit gibt, die er erledigen kann; wir präzisieren diesen Gedanken … Die sich daraus ergebende Klasse ›perverser‹ Terminprobleme, die wir als ›Probleme des faulen Beamten‹ bezeichnen, gibt Anlass zu einer großen Menge neuer Fragen.«

Andere Mathematiker und Computerwissenschaftler haben ihre eigenen Versuche gemacht, um mit faulen Beamten fertigzuwerden.

Arash Farzan und Mohammad Ghodsi von der Sharif University of Technology in Teheran stellten 2002 am iranischen Telekommunikationsforschungszentrum eine Abhandlung vor. Unter dem Titel »Neue Ergebnisse zum Terminproblem fauler Beamter« kündigten sie an, dass faule Beamte, im mathematischen Sinn, nahezu unmöglich gut zu führen sind. Einer guten

Lösung, sagten sie, sei »kaum nahezukommen«. Was sie meinten: Keiner vermöge mit Sicherheit zu sagen, dass das Problem gelöst werden könne – selbst wenn jemand pausenlos bis ans Ende aller Zeiten daran arbeite.

2003 legten Ghodsi und zwei andere Kollegen eine neue Studie vor. Was würde passieren, fragten sie, wenn man faulen Beamten größere Zwänge auferlegte? Die Antwort: Das Problem wäre nur geringfügig weniger unmöglich in den Griff zu bekommen, selbst in der Theorie.

Diese und andere Studien beweisen zumindest, dass unerfreuliche Menschen, wenigstens einige von ihnen, mathematisch beschrieben werden können. Und dass es auf dem Papier (oder in einem Computer) bessere – wenngleich nicht unbedingt gute – Möglichkeiten geben könnte, mit ihnen fertigzuwerden.

Mit einem Problem umgehen zu können, löst dieses allerdings nicht zwangsläufig.

Die Mathematiker, die diese Probleme des faulen Beamten anpacken, wählen die faule Methode. Keiner erledigt die Schwerarbeit, die notwendig ist, um das Problem wirklich zu lösen – sie erteilen keine Ratschläge, wie man faule Beamte loswird. Wie die meisten Nicht-Mathematiker auch lassen sie die faulen Beamten weiter auf ihrer Laufbahn, wo sie auf immer das System verstopfen.

Für fleißige Arbeiter ist es zum Verrücktwerden, wenn sie diese Studien lesen.

Aber nicht jeder empfindet das so. Die Royal Economic Society gab 2008 eine Presseerklärung heraus, die mit »Faule Beamte: Am Ende doch noch ein Segen« überschrieben war. Als Werbung für eine Studie von Josse Delfgaauw und Robert Dur von der Erasmus University, Rotterdam, sagt die Royal Society: »Faule Menschen im öffentlichen Dienst einzustellen, trägt dazu bei, die Kosten für öffentliche Dienstleistungen niedrig zu halten.« Die Studie selbst ist, wie es heißt, nuancierter.

Entdeckungen hinsichtlich zufälliger Beförderungen

Drei italienische Forscher erhielten den Ig-Nobelpreis 2010 im Bereich Management für den mathematischen Beweis, dass Organisationen effizienter würden, wenn sie Leute nach dem Zufallsprinzip beförderten. Aber ihre Forschung war weder der Anfang noch das Ende der Geschichte, wie Bürokratien versuchen – und scheitern –, eine gute Beförderungsmethode zu finden.

Alessandro Pluchino, Andrea Rapisarda und Cesare Garofalo von der Universität Catania, Sizilien, berechneten, wie ein Beförderungsplan nach dem Zufallsprinzip sich mit anderen, stärker verankerten Methoden vergleichen lässt. In einem Bericht, der in der Zeitschrift *Physica A: Statistical Mechanics and its Application* erschien, gingen sie auf die Einzelheiten ein.

Pluchino, Rapisarda und Garofalo stützten ihre Arbeit auf das Peter-Prinzip – die Ansicht, dass viele Leute früher oder später auf Positionen befördert werden, die ihre Kompetenz übersteigen.

Die drei zitieren die Arbeiten anderer Forscher, die zaghaft forschende Schritte in dieselbe Richtung gemacht hatten. Sie versäumen es jedoch, eine unbeabsichtigt gewagte Studie aus dem Jahr 2001 von Steven E. Phelan und Zhiang Lin von der University of Texas in Dallas zu erwähnen, die in der Zeitschrift *Computational & Mathematical Organization Theory* erschien.

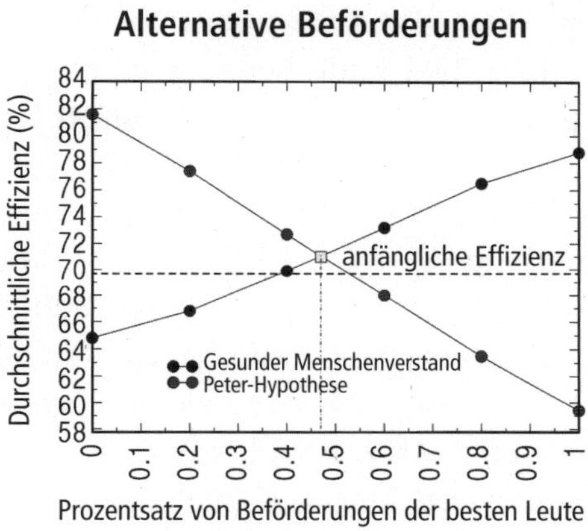

Der Mittelpunkt – die Kreuzung von gesundem Menschenverstand und dem Peter-Prinzip – gibt die geeignetste Strategie vor, um herauszufinden, ob jemand nicht weiß, welcher Mechanismus der Kompetenzübertragung in der Organisation wirksam ist. Adaptiert nach: »Das überarbeitete Peter-Prinzip: Eine computerbasierte Studie«

Phelan und Lin wollten feststellen, ob es sich auf Dauer auszahlt, Menschen nach angeblichem Verdienst (wir versuchen irgendwie zu messen, wie gut Sie sind) oder auf einer »Rauf oder raus«-Basis (entweder Sie werden schnell befördert oder Sie werden rausgeschmissen) oder aufgrund des Dienstalters (leben Sie lange, und allein auf dieser Grundlage werden Sie erfolgreich sein) zu befördern. Als Orientierungswert, als schlechtestmögliche Alternative, schauten sie sich auch an, was passiert, wenn man Leute zufällig befördert. Sie fanden Überraschendes heraus: Zufällige Beförderung, gaben sie zu, »funktionierte tatsächlich besser« als fast jede Alternative. Phelan und Lin schienen (zumindest nach meiner Deutung ihrer Abhandlung) fast schockiert, ja sogar eingeschüchtert von dem, was sie herausgefunden hatten.

Aber wo Pluchino, Rapisarda und Garofalo später, unabhängig davon, dieser Entdeckung den Feinschliff geben und sie der staunenden Welt vorstellen sollten, murmelten Phelan und Lin nur ganz leise in der Mitte eines langen Absatzes, dass »dies in unseren zukünftigen Studien weiter untersucht werden muss«. Dann wendeten sie sich im Großen und Ganzen anderen Dingen zu.

Menschliche Wesen, zumindest viele von ihnen, sind schlau. Immer gibt es ein Potenzial, neue, vielleicht bessere Auswahlmethoden zu ersinnen, welche Personen in einer Organisation zu befördern sind. In jüngerer Zeit schlug Phedon Nicolaides vom Europäischen Institut für öffentliche Verwaltung in Maastricht, Niederlande, vor, was er als eine Verbesserung der zufälligen Beförderung ansieht: die Leute, die die Beförderungsentscheidungen treffen werden, selbst zufällig auszuwählen. Professor Nicolaides veröffentlichte seinen Plan in der Zeitung *Cyprus Mail.*

Eine andere, davon sehr verschiedene, nicht auf dem Zufallsprinzip beruhende Methode wurde für den Gebrauch durch die US Air Force entwickelt. Einzelheiten erschienen in einem 170-Seiten-Papier, das 2008 von Michael Schiefer, Albert Robbert, John Crown, Thomas Manacapilli und Carolyn Wong von der Rand Corporation entwickelt wurde. Aber ungeachtet seiner Vorzüge ist dieses Programm der Air Force womöglich zum Scheitern verurteilt, allein weil es einen merkwürdigen Namen hat. Der Bericht trägt den Titel »Das gewichtete Pilotenbeförderungssystem«, der unglücklicherweise auch im Sinne von »Das Beförderungssystem des beschwerten Piloten« verstanden werden könnte.

Elf
Für Detektive

Mit besten Empfehlungen

Original Communication

Are full or empty beer bottles sturdier and does their fracture-threshold suffice to break the human skull?

Stephan A. Bolliger MD (Senior Forensic Pathologist)*, Steffen Ross MD (Radiologist), Lars Oesterhelweg MD (Forensic Pathologist), Michael J. Thali MD (Professor, Director, Forensic Pathologist), Beat P. Kneubuehl PhD (Physicist)

ARTICLE INFO

Article history:
Received 20 June 2008

ABSTRACT

Beer bottles are often used in physical disputes. If the bottles break, they may give rise to sharp trauma. However, if the bottles remain intact, they may cause blunt injuries. In order to investigate whether full

»Sind volle oder leere Bierflaschen stabiler und reicht ihre Bruchsicherheit aus, um den menschlichen Schädel zu zertrümmern?« von S. A. Bolliger, S. Ross, L. Oesterhelweg, M. J. Thali und B. P. Kneubuehl (erschienen im *Journal of Forensic and Legal Medicine*, 2009; im selben Jahr ausgezeichnet mit dem Ig-Friedensnobelpreis)

Dies und mehr finden Sie in diesem Kapitel: Haar, amtlich und forensisch • Toilettengraffiti-Observierung • Netzfallen für Bankräuber • Eine Möglichkeit, einen Luftpiraten rauszuwerfen • Alter Mönchsatem • Fette Verbrecher • Ein neuer Blick auf Messerstechereien • Psychotische Wachmänner • O, O, O, O, O • Ethiker, die Bücher stehlen

Haarführer für FBI-Agenten

Trotz seines Rufs, nahezu identische konservative Haarschnitte zu tragen, stellte das FBI – das Federal Bureau of Investigation, Amerikas Regierungsschnüffler – einen alles umfassenden Führer für Haar zusammen und veröffentlichte ihn. Und trotz seines Rufs der Verschwiegenheit machte es seinen Führer für jedermann zugänglich, der eine Verwendung dafür oder ein Verlangen danach haben könnte.

»Haarbibliografie für den forensischen Wissenschaftler«

könnte ein nettes Geschenk für jeden sein, der sich um die manchmal wirre Beziehung zwischen Haar und Verbrechen kümmert. Sie könnten dies als völlig legale intellektuelle Pornografie für alle betrachten, die *CSI* im Fernsehen ansehen.

Der Autor, Max Houck von der Einheit für Spurensicherung des FBI in Washington, DC, gab zumindest vor, dass dieser 17-seitige Bericht, erschienen 2002 in der Zeitschrift *Forensic Science Communications,* grundsätzlich auf Experten ziele. »Man hofft, dass dieses Verzeichnis forensischen Haaranalysten Hilfe bietet, die Auskunft und Unterstützung bei forensischen Herausforderungen vor Gericht suchen«, schrieb er.

Einige leichte, fast verspielte Anklänge lassen ahnen, dass Houck wusste, dass sein Beitrag auch seinen Weg zu Amateuren und sogar zu vereinzelten Fans des Haar-und-Verbrechen-Spiels finden würde. Die Liste beginnt geziert mit dem siebenseitigen »Übersieh kein Haar«, 1976 erschienen im *FBI Law Enforcement Bulletin.* Als Nächstes kommt mehr Geziertheit ins Spiel: »Immer schlechter: Haar heute, verachtet morgen«, das man 1997 in einer Nummer der Zeitschrift *Science Sleuthing* finden konnte. Anschließend erschien eine Arbeit mit einem spezifischeren und leicht grausigen Titel, der mit seltsamer Doppeldeutigkeit formuliert war: »Labor löst Vielzahl von Verbrechen mit Tierhaaren« (*FBI Law Enforcement Bulletin,* 1960). Dann eine Rückkehr zum strikt Menschlichen und mit einem noch höheren Maß an Spezifität: »Pigmentierung bei einem mittelamerikanischen Stamm mit besonderem Bezug zur Blondschopfigkeit« (*American Journal of Physical Anthropology,* 1953).

Der Titel eines weiteren Berichts fleht fast darum, dass der Leser fragt, wie genau seine Autoren, D. L. Exline, F. P. Smith und S. O. Drexler ihr Wissen zusammentrugen: »Häufigkeit von Schamhaarübertragung beim Geschlechtsverkehr«, erschienen im *Journal of Forensic Sciences,* 1998.

Die Liste wird von zehn Artikeln dominiert, deren Autor oder Mitautor B. D. Gaudette ist. Es handelt sich um Barry D. Gaudette, »Chief Scientist« für Haar und Faser von der Royal Canadian Mounted Police, also der berittenen Polizei. Gaudettes »Ein Versuch der Bestimmung von Wahrscheinlichkeiten im Vergleich menschlichen Kopfhaars«, geschrieben mit E. S. Keeping und 1974 veröffentlicht im *Journal of Forensic Sciences,* spezifiziert eine Faustregel, die man beim Schreiben entweder eines Kriminalromans oder eines mathematischen Lehrbuchs verwenden kann: »Wenn ein am Tatort gefundenes menschliches Kopfhaar ununterscheidbar ist von mindestens einem aus einer Gruppe von rund neun verschiedenen Haaren einer bestimmten Quelle, wird geschätzt, dass die Wahrscheinlichkeit sehr gering ist, etwa 1 zu 4500, dass es von einer anderen Quelle stammen könnte. Falls statt einem Haar *n* untereinander verschiedene menschliche Kopfhaare als ununterscheidbar von jenen aus einer bestimmten Quelle befunden werden, wird diese Wahrscheinlichkeit dann auf (1/4500) zur *n*-ten Potenz geschätzt, was vernachlässigbar ist, wenn *n* größer oder gleich drei ist.«

Die Wache auf dem Klo

1992 entdeckte ein Professor namens T. Steuart Watson eine absolut wirksame Möglichkeit, die Leute daran zu hindern, die Wände von öffentlichen Toiletten vollzuschreiben. Damals an der Mississippi State University und heute Professor an der Miami University von Ohio, veröffentlichte Watson seinen Bericht im *Journal of Applied Behavior Analysis.* Darin beschreibt er seine Methode und die unermüdliche Art und Weise, wie er sie erprobte.

Er führte das Experiment auf drei Herrentoiletten durch. Jede Kabine hatte eine handgeschriebene Geschichte. Die Studie erklärt, dass »während der vorausgegangenen Monate jede Wand wegen der Fülle der Graffiti zahllose Male neu gestrichen worden war«.

Jeden Tag zählten Watson und seine Lakaien sorgfältig, wie viele Zeichen auf jeder Wand waren. Sie zählten jeden Buchstaben, jede Zahl, jedes Interpunktionszeichen. Andere Formen verlangten eine besondere Bewertung. Die Studie beschreibt ein typischerweise schwieriges Beispiel: »Die Zeichnung eines glücklichen Gesichts wurde als fünf Zeichen gezählt (eins für jedes Auge, eins für die Nase, eins für den Mund und eins für den Kreis, der den Kopf darstellte).«

Die Ermittler gingen mit professioneller Heimlichkeit vor. »Während der Beobachtungen«, steht im Bericht vermerkt, »betrat jeweils nur ein Beobachter den Toilettenraum, und wenn eine andere Person eintrat, um die Anlage zu benutzen, unterbrach der Beobachter das Zählen und wartete, bis die Toilette leer war, bevor er das Zählen wieder aufnahm.«

Täglich tauchten neue Graffiti auf, in jeder der Toiletten.

Aber »nachdem die Bearbeitung ausgeführt war«, verrät Watson, »erschienen keine Beschriftungen mehr an den Wänden, und sie blieben frei von Graffiti während einer 3-monatigen Nachkontrolle«. Keine Beschriftung überhaupt. Keine. Kein Pünktchen. Ununterbrochen Sauberkeit. Dies war ein kompletter Erfolg.

Das Verfahren war einfach: »Ein Schild an die Wand kleben, auf dem stand: ›Ein im Ort approbierter Arzt hat zugestimmt, für jeden Tag, an dem die Wand frei bleibt von Beschriftungen, Zeichnungen oder anderen Markierungen, einen bestimmten Geldbetrag an die Ortsgruppe von United Way [einer stark beworbenen amerikanischen Wohlfahrtsorganisation] zu zahlen‹.«

»Der Arzt«, verrät die Studie, »war der Autor, ein approbierter Psychologe, und der gespendete Geldbetrag war 5 Cent pro Tag pro Toilette.«

Die Studie lief über 50 Tage. Somit war, bei drei öffentlichen Toiletten, der maximal mögliche Gesamtbetrag für die Wohlfahrt 2,50 Dollar pro Örtlichkeit – eine Summe von 7,50 Dollar, falls niemand jemals an irgendeiner Wand ein Zeichen machte.

Warum war das Verfahren so sehr – nein, absolut – effektiv? Watson vermutet, dass »vor dem Anbringen der Schilder nackte Wände als typische Anreize für Graffiti wirkten, vielleicht weil nicht ersichtlich war, dass es jemanden störte. Das Anbringen der Schilder war ein Beweis, dass ein prominenter Bürger (ein Arzt) bereit war, für entsprechende Ergebnisse zu zahlen.«

»Eine andere Erklärung«, sagt er, »ist die, dass die Anwesenheit von Beobachtern Toilettenbenutzer veranlasste, das Beschmieren der Wände zu unterlassen.«

Kreuzworträtsel und Gegenüberstellungen

Kreuzworträtsel sind eine Bedrohung des Strafjustizsystems. Tatsächlich haben sie vielleicht über Jahrzehnte Schaden angerichtet und waren die Ursache dafür, dass schuldige Menschen freigelassen und unschuldige in höllische Verstrickungen mit den Gerichten und Gefängnissen verwickelt wurden. Eine Studie aus dem Jahr 2006 von Michael B. Lewis, einem außerordentlichen Professor an der Cardiff University, erschienen in der Zeitschrift *Perception,* deckt auf, dass die

Gefahren meist von einer Vielfalt von Kreuzworträtseln herrühren.

Lewis hat keine Skrupel, den Übeltäter zu identifizieren. Vorsicht, warnt er, vor den sogenannten kryptischen Kreuzworträtseln. Dementsprechend heißt die Studie »Augenzeugen sollten vor Gegenüberstellungen keine kryptischen Kreuzworträtsel lösen«.

Sobald Sie wissen, wonach Sie suchen sollen, sind kryptische Kreuzworträtsel leicht zu erkennen. Das normale oder »wörtliche« Kreuzworträtsel, schreibt Lewis, »ist eine Aufgabe, bei der Wörter in ein Gitter eingefügt werden müssen und die Hinweise auf diese Wörter buchstäblich zu nehmende Definitionen sind«. Kryptische Kreuzworträtsel »verwenden ein ähnliches Gitter, aber die Hinweise enthalten Zweideutigkeiten und manchmal Anagramme oder ungewohnte Arten, über Wörter zu denken«.

Kryptische Kreuzworträtsel kommen in scheinbar unverfänglicher Weise ins Bild. Polizisten oder Gerichtsangestellte können – durch eine schädliche Mischung aus guten Absichten und Ignoranz – in Versuchung geraten, sie genau da einzuführen, wo sie schaden können. Lewis erklärt: »Die Identifizierung eines Straftäters durch den Zeugen eines Verbrechens bildet oft ein wichtiges Element für das Vorgehen der Staatsanwaltschaft. Während von den Geschworenen großer Wert auf die Identifizierung des Straftäters durch einen Zeugen gelegt wird (etwa dass ein Verdächtiger im Rahmen einer Gegenüberstellung identifiziert wird), sagt uns die Forschung, dass diese Identifizierungen oft falsch sein können und manchmal zu unrechtmäßigen Verurteilungen führen.«

»Es wäre nicht wünschenswert«, schreibt er, »Zeugen vor einer Gegenüberstellung etwas tun zu lassen, das sie beim Heraussuchen des Straftäters schlechter macht ... Man bedenke, was Zeugen vor einer Gegenüberstellung tun mögen. Es ist möglich, dass sie vielleicht etwas tun, um sich die Zeit zu vertreiben (z. B. lesen oder ein Rätsel lösen). Es ist möglich, dass einige dieser potenziellen Tätigkeiten zu einem Nachteil bei der Gesichtsverarbeitung führen können.«

Entschlossen zu ermitteln, ob Lesen oder Rätsellösen zu einem Nachteil bei der Erkennung von Gesichtern führen kann, führte Lewis ein Experiment durch. In seinen Worten: »Die Aufgaben, die in dem hier vorgestellten Experiment geprüft wurden, waren: einen Abschnitt aus Dan Browns *Sakrileg* zu lesen, ein Sudoku zu lösen, ein gewöhnliches Kreuzworträtsel zu lösen, ein kryptisches Kreuzworträtsel zu lösen.«

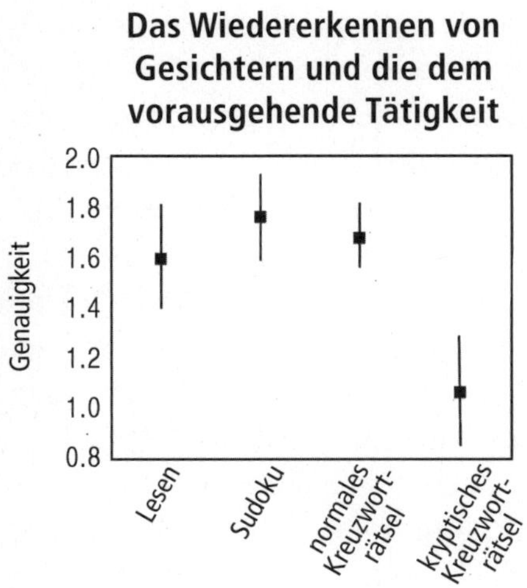

Darstellung gemäß *Perception*, 35. Jahrgang, »Last but not least«

60 Freiwillige nahmen teil. Sie betrachteten einige Gesichter, »dann beschäftigten sie sich für fünf Minuten mit ihren Rätseln oder lasen den Abschnitt«. Im Anschluss daran begann Lewis ihre Erinnerung an die Gesichter zu überprüfen. »Zwi-

schen jedem Testpunkt setzten die Teilnehmer jedoch für 30 Sekunden ihre Rätsel fort oder lasen den Text.«

Sudoku und gewöhnliche Kreuzworträtsel scheinen nicht zu beeinträchtigen, wie gut die Freiwilligen die Gesichter identifizierten. Aber, so Lewis, wenn die Freiwilligen kryptische Kreuzworträtsel lösten, wurden sie weniger zuverlässig bei der Erkennung von Gesichtern: »Bei einem kryptischen Kreuzworträtsel muss man typischerweise die unmittelbar offensichtliche Bedeutung eines Wortes in dem Hinweis zugunsten von weniger offensichtlichen und verborgeneren Bedeutungen verdrängen. Die Verdrängung der offensichtlichen Merkmale des Gesichts, der offensichtlichen buchstäblichen Bedeutung oder des Sinns eines Wortes mögen der Grund sein, durch den die Leistung der Gesichtserkennung beeinträchtigt wird. Diese Beobachtung erklärt jedoch nicht, wie eine derartige Verdrängung eine so schädliche Wirkung auf Gesichtserkennung hat. Das heißt, die Frage, was der Mechanismus ist, durch den irgendeine von diesen Aufgaben das angeblich modulare Gesichtserkennungssystem beeinflusst, wird hier nicht angesprochen.«

Die Studie macht ihre Botschaft unmissverständlich klar. »Die praktische Bedeutung dieser Forschung ist, wie der Titel andeutet, dass Augenzeugen vor einer Gegenüberstellung keine kryptischen Kreuzworträtsel lösen sollten.«

Ins Netz gegangen

Kuo-cheng Hsieh gewann den Ig-Nobelpreis in Ökonomie 2007 für die Patentierung eines Geräts, das Bankräuber fängt, indem es ein Netz über sie wirft. Aber in all dem Glanz der Bekanntgabe mag einiges von seinen Reizen unbeachtet geblieben sein.

Die Erfindung ist ein Hinweis auf uralte Methoden, Tiere in einem Wald zu fangen, und auch auf die fantasievollen Adaptionen dieser Techniken in frühen Räuber-und-Gendarm-Filmen. Hsiehs Patent fasst es in knappen 88 Wörtern zusammen: »Ein Netzfallensystem zum unmittelbaren Festsetzen eines Räubers wird in einer Geschäftsniederlassung wie zum Beispiel einer Bank eingesetzt. Das Gerät sieht aus wie ein Vorratskasten und wird über dem Eingang des Geschäfts installiert. Wenn ein Raubüberfall stattfindet und das System aktiviert ist, bestimmt ein Infrarotdetektor, ob ein Räuber in einer Zone unterhalb des Vorratskastens ist. Ein Netz, ein Vorhang und eine Vielzahl von Sperren werden sofort und gleichzeitig herunterfallen. Nachdem ein Hebemotor aktiviert ist, schließt das System den Räuber ein und hält ihn über dem Boden in der Schwebe.«

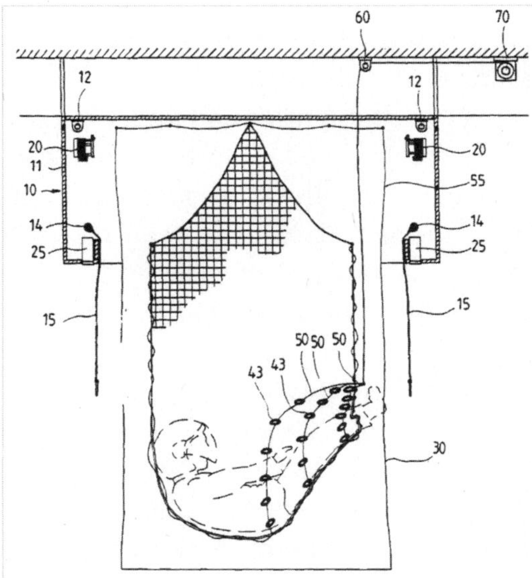

Aus »Netzfallensystem zum unmittelbaren Festsetzen eines Räubers«

Vor der Ig-Nobelfeier konnten wir Mr. Hsieh nicht ausfindig machen. Versuche, ihn telefonisch, brieflich und sogar im Rahmen von Besuchen an seinem Wohnort in der Stadt Taichung, Taiwan, zu kontaktieren, schlugen sämtlich fehl. Befürchtungen kamen auf, der arme Mann habe sich vielleicht in seiner eigenen Erfindung verfangen.

Zum Glück erreichten ihn Zeitungsberichte über die Feier, und er bestätigte seine Existenz. Über Journalisten in Taiwan erfuhren wir, dass Hsieh eine Versicherungsgesellschaft leitet, dass er der ehemalige Kommandant einer amphibischen Froschmanneinheit ist, dass er einst ähnliche Fallen unter Wasser aufstellte, um schwimmende chinesische Spione zu fangen, und dass er fleißig versucht, seinen Mechanismus an Banken zu vertreiben – allerdings bisher ohne einen Verkauf abzuschließen.

Hsiehs Patent hat zumindest eine belegte Wirkung gehabt: Es inspirierte Zoltan Egeresi im Kampf gegen Terroristen.

Zwei Jahre nach dem Angriff auf New York City und Washington, DC, mittels entführter Flugzeuge meldete Egeresi, ein kalifornischer Erfinder, ein Patent für »ein Anti-Entführungssystem« an. In einer genialen Vermischung von Einfällen adaptierte Egeresi Hsiehs Bankräuberfallentechnik als Möglichkeit, ein ziemlich kostspieliges Anti-Entführungssystem zu vereinfachen, das in den frühen 1970ern von Gustano A. Pizzo ersonnen worden war.

Pizzos Erfindung erfordert einiges an klug vorausschauender technischer Planung. Ein Bereich – eigentlich ein kleiner Warteraum – wird zwischen dem Cockpit und dem Passagierbereich des Flugzeugs abgeteilt. Es ist kein bloßes Vorzimmer. Es ist ein Anti-Entführungszimmer mit einem speziell konstruierten mechanischen Boden. Ein Flugzeugentführer, der sich an diesem einsamen Ort isoliert findet, ist der Gnade seiner

Mechanik ausgeliefert. Er wird speziell aufklappbaren Bodenblechen anheimfallen – ja sogar durchfallen. Wie Pizzo es erklärt, sind diese sich drehenden Bleche so »eingerichtet, dass sie gesenkt werden können, um den Entführer in eine auszuklinkende Kapsel hinabzulassen, an der ein Fallschirm befestigt ist. Bombenschachtklappen für den Ausstoß der Kapsel aus dem Flugzeug sind im Bauch des Flugzeugs vorgesehen.« Die Piloten steuern die Aktion. Sicher im Cockpit verstaut, aktivieren sie eine elektromechanische Verriegelung. Die Bodenbleche werden ausgeklinkt und geben plötzlich nach. Der Entführer fällt in eine kleine, aber weit aufklaffende Fallgrube, die mit einem robusten Netz ausgelegt ist. Ein Zugseil versiegelt den Entführer automatisch in der Grube, die zwischenzeitlich eine eiförmige Kapsel geworden ist. Die Piloten können jetzt nach Belieben einen passenden Moment wählen, um den eingekapselten Ganoven endgültig auszuschalten. Das Patent beschreibt diesen Moment so: »Die Bombenschachtklappen werden durch Luftzylinder geöffnet, sodass die Kapsel und ihr Fallschirm hindurchfallen können.« An diesem Punkt fallen der oder die Entführer, säuberlich verpackt, in die wartenden Arme der Behörden am Boden.

Die Funktionsweise von Egeresis Pizzo- und Hsieh-artiger hybrider Erfindung ist einfacher und billiger als die der Vorgänger: »Wenn eine Person versucht bzw. mehrere Personen versuchen, die Piloten zu überwältigen, kann dieses Anti-Entführungssystem für eine nichttödliche letzte Verteidigungslinie sorgen. Türen am Cockpit sind vielleicht nicht durchbruchssicher. Wenn der Pilot oder Flugbegleiter mit einer Situation konfrontiert ist, wo die Tür des Piloten im Begriff ist, überwunden zu werden, wird ein unter dem Teppich verstecktes Edelstahlnetz alle Personen an die Decke heben.«

Egeresi lässt sich nicht als Einziger von Pizzos Patent inspirieren. Im Gefolge der Angriffe vom 11. September auf New York City meldeten 16 Erfinder Patente an, die sich auf Pizzos frühere Arbeit beziehen.

Die Kosten von Bier

Eine Studie mit dem Titel »Gewaltbedingte Verletzung und der Bierpreis in England und Wales« unterstützt Aktionen des Finanzministers Ihrer Majestät, die Steuer auf ein Pint Bier um einen Penny anzuheben.

Die Autoren der Studie von der Universität Cardiff in Wales sind Wissenschaftler für Pennys und Bier. Kent Matthews ist Professor für Bankwesen und Finanzen auf dem Sir Julian Hodge-Lehrstuhl. Jonathan Shepherd, Professor an der Fakultät für Zahnmedizin und Direktor der Gewaltforschungsgruppe dieser Fakultät, hat lange für die obligatorische Verwendung von Nichtglas-»Gläsern« und -Flaschen in bis spätabends geöffneten Lokalen gekämpft. Auch Shepherds Kollege Vaseekaran Sivarajasingham war beteiligt.

Die Frage »Was verursacht gewalttätiges Verhalten?« ist nicht einfach zu beantworten. Das Trio berichtete über einige Erkenntnisse, die es aus Forschungen anderer zusammengetragen hat. Offenbar neigen Leute, die häufig betrunken sind, weniger dazu, Gewalttaten zu begehen, als Trinker, die es nicht gewohnt sind, berauscht zu sein. Die Studie beschreibt dies in prägnanten Fachbegriffen: »[Diejenigen] mit dem geringsten Bezug zu Alkohol waren einer höheren Zunahme des Risikos der Gewaltanwendung unmittelbar nach dem Alkoholkonsum ausgesetzt als diejenigen, die stärker tranken.«

Mathews, Shepherd und Sivarajasingham warnen, dass es schwierig sein kann, die spezifischen Ursachen der Gewalt festzustellen. Eine Studie von 1994 in den *Annals of Emergency Medicine,* die sie nicht erwähnen, legte genau diesen Punkt dar. Unter dem Titel »Die Folge des Bat Day im Yankee Stadium für stumpfes Trauma im Norden von New York City« heißt es darin: »Die Verteilung von 25 000 hölzernen Baseballschlägern an Besucher des Yankee Stadium erhöhte nicht die Häufigkeit von schlagstockbezogenem Trauma in der Bronx und Nord-Manhattan. Es gab eine positive Wechselwirkung zwischen der Tagestemperatur und der Häufigkeit von Verletzungen durch Schlagstöcke. Die informellen, aber allgemeinen Eindrücke von Notärzten über das Ursache-Wirkung-Verhältnis zwischen Bat Day und Schlagstocktrauma waren unbegründet.«

Die neue Bier/Gewalt-Analyse war ziemlich direkt. Matthews, Shepherd und Sivarajasingham schlugen Zahlenreihen für jede Region in England und Wales nach – in Notaufnahmen registrierte Körperverletzungsquoten, der örtliche Bierpreis, die örtliche Arbeitslosenquote und andere wahrscheinliche Verdächtige. Dann verglichen sie die Regionen untereinander.

In ihrem Bericht folgern sie: »Die regionale Verteilung des Auftretens von gewaltsamen Verletzungen ist bezogen auf die regionale Höhe des Bierpreises.« Er sagt ganz ausdrücklich voraus, dass eine einprozentige Erhöhung des Bierpreises zu 5000 Fällen von Körperverletzung weniger in jedem Jahr führen würde. Da im Vereinigten Königreich der Durchschnittspreis für ein Pint bei etwa £2.80 steht, dürfte man von der Penny-je-Pint-Aktion erwarten, dass sie etwa 1800 Körperverletzungen im Folgejahr verhindert.

Aber die Studie liefert auch die Logik für eine faszinierende alternative Methode, durch die der Kassenwart der Regierung die Zahl der Körperverletzungen verhindern könnte: die jungen Menschen von Jobs fernhalten. Die Forscher erklären es so: »Es gibt eine starke negative Beziehung zwischen Jugendarbeitslosigkeit und gewaltbedingter Verletzung. Je höher die Arbeitslosigkeit, desto niedriger ist das verfügbare Einkommen der Jugendlichen, desto niedriger der Alkoholkonsum und folglich desto niedriger das Auftreten von gewaltsamen Verletzungen.«

Etwas Fauliges in der Luft

Die automatisierte Atemanalyse, das beste Werkzeug des Polizisten, um betrunkene Fahrer zu erkennen, hat eine neue Verwendung bekommen. Drei griechische Chemiker erzählen alles in einem Bericht mit dem Titel »Analyse der ausgeatmeten Luft fastender Mönche auf dem Berg Athos«. Erschienen in einer Zeitschrift, die nur wenige Polizeibeamte jemals lesen – im *Journal of Chromatography B* –, beschreibt die Studie einen neuen Grund, um Mönche zu würdigen. Vom Standpunkt eines Wissenschaftlers aus sind fastende Mönche ein vernünftiger Ersatz für »eingeschlossene Personen unter den Ruinen eines eingestürzten Gebäudes nach einem Erdbeben«.

Der Bericht erklärt: »Überlebende sind oft in Hohlräumen von Ruinen eingeschlossen, in der Regel dehydriert und ausgehungert ... Flüchtige organische Verbindungen ausgeatmeter Luft zusammen mit flüchtigen Substanzen anderer biologischer Flüssigkeiten (Blut, Urin und Schweiß) können Hinweise auf menschliches Leben oder Verlust geben. Um ausgeatmete Luft unter ähnlichen Situationen zu untersuchen, muss man Freiwillige zur Lieferung von Atemproben finden. Doch die Bestimmung einer Gruppe von Freiwilligen, die sich 72 Stunden lang (die entscheidende Zeit für Such-

und Rettungsoperationen) zu Experimentierzwecken einem Nahrungsentzug unterziehen, dürfte schwierig sein.«

Schwierig gewiss. Aber nicht unmöglich. Daher: Mönche. Die Mönche des Klosters Vatopedi auf der Halbinsel Athos im Ägäischen Meer sind für das Fasten berühmt. Drei Tage lang vor Ostern nehmen sie weder Nahrung noch Wasser zu sich.

Sieben Mönche stellten den Wissenschaftlern ihren Atem zur Verfügung. Diese Mönche ließen dem Fasten eine Sonntagabendmahlzeit aus Fisch, Salat und Wein vorausgehen. Sie beendeten es mit einer besonderen heißen Suppe namens *housafi,* bestehend aus Pflaumen, Feigen, Trauben, Orangen und anderen Früchten. Aber bevor sie die Suppe schlürften, atmeten sie mehrmals kräftig in Sammelbeutel aus Plastik aus.

Der Atem ausgehungerter Mönche ist ein Schatz, wurde also mit Sorgfalt behandelt. Die Wissenschaftler pumpten ihn aus den Sammelbeuteln in spezielle Reagenzgläser. Dann gaben sie die Reagenzgläser in einen Gaschromatografen, ein Gerät, das den Atem in seine Bestandteile zerlegte.

Falls Sie es unbedingt wissen wollen, sind hier die 29 häufigsten flüchtigen Substanzen im Atem der Mönche vom Berg Athos nach drei Hungertagen (aber bevor sie ihren ersten Löffel Fruchtsuppe genossen hatten): Aceton, Phenol, D-Limonen, 2-Pentanon, Isopren, Acetaldehyd, n-Octylacetat, Dichlormethan, Octan, 3-Methylhexan, 2-Methylhexan, Heptan, 2-beta-Pinen, 2-Methylheptan, 4-Methylheptan, 3-Methylheptan, Kohlensäuredimethylester, 2,4-Dimethylheptan, 1-Phenylethanol, 1,2,3-Trimethylbenzol, Methylcyclohexan, Cyclohexanon, (1-Methylethyl)benzol, Toluol, Nonan, 2-Ethyl-1-Hexanol, 2-Butanon, 1,4-Dimethylcyclohexan und 1,2-Dimethylbenzol.

Das Aceton beherrschte alles andere. Der Bericht merkt ziemlich trocken an, dass »der Geruch des Acetons in der Atemluft der Mönche zu riechen war«. Der Geruch ist auch vielen Menschen vertraut, die noch nie gefastet haben: Aceton ist Nagellackentferner. Und es ist eine der Substanzen, die der menschliche Körper produziert, wenn er Fettreserven statt Nahrung verbrennt.

Analysis of expired air of fasting male monks at Mount Athos

M. Statheropoulos, A. Agapiou*, A. Georgiadou

National Technical University of Athens (NTUA), School of Chemical Engineering, Sector I, 9 Iroon Polytechniou Street, Athens 157 73, Greece

Manche Wissenschaftler schätzen die fastenden Mönche vom Berg Athos nicht nur wegen ihres stechenden Atems. Aber das ist eine ganz andere Geschichte. Sie können alles darüber in einem Bericht von 1994 mit dem Titel »Eine epidemiologische Studie bezüglich der Kopfschmerzen unter den Mönchen von Athos (Griechenland)« lesen.

T steht für Versuchung

»Der Zweck dieser Studie war es, die Bedeutungen zu untersuchen, die Beobachter einer jungen Person zuschreiben, die ein T-Shirt mit Alkoholwerbung trägt.« So beginnt eine Untersuchung, die in der Septembernummer 2004 des *Family and Consumer Sciences Research Journal* erschien.

Nie hatten Forscher diese Frage genau angepackt. Jetzt taten sie es.

Diese besonderen Wissenschaftlerinnen, Jane E. Workman, Naomi E. Arseneau und Chandra J. Ewell arbeiten an der Southern Illinois University. Die Einzelheiten ihrer Entdeckung sind zahlreich. Anders als viele in ihrem Fach verstehen es Workman, Arseneau und Ewell, einen Sumpf von Daten zu einer knappen, klaren Beschreibung einzudampfen. Hier ist ihre Version: »Ungeachtet des Geschlechts wurde die junge Person, die ein Alkohol-T-Shirt [statt eines gewöhnlichen T-Shirts] trug, als weniger ehrlich bewertet, als weniger unabhängig, weniger verantwortungsbewusst, weniger feminin, weniger vertrauenswürdig, weniger religiös, weniger zuverlässig, wenn es um Pünktlichkeit ging, weniger vielversprechend in der Schule und mit einer größeren Wahrscheinlichkeit, Raucher und Partygänger zu sein, sowie eher zu trinken, Risiken einzugehen und obszön zu reden.«

Die Forscher sagen nicht, dass Träger von Alkohol-T-Shirts weniger ehrlich oder weniger enthaltsam oder weniger was auch immer als andere Teenager sind. Die Studie, betonen sie, bietet nur »einen wichtigen Nachweis der Einschätzungen, die mit T-Shirts mit Alkoholwerbung verknüpft werden«.

Aha, aber sie sehen doch eine Gefahr. Die falsche Art T-Shirt zu tragen »könnte Gleichaltrige veranlassen, sich eine Meinung von dem Träger als unabhängig, autonom, gesellig, verantwortungslos oder leichtsinnig zu bilden«. Und das »könnte zu mehr Situationen und gar Zwängen für junge Personen führen, sich auf riskante Verhaltensweisen einzulassen«. Mit anderen Worten, wenn Sie ein solches Hemd tragen, verleiten Sie andere dazu, Sie durch deren Einschätzung auf die Straße ins Verderben zu locken.

Workman, Arseneau und Ewell behaupten natürlich nicht, dass ihre gesamte Theorie gänzlich neu ist. Sie stehen bildlich gesprochen auf den Schultern von T-Shirt-Giganten. Diese Giganten sind Donna K. Darden und Steven K. Worden, deren Bericht von 1991, »Identitätsverlautbarung in der Massengesellschaft: das T-Shirt«, eine Theorie verkündete, die erklärte, wie T-Shirts als Symbole fungieren können. Er wurde unter freundlichem Beifall in der Zeitschrift *Sociological Spectrum* veröffentlicht.

Worden und Darden sind übrigens für mehr als nur ihre T-Shirt-Arbeit bekannt. Sie sind in mancher Hinsicht das erste Paar (akademisch gesprochen) des Hahnenkampfs. Ihr Bericht »Messer und Sporen: Definitionen in der abartigen Welt des Hahnenkampfs« erschien 1992 in der Zeitschrift *Deviant Behavior* und ging sang- und klanglos unter. Acht Jahre später erschien er erneut als ein Kapitel des erstaunlich langweiligen Buches *Devianz und Deviante: Eine Anthologie.* Dazu der Verlag: »Worden und Darden argumentieren, dass sogar in einem devianten Rahmen manche Beteiligte als devianter als andere definiert werden.«

Workman, Arseneau und Ewell hoffen in ihrer T-Shirt-Studie, dem abweichenden Verhalten vorzubeugen. Ihr Bericht endet mit einem kräftigen Weckruf: »Schulverwalter benötigen manchmal empirische Beweise, um ein Verbot bestimmter Kleidungsstücke zu rechtfertigen. [Unsere] Untersuchung liefert empirische Beweise, um ein Verbot von Kleidungsstücken mit Alkoholwerbung durchzusetzen.«

Fette Chance der Kriminalität?

Dicke Menschen werden mit größerer Wahrscheinlichkeit kriminell, und gerade ihre Korpulenz kann dazu beitragen, ihre Kriminalität zu formen. Das ist die Schlussfolgerung, zu der Professor Gregory N. Price in einer in der Zeitschrift *Economics Letters* erschienenen Studie mit dem Titel »Fettleibigkeit und Verbrechen: Gibt es eine Beziehung?« gelangt.

Price, Wirtschaftswissenschaftler am Morehouse College in Atlanta, Georgia, schreibt, dass seine Erkenntnisse mit denen eines breiten Korpus älterer wirtschaftswissenschaftlicher Forschungsarbeiten übereinstimmen: »Es gibt Beweise, dass Fettleibigkeit bei Individuen die Löhne drückt, die Teilhabe am Arbeitsmarkt reduziert, die Arbeitsleistung einschränkt und die Bildung von Humankapital verhindert, das wichtig für den Erfolg auf dem Arbeitsmarkt ist. Soweit die Auswirkungen der Fettleibigkeit auf dem Arbeitsmarkt die Anreize reduzieren, die ein Individuum für sein Einbringen in rechtmäßige Arbeitsmarktaktivitäten hat, ist es einleuchtend, dass Fettleibigkeit individuelle Anreize erhöht, sich auf gesetzwidrige Aktivitäten wie Verbrechen einzulassen – ein Gedanke, den wir empirisch erforschen.«

Indem er ein royales »wir« benutzt, erklärt Price: »Unsere Daten beziehen sich auf Straftäter, die im Staat Mississippi am 20. August 2005 inhaftiert waren und deren Nachnamen mit ›A‹ anfangen.«

Er (das heißt »wir«) bezog 19 Variablen in seine Erwägungen ein. Diese umfassen Alter, Geschlecht, Körpergröße, Taillenumfang, Rasse einer Person und 13 verschiedene Aspekte der Fettleibigkeit der Person.

Eine Variable heißt »Scrabble«. Price erklärt, dass »die Scrabble-Auswertung des Vornamens des Häftlings auf den numerischen Werten beruht, die den Buchstaben im Brettspiel Scrabble, das von Mattel Inc. und Hasbro Inc. hergestellt und vertrieben wird, zugewiesen sind.« Er zitiert frühere Studien (von Forschern namens Figlio, Bertrand und Mullainathan) bezüglich der Frage, warum der Scrabble-Wert eines Personennamens bedeutsam ist: »Figlio (2005) zeigt, dass Personen mit geringem sozioökonomischem Status eine Tendenz zu Vornamen mit hohem Scrabble-Wert haben ... Figlio findet, dass es für schwarze Schüler in einem großen staatlichen Schulbezirk in Florida eine negative Auswirkung auf Testergebnisse hat, einen Nachnamen mit einem hohen Scrabble-

Wert als Teil eines Indexes des sozioökonomischen Status zu haben. Da Testergebnisse ein Bestandteil des Humankapitals sind, weist dies darauf hin, dass das Schwarzsein eines Namens, gemessen am Scrabble-Wert, nachteilige Auswirkungen am Arbeitsmarkt haben kann (Bertrand und Mullainathan, 2004), was die Wahrscheinlichkeit erhöhen könnte, dass ein Verbrechen für ein Individuum annehmbar ist.«

In einer Bemerkung am Rande, die sich literarisch wie ökonometrisch lesen lässt, zitiert der Beitrag auch einen Wirtschaftswissenschaftler namens Gloom, der sich über Feinheiten hinsichtlich des Verhältnisses zwischen einem medianen und einem durchschnittlichen Einkommen auslässt.

Price schließt mit einer Diskusssion der Folgerungen aus seiner Entdeckung. Er schreibt: »Maßnahmen des Gesundheitswesen, die erfolgreich Fettleibigkeit unter Individuen reduzieren, werden die Gesellschaft nicht nur gesünder machen, sondern auch sicherer. Falls Fettleibigkeit unter Individuen in der Bevölkerung die Wahrscheinlichkeit erhöht, dass sie sich auf kriminelle Aktivitäten einlassen, würden Reduzierungen der Fettleibigkeit auch das individuelle Verbrechensrisiko und die gesamte Verbrechensquote in der Gesellschaft reduzieren.«

In Kürze
»Grund des mikrobiellen Todes während des Gefriervorgangs in einem Softeis-Gefrierschrank«
von J. Foley und J. J. Sheuring (erschienen im *Journal of Dairy Science*, 1966)

Eine hieb- und stichfeste Forschungsleistung

In dieser Ära der Elektroschockpistolen, 1000-Kilo-Bomben und hochentwickelten, nicht mehr überprüfbaren Raketenabwehrsysteme verstehen nur wenige Personen die Wirkung der Form eines Messerhefts auf die Stichleistung. Ian Horsfall und seine Kollegen zählen zu der stolzen, glücklichen Schar der Brüder und Schwestern. Ihr Bericht »Die Wirkung der Form des Messerhefts auf die Stichleistung« macht es uns allen leicht, an diesem Wissen teilzuhaben.

Das Team arbeitet am Royal Military College of Science, Cranfield University, in Swindon, Großbritannien. Der Titel des Berichts ist Ausdruck der Bescheidenheit der Wissenschaftler, denn sie untersuchten nicht nur die Form des Griffs, sondern auch seine Größe.

»Das Fazit ist«, sagt Horsfall, »dass die Stichleistung fast völlig von der Person abhängt und keine Funktion des Messerhefts ist.« Er betont, dass »diese Abhandlung in keiner Weise veranschaulicht, wie man Menschen ersticht«. Die Stoßrichtung der Forschung ist, wie man Menschen gegen Messerstiche schützt, und besonders, wie man Panzerwesten für Polizisten entwirft.

Frühere Untersuchungen, einschließlich einiger von denselben Wissenschaftlern, betrachteten die physikalischen Grundlagen des Stechens. Das Thema war schon von Interesse für Arthur Conan Doyle, der von folgendem Gedankenaustausch zwischen Sherlock Holmes und Dr. Watson berichtete: »Er schmunzelte, während er den Kaffee einschenkte. ›Wenn Sie in Allardyces hinteren Laden hätten schauen können, hätten Sie ein totes Schwein an einem Haken an der Decke baumeln gesehen und einen Gentleman in Hemdsärmeln, der mit dieser Waffe wütend darauf einstach. Ich war diese energische Person, und ich habe mich davon überzeugt, dass ich mit keiner noch so großen Kraftanstrengung das Schwein mit einem einzigen Hieb durchbohren kann.‹«

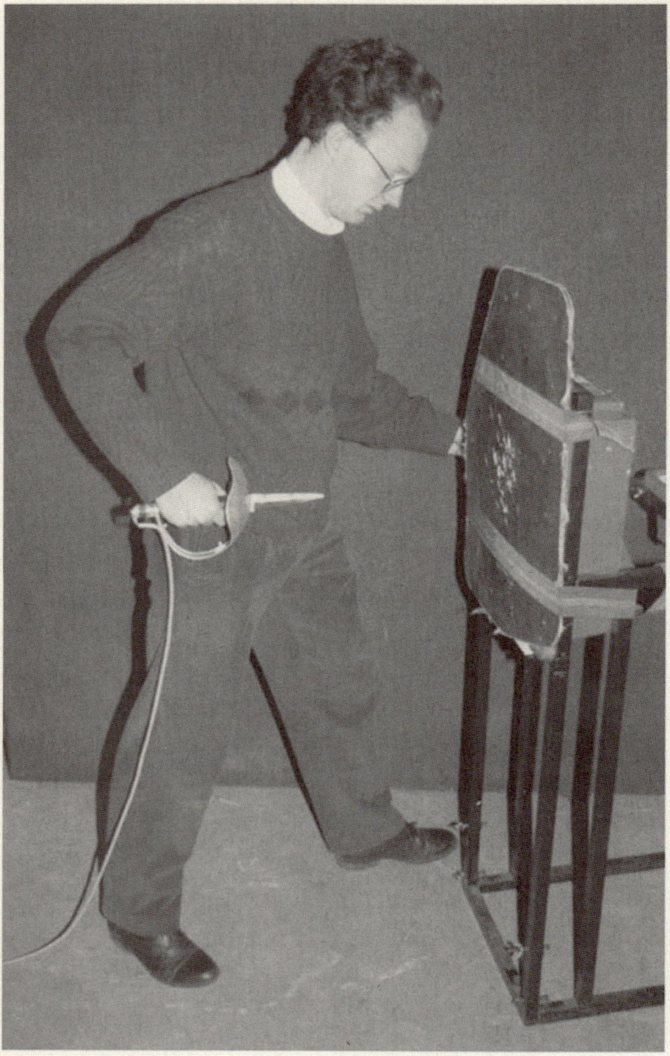

Demonstration eines Unterarm-Stichs

Niemand, nicht einmal Holmes, achtete aufmerksam auf die Geometrie der Messerhefte. Horsfall et al. suchten dieses Versäumnis zu korrigieren.

Eine Analyse der Messerstichkraft ist teils theoretisch, teils experimentell. Die Experimente sind im Allgemeinen anschaulich, denn sie finden manchmal an den Kadavern kräftiger Wirbeltiere und mit manchen äußerst scharfen Instrumenten statt (Säbeln und generalstabsmäßigen Klingen, die einst in Mode waren). Wie Horsfall et al. es in einem früheren Beitrag ausdrückten, ist das Zustechen »eine relativ komplexe Aufgabe, da es nicht nur eine große Vielfalt von möglichen Waffen gibt, sondern auch ein höchst variables menschliches Element in der energischen Handhabung der Waffe«.

Das neue Experiment fand unter Beteiligung von elf freiwilligen Messerstechern unterschiedlicher Körpergröße statt. Sie benutzten ein Messer, das mit besonderen Messgeräten und zu verschiedenen Zeiten mit vier austauschbaren – und sehr unterschiedlichen – Heftarten ausgestattet war.

Die Freiwilligen bekamen keine Kadaver zum Stechen. Stattddessen versenkten sie ihre Klingen in einem Fleischersatz – eine 5,5 Millimeter dicke Platte aus Aramidverbundwerkstoff, die vor einen großen Lehmblock gehalten wurde. Nachdem alles getan und gesagt war, hatten sie bewiesen, dass das Gedöns um Messerhefte nahezu belanglos ist, wenngleich eine packende Ablenkung. Gleich wie Sie es zurechtschneiden, wer geschickt und stark ist, sticht am besten.

Durchgeknallte Sicherheit

»Wer beobachtet die Beobachter?« wird zu einer besonders interessanten Frage, wenn die Beobachter Psychotiker sind. Ein Ärzteteam aus Texas und Kalifornien erforschte diese

Frage 1993 im *Journal of Forensic Sciences.* Ihre Namen sind J. A. Silva, G. B. Leong und R. Weinstock. Ihre Studie heißt »Der psychotische Patient als Wachmann«. Schnell bekennen sie: »Obwohl die Öffentlichkeit annimmt, dass nur geistig gesunde Personen, welche die Fähigkeit besitzen, mit aufreibenden Situationen umzugehen, als Wachmänner eingestellt werden, muss das nicht der Fall sein.«

Die Ärzte diskutieren über »eine kleine Auswahl von Wachmännern, die an psychotischen Störungen litten«, wie sie es bezeichnen. Der Ausdruck »eine kleine Auswahl« ist quälend. Er regt die nicht gestellte und nicht beantwortete Frage an: »Welcher Prozentsatz von Sicherheitsleuten ist psychotisch?« Die Autoren legen allerdings etwas zusammenhanglos Wert darauf zu sagen, dass »weitere Arbeit notwendig ist, um den Anteil stationär behandelter psychotischer Patienten, die Sicherheitsleute sind, zu ermitteln.«

Ihre kleine Auswahl besteht aus 15 Wachleuten, von denen einer, vorgestellt als Mr. A, eine besonders ausführliche Untersuchung bekommt. Mr. A wurde Wachmann, nachdem er aus dem Gefängnis entlassen worden war, weil er ein Messer benutzt hatte, um Stimmen zu gehorchen, die ihm befahlen, einen Fremden zu töten. Die Ärzte berichten, dass letztendlich »Mr. A seine Arbeit als Wachmann auf den Rat seiner akustischen Halluzination hin aufgab«.

13 der 15 Kandidaten erfüllten alle Kriterien für paranoide Schizophrenie. Den beiden anderen wurde eine schizoaffektive Störung attestiert. Acht sagten, sie hätten während der Arbeit Halluzinationen und paranoide Wahnvorstellungen erlebt.

Von den 15 erwähnten 8, dass sie eine Vorgeschichte hinsichtlich aggressiven Verhaltens hätten, und nur drei sagten, sie hätten Personen mit einem Messer angegriffen. Lediglich einer war während der Arbeit gegen jemanden tätlich geworden. Zwei andere sagten, sie hätten die Erlaubnis erhalten, Schusswaffen zu tragen, diese Erlaubnis jedoch nicht ausgenutzt.

Diese besondere Kombination von Beruf und Geisteszustand, deutet der Bericht an, mag ihre winzige gute Seite haben. »Ein geringes Maß an Misstrauen«, schreiben sie, »mag adaptiv sein für den Sicherheitswachmann.« Dies wird am Fall von Mr. A veranschaulicht. Obwohl Mr. A während seiner Zeit auf dem Posten zunehmend paranoid wurde, »fühlte er sich sicher, da seine akustischen Halluzinationen ihn warnten und ihm halfen, potenzielle Eindringlinge von Passanten zu unterscheiden.«

Die Ärzte sagen, dass alle 15 psychotischen Wachen monetäre Motive als Hauptgrund für die Aufnahme dieses Berufs angaben. Die Ärzte deuten nicht an, ob und wie dies von den Motiven nichtpsychotischer Sicherheitsleute abweicht.

Im Bericht wird geistig gesunden Fachleuten geraten, »berufliche Werdegänge, einschließlich der Arbeit als Wachmann, von psychotischen Patienten zu dokumentieren und zusammenzutragen«. Er legt der Öffentlichkeit in etwas wirrer Sprache nahe, dass »psychotische Wachleute, die Waffen tragen, das größte Risiko sein können, eine Gefahr für andere darzustellen«. Und an die Adresse von Arbeitgebern gerichtet folgt dies: »Die Frage, wer als Sicherheitsmann eingestellt werden sollte, besonders falls Waffen getragen werden, verdient weitere Untersuchungen.«

O?

»Was ist ein Name?«, lautet Shakespeares berühmte Frage – aber vom Standpunkt eines Detektivs aus ist die Frage beängstigend umfassend. Ein Team von Wissenschaftlern aus der Schweiz und Frankreich stellte eine zielgenauere Untersuchung an: Was steckt in einem großgeschriebenen O? Sie plauderten alles in einer Studie aus, die in der Zeitschrift *Forensic Science International* erschien.

Dies war ihre Methode, eine große juristische Sorge aufzugreifen. Fachleute der Polizei und anderer Strafjustizbehörden plagen sich gelegentlich ab, um über die Bedeutung einer Handschriftenprobe zu entscheiden. Diese Experten verlassen sich auf zwei sogenannte fundamentale Gesetze der Handschrift: dass erstens keine zwei Personen genau gleich schreiben und dass zweitens keine Person dasselbe Wort zweimal völlig identisch schreibt. Das Problem ist, dass niemand weiß, ob diese »Gesetze« richtig sind. Vielleicht, nur vielleicht, ruht unser Rechtssystem auf Mutmaßungen, die, wie der Buchstabe O an sich, hohl sind.

Raymond Marquis vom Kriminalwissenschaftlichen Institut der Universität Lausanne und drei Kollegen warfen einen unerschrockenen Blick auf diese möglicherweise klaffende Lücke im Rechtssystem. Sie untersuchten Handschriftenproben von drei Personen. Zusammen enthielten die Proben 445 handgeschriebene große Os, die die Wissenschaftler geeignet für eine Analyse hielten.

Fernsehkrimis haben uns eine irreführende Vorstellung von Handschriftenanalysen vermittelt. Der neueste Stand der Technik ist im Wesentlichen der – eine traditionelle Kunst, gespickt mit ein paar netten Brocken strenger Wissenschaft. Marquis und sein Team schreiben: »Die Buchstabenform ist nicht in umfassender und präziser Weise im Rahmen der

Person 1 Person 2 Person 3

Os, Proben

unterschiedlichen existierenden Methoden studiert worden; nur bestimmte Aspekte sind mit einer Vielfalt geometrischer Messungen behandelt worden.«

Das ist wahr. Kein anderer Großbuchstabe ist mit genau der gleichen rechnerischen Strenge untersucht worden, die Marquis' Team ihrem auserwählten Buchstaben zukommen ließ. Nicht Y, nicht M, nicht C. Nicht einmal A.

Das Team zerlegte jedes große O, Schritt für Schritt. Zuerst digitalisierten sie das O und verwandelten es in eine Masse von Daten, die für jeden gesunden Computer verdaulich waren. Dann entfernten sie das Fett von den geschriebenen Zeilen, indem sie jedes einzelne O auf seine eigene besondere, dürre, skelettartige Form reduzierten – eine wacklige, skurrile Kontur. Dann führten sie eine Fourier-Analyse durch, die eine Art von mathematischem Röntgen darstellt. Diese offenbarte eine Reihe einfacher Bilder, wobei jedes irgendeinen einfachen Aspekt der persönlichen O-heit dieses bestimmten Os zeigte – seine Elliptizität, seine Dreieckigkeit, seine Viereckigkeit, seine Fünfeckigkeit, seine Sechseckigkeit. Zusammen ergeben diese ein gutes, rundes, genaues Bild dieses einmaligen individuellen Os.

Die Wissenschaftler waren begeistert von dem, was sie fanden. Die Fourier-Analyse verriet ihnen in der Tat zuverlässig, welche der 445 großen Os von welcher der drei Personen von Hand geschrieben worden waren.

Die große Frage haben sie indes noch nicht beantwortet: Können wir den Gesetzen der Handschriftenanalyse trauen? Aber sie haben die Dinge in die richtige Richtung in Bewegung gesetzt. Marquis und seine Kollegen haben, sagen sie eindringlich, »gestützt auf das Studium des Großbuchstabens O einen Schritt zur objektiven Unterscheidung zwischen Schreibern« gemacht.

Stehlen Ethiker mehr Bücher?

Do ethicists steal more books?

Eric Schwitzgebel

If explicit cognition about morality promotes moral behavior then one might expect ethics professors to behave particularly well. However, professional ethicists' behavior has never been empirically studied. The present research examined the rates at which ethics

»Man könnte annehmen, dass Ethiker sich entsprechend einem besonders ausgeprägten moralischen Skrupel benehmen würden«, beginnt die kleine Studie und sieht Ihnen direkt in die Augen, während sie, in inhaltlicher Hinsicht, grinst und prustet. Die zwei Koautoren, Philosophieprofessoren mit dem Spezialgebiet Ethik, lassen sich somit auf etwas ein, das sie als »vorläufige Untersuchung« ihrer Ethikkollegen bezeichnen.

Eric Schwitzgebel von der University of California, Riverside, und Joshua Rust von der Stetson University in Deland,

Florida, befragten an die 300 Teilnehmer einer Tagung der amerikanischen philosophischen Vereinigung. Erzählen Sie uns, fragten sie auf unterschiedliche Weise, vom ethischen Verhalten der Ethiker, die Sie kennen. Schwitzgebel und Rust boten jedem Süßigkeiten an, der bereit war, den Fragebogen auszufüllen. Sie berichten, dass »eine Anzahl Leute Süßigkeiten stahlen, ohne einen Fragebogen auszufüllen, oder ohne Erlaubnis mehr nahmen, als ihnen zustand«.

Die Ethikexperten insgesamt deuteten an, dass Ethiker sich nicht ethischer verhalten als andere Personen. Die Abhandlung, erschienen in der Zeitschrift *Mind,* hält dann kurz inne, um den Kontext zu erweitern. »Polizeibeamte begehen Verbrechen«, sagt sie. »Ärzte rauchen. Wirtschaftswissenschaftler investieren schlecht. Geistliche missachten die Vorschriften ihrer Religion.«

Schwitzgebel verfasste als alleiniger Autor auch eine Studie mit dem Titel »Stehlen Ethiker mehr Bücher?«, die sich mit den Ellbogen den Weg zu den Lesern der Zeitschrift *Philosophical Psychology* bahnte. Er stellte Listen von philosophischen Büchern auf – einige speziell über Ethik, andere nicht. Mithilfe von Informationen, die durch Computernetzwerke verfügbar sind, untersuchte er den Status jedes Exemplars dieser Bücher in 19 britischen und 13 amerikanischen Bibliothekssystemen des akademischen Bereichs.

Eric Schwitzgebel betrachtete gesondert, was mit neueren Büchern geschah (Buchanans *Ethics, Efficiency and the Market;* Barons *Kantian Ethics Almost Without Apology,* Hurds *Moral Combat* und dergleichen Bestsellern) und mit älteren (Aristoteles' *Nikomachische Ethik,* Kants *Kritik der Urteilskraft,* Nietzsches *Jenseits von Gut und Böse* und anderen geliebten Meisterwerken).

Es war ungefähr die gleiche Geschichte. Die Ethikbücher,

ob jugendlich oder gealtert, gingen häufiger verloren als die nicht ganz so gnadenlos ethischen Bücher.

Die jüngeren, »relativ unbekannten zeitgenössischen Ethikbücher von der Art, die wahrscheinlich vor allem von Professoren und fortgeschrittenen Studenten ausgeliehen werden, wurden tatsächlich mit 50% höherer Wahrscheinlichkeit vermisst«. Die alten, »klassischen (vor 1900 veröffentlichten) Ethikbücher wurden mit etwa doppelter Wahrscheinlichkeit vermisst«. (Nach diesen älteren Büchern suchte Schwitzgebel nur in den amerikanischen Bibliotheken, wobei er grummelte, dass »sich das britische Bibliothekskatalogsystem als unpraktisch und unhandlich erwies«.)

In jüngerer Zeit hat Schwitzgebel in seinem Blog über »die Phänomenologie, ein Idiot zu sein« geschrieben. Er identifizierte dabei zwei wichtige Komponenten des Idiotentums. »Erstens: ein indirektes oder eindeutiges Gefühl, dass Sie eine ›wichtige‹ Person sind.« »Zweitens: ein indirektes oder eindeutiges Gefühl, dass Sie von Idioten umgeben sind.)«

Um zu entscheiden, ob Sie selbst ein Idiot sein könnten, schlägt Schwitzgebel Ihnen vor, diese zwei simplen Kriterien zu betrachten. Er fügt den fast obligatorischen Gedanken hinzu: »Ich kann nicht sagen, dass ich selbst bei dieser Diagnose so gut dastehe, wie ich gehofft hätte.«

Zwölf
Es muss ... etwas bedeuten

In Kürze
»Descartes und der Darm: ›Ich bin pink, also bin ich‹«
von D. G. Thompson (erschienen in *Gut*, 2001)

Dies und mehr finden Sie in diesem Kapitel: Unflätige Wörter für Schiedsrichter • Der Niedergang der öffentlichen Beschimpfung • Wie schlägt des Poeten Herz elektrisch • Der, der, der, der, der, der, der, der, der, in Ordnung • Das Kolon des Gelehrten • Schlechtes Hervorheben • Dude • Bob, nach seinem Aussehen zu urteilen • Gówsü; Déznep; Wítaw; Thôbonf; Mávquawpûnt; Stisk • »Bedeutung« bedeutet »Bedeutung«

Der Fluch des Schiedsrichters

Haben Schimpfwörter voraussagbare Auswirkungen auf Fußballschiedsrichter? Ein Team österreichischer Wissenschaftler packte diese Frage in einer Studie mit dem Titel »Darf ich über einen Schiedsrichter fluchen? Schimpfwörter und ihre Folgen« an. Stefan Stieger von der Universität Wien sowie Andrea Praschinger und Christine Pomikal, die sich als »unabhängige Wissenschaftler« beschreiben, veröffentlichten ihren Bericht im *Journal of Sports Science and Medicine.*

Fußballschiedsrichter setzen die Spielregeln durch, die vom Dachverband des Sports, der FIFA (Fédération Internationale de Football Association), aufgestellt wurden. Die in obigem Kontext relevante Vorschrift ist die Regel 12 der FIFA (»Fouls und unsportliches Verhalten«), deren allerletzter Abschnitt – Abschnitt 81 – einfach sagt: »Ein Spieler, der schuldig ist, anstößige, beleidigende oder schmähende Äußerungen oder Gebärden zu gebrauchen, wird des Feldes verwiesen.«

Stieger, Praschinger und Pomikal führten ihre Forschung in

zwei Schritten durch. Zuerst besorgten sie sich einige Schimpfwörter. Dann, mit den Obszönitäten zur Hand, fanden sie einige Schiedsrichter, die bereit waren, bei einer Umfrage mitzumachen.

Das Team begann mit dem Aufstellen einer Liste von 100 Schimpfwörtern. Dann reduzierten sie die Liste, indem sie 13 deutschsprachige Einwohner Österreichs rekrutierten, 6 Frauen und 7 Männer. Sie alle bewerteten jedes einzelne Wort, indem sie den Grad der Beleidigung festlegten und ob es sowohl auf Männer wie auf Frauen richtig angewendet werden könnte. »Die Teilnehmer mussten [auch] den beleidigenden Inhalt jedes Schimpfworts bewerten. Betrifft das Schimpfwort die Urteilskraft der Person (z. B. Blinder), Intelligenz (z. B. Depp), Aussehen (z. B. Fettsack) oder sexuelle Orientierung (z. B. Schwuchtel)? Die Forscher fanden dann 113 mutige Unparteiische aus ganz Österreich und legten jedem die folgende Situation dar: Während einer Spielunterbrechung kommt ein Mannschaftskapitän auf Sie zu und schlägt vor, dass Sie eine bestimmte Entscheidung treffen. Sie lehnen ab. Hierauf sagt der Mannschaftskapitän ... (das unten erwähnte Schimpfwort), dreht sich um und geht [weg].« Reagieren Sie, als Schiedsrichter, indem Sie (1) eine Rote Karte geben oder (2) eine Gelbe Karte geben oder (3) eine Verwarnung aussprechen oder (4) gar nichts tun? Jeder Schiedsrichter bekam diese Fragen für jedes der 28 Schimpfwörter gestellt.

Ihre Antworten zeigten ein klares Muster. »Bei der Analyse aller Schimpfwörter wurde unabhängig von ihrem beleidigenden Charakter festgestellt, dass 55,7 % der Schimpfwörter mit einer Roten Karte geahndet worden wären, obwohl Regel 12 in allen Fällen eine Rote Karte vorgeschrieben hätte.« Nur sehr wenige Offizielle hätten immer automatisch den Spieler vom Platz gestellt.

Bei der Untersuchung der wesentlichen Elemente ihrer Daten gewannen die Forscher zwei allgemeine Erkenntnisse. Erstens, »dass der Entschluss, eine Rote Karte zu geben, vom beleidigenden Inhalt des Schimpfworts abhängig war«. Zweitens, »dass Schiedsrichter eine Rote Karte eher für Wörter mit sexuellem Inhalt geben würden als für Begriffe, die jemandes äußere Erscheinung herabwürdigen«.

Mit besten Empfehlungen
»Fluchen als Antwort auf Schmerz«
von Richard Stephens, John Atkins und Andrew Kingston (erschienen in *Neuroreport*, 2009; ausgezeichnet mit dem Ig-Friedensnobelpreis 2010)

Alles noch schlimmer

Beleidigungen sind auch nicht mehr das, was sie einmal waren. Zu diesem Ergebnis kommt eine Studie, die unter dem Titel »Der Niedergang der öffentlichen Beleidigung in London 1660–1800« veröffentlicht wurde. Der Autor der Studie, Robert B. Shoemaker, lehrt Britische Geschichte des 18. Jahrhunderts an der Sheffield University in England.

Professor Shoemaker studierte eingehend Protokolle von Gerichtsprozessen vom späten 16. bis zum frühen 19. Jahrhundert mit besonderem Augenmerk auf den Beleidigungen. Es gab eine Zeit, da konnte man leicht vor Gericht landen, wenn man jemanden öffentlich – oder sogar privat – beleidigte, und von dort, wenn die Beleidigung gut war und einen das Glück im Stich ließ, im Gefängnis.

Shoemaker dokumentierte die Zahl der von Beleidigungen angeheizten Strafverfolgungen am Bischöflichen Konsistorium von London durch die Jahrhunderte. »Das Muster ist klar«, schreibt er, »eine starke Zunahme im späten 16. Jahrhundert bis zu einem Höhepunkt in den 1620er- und 1630er-Jah-

Offiziell anerkannte Schimpfwörter: Beispiel der Grafschaft Middlesex 1660–1780

	besondere Wörter	allgemeine Wörter	gewöhnliche Beleidigungen	insgesamt
1660s	17	0	13	30
1670s	13	21	37	71
1680s	15	8	22	45
1690s	5	6	15	26
1700s	4	2	10	16
1710s	1	4	17	22
1720s	5	26	2	33
1730s	3	21	1	25
1740s	7	19	2	28
1750s	1	2	2	5
1760s	0	2	1	3
1770s	0	0	0	0
insgesamt	71	111	122	304

ren, gefolgt von einem Einbruch ... Bis zum späten 18. Jahrhundert waren die Strafverfolgungen pro Kopf auf eine bis zwei auf 100 000 im Jahr gefallen.« Bis zu den späten 1820er-Jahren war die Zahl der Strafverfolgungen auf beleidigende eine oder zwei insgesamt im Jahr zurückgegangen.

(Der Höhepunkt für Gerichtsverfahren war übrigens 1633, das Jahr, in dem Samuel Pepys geboren wurde. Man kann nur spekulieren, um wie viel bunter sein berühmtes Tagebuch ausgefallen wäre, wenn Pepys eine Generation früher gelebt hätte, in Londons goldenem Zeitalter der Beleidigung.)

Während die Jahre verstrichen, büßten einzelne schlimme Wörter einiges von ihrer Macht ein, Strafverfolgungen auszulösen. Gerichtsverfahren befassten sich stattdessen mit allgemeineren Anschuldigungen. Es machte weniger Spaß, Gerichtsdokumente zu lesen, denn sie enthielten weniger freche, anstößige Beinamen, und die Anklagen bestanden jetzt aus breiigen Wendungen wie »Schimpfnamen«, »anstößige Beschimpfung« oder »grob beleidigend«.

Im 17. und 18. Jahrhundert wurde die rechtliche Behandlung der Beleidigung revolutioniert, behauptet Shoemaker, indem er uns erzählt, dass »gerade die Natur, Funktion und Bedeutung der Beleidigung sich über diesen Zeitraum hinweg veränderten«.

Er führt die Worte der Historikerin Laura Gowing vom King's College London an. Gowing betonte, dass es in früheren Jahren zu »Beleidigungen selten in Privathäusern, bei Mahlzeiten oder in privaten Unterhaltungen kam, sondern diese inszeniert wurden, oft im Freien, mit einem Publikum, das von den Zeugen gestellt wurde, die auf der Straße ›einen großen Lärm hörten‹, ihre Arbeit oder ihre Häuser verließen, um nachzuforschen und dazwischenzutreten ... die Türschwelle war der entscheidende Ausgangspunkt für den Austausch von Beleidigungen.«

Aber spätestens im 18. Jahrhundert, berichtet Shoemaker, »wurde die Beleidigung weniger öffentlich«. Beleidigungen wanderten nach innen. Viele »fanden statt an halb privaten Orten, zum Beispiel in Höfen, Geschäften, Wirtschaften und Häusern, wo es nicht immer viele Zeugen gab«. »Es gab [auch] viel weniger Gewissheit, ob ehrenrührige Worte automatisch Leumunde zerstörten«, und »dementsprechend nahm die Wirkung beleidigender Worte ab«.

All dies sagt uns etwas Trauriges über Modernisierung: »Grundsätzlich wussten die Londoner des 18. Jahrhunderts wegen häufiger geografischer Mobilität nichts vom Treiben ihrer Nachbarn oder interessierten sich nicht so sehr dafür, wie sie es früher getan hatten.«

In dieser Sicht der Dinge gingen die öffentlichen Beleidigungen zurück, weil moderne Bürger ihre Nachbarn nicht mehr liebten.

Maße der Poesie

Poesie lässt angeblich, meinen Poeten, das Herz flattern und den Atem stocken. Ein Team von deutschen, Schweizer und österreichischen Wissenschaftlern zeigte, dass die Behauptung ganz richtig ist, zumindest unter bestimmten Laborbedingungen.

Die Forscher versuchten, dies lyrisch zu beschreiben. Sie versuchten, sagen sie, »die Synchronisation zwischen niederfrequenten Atemmustern und respiratorischer Sinusarrhythmie (RSA) der Herzfrequenz während gesteuerter Rezitation von Poesie zu ermitteln«.

20 gesunde Personen verbrachten freiwillig 20 Minuten damit, Hexameterverse aus der altgriechischen Literatur laut zu lesen. Diese Freiwilligen waren deutschsprachig. Sie lasen einen Abschnitt aus einer deutschen Übersetzung von Homers Herzklopfen verursachendem, den Atem beschleunigendem Epos *Die Odyssee.* Im Rahmen moderner Empfindlichkeiten war das Forschungsprotokoll im Voraus von einem Ethikkomitee gebilligt worden. Die Studie erschien im *American Journal of Physiology – Heart and Circulatory Physiology.*

Dr. Dirk Cysarz vom Gemeinschaftskrankenhaus Herdecke leitete das Team. Er liebt es, Dinge des Herzens und der Lunge zu studieren, besonders die Art und Weise, wie diese Organe Rhythmus und Mitgehen zeigen. Andere Gruppenmitglieder haben sich in ihrer beruflichen Laufbahn in die Geheimnisse von Mathematik, Musik oder Sprachproblemen vertieft.

Jedem Freiwilligen, der in den Methoden modernen medizinischen Experimentierens unerfahren war, dürfte die Rezitation unerwartet komplex erschienen sein. Im alten Griechenland war das Rezitieren von Dichtung ein einfacher Vorgang. Man stand oder saß, gänzlich unbelastet, und sprach. Aber hier, jetzt, waren Schnüre angeschlossen. Die Griechen jedenfalls hätten sie als Schnüre bezeichnet. Wir sagen dazu Stromkabel.

Während die Freiwilligen Homer von den Lippen sprudeln ließen, sendeten sie auch elektrische Signale direkt von ihrem Herzen über einen Umwandler und Kabel an ein Gerät, das ein Elektrokardiogramm aufzeichnete.

Und das ist nicht alles. Die Poesie rezitierenden, elektrische Impulse erzeugenden Freiwilligen lieferten auch Ströme von Informationen über ihren nasalen oder oralen Luftstrom. Drei Thermistoren waren neben den Nasenlöchern und vor dem Mund befestigt. Thermistoren sind kleine elektronische Geräte, die Temperaturveränderungen messen – in diesem Fall zwischen warmer ausgeatmeter Luft und kühlerer Luft, die gleich eingeatmet wird. So werden die Nuancen des Atems und Pulses dokumentiert, woraus sich ein Protokoll der poetisch-physiologischen Erfahrung jedes Freiwilligen ergibt.

Die Wissenschaftler trugen einen potenziell blühenden, summenden Wirrwarr von Daten zusammen. Um daraus schlau zu werden, verwendeten sie statistische und mathematische Werkzeuge, die größtenteils in der Zeit Homers nicht existierten: Zeitreihen-Bandpassfilter, Fourier-Transformationen, Hilbert-Transformationen, RR-Tachogramme.

Das Ergebnis des Ganzen ist in dem Titel ihrer Studie zusammengefasst: »Schwankungen der Herzfrequenz und Atmung laufen während der Rezitation von Poesie synchron.« Wenngleich in ziemlich technischer Sprache ausgedrückt, stimmt dies mit der Ansicht von über Jahrtausende hinweg deklamierenden Poeten überein. Die Synchronisation, wissen wir jetzt, ist nicht perfekt. Aber das Projekt bringt uns dem Verständnis von Poesie, Einatmung und Ausatmung ein klitzekleines bisschen näher, in Zahlen ausgedrückt.

Where the –

»The« hat seinen Platz. Das ist mehr oder weniger das Thema von Glenda Brownes Abhandlung mit dem Titel »Der bestimmte Artikel: Würdigung von ›the‹ in Indexeinträgen«.

Der Artikel erschien in *The Indexer,* der informationsreichen und vergnüglichen Publikation für professionelle Indexersteller allerorten. *The Indexer* hat seinen eigenen Index, der einen Eintrag für Browne, Glenda enthält.

Browne stellt sich als freiberufliche australische Indexerstellerin vor. Ihre Studie ist ein vierseitiger Leitfaden für die endgültig Verwirrten. Sie erklärt: »Wenn ›the‹ in einem Namen oder Titel vorkommt, sollte es auch in dem Indexeintrag für diesen Namen oder Titel vorkommen. Und wenn es im Indexeintrag vorkommt, sollte es auch beim Sortieren der Einträge berücksichtigt werden.«

Das Problem ist weit verbreitet, und obwohl es Regeln gibt (und mindestens drei verschiedene – und voneinander abweichende – amtliche Regelwerke), gehen Indexersteller oft ihre eigenen Wege. Browne nennt Beispiele. Im Telefonbuch von Sydney für 2000/2001 sind »Agency Register The« und »Agency Personnel The« unter »A« einsortiert, während »The Agency Australia« unter »The« aufgeführt ist. »The Sausage Specialist« ist unter »The« und »Sausage« eingeordnet, während »The Meat Emporium« nur unter »Meat Emporium The« zu finden ist.

Browne sagt: »›The‹ spielt oft keine Rolle. Es gibt viele Titel, die ein ›The‹ enthalten, es dann aber behandeln, als existierte es nicht. Der Titelkopf von [der Zeitung] *The Australian* zum Beispiel hat ein winziges ›The‹ über einem großen ›Australian‹. Ihr Layout sagt uns, dass ›The‹ unbedeutend ist, aber sie führen das nicht zu Ende, indem sie es ganz weglassen. Körperschaftsnamen wie ›The University of Queensland‹ werden manchmal mit, manchmal ohne ein anfängliches ›The‹ verwendet. Das macht es für Nutzer sehr schwierig zu verstehen, ob ›The‹ ein wesentlicher Bestandteil des Namens ist.«

»Andererseits«, fährt sie fort, »ist in vielen Körperschaftsnamen das ›The‹ bewusst als erstes Wort des Namens gewählt worden und wird durchgängig gebraucht. Die Musikgruppe ›The Beatles‹ wird als solche erwähnt und nie als ›Beatles‹. In diesen Fällen betrachtet die Gruppe den anfänglichen Artikel als bedeutsam, und es wird der Zugriffspunkt sein, den viele Nutzer nachschlagen. Ein extremes Beispiel ist die Gruppe ›The The‹, die absurd aussehen würde, wenn das anfängliche ›The‹ weggelassen oder nachgestellt würde.«

Es gibt gute Gründe, nach »The« zu sortieren, sagt Browne, und gute Gründe, es zu ignorieren. Sie schlägt vor, Suchbegriffe mit »The« zweimal aufzulisten: unter »The« und unter dem zweiten Wort des Eintrags. Damit nicht unhandlich lange Listen von Einträgen, die mit »The«, beginnen, entstehen, bietet sie auch andere Alternativen an.

What should indexers do about entries starting with 'The'?

Indexers apply generally accepted rules of indexing and also use individual judgement, always thinking: 'Where would a user look for this item?'. Since some users do not know the rules, I suggest we should put entries starting with 'The' wherever those users might look; that is, both sorted on 'The' and as a double entry under the second word. Where the length or complexity of the index is a factor, then a cross-reference would replace the double entry, and the indexer would have to decide which form to prefer.

Double entry with and without 'The'

There are good reasons for sorting on 'The', and good reasons for ignoring it. The win–win situation is therefore to have double entry of titles, place names and corporate names under 'The' *and* under the second word in the entry. If this creates unmanageably long lists of entries starting with 'The', then a reference could be added. For example:

The . . ., to search for titles and names starting with 'The', *see the second word in the entry.*

This quickly lets users know what rule you are using. Alternatively, information about the way you have dealt with 'The' can be included in the introduction to the index.

Win-win-Situation, vorgeschlagen von Glenda Browne, the.

International ist das »The«-Problem nicht *das* Problem – es ist bloß *ein* Problem. Browne macht dies gleich zu Anfang ihres Beitrags mit einem Zitat des Indexkenners Hans W. Wellisch deutlich: »Glücklich ist das Los eines Indexerstellers im Lateinischen, in den slawischen Sprachen, im Chinesischen, Japanischen und einigen anderen Sprachen, die keine Artikel haben, egal ob bestimmt oder unbestimmt, anfänglich oder sonst wie.«

Für ihre Untersuchung des »The«-Problems wurde Glenda Browne der Ig-Nobelpreis 2007 in Literatur zugesprochen.

Ringen mit einer schlechten Metapher

Carl Phillips, Brian Guenzel und Paul Bergen geraten außer sich über schlechte Metaphern. In der Zeitschrift mit dem fast poetischen Namen *Harm Reduction Journal* ziehen sie ihre metaphorischen Boxhandschuhe an. Sie treten sozusagen mit einer unverblümten Erklärung in den Ring: »Kritiker der Schadensminderung greifen manchmal auf Pseudoanalogien zurück, um die Schadensminderung ins Lächerliche zu ziehen. Diejenigen, die gegen den Konsum von rauchlosem Tabak, bei dem das Nikotin über die Mundschleimhaut aufgenommen wird, als Alternative zum Rauchen sind, behaupten manchmal, der Ersatz wäre wie das Springen von einem 3-stöckigen Gebäude anstatt von einem 10-stöckigen – oder wie wenn man sich in den Fuß schießt statt in den Kopf.« Nach ihrer Zusammenfassung dieser zwei misslichen Metaphern gingen Phillips, Guenzel und Bergen dazu über, eine tüchtige Tracht Prügel zu verabreichen.

Sie sammelten mehrere Versionen der »Sprung von einem Gebäude«-Metapher. Einige Metaphernschmiede, sagen sie, hätten »Rauchen mit Stürzen von wenigstens dem 10. Stock und rauchlosen Tabak mit Stürzen von wenigstens dem 3. verglichen; wir fanden Zahlen im Bereich von 50 und 30«. Diese seien unter aller Kritik, erklären sie, weil »jeder flüchtig mit dem menschlichen Körper und der Erdanziehungskraft Vertraute wissen sollte, dass Stürze vom 10. Stock fast immer tödlich sind«.

Vielleicht aus Unsicherheit hinsichtlich ihrer eigenen Vertrautheit mit dem menschlichen Körper und der Erdanziehungskraft sahen sie die verfügbare Literatur über Sterblichkeitsraten als einer Funktion der Fallhöhe durch.

»Es ist erstaunlich«, schreiben sie, »wie wenig Information zu dem Thema veröffentlicht ist ... Die Literatur behauptet, dass Stürze aus einer Höhe bis zum 3. Stock fast immer überlebt werden, während die Sterbeziffer über die nächsten drei oder vier Stockwerke scharf ansteigt und sich 100% nähert ... Genauere Analogien könnten tatsächlich recht nützlich sein, um das Bild für Konsumenten zu malen. Ein nicht geringer Anteil junger Männer ist vermutlich aus dem Fenster eines 2. Stocks gesprungen, aber wenige würden wagen, aus dem 4. zu springen.«

Dies ist ihre Hauptangriffsrichtung. Sie gehen es aber auch aus anderen Richtungen an.

In der zweiten Runde trommeln sie auf die »Schuss in den Kopf«-Metapher ein, indem sie eine vernichtende Rechts-Links-Kombination ansetzen:

1) »Es ist auf Anhieb klar, dass die Schuss-Metapher absurd ist: Wenn jemand vor der Wahl steht, sich in den Kopf zu schießen oder sich in den Fuß oder das Bein zu schießen, ist die letztere Option ganz eindeutig die bessere mit Blick auf die gesundheitliche Erfolgsperspektive.«

2) »Das Sterberisiko durch selbst beigebrachte Schusswunden am Kopf stellt jenes durch Rauchen in den Schatten, während Fußverletzungen zwar eine niedrige Sterbeziffer haben, aber eine hohe Wahrscheinlichkeit von hinderlichen orthopädischen Folgeschäden, ein Risiko, das beim Tabakkonsum fehlt.«

Phillips und Bergen arbeiten an der University of Alberta in Edmonton, Guenzel am Center for Philosophy, Health and Policy Sciences in Houston, Texas.

Am Ende lassen sie raus, was ihnen am meisten auf den Wecker geht. »Die Metaphern«, schreiben sie, »weisen einen flapsigen Ton auf, der für eine ernsthafte Diskussion der Gesundheitswissenschaft unangemessen erscheint.«

In Kürze
»Der Fall des kleinen großen Wee Man«
(erschienen in den *Archives of Environmental Health*, 1974)

Kolonoskopische Soziologie

Der Gang der Zeit macht es schwierig, sich zu erinnern, wie viel Begeisterung laut wurde, als Sue Ziebland und Catherine Pope ihren epischen Bericht »Der Gebrauch des Kolons in Referattiteln auf Konferenzen der britischen Medizinsoziologie zwischen 1970 und 1993« veröffentlichten.

Ziebland war damals an der Abteilung für öffentliche Gesundheit des Gesundheitsamts für Camden und Islington in London tätig. Sie hat seitdem das Verdauungssystem der akademischen Welt durchlaufen und ist an der University of Oxford aufgetaucht. Pope war am Londoner Institut für Hygiene und Tropenmedizin beschäftigt. Zeit und Umstände haben sie zwischenzeitlich an der University of Bristol deponiert.

Zusammen erforschten Ziebland und Pope die Kolons mehrerer britischer Forscher. Ihr Bericht erschien in den *Annals of Improbable Research.* Er beleuchtete ein Problem, das viele Sozialwissenschaftler zur Verzweiflung gebracht hatte, nämlich: Wie sie ordentlich die Titel ihrer Tagungsberichte erarbeiten sollten. Ziebland und Pope beschrieben es so: »Wenn der Referent nicht ungewöhnlich scheu veranlagt ist, wird er in der Hoffnung, ein großes und waches Publikum anzuziehen, den Wunsch haben, einen schlagkräftigen, Aufmerksamkeit erregenden Titel zu wählen. Doch früher oder später will die Wahrheit ans Licht, und es ist eindeutig im eigenen Interesse, das eigentliche Thema der Arbeit irgendwie zu erwähnen. Die bevorzugte Lösung ist der Gebrauch eines Kolons, das das Prickelnde vom prosaisch Beschreibenden trennt, wie in: ›Sex und Drogen: Aspiringebrauch der Frauen‹.«

Ziebland und Pope untersuchten Trends im Einsatz des Kolons in Referattiteln, indem sie Beweismaterial von einer bestimmten Jahrestagung verwendeten. Sie berücksichtigten jedes Referat, das in den gedruckten Programmen von der ersten Jahrestagung 1970 bis zur Konferenz von 1993 aufgeführt war.

Ihre Analyse beruht auf dem Prozentsatz der Gesamtzahl von Referaten pro Jahr, die ein oder mehrere Kolons im Titel aufweisen. Sie zählten jedes Referat als einzelnes Auftreten, selbst ein Referat von 1979, das fünf Kolons enthielt. (Leider teilen sie uns den Namen dieses Beitrags nicht mit.)

Sie entdeckten, dass der Prozentsatz der Referattitel während der 1970er und 1980er fast kontinuierlich anstieg. Von der Mitte der 1980er an enthielten gleichbleibend 40 bis 48% der Titel ein Kolon. Im Jahr 1985 wiesen schwindelerregende 57% Kolons auf. Diese Anomalie, schrieben Ziebland und Pope, »hat keine einleuchtende Erklärung«.

Das Kolon hat Gelehrte über Generationen fasziniert.

Mehr als ein Jahrzehnt vor Zieblands und Popes Kolonuntersuchung hat der beachtete und mit Fußnoten bedachte Wissenschaftler J. T. Dillon von der University of California, Riverdale, drei historische Endoskopien des akademischen Kolons durchgeführt. Es handelt sich um:

Das Aufkommen des Kolons: Ein empirisches Korrelat der Gelehrsamkeit (*American Psychologist,* 1981)
Funktionen des Kolons: Ein empirischer Test des akademischen Charakters (*Educational Research Quarterly,* 1981)
In Verfolgung des Kolons: Ein Jahrhundert wissenschaftlichen Forschritts: 1880–1980 (*Journal of Higher Education,* 1982)

So einschneidend und aufregend diese Studien bei ihrem Erscheinen gewesen sein mögen, werden sie heute doch als Historiendramen betrachtet.

Highlights des Markierens

Die Gewohnheit des Lesens von Fachbüchern zum Vergnügen ist heute genauso lebendig wie eh und je. Heute kaufen mehr Leute als jemals zuvor Fachbücher – und geben sogar ihr eigenes Geld dafür aus. Und wenn sie entscheiden, was sie (oder sollte ich sagen »wir«) kaufen wollen, sind sie wie Kinder in einem Bonbonladen. Es gibt eine stetig wachsende Zahl spezieller Themen, zu denen Fachbücher existieren, und so nimmt die Vielfalt der Fachbücher im Angebot ständig zu. Selbst wenn es Ihnen gelingt, die allererste Sahne der einen Gattung auszuschöpfen, können Sie leicht eine andere zum Ausprobieren finden.

Ein furchtloser Leser kann jede Menge guter, gehaltvoller Lektüre von literarischem Wert finden. Wie die besten Romane versuchen viele der Fachbücher über Forstverwaltung, ergodische Theorie, multinationale Rechnungsprüfung und vieles mehr den Geist eines Lesers mit Ideen und Wörtern zu füllen, die sich bei der ersten Leküre wirklich völlig neu anfühlen.

Aber das ist noch nicht der beste Teil. Gebrauchte Fachbücher bieten obendrein noch etwas, um den Freizeitleser zu umgarnen.

Für viele von uns sind das Highlight des Lesens gebrauchter Fachbücher die Markierungen, die Linien, mit denen frühere Leser bestimmte Wörter oder Abschnitte unterstrichen, eingekringelt oder durchgestrichen haben. Gute Markierungen machen jedes gebrauchte Fachbuch zu einem lohnenden Kauf. Schlechte Markierungen machen es noch besser. Und beim Kauf markierter Fachbücher bekommt man mitunter einen doppelten Bonus: Trotz des vorsichtig erhöhten Interesses haben sie oft drastisch reduzierte Preisschilder.

Natürlich rast nicht jedermanns Puls beim Anblick eines Fachbuchs. H. G. Wells nahm kein Blatt vor den Mund. 1914 stellte er Fachbücher an ihren vermeintlichen Platz, welcher für ihn der fünfte in einer Liste abfälliger Worte war, mit denen er schlechte Bildung zu beschreiben pflegte: »dünn, dilettantisch, erzwungen, verstopft, fachbuchmäßig, oberflächlich«. Bei allen seinen Einblicken in die Naturwissenschaften, in die Menschlichkeit, in die Zukunft, in die etc. sah Wells irgendwie nicht die guten Seiten – nicht einmal die Markierungen! – von Fachbüchern.

Vicki Silvers und David Kreiner von der Central Missouri State University betraten 83 Jahre später die Szene mit einer Studie mit dem Titel »Die Auswirkungen präexistenter unpassender Markierungen auf das Leseverständnis«. »Markieren in Fachbüchern ist eine übliche Studienstrategie unter Collegestudenten«, schrieben Silvers und Kreiner in der Akademikersprache, die ihr Beruf verlangt. Dann schilderten sie ihre Experimente.

Zuerst ließen sie Studenten einen Textabschnitt lesen. Einige Studenten hatten Text, der angemessen markiert war. Einige hatten Text, der unangemessen markiert war. Andere hatten spartanischen, nicht markierten Text. Silvers und Kreiner prüften dann, wie gut die Studenten den Text verstanden hatten. Diejenigen mit den unangemessenen Markierungen schnitten viel schlechter ab als die anderen. Ein zweites Experiment zeigte, dass die Studenten, selbst wenn sie vor den unangemessenen Markierungen gewarnt worden waren, Mühe hatten, sie zu ignorieren.

2002 erhielten Silvers und Kreiner den Ig-Nobelpreis in Literatur. Bei der feierlichen Preisverleihung gaben sie einen Ratschlag: »Kaufen Sie kein Fachbuch, das von einem Idioten markiert wurde.« Ich bin mir nicht sicher, ob ich zustimmen würde.

Hey, Dude ...

Der Bericht über »Dude« – seinen Aufstieg, seine Rolle, seine reiche Geschichte – nimmt 25 Seiten ein. Die Analyse des Begriffs Dude von Scott Fabius Kiesling, Linguistikprofessor an der University of Pittsburgh, trägt den Titel »Dude«. Sie ist ein stylisher Brocken im Zusammenhang der Herbstausgabe 2004 der Zeitschrift *American Speech*.

Kieslings Erzählung stimmt mit der prägnanten Geschichte von Dude überein, die Sie im Oxford English Dictionary finden. Von amerikanischem Ursprung, war Dude in den

1880ern »ein Name, der aus Spott einem Mann gegeben wurde, der in Kleidung, Sprache und Benehmen besondere Sorgfalt bevorzugte«. Wenige Jahrzehnte später war Dude »ein Nicht-Weststaatler oder Stadtmensch, der im Westen der USA reist oder sich aufhält, besonders einer, der seine Ferien auf einer Ranch verbringt; ein Neuling«. Heutzutage drückt Dude mehr aus als nur Selbstwertgefühl. Der Dude von heute ist »jeder Mann, der in irgendeiner Weise die Aufmerksamkeit auf sich zieht; ein Kumpel oder Bursche, ein echter Kerl. Daher auch anerkennend gemeint, besonders bei einem Mitglied des eigenen Kreises oder der eigenen Gruppe.«

Kiesling versenkt sich tief in den modernen Dude, den Dude, von dem wir reden hören, wo immer junge Amerikaner umherstreifen. Er gibt jenen einen Kontext, an denen die Welt vielleicht bisher achtlos vorbeigegangen ist. »Ältere Erwachsene«, schreibt er, »verwirrt von den neuen Formen der Sprache, die regelmäßig in Jugendkulturen entstehen, charakterisieren die Sprache junger Menschen häufig als ›unartikuliert‹ und bringen dann Beispiele, die die spezifischen Formen des linguistischen Chaos veranschaulichen, das von ›jungen Leuten heutzutage‹ veranstaltet wird.«

Dann kommt er zur Sache und umreißt »die Verwendungsmuster für Dude und seine Funktionen und Bedeutungen in der Interaktion«. Dude, erfahren wir, wird (a) meist von jungen Männern benutzt, um junge Männer anzureden, ist (b) eine allgemeine Anredeform für eine Gruppe (gleichen oder gemischten Geschlechts) und (c) ein Redemarker, der im Allgemeinen die Haltung gegenüber dem oder der gerade Angeredeten kodiert. Das Beste: »Dude bezeugt eine Haltung cooler Solidarität, eine Haltung, die besonders wertvoll für junge Männer ist, während sie kulturelle Diskurse junger Männlichkeit steuern.«

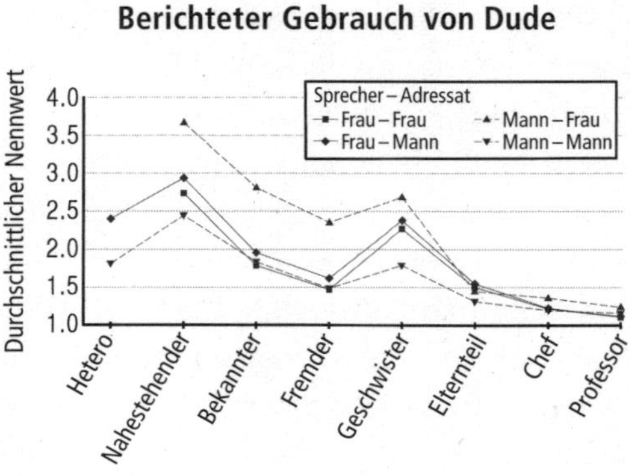

Bemerkung aus der Studie: Die Bezeichnung »Dude« lässt sich »intimen heterosexuellen Beziehungen« zuordnen, und obwohl es »Rückmeldungen zu Mann-Mann- und Frau-Frau-Kategorien gab [...] ist es mit Blick auf die Studenten, die die Angaben sammelten, klar, dass nicht alle der Befragten den intimen Charakter dieser Kategorie begriffen haben.«

Kiesling schreibt die plötzliche Blüte von »Dude« in den 1980ern dem Schauspieler Sean Penn zu, der in dem Film *Fast Times at Ridgemont High* (deutsch: *Ich glaub', ich steh' im Wald*) die Rolle des Jeff Spicoli spielt. Penn als Spicoli ist »der nichtstuende, Schule schwänzende bekiffte Surfer«, der »eine lässige Haltung gegenüber der Welt [annimmt], selbst wenn die Welt sich als ziemlich bemerkenswert erweist«. Kiesling bekennt, dass er ein Teenager gewesen sei, als der Film herauskam, und dass »viele junge Männer Spicoli verherrlichten, besonders seine lockere Blindheit gegenüber Autorität und hierarchischer Aufteilung«.

Der Großteil von »Dude« ist fachspezifisch, eine Erforschung von Daten, die von Studenten in Pittsburgh zusammengetragen wurden. Jeder Student schrieb die ersten 20 Verwendungen des Wortes »Dude« auf, die er während einer Zeitspanne von drei Tagen hörte. Diese sammelte Kiesling in dem »Dude-Korpus«, wie er es nennt. Das Korpus wartet auf die genaue Überprüfung durch zukünftige Dudes und Erforscher des Dude, die vielleicht darin Dinge sehen, die für uns unsichtbar sind.

Risiken mit Namen

»Junge Eltern aufgepasst!« ist das stillschweigende Thema einer neuen Studie mit dem Titel »Wem siehst du ähnlich? Beweise für die Existenz von Gesichtsstereotypen in Bezug auf männliche Namen«.

Die Forscher beginnen mit diesem kleinen Schocker. »Einen Namen für ein in Kürze erwartetes Baby zu suchen nimmt eine schöne Menge Zeit der werdenden Eltern in Anspruch ... Wenige zerbrechen sich den Kopf darüber, ob der Name in den Köpfen anderer ein bestimmtes Gesichtsstereotyp hervorrufen wird (hmm ... er sieht nicht aus wie ein ›Bob‹), aber dies ist möglicherweise, wie die vorliegende Forschung andeutet, noch eine weitere potenzielle Sorge, wenn man einen Namen für den Nachwuchs auswählt.«

Die Wissenschaftler Melissa A. Lea, Robin D. Thomas, Nathan A. Lamkin und Aaron Bell machen die Ungerechtigkeit der Situation unmissverständlich klar. »Dies ist ein besonders herausfordernder Hinweis«, schreiben sie, »da Namen in der Regel vor oder unmittelbar nach der Geburt gewählt werden, sicherlich aber, bevor man überhaupt wissen kann, wie das Kind aussehen mag, wenn es erwachsen ist.«

Alle Mitglieder des Teams sind mit der Miami University of Ohio verbunden. Die Universität gab eine Pressemitteilung heraus, die ankündigte, »Forscher der Miami University glauben zu wissen, warum Sie sich an die Namen mancher Leute erinnern können, aber an andere nicht. Sie haben quantitativ gezeigt, dass gewisse Namen mit gewissen Gesichtszügen verknüpft werden. Wenn die Leute zum Beispiel den Namen ›Bob‹ hören, haben sie ein größeres, runderes Gesicht vor Augen, als wenn sie einen Namen wie ›Tim‹ oder ›Andy‹ hören.«

Die Studie enthält ein Fotopaar – links ein junger Mann mit Wuschelkopf in einem weißen Hemd, rechts ein glatzköpfiger Bursche mit schlaffen Augen, der etwas trägt, das ein gestreifter Häftlingsanzug sein könnte. Die Forscher sagen, dass Betrachter, wenn sie diese zwei Bilder gezeigt bekommen, »mit großer Mehrheit übereinstimmen, dass der Mann links ›Tim‹ und der Mann rechts ›Bob‹ heißt.«

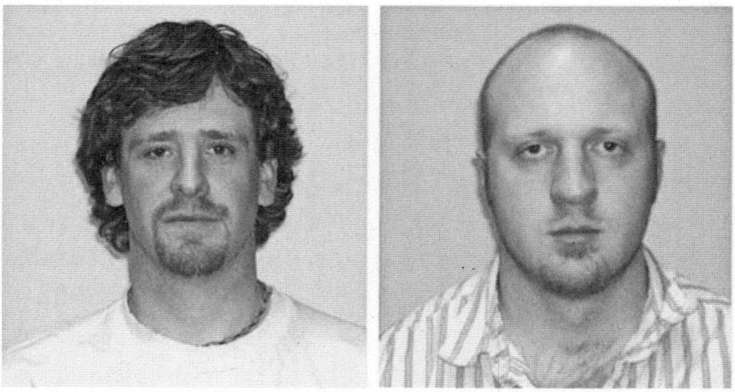

Darstellung: »Betrachter stimmten mit großer Mehrheit überein, dass der Mann links ›Tim‹ und der Mann rechts ›Bob‹ heißt.«

Dies ist allerdings nicht, was in dem Experiment ablief.

In dem Experiment wurde Software verwendet, die idealisierte haarlose Gesichter für jeden der 15 folgenden Namen entwarf: Andy, Brian, Joe, Justin, Rick, Bill, Dan, John, Mark, Tim, Bob, Jason, Josh, Matt und Tom. Dann bekam eine Gruppe von Freiwilligen bedruckte Karten – jede Karte mit einem dieser Bilder oder einem dieser Namen – und wurde gebeten, Bilder und Namen zuzuordnen.

Die meisten stimmten zu, dass die Bobs Bob-ähnlich sind. Viele stimmten zu, dass die Bills Bill-ähnlich und dass die Toms Tom-ähnlich sind. Hinsichtlich der anderen Gesichter und Namen gab es nicht so viel Übereinstimmung.

Natürlich sind diese Forschungsergebnisse nur für diese bestimmten Gesichter und diese bestimmten Namen maßgeblich und nur dafür, wie sie eine bestimmte Gruppe von studentischen Freiwilligen an einem bestimmten Tag beeindruckten.

Die Forscher sagten, sie seien, zumindest ein wenig, von einer vor fast einem Jahrhundert durchgeführten Studie angeregt worden. 1916 wollte eine Forscherin an der Cornell University in Ithaca, New York, verstehen, was sie als »das Wesen der psychologischen Reaktion auf Eigennamen unbekannter Personen« bezeichnete. Im Grunde fragte sie: Was für eine Person ist das, die Rupzóiyat heißt?

Insbesondere wollte die Forscherin, die selbst G. English hieß, eine Theorie überprüfen, die ein Schweizer Psychologe namens Édouard Claparède aufgestellt hatte. Die Theorie besagt: »Namen, die aus schweren oder wiederholten Silben bestehen, rufen Bilder von dicken, stämmigen, aufgedunsenen oder ein wenig lächerlichen Individuen hervor, ein kurzer und klangvoller Name dagegen weist auf schlanke und aktive Personen hin usw.«

English dachte sich also 50 »Nonsens-Namen« aus – Namen, die sich aus Silben zusammensetzten, die sie nach dem Zufallsprinzip auswählte. Dann testete sie die Namen an acht Personen. Sie beschrieb ihr Experiment folgendermaßen: »Jeder Name wurde dreimal ausgesprochen, wobei die Experimentatoren sorgfältig darauf achteten, ihn langsam, deutlich und (so gut wie möglich) in derselben Weise auszusprechen. [Dann wurde der Beobachter gebeten,] die Person zu beschreiben, die ›zu dem Namen gehören muss‹.«

Englishs 50 Namen waren: Chérin, Póisher, Kilom, Koikert, Vázal, Dáwfisp, Zóque, Spren, Dáwthô, Rupzóiyat, Blag, Lísrix, Thaspkûwhin, Kîrd'faumish, Génras, Tháchô, Brob, Zóitû, Kóldak, Múrbix, Chermtgáwkonv, Bóppum, Vúshap, Grib, Watshóiquol, Móiki, Hoxzáuwhuk, Gáwthû, Zé'the, Gówsü, Déznep, Wítaw, Thôbonf, Mávquawpûnt, Stisk, Tówbant, Táquû, Skamth, Quajnûmeth, Bünoy, Drup, Gúklal, Pófmoj, Spux, Jíkzel, Snemth, Thúbtawkarnth, Línrêwex, Gronch und Túpjoz.

English bat die Beobachter auch zu versuchen, ihr die Namen noch einmal zu buchstabieren. Es war ihr egal, ob sie die Schreibweise richtig hinbekamen. Sie wollte nur sicherstellen, dass sie sie richtig gehört hatten.

Die Ergebnisse enttäuschten sie: »In nur fünf Fällen gab es so etwas Ähnliches wie Übereinstimmung unter allen Beobachtern hinsichtlich Geschlecht oder anderen Charakteristika. Hinter Rupzóiyat vermuteten alle Beobachter einen jungen Mann; Bóppum sollte nach Ansicht von sechs Beobachtern ein großer, dicker oder beleibter Mann sein.« Von den acht Beobachtern »hielten fünf Zé'the für ein Mädchen, sechs charakterisierten Grib als kleinen Mann, und für fünf war Kîrd'faumish ein kräftiger oder schwerer Mann. Bei allen Übrigen gab es Uneinigkeit.«

English entschied, dass »es keine konstante oder einheitliche Tendenz unter diesen Beobachtern gab, sich einen ähnlichen Personentypus für denselben Namen vorzustellen«.

XXXI. ON THE PSYCHOLOGICAL RESPONSE TO UNKNOWN PROPER NAMES

By G. English

Sie sinnierte über die Art, wie Charles Dickens mit Nonsens-Namen spielte. Aber sie folgerte, dass Dickens vielleicht – und vielleicht wir alle – nur gelegentlich den Namen einer Person als eine Art Einführung in ihren Charakter sieht. »Wir wissen, dass Dickens schließlich [den Namen] Chuzzlewit über viele Zwischenschritte – Sweezleden, Sweezleback, Sweezlewag, Chuzzletoe, Chuzzleboy, Chubblewig und Chuzzlewig – hinweg [entwickelte]. Der Name war bedeutungsvoll für ihn, und doch gab es mehrere Typen Chuzzlewit, wie es auch mehrere Typen Nickleby gab. In der Tat muss die Verwendbarkeit eines Nachnamens für alle Familienangehörigen, sollte man meinen, eher verhindern, dass wir der Physiognomie des Namens irgendeine besondere Bedeutung beimessen.«

Aufruf an Forscher

Das Projekt »Fundstellenbibliografie für die Recherche sich reimender Namen«, das hier angekündigt wird, sucht Ergänzungen zu seiner Sammlung herausragender Forschung, bei der die Namen der Koautoren sich reimen.

Definition: Für die Zwecke des Projekts setzt ein reimender Name die fehlerfreie Lautentsprechung bei wenigstens der Endsilbe der Nachnamen der Koautoren voraus. Das erste Beispiel in der Sammlung, ausgegraben von Ermittler Russell Mortishire-Smith, dient als Modell:

»Measurement of Long-Range 13C-13C J Couplings in a 20-kDA Protein-Peptide Complex« von Ad Bax, David Max und David Zax (erschienen im *Journal of the American Chemical Society,* 1992). Die Autoren arbeiten abkürzenderweise am Lab. Chem. Phys., Natl. Inst. Diabetes Dig. Kidney Dis., Bethesda, Maryland.

Bax, Max, Zax. Singende, klingende Namen. Ein eindrucksvoller Auftakt.
Zweck: Die Sammlung wird anderen Forschern für kreuzvariable Analyse und Metaanalyse zur Verfügung gestellt.

Falls Sie ein weiteres Exemplar ausgemacht haben, senden Sie es bitte an marca@improbable.com mit der Betreffzeile: **Rhyming Monikers Research Citation Collection**

Trollen zum Ärgern

Trolle – nennen Sie sie Internet-Trolle, wenn Sie mögen – sind im Verhalten entfernte Verwandte von *Plasmodium falciparum,* einem einzelligen Parasiten, der bei einer großen Anzahl Menschen Malaria hervorruft. Beide Arten von Parasiten sind wahnsinnig schwer zu unterdrücken. Sie schaffen es immer wieder, zurückzukehren, nachdem wir geglaubt hatten, wir wären sie ein für alle Mal los. Jede Art kann, wenn sie nicht behandelt wird, unerträgliche Schmerzen und Schlimmeres verursachen.

Jene Trolle infizieren jeden Ort, wo Menschen sich elektronisch versammeln, um sich zu unterhalten, indem sie einander Kommentare schreiben. Überall, wo sie können, kriechen Trolle hinein und tauchen auf, betteln um Aufmerksamkeit in Chatrooms, Mailinglisten, Twitter-Streams, Blogs und, wie Sie vielleicht bemerkt haben, in den Kommentarabschnitten von Online-Nachrichtenartikeln.

Eines der vielen ärgerlichen Dinge an Internet-Trollen ist, dass es schwierig ist, genau, mit akademischer Strenge, zu definieren, was sie tun. Claire Hardaker, Dozentin am Institut für Linguistik und Englische Sprache der University of Central Lancashire, nahm die Herausforderung an. Ihre Studie mit dem Titel »Trollen in asynchroner computervermittelter Kommunikation« erschien einigermaßen der Intuition zuwiderlaufend im *Journal of Politeness Research.*

Hardaker stellte einem weitgehend trollfreien Publikum eine frühe Form der Abhandlung aus der an ihrer Universität 2009 abgehaltenen Tagung über sprachliche Unhöflichkeit und Grobheit vor.

Nach vielem Forschen und harter Arbeit entwickelte Hardaker eine funktionierende Definition. Ein Troll ist jemand, »der sich den Anschein gibt, ernsthaft Teil der betreffenden Gruppe zu sein, auch indem er scheinbar ernsthafte Absichten bekennt oder vermittelt, dessen wahre Absicht(en) aber ist/sind, zu stören und/oder zum Zweck des eigenen Vergnügens Konflikte auszulösen oder zu verschärfen.«

Example (6)		[060318]
7.	A	**If you are a troll … I'm sure you'd never admit it.** If there even is a *real* pony in all of this, I feel very sorry for it.
8.	B	**I am not a troll … I am only doing what my vet has advised me to do.**

Ausschnitt: Trollen nach einem irritierenden Beispiel

Sie gelangte zu dieser Definition nach langem Abfischen von Daten. Unmengen von Daten. Ein »172-Millionen-Wörter-Korpus ungezügelter, asynchroner computervermittelter Kommunikation«, eine neunjährige Sammlung von Kommentaren in einer Online-Diskussionsgruppe über Reiten. Sie konzentrierte sich auf die gewaltige Zahl von Abschnitten, wo Leute Trolle, trollen und andere Variationen des Schlüsselworts »Troll« erwähnten.

Hardaker fasste die Weisheit der Pferdetalk-Gruppe zusammen und formulierte folgende praktischen Hinweise zur

Interaktion mit Trollen: »Das Trollen kann (1) *behindert* werden, wenn Nutzer die Absicht zu trollen richtig interpretieren, aber nicht zum Reagieren provoziert werden, (2) *ausgebremst* werden, wenn Nutzer eine Absicht zu trollen richtig interpretieren, aber in einer solchen Weise kontern, dass der Erfolg des Trolls beschränkt oder neutralisiert wird, (3) *scheitern,* wenn Nutzer die Absicht zu trollen nicht richtig interpretieren und vom Troll nicht provoziert werden, oder (4) *gelingen,* wenn Nutzer verleitet werden, die Scheinabsicht(en) des Trolls zu glauben und zum ernsthaften Reagieren provoziert werden. Schließlich können Nutzer den *Troll verspotten.* Das heißt, sie können etwas unternehmen, was wie Trollen erscheint, mit dem Ziel, den Angriff oder den Gruppenzusammenhalt zu verbessern oder zu steigern.«

Irgendwelche Kommentare?

In Kürze

»Konsequenzen der Verwendung einer besonders gelehrten Sprache ohne Rücksicht auf Notwendigkeit oder: Probleme mit dem unnötigen Gebrauch langer Wörter«

von Daniel M. Oppenheimer (erschienen in *Applied Cognitive Psychology* und ausgezeichnet mit dem Ig-Literaturnobelpreis 2006)

Die Psychologie des repetitiven Lesens

Ein typischer Erwachsener weiß fast nichts über die Psychologie des repetitiven Lesens. Das überrascht nicht. Forschungspsychologen als Gruppe wissen wenig über das Thema, obwohl einige versucht haben, die Lücke zu schließen.

Menschen können veranlasst werden, repetitiv zu lesen. In einem Experiment bat ein Wissenschaftler namens N. Borgovsky 200 Versuchspersonen, einen repetitiven Essay zu lesen. Der Essay bestand aus einem einzigen Absatz, der mehrere Male wiederholt wurde. Jede Person wurde zuvor informiert, dass der Essay in hohem Maß repetitiv sei. Das Ergebnis war überraschend. 92 % der Personen lasen den Essay vollständig vom Anfang bis zum Ende durch.

Borgovsky begann sein Experiment, indem er mehrere Dutzend Leute rekrutierte, die er bat, seine Versuchspersonen zu sein. Ein typischer Erwachsener weiß fast nichts über die Psychologie des repetitiven Lesens. (Das überrascht nicht. Forschungspsychologen als Gruppe wissen wenig über das Thema, obwohl einige versucht haben, die Lücke zu schließen.) Also setzte Borgovsky seine Versuchspersonen in einen Raum und erklärte, dass Menschen veranlasst werden können, repetitiv zu lesen. In einem Experiment, erzählte er ihnen, bat ein Wissenschaftler 200 Versuchspersonen, einen repetitiven Essay zu lesen. Der Essay bestand aus einem einzigen Absatz, der mehrere Male wiederholt wurde. Jede Person wurde zuvor informiert, dass der Essay in hohem Maß repetitiv sei. Das Ergebnis war überraschend. 92 Prozent der Personen lasen den Essay vollständig vom Anfang bis zum Ende durch.

Nachdem Borgovsky seinen Versuchspersonen diese Hintergrundinformation gegeben hatte, beschrieb er sein eigenes Experiment sehr ausführlich. Das Experiment beruhte auf einem Buch, das er gelesen hatte. Das Buch beruhte auf der Idee, dass Menschen veranlasst werden können, repetitiv zu lesen. In einem Experiment bat ein Wissenschaftler 200 Versuchspersonen, einen repetitiven Essay zu lesen. Der Essay bestand aus einem einzigen Absatz, der mehrere Male wiederholt wurde. Jede Person wurde zuvor informiert, dass der Essay in hohem Maß repetitiv sei. Das Ergebnis war überraschend. 92 Prozent der Personen lasen den Essay vollständig vom Anfang bis zum Ende durch.

Nachdem Borgovsky sein Experiment durchgeführt hatte,

veröffentlichte er einen Bericht. Unter dem Titel »Die Psychologie des repetitiven Lesens« erklärt er, dass Menschen veranlasst werden können, repetitiv zu lesen. In einem Experiment bat ein Wissenschaftler – und zwar Borgovsky – 200 Versuchspersonen, einen repetitiven Essay zu lesen. Der Essay bestand aus einem einzigen Absatz, der mehrere Male wiederholt wurde. Jede Person wurde zuvor informiert, dass der Essay in hohem Maß repetitiv sei. Das Ergebnis war überraschend. 92 % der Personen lasen den Essay vollständig vom Anfang bis zum Ende durch.

Das heißt? Das heißt? Das heißt?

Ja, ja, ja – es gibt viele Möglichkeiten, sich zu wiederholen. Manche sind sinnvoller als andere, sagt eine kluge Linguistin aus den Niederlanden.

Fachsprachlich ist »Yes, yes, yes!« ein Beispiel von »Mehrfach-Sprüchen in der sozialen Interaktion«. Tanya Stivers hat eine kleine Schar von Mehrfach-Sprüchen verfolgt, eingetütet und intensiv untersucht. Ihr Bericht über sie mit einer Länge von 33 Seiten erschien unter dem Titel »No no no« und andere Arten von Mehrfach-Sprüchen in der sozialen Interaktion« in der Zeitschrift *Human Communication Research.*

Stivers arbeitet am Max Planck Institut für Psycholinguistik in Nijmegen, Niederlande. Sie entschied, nur eine einzige Gattung in der Menagerie der Mehrfach-Sprüche zu betrachten. Die Wiederholung »Okay okay okay« interessierte Stivers sehr. Die Wiederholung »Okay.Okay.Okay« interessierte sie nicht.

»Okay okay okay« sei »eine einzelne Redestrecke«.

»Okay.Okay.Okay« dagegen seien »Mehrfach-Packungen«.

Sie glaubt, dass das eine sich irgendwie sehr von dem anderen unterscheidet. Kleine Ausdrücke so zu wiederholen, dass sie eine Einheit bilden, kann etwas Tiefes und Einfaches bedeuten: dass die ganze Handlungsweise der anderen Person problematisch ist und unterbrochen werden sollte.

Stivers veranschaulicht ihr Argument mit vielen Gesprächsfetzen. Ihr Bericht vertieft sich in die technischen Aspekte bestimmter Anwendungen von »Yes yes yes«, »No no no«, »Right right right«, »I'll eat 'em/I'll eat 'em/I'll eat 'em«, »a'right/a'right/a'right« und »I see/I see/I see«.

Die meisten ihrer Beispiele stammen aus Gesprächen in englischer Sprache, aber Stivers sagt, dass »die Gewohnheit auch im Katalanischen, Französischen, Hebräischen, Japanischen, Koreanischen, Laotischen und Russischen gefunden worden ist«.

Tanya Stivers gehört zu einer Schar von Wissenschaftlern, die sich als gesprächsanalytische Forscher bezeichnen. Gesprächsanalytische Forscher untersuchen die Anatomie und Physiologie des Geplappers der Leute. Sie nehmen das Reden der Leute auf, dann lassen sie von jemandem die Aufnahmen transkribieren. Dann analysieren/analysieren/analysieren sie.

Gespräche sind kompliziertes Zeug, trotz der Leichtigkeit, mit der die Leute zusammen quasseln/quasseln/quasseln. Für Außenseiter – Leute, die keine gesprächsanalytischen Forscher sind – kann es schwierig sein zu würdigen, dass diese Experten einige ungewöhnliche Fähigkeiten benötigen.

Eine Kostprobe der professionell abgekochten, aufgeschnittenen Gesprächsanalyse kann dem lockeren Plauderer entmutigend erscheinen. Hier ist ein nicht ungewöhnliches Beispiel, aufgeschrieben von Thomas Holtgraves von der Ball State University in Muncie, Indiana: »Gesprächsanalytische Forscher haben nachgewiesen, dass Plauderer in der Tat sensibel für das Auftreten dispräferierter Marker zu sein scheinen.«

Solche Fachsprache kann es für Leute, die keine gesprächsanalytischen Forscher sind, schwierig machen zu verstehen, worüber Leute reden, die gesprächsanalytische Forscher sind. Dies ist traurig, weil das, worüber die gesprächsanalytischen Forscher meistens reden, die Gespräche von Leuten sind, die nicht gesprächsanalytische Forscher sind. Und die Forscher frohlocken, weil ihre Forschung ihnen sagt, dass Wiederholung nicht – ich wiederhole, nicht – langweilig ist.

Aufruf zu Einsendungen
Falls Sie eine unwahrscheinliche Forschung kennen – die Sorte, die Sie zum Lachen und Nachdenken bringt und von der Sie glauben, dass sie auch andere Leute zum Lachen bringt –, wäre ich sehr erfreut und dankbar, davon zu hören. Bitte schicken Sie mir eine Mail an marca@improbable.com mit einer unwahrscheinlichen Betreffzeile Ihrer Wahl.

Danksagungen

Danke an die guten Redakteure (und genau das sind sie meiner Erfahrung nach), die mich dazu gebracht haben, für den *Guardian* zu schreiben und dabeizubleiben, und deren Vorschläge und Rat und Kritik fast immer »goldrichtig« (wie Briten in Büchern sagen) und ermutigend waren. In der Reihenfolge ihres Auftretens sind das Tim Radford, Will Woodward, Claire Phipps, Donald MacLeod und Alice Wooley.

Danke an Robin, meine Frau. Danke an meine Eltern, dass sie mir Toleranz und Neugier für zufällige Produktpaletten mitgegeben haben. Danke an meine vielen Kollegen und Freunde und Leser (diese Kategorien vermischen sich), die zusammen Unwahrscheinliche Forschung – sowohl die Version in Großbuchstaben als auch die größere Version in Kleinbuchstaben umfassend – und den Ig-Nobelpreis ausmachen. Werfen Sie einen Blick auf die Website www.improbable.com, und Sie werden viele ihrer Namen und viel von ihrem Einfluss sehen.

Danke an die drei Menschen, die vor allem dafür verantwortlich waren, herbeizuzaubern, was immer sie herbeizaubern mussten, damit dieses Buch erscheinen konnte: Regula Noetzli und Caspian Dennis, super Agenten, und Robin Dennis, die super Herausgeberin. Diese Dennis' sind, glaube ich, nicht miteinander verwandt, außer in der Welt der Bücher.

Besonderen Dank möchte ich den vielen Menschen sagen, die mir von Dingen berichteten, die dann in diesem Buch landeten. Sie sind so freundlich gewesen, ihre Entdeckungen mit mir zu teilen, damit ich sie mit Ihnen teilen kann. Hier sind einige von ihnen: Claudio Angelo, Catherine L. Bartlett, Michael L. Begeman, John Bell, Charles Bergquist, Lisa Birk, John D. Bullough, Peter Carboni, the Chemical Heritage Foundation, Francesca Collins, Lauradel Collins, Jim Cowdery, Fuzz Crompton, Missy Cummings, Wim Crusio, Kristine Danowski, David Derbyshire, Betsy Devine, Paola Devoto, Tatiana Divens, Matthias Ehrgott, Stanley Eigen, Steve Farrar, Rose Fox, Stefanie Friedhoff, Andrea Gaddini, Martin Gardiner, Rebecca German, David Gevirtz, Tom Gill, Max Glaskin, Diego Golombek, N. Hammond, Ron Hassner, Mark Henderson, Simon Hudson, Alok Jha, Torbjörn Karfunkel, Mark Keiser, David Kessler, Erwin Kompanje, Scott Langill, Tom Lehrer, T. Leighton, Jill LePore, Alan Litsky, Julia Lunetta, Donald MacLeod, James Mahoney, William J. Maloney, G. N. Martin, Neil Martin, Les Martinsson, Maryn McKenna, Chris McManus, Fernando Merino, Rosie Mestel, Katherine Meusey, Kees Moeliker, Jean Monahan, Harold Morowitz, Gabriel Nève, Scott A. Norman, Charles Oppenheim, Eduardo B. Ottoni, Rich Palmer, Ruth Parrish, Michael Ploskonka, Bella Plouffe, Stavros Poulos, Hanne Poulsen, Gus Rancatore, James Randerson, Thomas A. Reisner, R. Roberts, Geneva Robertson, Ian Sample, Reto Schneider, M. Schreiber, Sally Shelton, Adrian Smith, Annette Smith, Andrew N. Stephens, Geri Sullivan, Frank Sutman, B. E. Swetman, Vaughn Tan, Tony Taylor, Mary Thomson, Richard Wassersug, Corky White, Amity Wilczek, Michael Wolfson und Jan Wooten.

Quellenangaben

Eins – Seltsam im Kopf

Ihr Geist könnte Sie töten

Wilkens, A. J., B. Zifkin, F. Andermann, and E. McGovern (1982). »Seizures induced by thinking.« *Annals of Neurology* 11: 608–12.

Yamamoto, Junji, Isao Egawa, Shinobu Yamamoto, and Akira Shimizu (1991). »Reflex Epilepsy Induced by Calculation Using a ›Soroban‹, a Japanese Traditional Calculator.« *Epilepsia* 32: 39–43.

Koutroumanidis, M., M. J. Koepp, M. P. Richardson, C. Camfield, A. Agathonikou, S. Ried, A. Papadimitriou, G. T. Plant, J. S. Duncan, and C. P. Panayiotopoulos (1998). »The Variants of Reading Epilepsy. A Clinical and VideoEEG Study of 17 Patients with Reading-Induced Seizures.« *Brain* 121: 1409–27.

Daten durchkämmen

Robbins, Clarence, and Marjorie Gene Robbins (2003). »Scalp Hair Length. I. Hair Length in Florida Theme Parks: An Approximation of Hair Length in the United States of America.« *Journal of Cosmetic Science* 54 (1): 53–62.

Wahrheit, von der Seite betrachtet

Fabbro, F. B., B. Gran, and A. Bava (1993). »Hemispheric Asymmetry for the Auditory Recognition of True and False Statements.« *Neuropsychologia* (31) 8: 865–70.

Surwillo, Walter W. (1981). »Ear Asymmetry in Telephone-Listening Behavior.« *Cortex* 17 (4): 625–32.

Jackson, Chris J., Adrian Furnham, and Tony Miller (2001). »Moderating Effect of Ear Preference on Personality in the Prediction of Sales Performance.« *Laterality: Asymmetries of Body, Brain, and Cognition* 6 (2): 133–40.

Imperiale Langeweile

Auerbach, Jeffrey (2005). »Imperial Boredom.« *Common Knowledge* 11 (2): 283–305.

28 Stunden *Vexations* am Stück

Kohlmetz, Christine, Reinhard Kopiez, and Eckart Altenmüller (2003). »Stability of Motor Programs during a State of Meditation: Electrocortical Activity in a Pianist Playing ›Vexations‹ by Erik Satie Continuously for 28 Hours.« *Psychology of Music* 31 (2): 173–86.

Kopiez, Reinhard, Marc Bangert, Werner Goebl, and Eckart Altenmüller (2003).

»Tempo and Loudness Analysis of a Continuous 28-Hour Performance of Erik Satie's Composition ›Vexations‹.« *Journal of New Music Research* 32 (3): 243–58.

Der Verstand des Kellners

Bekinschtein, Tristan A., Julian Cardozo, and Facundo F. Manes. »Strategies of Buenos Aires Waiters to Enhance Memory Capacity in a Real-Life Setting.« *Behavioural Neurology* 20: 65–70.

Zocken mit Hirnschaden

Shiv, Baba, George Loewenstein, Antoine Bechara, Hanna Damasio, and Antonio R. Damasio (2005). »Investment Behavior and the Negative Side of Emotion.« *Psychological Science* 16 (6): 435–39.

Absätze führen zu Schizophrenie

Flensmark, Jarl (2004). »Is There an Association Between the Use of Heeled Footwear and Schizophrenia?« *Medical Hypotheses* 63 (4): 740–47.

Schön, schlau

Kanazawa, Satoshi, and Jody L. Kovar (2004). »Why Beautiful People Are More Intelligent.« *Intelligence* 32: 227–43.

Kanazawa, Satoshi (2007). »Beautiful Parents Have More Daughters: A Further Implication of the Generalized Trivers-Willard Hypothesis (gTWH).« *Journal of Theoretical Biology* 244 (1): 133–40.

Brain über »Head in Brain«

Brain, Russell (1961). »Henry Head: The Man and His Ideas.« *Brain* 84 (4): 561–66.

Head, Henry (1893). »On Disturbances of Sensation with Especial Reference to the Pain of Visceral Disease.« *Brain* 16 (1–2): 1–133.

–– (1963). »Some Reflections on Brain and Mind.« *Brain* 86 (3): 381–402.

–– (1923). »Speech and Cerebral Localization.« *Brain* 46 (4): 355–528.

Rivers, W. H. R., and Henry Head (1908). »A Human Experiment in Nerve Division.« *Brain* 31 (3): 323–450.

Dr. Alias, Haarmann

Alias, A. G. (1996). »A Statistical Association Between Liberal Body Hair Growth and Intelligence.« Presented at the Eighth Congress of the Association of European Psychiatrists, London, UK, 12 July.

–– (1995). »Top Ranked Boxers Are Less Hirsute Than Lower Level Boxers: An Example For the Importance of 5-Alpha-Reductase?« *Biological Psychiatry* 37 (9): 612–13.

–– (1995). »Non-Pathological Associational Loosening of Marlon Brando: A Sign of Hypoarousal?« *Biological Psychiatry* 37 (9): 613.

Kahl verantwortlich

Yáñez Soler, Armando José (2004). »Cultural Evolution as a Possible Triggering or Causative Factor of Common Baldness.« *Medical Hypotheses* 62 (6): 980–85.

Scarmeas, G. Levy, M.-X. Tang, J. Manly, and Y. Stern (2001). »Influence of leisure activity on the incidence of Alzheimer's Disease.« *Neurology* 57: 2236–42.

Ein Loch im Kopf

Bertamini, Marco, and Camilla J. Croucher (2003). »The Shape of Holes.« *Cognition* 87 (1): 33–54.

Lewis, David Kellogg, and Stephanie R. Lewis (1970). »Holes.« *Australasian Journal of Philosophy* 48: 206–12; reprinted in: Lewis, D. K. (1983). *Philosophical Papers,* vol. 1. New York: Oxford University Press, 3–9.

Norman, J. F., F. Phillips, and H. E. Ross (2001). »Information Concentration Along the Boundary Contours of Naturally Shaped Solid Objects.« *Perception* 30: 1285–94.

Farbvorlieben bei Geisteskranken

Katz, Siegfried E. (1931). »Color Preference in the Insane.« *Journal of Abnormal and Social Psychology* 26 (2): 203–11.

Neurologischer Schaden durch Beten

Ilic, Tihomir V., Monika Pötter, Iris Holler, Günther Deuschl, and Jens Volkmann (2005). »Praying-Induced Oromandibular Dystonia.« *Movement Disorders* 20 (3): 385–86.

Scolding, N. J., S. M. Smith, S. Sturman, G. B. Brookes, and A. J. Lees (1995). »Auctioneer's Jaw: A Case of Occupational Oromandibular Hemidystonia.« *Movement Disorders* 10 (4): 508–9.

Zwei – Dinge, die wichtig sind

Das große Experiment mit den offenen Schuhbändern

Mörth, Ingo (2007). »The Shoe-lace Breaching Experiment.« *Figurations: Newsletter of the Norbert Elias Foundation* 2 (27): 4–6.

Elias, Norbert (1967). »Die Geschichte mit den Schuhbändern.« *Die Zeit,* 17 November.

Abschreckende Klänge

Halpern, D. Lynn, Randolph Blake, and James Hillenbrand (1986). »Psychoacoustics of a Chilling Sound.« *Perception and Psychophysics* 39: 77–80.

McDermott, Josh, and Marc Hauser (2004). »Are Consonant Intervals Music to Their Ears? Spontaneous Acoustic Preferences in a Nonhuman Primate.« *Cognition* 94: B11–B21.

Hüpfe, springe und komme zu Ergebnissen

Burton, Allen W., Luis Garcia, and Clersida Garcia (1999). »Skipping and Hopping of Undergraduates: Recollections of When and Why.« *Perceptual and Motor Skills* 88: 401–6.

Farley, Claire T., Reinhard Blickhan, Jacqueline Saito, and C. Richard Taylor (1991). »Hopping Frequency in Humans: A Test of How Springs Set Stride Frequency in Bouncing Gaits.« *Journal of Applied Physiology* 71 (6): 2127–32.

Austin, G. P., G. E. Garrett, and D. Tiberio (2002). »Effect of Added Mass on Human Unipedal Hopping.« *Perceptual and Motor Skills* 94 (3): 834–40.

Austin, G. P., D. Tiberio, and G. E. Garrett (2002). »Effect of Frequency on Human Unipedal Hopping.« *Perceptual and Motor Skills* 95 (3): 733–40.

Austin, G. P., D. Tiberio, and G. E. Garrett (2003). »Effect of Added Mass on Human Unipedal Hopping at Three Frequencies.« *Perceptual and Motor Skills* 97 (2): 605–12.

Klingt köstlich

Amft, Oliver, Mathias Stäger, Paul Lukowicz, and Gerhard Tröster (2005). »Analysis of Chewing Sounds for Dietary Monitoring.« *UbiComp 2005: Proceedings of the 7th International Conference on Ubiquitous Computing,* Tokyo, Japan, 11–14 September: 56–72.

Drake, B. K. (1963). »Food Crushing Sounds: An Introductory Study.« *Journal of Food Science* 28 (2): 233–41.

Watt, D. M. (1966). »Gnathosonics: A Study of Sounds Produced by the Masticatory Mechanism.« *Journal of Prosthetic Dentistry* 16 (1): 73–82.

Einschenkgesetze

Clanet, Christophe, and Geoffrey Searby (2004). »On the Glug-Glug of Ideal Bottles.« *Journal of Fluid Mechanics* 510: 145–68.

Clanet, C., G. Searby, and E. Villermaux (1997). »On the Glug-Glug of the Bottle.« *American Physical Society, Division of Fluid Dynamics Meeting,* 23–25 November, abstract #Df.10.

Davies, R. M., and Geoffrey Taylor (1950). »The Mechanics of Large Bubbles Rising Through Liquids and Through Liquids in Tubes.« *Proceedings of the Royal Society of London, Series A* 200 (22 February): 375–90.

Die repetierende Physik des Om

Gurjar, Ajay Anil, and Siddharth A. Ladhake (2008). »Time-Frequency Analysis of Chanting Sanskrit Divine Sound ›OM‹.« *International Journal of Computer Science and Network Security* 8 (8): 170–75.

Gurjar, Ajay Anil (2009). »Multi-Resolution Analysis of Divine Sound ›OM‹ Using Discrete Wavelet Transform.« *International Journal of Emerging Technologies and Applications in Engineering, Technology and Sciences* 2 (2): 468–72.

Gurjar, Ajay Anil, Siddharth A. Ladhake, Ajay P. Thakare (2009). »Analysis of Acoustic [sic] of ›OM‹ Chant to Study It's [sic] Effect on Nervous System.« *International Journal of Computer Science and Network Security* 9 (1): 363–67.

–– (2009). »Spectral Analysis of Sanskrit Divine Sound OM.« *Information Technology Journal* 8: 781–85.

–– (2009). »Optimal Wavelet Selection For Analyzing Sanskrit Divine Sound ›OM‹.« *International Journal of Mathematical Sciences and Engineering Applications* 3 (2): 225–33.

–– (2009). »Analysis of Speech Under Stress Before and After *OM* Chant Using MATLAB 7.« *International Journal of Emerging Technologies and Applications in Engineering, Technology and Sciences* 2 (2): 713–18.

–– (2009). »Time-Domain Analysis of »OM« Mantra to Study It's [sic] Effect on Nervous System.« *International Journal of Engineering Research and Industrial Applications* 2 (3): 233–42.

Summen in der Tonart der Biene

Schneider. S. S., and Norman E. Gary (1984). »›Quacking‹: A Sound Produced by Worker Honeybees After Exposure to Carbon Dioxide.« *Journal of Apicultural Research* 23 (1): 25–30.

Gary, Norman E., and Kenneth Lorenzen (1981). »Bee Vacuum Device and Method of Handling Bees.« US Patent no. 4,288,880.

Gary, Norman E. (1959). »The Case of Utter vs. Utter.« *Gleanings in Bee Culture* 87 (6): 336–37.

–– (1901). »Bees in Court: History of the Celebrated Case of Peach Utter versus Bee-Keeper Utter.« *Rocky Mountain Bee Journal* 1 (1): 6.

Vakuumreise

N. A. (1825). »London and Edinburgh Vacuum Tunnel Company, Capital 90,000 Sterling.« *Mechanics Register* 1 (13): 205–7.

Sehr spezielle Themen

Meredith, Calum James, David Boulderstone, and Simon Clapton (2011). »Association Football on Mars.« *Journal of Physics Special Topics* 9 (1).

–– (2010). »None Like It Hot.« *Journal of Physics Special Topics* 9 (1).

–– (2010). »None Like It Hot II.« *Journal of Physics Special Topics* 9 (1).

Das kleine Schwarze: heiß oder nicht?

Shkolnik, Amiram, C. Richard Taylor, Virginia Finch, and Arieh Borut (1980). »Why Do Bedouins Wear Black Robes in Hot Deserts?« *Nature* 283: 373–75.

Hutchinson, John C. D., and Graham D. Brown (1969). «Penetrance of Cattle Coats by Radiation.« *Journal of Applied Physiology* 26 (4): 454–64.

Fähigkeit der Nase

Naftali, Sara, Moshe Rosenfeld, Michael Wolf, and David Elad (2005). »The Air-Conditioning Capacity of the Human Nose.« *Annals of Biomedical Engineering* 33 (4): 545–53.

St. Laurent, Robert, and Jacques Larochelle (1994). »The Cooling Power of the Pigeon Head.« *Journal of Experimental Biology* 194: 329–39.

Verkehrsdelikte

Conrad, Daniel C., and Werner O. Soedel (1995). »On the Problem of Oscillatory Walk of Automatic Washing Machines.« *Journal of Sound and Vibration* 188 (3): 301–14.

Whiteman, Wayne E. and Kip P. Nygren (1999). »Basic Vibration Design to Which Young Engineers Can Relate: The Washing Machine.« Paper presented at the annual meeting of the American Society for Engineering Education, Charlotte, N. C., 20–23 June, session 3268.

Die Drohung des Robo-Toasters

Koscher, Karl, Alexei Czeskis, Franziska Roesner, Shwetak Patel, Tadayoshi Kohno, Stephen Checkoway, Damon McCoy, Brian Kantor, Danny Anderson, Hovav Shacham, and Stefan Savage (2010). »Experimental Security Analysis of a Modern Automobile.« Paper presented at the 2010 IEEE Symposium on Security and Privacy, Berkeley, Calif., 16–19 May, http://www.autosec.org/pubs/cars-oakland2010.pdf.

Trägerlos stabil

Seim, Charles E. (1956). »Stress Analysis of a Strapless Evening Gown.« *The Indicator:* November.

Spechtklopfanalyse

Vincent, Julian F. V., Mehmet Necip Sahinkaya, and W. O'Shea (2007). »A Woodpecker Hammer.« *Proceedings of the Institution of Mechanical Engineers, Part C, Journal of Mechanical Engineering Science* 221 (10): 1141–7.

Die Physik schleichender und fallender Katzen

Kane, T. R., and M. P. Scher (1969). »A Dynamical Explanation of the Falling Cat Phenomenon.« *International Journal of Solids and Structures* 5: 663–70.

Montgomery, Richard (1993). »Gauge Theory of the Falling Cat.« *Fields Institute Communications* 1: 193–218.

Bishop, Kristin L., Anita K. Pai, and Daniel Schmitt (2008). »Whole Body Mechanics of Stealthy Walking in Cats.« *PLoS One* 3 (11): e3808.

Drei – Hunde, Kühe, Katzen und so weiter

Viehdiebstahl

Ely, Fordyce, and W. E. Petersen (1941). »Factors Involved in the Ejection of Milk.« *Journal of Dairy Science* 3: 211–23.

May, D. N. (1971). »Startle in the Presence of Background Noise.« *Journal of Sound and Vibration* 17 (1): 77–78.

Lukas, Jerome S. (1972). »Awakening Effects of Simulated Sonic Booms and Aircraft Noise on Men and Women.« *Journal of Sound and Vibration* 20 (4): 457–66.

Rylander, R., S. Sörensen, and K. Berglund (1972). »Sonic Boom Effects on Sleep: A Field Experiment on Military and Civilian Populations.« *Journal of Sound and Vibration* 24 (1): 41–50.

Magnetische Hühner

Wiltschko, Wolfgang, Rafael Freire, Ursula Munro, Thorsten Ritz, Lesley Rogers, Peter Thalau, and Roswitha Wiltschko (2007). »The Magnetic Compass of Domestic Chickens, *Gallus gallus.*« *Journal of Experimental Biology,* 210 (13): 2300–10.

Freire, Rafael, Ursula H. Munro, Lesley J. Rogers, Roswitha Wiltschko, and Wolfgang Wiltschko (2005). »Chickens Orient Using a Magnetic Compass.« *Current Biology,* 15 (16): R620–21.

Duncan, Ian J. H., and V. G. Kite (1986). »Some Investigations into Motivation in the Domestic Fowl.« *Applied Animal Behaviour Science* 18 (3–4): 387–88.

Widowski, Tina M., and Ian J. H. Duncan (2000). »Working for a Dustbath: Are Hens Increasing Pleasure Rather than Reducing Suffering?« *Applied Animal Behaviour Science* 68 (1): 39–53.

Ansteckendes Gähnen bei der Köhlerschildkröte

Wilkinson, Anna, Natalie Sebanz, Isabella Mand, and Ludwig Huber (2011).

»No Evidence of Contagious Yawning in the Red-Footed Tortoise *Geochelone carbonaria.*« *Current Zoology* 57 (4): 477–84.
Baenninger, Ronald (1987). »Some Comparative Aspects of Yawning in *Betta splendens, Homo sapiens, Panthera leo,* and *Papio sphinx.*« *Journal of Comparative Psychology* 101 (4) 349–54.
Ghirlanda, Stefano, Liselotte Jansson, and Magnus Enquist (2002). »Chickens Prefer Beautiful Humans.« *Human Nature* 13 (3): 383–89.

Das Auf und Ab von Kühen

Tolkamp, Bert J., Marie J. Haskell, Fritha M. Langford, David J. Roberts, and Colin A. Morgan (2010). »Are Cows More Likely to Lie Down the Longer They Stand?« *Applied Animal Behaviour Science* 124, (1–2): 1–10.
Osterman, Sara, and Ingrid Redbo (2001). »Effects of Milking Frequency on Lying Down and Getting Up Behaviour of Dairy Cows.« *Applied Animal Behaviour Science* 70 (3): 167–76.

Kuhwarm?

Khan, Zahid A., Irfan Anjum Badruddin, G. A. Quadir, and K. N. Seetharamu (2006). »A Quick and Accurate Estimation of Heat Losses from a Cow.« *Biosystems Engineering* 93 (3): 313–23.
Gebremedhin, K. G., and B. X. Wu (2003). »Characterization of Flow Field in a Ventilated Space and Simulation of Heat Exchange between Cows and Their Environment.« *Journal of Thermal Biology* 28 (4): 301–19.
Sreekumar, K. P., and G. Nirmalan (1990). »Estimation of the Total Surface Area in Indian Elephants (*Elephas maximus indicus*).« *Veterinary Research Communications* 14 (1): 5–17.

Der Stolz des Rudels

Grinnell, Jon, and Karen McComb (2001). »Roaring and Social Communication in African Lions: The Limitations Imposed by Listeners.« *Animal Behaviour* 62 (1): 93–98.
McComb, Karen, Craig Packer, and Anne Pusey (1994). »Roaring and Numerical Assessment in Contests Between Groups of Female Lions, *Panthera leo.*« *Animal Behaviour* 47 (2): 379–87.
Grinnell, Jon, Craig Packer, and Anne Pusey (1995). »Cooperation in Male Lions: Kinship, Reciprocity or Mutualism?« *Animal Behaviour* 49 (1): 95–105.

Katzenwälzer

Feldman, Hilary N. (1994). »Domestic Cats and Passive Submission. *Animal Behaviour* 47 (2): 457–59.
Baerends-Van Roon, J. M., and G. P. Baerends (1979). *The Morphogenesis of the Behaviour of the Domestic Cat.* Amsterdam: North-Holland Publishing.
Corbett, L. K. (1979). »Feeding Ecology and Social Organization of Wildcats (*Felis silvestris*) and Domestic Cats (*Felis catus*) in Scotland.« PhD thesis, University of Aberdeen.

Eidechsen, die auf die Erde fielen

Schlesinger, William H., Johannes M. H. Knops, and Thomas H. Nash (1993). »Arboreal Sprint Failure: Lizardfall in a California Oak Woodland.« *Ecology* 74: 2465–67.

Heimgesucht

Hurd, Paul D., Jr (1954). »›Myiasis‹ Resulting from the Use of the Aspirator Method in the Collection of Insects.« *Science* 119 (3101): 814–15.

Aussetzung auf See

Paxton, C. G. M., Erik Knatterud, and Sharon L. Hedley (2005). »Cetaceans, Sex and Sea Serpents: An Analysis of the Egede Accounts of a »›Most Dreadful Monster‹ Seen Off the Coast of Greenland in 1734.« *Archives of Natural History* 32 (1): 1–9.

Nasse Falten (nackt)

Aleyev, Yuri Glebovich (1977). *Nekton.* The Hague: Dr W. Junk. 264–78.

Über Affenkotze (für alle, die es wissen wollen)

Johnson, Elizabeth C., Eric Hill, and Matthew A. Cooper (2007). »Vomiting in Wild Bonnet Macaques.« *International Journal of Primatology* 28 (1): 245–56.

Vier – Benehmen Sie sich (oder lassen Sie es bleiben)

Schmieg dich mutig an, Schaf

Michelena, Pablo, Angela M. Sibbald, Hans W. Erhard, and James E. McLeod (2009). »Effects of Group Size and Personality on Social Foraging: The Distribution of Sheep Across Patches.« *Behavioral Ecology* 20 (1): 145–52.

Wilson, D. S. (1998). »Adaptive Individual Differences within Single Populations.« *Philosophical Transactions of the Royal Society of London B* 353: 199–205.

Dingemanse, N. J., and P. de Goede (2004) »The Relation Between Dominance and Exploratory Behavior is Context-Dependent in Wild Great Tits.« *Behavioral Ecology* 15: 1023–30.

Auf Abstand am Strand

Edney, Julian J., and Nancy L. Jordan-Edney (1974). »Territorial Spacing on a Beach.« *Sociometry* 37: 92–104.

Smith, H. W. (1981). »Territorial Spacing on a Beach Revisited: A Cross-National Exploration.« *Social Psychology Quarterly* 44 (2): 132–37.

Nesbitt, Paul D., and Steven, Girard (1974). »Personal Space and Stimulus Intensity at a Southern California Amusement Park.« *Sociometry* 37 (1): 105–15.

Shiyomi, Masae (2004). »How are Distances Between Individuals of Grazing Cows Explained by a Statistical Model?« *Ecological Modeling* 172: 87–94.

Nehmen Sie Platz in Bulgarien

Karev, George B. (2000). »Cinema Seating in Right, Mixed and Left Handers.« *Cortex* 36 (5): 747–52.

–– (1993). »Arm Folding, Hand Clasping and Dermatoglyphic Asymmetry in Bulgarians.« *Anthropologischer Anzeiger* 51(1): 69–76.

Weyers, Peter, Annette Milnik, Clarissa Müller, and Paul Pauli (2006). »How to Choose a Seat in Theatres: Always Sit on the Right Side?« *Laterality* 11 (2): 181–93.

Buhs wirken wie Schnaps auf die Machthungrigen

Fodor, Eugene M., and David P. Wick (2009). »Need for Power and Affective Response to Negative Audience Reaction to an Extemporaneous Speech.« *Journal of Research in Personality* 43: 721–26.

Lügner, Lügner

The Global Deception Research Team (2006). »A World of Lies.« *Journal of Cross-Cultural Psychology* 37 (1): 60–74.

Norman, der Punk oder der Buchhalter

Pendry, Louise, and Rachael Carrick (2001). »Doing What the Mob Do: Priming Effects on Conformity.« *European Journal of Social Psychology* 31: 83–92.

Bargh, John, Mark Chen, and Lara Burrows (1996). »Automaticity of Social Behavior: Direct Effects of Trait Construct and Stereotype Activation on Action.« *Journal of Personality and Social Psychology* 71 (2): 230–44.

Geistliches Amt von Clowns

Richter, Angelika, and Lori A. Zonner (1996). »Clowning: An Opportunity for Ministry.« *Journal of Religion and Health* 35 (2): 141–48.

Miller Van Blerkom, Linda (1995). »Clown Doctors: Shaman Healers of Western Medicine.« *Medical Anthropology Quarterly* 9 (4): 462–75.

Die Käseakten

Scanlon, Beth A. (1985). »Race Differences in Selection of Cheese Color.« *Perceptual and Motor Skills* 61 (1): 314.

Garber, Lawrence L., Jr, Eva M. Hyatt, and Richard G. Starr, Jr (2000). »Placing Food Color Experimentation into a Valid Consumer Context.« *Journal of Marketing Theory and Practice* 8: 59–72.

Wäschezeichen

Kenen, Regina (1982). »Soapsuds, Space, and Sociability: A Participant Observation of the Laundromat.« *Journal of Contemporary Ethnography* 11 (2): 163–83.

Die Forschungsbibliothek des Nudismus

Schmidt, Stephen R. (2002). »Outstanding Memories: The Positive and Negative Effects of Nudes on Memory.« *Journal of Experimental Psychology: Learning, Memory and Cognition* 28 (2): 353–61.

Entscheiden, wohin man geht

Christenfeld, Nicholas (1995). »Choices from Identical Options.« *Psychological Science* 6 (1): 50–55.

Yoshimura, H. (1973). »Review of Medical Researches at the Japanese Station (Syowa Base) in the Antarctic.« In O. G. Edholm and E. K. E. Gunderson (eds). *Polar Human Biology*. London: Heinemann, 54–65.

Schwingend über diesem und jenem

Tainsh, Michael A. (1972). »Oscillation of Human Performance as a Personality Measure.« *Perceptual and Motor Skills* 35 (2): 677–78.

-- and G. Winzar (1975). »The Influence of Travelling on Decision-Making.« *Ergonomics* 18 (4): 427–34.
-- (1977). »Influence of Travelling on Decision-Making.« *Perceptual and Motor Skills* 44 (3): 1106.
Spearman, Charles (1927). *The Abilities of Man.* London: Macmillan and Co.
Ryan, David Patrick, Susan M. M. Tainsh, Vita Kolodny, Bonnie L. Lendrum, and Rory H. Fisher (1988). »Noise-Making Amongst the Elderly in Long Term Care.« *Gerontologist* 28 (3): 369–71.

Herumkauen auf Wissen

Bellisle, France, B. Guy-Grand, and J. Le Magnen (2000). »Chewing and Swallowing as Indices of the Stimulation to Eat During Meals in Humans: Effects Revealed by the Edogram Method and Video Recordings.« *Neuroscience and Biobehavioral Reviews* 24 (2): 223–28.
Bellisle, France, and Anne-Marie Dalix (2001). »Cognitive Restraint Can Be Offset by Distraction, Leading to Increased Meal Intake in Women.« *American Journal of Clinical Nutrition* 74 (2): 197–200.

Fünf – Essen, denken und fröhlich sein

Ihr Bauch sagt ...

Müller, Christian (1984). »New Observations on Body Organ Language.« *Psychotherapy and Psychosomatics* 42 (1–4): 124–26.
Da Silva, Guy (1990). »Borborygmi as Markers of Psychic Work During the Analytic Session. A Contribution to Freud's Experience of Satisfaction and to Bion's Idea About the Digestive Model for the Thinking Apparatus.« *International Journal of Psychoanalysis* 71: 641–59.
-- (1998). »The Emergence of Thinking: Bion as the Link Between Freud and the Neurosciences.« In: M. Grignon (ed.) *Psychoanalysis and the Zest for Living: Reflections and Psychoanalytic Writings in Memory of W. C. M. Scott.* Binghampton, N. Y.: ESF Publishers.

Die Verkostung der Spitzmaus

Crandall, Brian D., and Peter W. Stahl (1995). »Human Digestive Effects on a Micromammalian Skeleton.« *Journal of Archaeological Science* 22 (6): 789–97.

Der Wassertest

Yukiko, Esumi, and Ohara Ikuo (1999). »Similar Preference for Natural Mineral Water between Female College Students and Rats.« *Journal of Home Economics of Japan* 50 (12): 1217–22.
Lathan, C., and P. E. Fields (1936). »A Report on the Test-retest Performances of 38 College Students and 27 White Rats on the Identical 25 Choice Elevated Maze.« *Journal of Genetic Psychology* 49: 283–96.

Alle Sorten Eier, jede Art von Vogelfleisch

Cott, Hugh B. (1945). »The Edibility of Birds.« *Nature* 156 (3973): 736–37.
-- (1947). »The Edibility of Birds – Illustrated by 5 Years Experiments and

Observations (1941–1946) on the Food Preferences of the Hornet, Cat and Man – and Considered with Special Reference to the Theories of Adaptive Coloration.« *Proceedings of the Zoological Society of London* 116 (3–4): 371–524.
–– (1948). »Edibility of the Eggs of Birds.« *Nature* 161 (4079): 8–11.
–– (1951). »The Palatability of the Eggs of Birds – Illustrated by Experiments on the Food Preferences of the Hedgehog (*Erinaceus europaeus*).« *Proceedings of the Zoological Society of London* 121 (1): 1–40.
–– (1952). »The Palatability of the Eggs of Birds: Illustrated by Three Seasons Experiments (1947, 1948 and 1950) on the Food Preferences of the Rat (*Rattus norvegicus*); and with Special Reference to the Protective Adaptations of Eggs Considered in Relation to Vulnerability.« *Proceedings of the Zoological Society of London* 122 (1): 1–54.
–– (1953). »The Palatability of the Eggs of Birds – Illustrated by Experiments on the Food Preferences of the Ferret (*Putorius-Furo*) and Cat (*Felis-Catus*) – With Notes on Other Egg-Eating Carnivora.« *Proceedings of the Zoological Society of London* 123 (1): 123–41.
–– (1954). »The Palatability of Eggs and Birds: Mainly Based upon Observations of an Egg Panel.« *Proceedings of the Zoological Society of London* 124 (2): 335–463.

Durchgeknalltes Rindfleisch

Lee, Jill (1998). »Hydrodyne Exploding Meat Tenderness.« *Agricultural Research* (June): 8–10.

Godfrey, Charles S. (1970). »Apparatus for Tenderizing Food.« US Patent no. 3, 492,688, 3 February.

Haustiergaumen

Pickering, G. J. (2009). »Optimizing the Sensory Characteristics and Acceptance of Canned Cat Food: Use of a Human Taste Panel.« *Journal of Animal Physiology and Animal Nutrition* 93 (1): 52–60.

Bohannon, John, Robin Goldstein, and Alexis Herschkowitsch (2007). »Can People Distinguish Pâté From Dog Food?« AAWE Working Paper no. 36, April.

Gemessene Einstellungen zu Schokolade

Benton, David, Karen Greenfield, and Michael Morgan (1998). »The Development of the Attitudes to Chocolate Questionnaire.« *Personality and Individual Differences* 24 (4): 513–20.

Cramer, Kenneth M., and Mindy Hartleib (2001). »The Attitudes to Chocolate Questionnaire: A Psychometric Evaluation.« *Personality and Individual Differences* 31 (6): 931–42.

Pah zu Whisky

Kleinjans, Jos C. S., Edwin J. C. Moonen, Jan W. Dallinga, Harma J. Albering, Anton E. J. M. van den Bogaard, and Frederik-Jan van Schooten (1996). »Polycyclic Aromatic Hydrocarbons in Whiskies.« *Lancet* 348: 1731.

De Kok, T. M. C. M., J. G. F. Hogervorst, J. C. S. Kleinjans, and J. J. Briede (2004). »Radicals in the Church.« *European Respiratory Journal* 24: 1–2.

Standardpampe

National Institute of Standards and Technology (2009). »Certificate of Analysis – Standard Reference Material 1548A: Typical Diet« https://www-s.nist.gov/srmors/view–detail.cfm?srm=1548A.

Sharpless, Katherine E., Jennifer C. Colbert, Robert R. Greenberg, Michele M. Schantz, and Michael J. Welch (2001). »Recent Developments in Food-Matrix Reference Materials at NIST.« *Fresenius Journal of Analytic Chemistry* 370: 275–78.

Die Begleiterscheinungen von Eierspeise

Weenen, H., L. J. Van Gemert, R. J. M. Van Doorn, G. B. Dijksterhuis, and R. A. de Wijk (2001). »Texture and Mouthfeel of Semi-Solid Foods: Commercial Mayonnaises, Dressings, Custard Desserts and Warm Sauces.« *Journal of Texture Studies* 34 (2), 159–79.

De Wijk, R. A., L. Engelen, J. F. Prinz, and H. Weenen (2003). »The Influence of Bite Size and Multiple Bites on Oral Texture Sensations.« *Journal of Sensory Studies* 18 (5): 423–35.

Engelen, L., R. A. de Wijk, J. F. Prinz, A. M. Janssen, H. Weenen, and F. Bosman (2003). »A Comparison of the Effects of Added Saliva, Alpha-Amylase and Water on Texture Perception in Semi-Solids.« *Physiology and Behavior* 78: 805–11.

Engelen, L., R. A. de Wijk, J. F. Prinz, A. Van der Bilt, and F. Bosman (2003). »The Relation between Saliva Flow after Different Stimulations and the Perception of Flavor and Texture Attributes in Custard Desserts.« *Physiology and Behavior* 78 (1): 165–69.

De Wijk, R. A., L. Engelen, and J. F. Prinz (2003). »The Role of Intra-Oral Manipulation on the Perception of Sensory Attributes.« *Appetite* 40 (1): 1–7.

De Wijk, R. A., et al. (2004). »Amount of Ingested Custard Dessert as Affected by its Color, Odor, and Texture.« *Physiology and Behavior* 82 (2–3): 397–403.

Janssen, A. M., Marjolein E. J. Terpstra, R. A. de Wijk, and J. F. Prinz (2007). »Relations Between Rheological Properties, Saliva-induced Structure Breakdown and Sensory Texture Attributes of Custards.« *Journal of Texture Studies* 38 (1): 42–69.

Die Knoblauchfamilie

Hirsch, Alan R. (2000). »Effects of Garlic Bread on Family Interactions.« *Psychosomatic Medicine* 62 (1): 103.

Kuettner, E. Bartholomeus, Rolf Hilgenfeld, and Manfred S. Weiss (2002). »The Active Principle of Garlic at Atomic Resolution.« *Journal of Biological Chemistry* 277 (48): 46402–7.

Thomas, H. F., P. M. Sweetnam, and B. Janchawee (1998). »What Sort of Men Take Garlic Preparations?« *Complementary Therapies in Medicine* 6: 195–97.

»Teabagging« im Namen der Wissenschaft

Kigaye, M. K., and J. G. Matthysse (1974). »Testing Acaricide Susceptibility of

the Brown Dog Tick *Rhipicephalus sanguineus* (Latreille, 1806). II Teabag Method.« *Bulletin of Epizootic Diseases of Africa* 22 (3): 279–85.
Mumcuoglu, Kosta Y., and Aysegul Taylan Ozkan (2009). »The Treatment of Suppurative Chronic Wounds with Maggot Debridement Therapy.« *Turkiye Parazitoloji Dergisi* 33 (4): 307–15.
Fukuoka, Yumiko, Hisashi Kudo, Aiko Hatakeyama, Naomi Takahashi, Kayoko Satoh, Naoko Ohsawa, Mayumi Mutoh, Masahiko Fujii, and Hidetada Sasaki (2009). »Four-Finger Grip Bag with Tea to Prevent Smell of Contractured Hands and Axilla in Bedridden Patients.« *Geriatrica and Gerontology International* 9 (1): 97–99.
Barrueto, Fermin, Mary Ann Howland, Robert S. Hoffman, and Lewis S. Nelson (2004). »The Fentanyl Tea Bag.« *Veterinary and Human Toxicology* 46 (1): 30–31.
Lavergne, Noelie A. (1997). »Does Application of Tea Bags to Sore Nipples While Breastfeeding Provide Effective Relief?« *Journal of Obstetric, Gynecologic and Neonatal Nursing* 26 (1): 53–58.
Brennan, Mike, Janet Hoek, and Philip Gendall (1998). »The Tea Bag Experiment: More Evidence on Incentives in Mail Surveys.« *International Journal of Market Research* 40 (4): 347–52.

Osterpakete

Greenway, G. W., and R. E. Garcia Via (1977). »Designing and Testing an Improved Packaging for Large Hollow Chocolate Bunnies.« *TAPPI Journal* 80 (8): 133.
Vilela, P. M., and D.Thompson (1999). »Viscoelasticity: Why Plastic Bags Give Way When You Are Halfway Home.« *European Journal of Physics* 20 (1): 15–20.

Knackige Geräusche

Zampini, Massimiliano, and Charles Spence (2004). »The Role of Auditory Cues in Modulating the Perceived Crispness and Staleness of Potato Chips.« *Journal of Sensory Studies* 19 (5): 347–63.
Brown, G. L. (1958). »Wrapper Influence on the Perception of Freshness in Bread.« *Journal of Applied Psychology* 42: 257–60.
Piters, Ronald A. M. P., and Mia J. W. Stokmans (2000). »Genre Categorization and Its Effect on Preference for Fiction Books.« *Empirical Studies of the Arts* 18 (2): 159–66.

Schon genug

Wansink, Brian (1996). »Can Package Size Accelerate Usage Volume?« *Journal of Marketing* 60: 1–14.
–– (2002). »Changing Eating Habits on the Home Front: Lost Lessons from World War II Research.« *Journal of Public Policy & Marketing* 21 (1): 90–99.
Kahn, Barbara E., and Brian Wansink (2004). »The Influence of Assortment Structure on Perceived Variety and Consumption Quantities.« *Journal of Consumer Research* 30: 519–33.

Wansink, Brian, and Koert van Ittersum (2003). »Bottoms Up! The Influence of Elongation on Pouring and Consumption Volume.« *Journal of Consumer Research* 30: 455–63.
–– (2005). »Shape of Glass and Amount of Alcohol Poured: Comparative Study of Effect of Practice and Concentration.« *BMJ* 331: 1512–14.
Wansink, Brian, and Junyong Kim (2005). »Bad Popcorn in Big Buckets: Portion Size Can Influence Intake as Much as Taste.« *Journal of Nutrition Education and Behavior* 37 (5): 242–45.
Wansink, Brian, and Se-Bum Park (2000). »Accounting for Taste: Prototypes that Predict Preference.« *Journal of Database Marketing* 7: 308–20.
–– (2001). »At the Movies: How External Cues and Perceived Taste Impact Consumption Volume.« *Food Quality and Preference* 12 (1): 69–74.
Wansink, Brian, James E. Painter, and Jill North (2005). »Bottomless Bowls: Why Visual Cues of Portion Size May Influence Intake.« *Obesity Research* 13 (1): 93–100.
Painter, James E., Brian Wansink, and Julie B. Hieggelke (2002). »How Visibility and Convenience Influence Candy Consumption.« *Appetite* 38 (3): 237–38.
Wansink, Brian, and Matthew M. Cheney (2005). »Serving Bowls, Serving Size, and Food Consumption: A Randomized Controlled Trial.« *JAMA – Journal of the American Medical Association* 293 (14): 1727–28.

Sechs – Geld kann wertvoll sein

Alles zerrissen

Becchio, Cristina, Joshua Skewes, Torben E. Lund, Uta Frith, Chris Frith, and Andreas Roepstorff (2011). »How the Brain Responds to the Destruction of Money.« *Journal of Neuroscience, Psychology, and Economics* 4 (1): 1–10.
Lea, Stephen E. G., and Paul Webley (2006). »Money as Tool, Money as Drug: The Biological Psychology of a Strong Incentive.« *Behavioral and Brain Sciences* 29: 161–209.
Maguire, Eleanor, David Gadian, Ingrid Johnsrude, Catriona Good, John Ashburner, Richard Frackowiak, and Christopher Frith (2000). »Navigation-Related Structural Change in the Hippocampi of Taxi Drivers.« *Proceedings of the National Academy of Sciences* 97 (8): 4398–403.

Der unsichtbare Haken der Piratenökonomie

Leeson, Peter T. (2010). »Pi*rational* Choice: The Economics of Infamous Pirate Practices.« *Journal of Economic Behavior and Organization* 76 (3): 497–510.
–– (2007). »Trading with Bandits.« *Journal of Law and Economics* 50 (2): 303–21.
–– (2009). »The Invisible Hook: The Law and Economics of Pirate Tolerance.« *New York University Journal of Law and Liberty* 4: 139–71.

-- and C. Coyne. »The Economics of Computer Hacking.« *Journal of Law, Economics and Policy* 1(2) 2006: 511–32.

Stein, Papier, Affen

Lee, Daeyeol, Benjamin P. McGreevy, and Dominic J. Barraclough (2005). »Learning and Decision Making in Monkeys During a Rock-Paper-Scissors Game.« *Cognitive Brain Research* 25 (2): 416–30.

Deutung sowjetischer Unterwäsche

Gurova, Olga (2005). »Making of the Body: Cultural History of Underwear in Soviet Russia.« Paper presented at the Russian, East European, and Eurasian Center, University of Illinois at Urbana-Champaign, 29 November.

Foucault über Management

Kelly, Peter, and Christopher Hickey (2004). »Foucault Goes to the Footy: Professionalism, Performance, Prudentialism and Playstations in the Life of AFL Footballers.« Paper presented at the TASA Annual Conference, Latrobe University, December.

Eine gute Kopfform fürs Geschäft

Wong, Elaine M., Margaret E. Ormiston, and Michael P. Haselhuhn (2011). »A Face Only an Investor Could Love: CEOs' Facial Structure Predicts Their Firms' Financial Performance.« *Psychological Science* 22 (12): 1478–83.

Haselhuhn, Michael P., and Elaine M. Wong (2011). »Bad to the Bone: Facial Structure Predicts Unethical Behaviour.« *Proceedings of the Royal Society B* online, http://rspb.royalsocietypublishing.org/content/early/2011/06/29/rspb.2011.1193.

Ein wenig Psychologie des Spielautomaten

Parke, Jonathan, and Mark Griffiths (2002). »Slot Machine Gamblers: Why Are They So Hard to Study?« *eGambling: Electronic Journal of Gambling Issues* 6.

McKay, Christine (2007). »A Luminary in the Problem Gambling Field: Mark Griffiths.« *International Journal of Mental Health and Addiction* 5 (2): 117–22.

Griffiths, Mark. (1994). »Beating the Fruit Machine: Systems and Ploys Both Legal and Illegal.« *Journal of Gambling Studies* 10: 287–92.

-- and Paul Sparrow (1998). »Fruit Machine Gambling and Criminal Behaviour: Issues for the Judiciary.« *Justice of the Peace* 162: 736–39.

-- (2003). »Fruit Machine Addiction in Females: A Case Study.« *eGambling: Electronic Journal of Gambling Issues* 8.

-- (1996). »Adolescent Gambling on Fruit Machines.« *Young Minds Magazine* 27: 10–11.

-- (1996). »Observing the Social World of Fruit Machine Playing.« *Sociology Review* 6 (1): 17–18.

-- (1991). »The Psychobiology of the Near Miss in Fruit Machine Gambling.« *Journal of Psychology* 125: 347–57.

-- and Jonathan Parke (2003). »The Psychology of the Fruit Machine.« *Psychology Review* 9 (4): 12–16.

Der Wert von Parfüm für die Armen

Van Kempen, Luuk (2004). »Are the Poor Willing to Pay a Premium for Designer

Labels? A Field Experiment in Bolivia.« *Oxford Development Studies* 32 (2): 205–24.

Extremes Schnellschreiben

Parker, Philip M. (2005). »Method and Apparatus for Automatic Authoring and Marketing.« US Patent No. 7,266,767, 31 October.

Das Hundert-Billionen-Dollar-Buch

Gono, Gideon (2008). *Zimbabwe's Casino Economy – Extraordinary Measures for Extraordinary Challenges.* Harare: ZPH Publishers.

Trinkaus über Einkaufswagen

Trinkaus, John W. (2004). »Clearing the Supermarket Shopping Cart: An Informal Look.« *Psychological Reports* 94: 1442–43.

–– (2007). »Visiting Santa: An Additional Look.« *Psychological Reports* 101: 779–83.

Der strategische Jesus

Martin, Lt. Col. Gregg F. (2000). »Jesus the Strategic Leader.« US Army War College strategic report, 5 April, http://handle.dtic.mil/100.2/ADA378218.

Langweilige Sitzungen

Luong, Alexandra, and Steven G. Rogelberg (2005). »Meetings and More Meetings: The Relationship Between Meeting Load and the Daily Well-Being of Employees.« *Group Dynamics: Theory, Research, and Practice* 9 (1): 58–67.

Rogelberg, S. G., D. J. Leach, P. B. Warr, and J. L. Burnfield (2006). »›Not Another Meeting!‹ Are Meeting Time Demands Related to Employee Well-Being?« *Journal of Applied Psychology* 91 (1): 83–96.

Führungspositionen eines Clowns

Boje, David M., and Carl Rhodes (2006). »The Leadership of Ronald McDonald: Double Narration and Stylistic Lines of Transformation.« *Leadership Quarterly* 17 (1): 94–103.

Infinitesimalrechnung der Prostitution

Della Giusta, Marina, Maria Laura Di Tommaso, and Steinar Strøm (2007). »Who's Watching? The Market for Prostitution Services.« *Journal of Population Economics* 22 (2): 501–16.

Edlund, Lena, and Evelyn Korn (2002). »A Theory of Prostitution.« *Journal of Political Economy* 110: 181–214.

Sieben – Über uns, im Bett

Albert und seine Stachelschweinstacheln

Shadle, Albert R., Marilyn Smelzer, and Margery Metz (1946). »The Sex Reactions of Porcupines (*Erethizon d. dorsatum*) Before and After Copulation.« *Journal of Mammalogy* 27 (2): 116–21.

Shadle, Albert R. (1946). »Copulation in the Porcupine.« *Journal of Wildlife Management* 10 (2): 159–62.

–– (1955). »Effects of Porcupine Quills in Humans.« *American Naturalist* 89 (844): 47–49.

Shadle, Albert R., and Donald Po-Chedley (1949). »Rate of Penetration of a Porcupine Spine.« *Journal of Mammalogy* 30 (2): 172–73.

Deutsche sexuelle Vereinigung

Sharp, Ingrid (2004). »The Sexual Unification of Germany.« *Journal of the History of Sexuality* 13 (3): 348–65.

Ein Katalog perversen Verhaltens

Salton, W. L. (2004). »Perversion in the Twenty-First Century: From the Holocaust to the Karaoke Bar.« *Psychoanalytic Review* 91 (1): 99–111.

Käfer-Flaschen-Nummer

Gwynne, D. T., and D. C. F. Rentz (1983). »Beetles on the Bottle: Male Buprestids Mistake Stubbies for Females (*Coleoptera*).« *Journal of the Australian Entomological Society* 22: 79–80.

-- (1984). »Beetles on the Bottle.« *Antenna: Proceedings (A) of the Royal Entomological Society London* 8 (3): 116–17.

Was kommt nach dem Frosch im Hals

Wassersug, Richard (1971). »On the Comparative Palatability of Some Dry-Season Tadpoles from Costa Rica.« *American Midland Naturalist* 86 (1): 101–9.

Roberts, Lesley F., Michelle A. Brett, Thomas W. Johnson, and Richard J. Wassersug (2007). »A Passion for Castration: Characterizing Men Who Are Fascinated with Castration, but Have Not Been Castrated.« *Journal of Sexual Medicine* 5 (7): 1669–80.

Brett, Michelle A., Lesley F. Roberts, Thomas W. Johnson, and Richard J. Wassersug (2007). »Eunuchs in Contemporary Society: Expectations, Consequences and Adjustments to Castration. Part II.« *Journal of Sexual Medicine* 4 (4): 946–55.

Anzügliches über Strichmännchen

Dijkstra, Pieternel, and Bram P. Buunk (2001). »Sex Differences in the Jealousy-Evoking Nature of a Rival's Body Build.« *Evolution and Human Behavior* 22 (5): 335–41.

Buunk, Bram P., and Pieternel Dijkstra (2005). »A Narrow Waist Versus Broad Shoulders: Sex and Age Differences in the Jealousy-Evoking Characteristics of a Rival's Body Build.« *Personality and Individual Differences* 39 (2): 379–89.

Professor Gueguen, Analytiker von Brusteffekten

Gueguen, Nicolas (2007). »Women's Bust Size and Men's Courtship Solicitation.« *Body Image* 4 (4): 386–90.

-- (2007). »Bust Size and Hitchhiking: A Field Study.« *Perceptual and Motor Skills* 105 (3): 1294–98.

-- (2001). »The Effect of Perfume on Prosocial Behavior of Pedestrians.« *Psychological Reports* 88: 1046–48.

-- and Celine Jacob (2005). »The Effect of Touch on Tipping: An Evaluation in a French Bar.« *International Journal of Hospitality Management* 24 (2): 295–99.

Ein steifer Test

Klotz, Laurence (2005). »How (Not) to Communicate New Scientific Information: A Memoir of the Famous Brindley Lecture.« *BJU International* 96 (7): 956–57.

Brindley, Giles S. (1973). »Speed of Sound in Bent Tubes and the Design of Wind Instruments.« *Nature* 246: 479–80.

-- (1968). »The Logical Bassoon.« *Galpin Society Journal* 21: 152–61.

-- (1986). »Pilot Experiments on the Action of Drugs Injected into the Human Corpus Cavernosum Penis.« *British Journal of Pharmacology* 87 (3): 495–500.

Abgelenkt, eindeutig erregt

Ariely, Dan, and George Loewenstein (2006). »The Heat of the Moment: The Effect of Sexual Arousal on Sexual Decision Making.« *Journal of Behavioral Decision Making* 19: 87–98.

Füllhorn

Schaffer, Nan, Tom Meehan, William Bryant, and Dalen Agnew (1996). »Monitoring Electroejaculation in the Rhinoceros with Ultrasonography.« *Proceedings of the Annual Meeting of the Society for Theriogenology*, Kansas City, Missouri, August.

Schaffer, N., W. Bryant, D. Agnew, T. Meehan, and B. Beehler (1998). »Ultrasonographic Monitoring of Artificially Stimulated Ejaculation in Three Rhinoceros Species (*Ceratotherium Simum, Diceros Bicornis, Rhinoceros Unicornus*).« *Journal of Zoo and Wildlife Medicine* 29 (4): 386–93.

Die Wirkung von Handys auf Kaninchensex

Salama, Nader, Tomoteru Kishimoto, Hiro-Omi Kanayama, and Susumu Kagawa (2010). »Effects of Exposure to a Mobile Phone on Sexual Behavior in Adult Male Rabbit: An Observational Study.« *International Journal of Impotence Research* 22: 127–33.

-- (2007). »Unusual Trivial Trauma May End With Extrusion of a Well-Functioning Penile Prosthesis: A Case Report.« *Journal of Medical Case Reports* 1: 34.

Forschungsvorschläge: Sex mit einem Fremden

Clark, Russell D. III, and Elaine Hatfield (1989). »Gender Differences in Receptivity to Sexual Offers.« *Journal of Psychology and Human Sexuality* 2 (1): 39–55.

-- (2003). »Love in the Afternoon.« *Psychological Inquiry* 14 (3–4): 227–31.

Bettgenossen, immer

Van Bronswijk, J. E. M. H. (1994). »A Bed Ecosystem.« Lecture Abstracts – 1st Benelux Congress of Zoology, Leuven, 4–5 November.

Solarz, Krzysztof (1997). »Seasonal Dynamics of House Dust Mite Populations in Bed/Mattress Dust from Two Dwellings in Sosnowiec (Upper Silesia, Poland): An Attempt to Assess Exposure.« *Annals of Agricultural and Environmental Medicine* 4: 253–61.

Sesay, H. R., and R. M. Dobson (1972). »Studies on the Mite Fauna of House Dust

in Scotland with Special Reference to that of Beddings.« *Acarologia* 14: pp. 384–92.
Young, J. Z. (1981). »Morphological Adaptation for Precopulatory Guarding in Astigmatic Mites (*Acari: Acaridida*).« *International Journal of Acarology* 18: 49–54.

Anons Liebesleben

Vincent, C., and W. A. Ames (1999). »The Bearded Airway.« *Anaesthesia* 53 (10): 1034–35.

Voracek über das Aufklapp-Model

Partik, B. L., A. Stadler, S. Schamp, A. Koller, M. Voracek, G. Heinz, and T. H. Helbich (2002). »3D versus 2D ultrasound: Accuracy of Volume Measurement in Human Cadaver Kidneys.« *Investigative Radiology* 37: 489–495.
Ploder, O., F. Kanz, U. Randl, W. Mayr, M. Voracek, and H. Plenk (2002). »Three-dimensional Histomorphometric Analysis of Distraction Osteogenesis Using an Implanted Device for Mandibular Lengthening in Sheep.« *Plastic and Reconstructive Surgery* 110: 130–37.

Mr. Food Sex

Parkin, Katherine (2004). »The Sex of Food and Ernest Dichter: The Illusion of Inevitability.« *Advertising and Society Review* 5 (2).

Acht – Aufregende Verletzungen und Krankheiten

Eine heiße Kartoffel

Bhutta, Mahmood F., George A. Worley, and Meredydd L. Harries (2006). »Hot Potato Voice« in Peritonsillitis: A Misnomer.« *Journal of Voice* 20 (4): 616–22.
Bhutta, Mahmood F., and Harold Maxwell (2008). »Sneezing Induced by Sexual Ideation or Orgasm: An Under-Reported Phenomenon.« *Journal of the Royal Society of Medicine* 101: 587–91.

Tiefe, dunkle Romantik

Blanchard, Charles Elton (1938). *The Romance of Proctology.* Youngstown, Ohio: Medical Success Press.
Neuhauser, D. (2006). »Advertising, Ethics and the Competitive Practice of Medicine: Charles Elton Blanchard MD.« *Quality and Safety in Health Care* 15: 74–75.

Ansteckung mit Discofieber

Swani, M. S. (1974). »Disco Deafness.« *British Medical Journal* 4 (5943): 532.
Peck, R. J., Karen Ng, and Arthur Li (1988). »The Dyspeptic Disco Dancer.« *British Journal of Radiology* 61 (725): 417–18.
Dewitt, L. D., and H. S. Greenberg (1981). »Roller Disco Neuropathy.« *Journal of the American Medical Association* 246 (8): 836.
Redmond, J., A. Thompson, and M. Hutchinson (1983). »Acute Central Cervical Cord Injury Due to Disco Dancing.« *British Medical Journal* 286 (6379): 1704.
Dörner, A., H. J. Kahl, and K. H. Jungbluth (1985). »The Roller Discotheque: A

Quickstep to the Hospital? An Analysis of 196 Accidents.« *Unfallchirurgie* 11 (4): 181–86.

Bar-Sela, S. M., and J. Moisseiev (2007). »Valsalva Retinopathy Associated with Vigorous Dancing in a Discotheque.« *Ophthalmic Surgery, Lasers & Imaging* 38 (1): 69–71.

Cookson, Susan Temporado, José L. Corrales, José O. Lotero, Mabel Regueira, Norma Binsztein, Michael W. Reeves, Gloria Ajello, and William R. Jarvis (1998). »Disco Fever: Epidemic Meningococcal Disease in Northeastern Argentina Associated With Disco Patronage.« *Journal of Infectious Diseases* 178 (1): 266–69.

Pappalardo, Margaret Doyle (1980). »The Effects of Discotheque Dancing on Selected Physiological and Psychological Parameters of College Students.« PhD thesis, Boston University School of Education.

Taylor, Bruce H. (1980). »Shake, Slow, and Selection: An Aspect of the Tradition Process Reflected by Discotheque Dances in Bergen, Norway.« *Ethnomusicology* 24 (1): 75–84.

Highcock, A.J., K. Rourke, and D. Brown (2008). »The University Rollerdisco: An Unusual Cause of a Major Incident.« *Injury Extra* 39 (12): 386–88.

Das zahnlose Regiment von Ludwig XIV.

Jones, Colin (2000). »Pulling Teeth in Eighteenth-Century Paris.« *Past and Present* 166 (1): 100–45.

–– (2008). »The King's Two Teeth.« *History Workshop Journal* 65: 79–95.

Mumienrezept für gute Gesundheit

Sugg, Richard (2006). »›Good Physic but Bad Food‹: Early Modern Attitudes to Medicinal Cannibalism and its Suppliers.« *Social History of Medicine* 19 (2): 225–40.

Michael Jackson sein, nach einer Umgestaltung

Mommaerts, M. Y., J. S. Abeloos, and H. Gropp (2001). »Mandibular Angle Augmentation with the Use of Distraction and Homologous Lyophilized Cartilage in a Case of Morphing to Michael Jackson Surgery.« *Annales de Chirurgie Plastique et Esthetique* 46 (4): 336–40.

N. A. (1996). »Michael Jackson at Beth Israel: Handling Press, Fans, Gawking Employees.« *Hospital Security and Safety Management* 16 (12): 10–11.

Verfolgen eines erbärmlichen Juckreizes

Lysy, J., M. Sistiery-Ittah, Y. Israelit, A. Shmueli, N. Strauss-Liviatan, V. Mindrul, D. Keret, and E. Goldin (2003). »Topical Capsaicin – A Novel and Effective Treatment for Idiopathic Intractable Pruritus Ani: A Randomised, Placebo Controlled, Crossover Study.« *Gut* 52: 1323–26.

Friend, William G. (1977). »The Cause and Treatment of Idiopathic Pruritus Ani.« *Diseases of the Colon and Rectum* 20 (1): 40–42.

Agarwal, M. K., S. J. Bhatia, S. A. Desai, U. Bhure, and S. Melgiri (2002). »Effect of Red Chillies on Small Bowel and Colonic Transit and Rectal Sensitivity in Men with Irritable Bowel Syndrome.« *Indian Journal of Gastroenterology* 21 (5): 179–82.

Dr. Beans Fingernägel

Bean, William B. (1962). »A Discourse on Nail Growth and Unusual Fingernails.« *Transactions of the American Clinical and Climatological Association* 74: 152–67.

–– (1968). »Nail Growth: Twenty-Five Years' Observation.« *Archives of Internal Medicine* 122 (4): 359–61.

–– (1974). »Nail Growth: 30 Years of Observation.« *Archives of Internal Medicine* 134 (3): 497–502.

–– (1976). »Some Notes of an Aging Nail Watcher.« *International Journal of Dermatology* 15 (3): 225–30.

–– (1980). »Nail Growth. Thirty-Five Years of Observation.« *Archives of Internal Medicine* 140 (1): 73–76.

Neue Haustiertheorie

Kurrle, Susan E., Robert Day, and Ian D. Cameron (2004). »The Perils of Pet Ownership: A New Fall-Injury Risk Factor.« *Medical Journal of Australia* 181: 682–83.

Bezüglich der Karaoke-Pandemie, lautstark

Yiu, Edwin M.-L., and Rainy M. M. Chan (2003). »Effect of Hydration and Vocal Rest on the Vocal Fatigue in Amateur Karaoke Singers.« *Journal of Voice* 17 (2): 216–27.

Nesselausschlag auf dem Spielfeld

Merry, P. (1987). »World Cup Urticaria.« *Journal of the Royal Society of Medicine* 80 (12): 779.

Carroll, D., S. Ebrahim, K. Tilling, J. Macleod, and G. D. Smith (2002). »Admissions for Myocardial Infarction and World Cup Football: Database Survey.« *BMJ* 325: 1439–42.

Katz, Eugène, Jacques-Thierry Metzger, Alfio Marazzi, and Lukas Kappenberger (2006). »Increase of Sudden Cardiac Deaths in Switzerland during the 2002 FIFA World Cup.« *International Journal of Cardiology* 107 (1): 132–33.

Berthier, F., and F. Boulay (2003). »Lower Myocardial Infarction Mortality in French Men the Day France Won the 1998 World Cup of Football.« *Heart* 89 (3): pp. 555–56.

101 Verwendungen für die heilige Vorhaut

Mattelaer, Johan J. (2003). *The Phallus in Art and Culture.* Arnhem, The Netherlands: European Association of Urology History Office.

–– Robert A. Schipper, and Sakti Das (2007). »The Circumcision of Jesus Christ.« *Journal of Urology* 178: 31–34.

–– and Wolfgang Jilek (2007). »Koro: The Psychological Disappearance of the Penis.« *Journal of Sexual Medicine* 4 (5): 1509–15.

Tod durch Einatmung

Inouye, Sakae (2003). »SARS Transmission: Language and Droplet Production.« *Lancet* 362 (9378): 170.

Neun – Ernsthaft tödlich

Die Geburt makabrer Witze

Dundes, Alan (1979). »The Dead Baby Joke Cycle.« *Western Folklore* 38 (3): 145–57.

-- (1979). »Polish Pope Jokes.« *Journal of American Folklore* 92 (364): 219–22.

-- (1989). »Six Inches from the Presidency: The Gary Hart Jokes as Public Opinion.« *Western Folklore* 48 (1): 43–51.

-- (1984). *Life is Like a Chicken Coop Ladder: A Portrait of German Culture Through Folklore.* New York: Columbia University Press.

Christian Ends Untersuchungen

End, Christian M., Jeffrey L. Meinert Jr, Shaye S. Worthman, and Gregory J. Mauntel (2009). »Sport Fan Identification in Obituaries.« *Perceptual and Motor Skills* 109 (2): 551–54.

End, Christian M., Beth Dietz-Uhler, N. Demakakos, M. Grantz, and J. Biaviano (2003). »Perceptions of sport fans who BIRG«, *International Sports Journal 7,* 139–149.

Davis, M., and Christian M. End (2005). »The Economic Impact of Basking in the Reflected Glory of a Super Bowl Victory.« International Association of Sports Economists Conference Papers, http://ideas.repec. org/p/spe/cpaper/0524. html.

Dietz-Uhler, Beth, Elizabeth A. Harrick, Christian End, and Lindy Jacquemotte (2000). »Sex Differences in Sport Fan Behavior and Reasons for Being a Sport Fan.« *Sport Behavior* 23 (3): 219–30.

Campbell, Jamonn, Nathan Greenauer, Kristin Macaluso, and Christian End (2007). »Unrealistic Optimism in Internet Events.« *Computers in Human Behavior* 23 (3): 1273–84.

End, Christian M., Shaye Worthman, Mary Bridget Mathews, and Katharina Wetterau (2010). »Costly Cell Phones: The Impact of Cell Phone Rings on Academic Performance.« *Teaching of Psychology* 37 (1): 55–57.

Perfektion beim Abwurf toter Mäuse

Savarie, Peter J., Tom C. Mathies, and Kathleen A. Fagerstone (2007). »Flotation Materials for Aerial Delivery of Acetaminophen Toxic Baits to Brown Tree Snakes.« *Managing Vertebrate Invasive Species: Proceedings of an International Symposium,* Fort Collins, CO, 7–9 August, 218–23.

Manche sprechen von Liebe, aber die meisten nennen es Nekrophilie

Troyer, John (2008). »Abuse of a Corpse: A Brief History and Re-Theorization of Necrophilia Laws in the USA.« *Mortality* 13 (2): 132–52.

Die australische Faszination für Autounfälle

Simpson, Catherine (2006). »Antipodean Automobility and Crash: Treachery, Trespass and Transformation of the Open Road.« *Australian Humanities Review* 39–40.

Die Tödlichkeit von Monogrammen

Christenfeld, Nicholas, David P. Phillips, and Laura M. Glynn (1999). »What's in a Name: Mortality and the Power of Symbols.« *Journal of Psychosomatic Research* 47 (3): 241–54.

Morrison, Stilian, and Gary Smith (2005). »Monogrammic Determinism?« *Psychosomatic Medicine* 67 (5): 820–24.

Die ökonomische Kunst des Selbstmords

Cameron, Samuel, Bijou Yang, and David Lester (2005). »Artists' Suicides as a Public Good.« *Archives of Suicide Research* 9 (4): 389–96.

Lester, David (2003). »Suicide by Jumping From a Bridge.« *Perceptual and Motor Skills* 97 (1): 338.

Im Grab geirrt

Kelso, William M. (2006). *Jamestown – The Buried Truth.* Charlottesville: University of Virginia Press.

Er aß das Silberzeug

Marcet, Alex. (1823). »Account of a Man Who Lived Ten Years After Having Swallowed a Number of Clasp-Knives, with a Description of the Appearances of the Body after Death.« *Medico-Chirurgical Transactions* 12 (1): 52–63.

Witcombe, Brian, and Dan Meyer (2006). »Sword Swallowing and Its Side Effects.« *BMJ* 333: 1285–87.

Zehn – Schöne Mathe

Über das Trocknen der Wäsche

Hansen, Erik B. (1992). »On Drying of Laundry.« *SIAM Journal on Applied Mathematics* 52 (5): 1360–69.

Chipot, M. (1993). »New Remarks on the Dam Problem.« In: Chadam, John M., and Henning Rasmussen, eds. *Emerging Applications in Free Boundary Problems: Proceedings of the International Colloquium »Free Boundary Problems: Theory and Applications.«* Pitman Research Notes in Mathematics Series 280. Harlow, UK: Longman Scientific and Technical: 2–12.

Klarbring, A., A. Mikelic, and M. Shillor (1993). »On the Rigid Punch with Friction.« In: Chadam, John M., and Henning Rasmussen, eds. *Emerging Applications in Free Boundary Problems: Proceedings of the International Colloquium »Free Boundary Problems: Theory and Applications.«* Pitman Research Notes in Mathematics Series 280. Harlow, UK: Longman Scientific and Technical: 35–40.

Eine Bürste mit Mathe

Archibald, Raymond Clare (1943). »Tables of Trigonometric Functions in Non-Sexagesimal Arguments.« *Mathematical Tables and Other Aids to Computation* 1 (2): 33–44.

Grattan-Guinness, Ivor (1990). »Work for the Hairdressers: The Production of de Pronyp's Logarithmic and Trigonometric Tables.« *Annals of the History of Computation* 12: 177–85.

Überreste von Schinkensandwich-Theorien

Byrnes, Graham, Grant Cairns, and Barry Jessup (2001). »Leftovers from the Ham Sandwich Theorem.« *American Mathematical Monthly* 108 (3): 246–49.

Beyer, W. A., and Andrew Zardecki (2004). »The Early History of the Ham Sandwich Theorem.« *American Mathematical Monthly* 111 (1): 58–61.
Edelsbrunner H., and R. Waupotitsch (1986). »Computing a Ham-Sandwich Cut in Two Dimensions.« *Journal of Symbolic Computation* 2 (2): 171–78.
Zivaljevic, Rade T., and Sinisa T. Vrecica (1990). »An Extension of the Ham Sandwich Theorem.« *Bulletin of the London Mathematical Society* 22 (2): 183–86.
Dolnikov, V. L., and P. G. Demidov (1992). »A Generalization of the Ham Sandwich Theorem.« *Matematicheskie Zametki* 52 (2): 27–37.
Lo, Chi-Yuan, J. Matoušek, and W. Steiger (1994). »Algorithms for Ham-Sandwich Cuts.« *Discrete and Computational Geometry* 11 (1): 433–52.
Kaiser, M. J., and S. Hossaien Cheraghi (1998). »Green Eggs and Ham.« *Mathematical and Computer Modeling* 28 (1): 91–99.
Abbott, Timothy G., Michael A. Burr, Timothy M. Chan, Erik D. Demaine, Martin L. Demaine, John Hugg, Daniel Kane, Stefan Langerman, Jelani Nelson, Eynat Rafalin, Kathryn Seyboth, and Vincent Yeung (2009). »Dynamic Ham-Sandwich Cuts in the Plane.« *Computational Geometry* 42 (5): 419–28.
Steiger, William, and Jihui Zhao (2009). »Generalized Ham-Sandwich Cuts.« *Discrete and Computational Geometry.* 44 (3): 535–45.

Die perfekte zweite Tasse Kaffee

Richman, Robert M. (2001). »Recursive Binary Sequences of Differences.« *Complex Systems* 13: 381–92.

Das volle Gewicht der Wissenschaft

Wagman, Jeffrey B., Corinne Zimmerman, and Christopher Sorric (2007). ›Which Feels Heavier – A Pound of Lead or a Pound of Feathers?‹ A Potential Perceptual Basis of a Cognitive Riddle.« *Perception* 36: 1709–11.

Die Gesichter der Zahlen

Chernoff, Herman (1973). »The Use of Faces to Represent Points in K-Dimensional Space Graphically.« *Journal of the American Statistical Association* 68 (342): 361–68.
Huff, David L., Vijay Mahajan, and William C. Black (1981). »Facial Representation of Multivariate Data.« *Journal of Marketing* 45 (4): 53–59.

Eine goldene Mitte in Ihrem Mund

Levin, E. I. (1978). »Dental Esthetics and the Golden Proportion.« *Journal of Prosthetic Dentistry* 40 (3): 244–52.

Käsestringtheorie

Charalambides, M. N., J. G. Williams, and S. Chakrabarti (1995). »A Study of the Influence of Ageing on the Mechanical Properties of Cheddar Cheese.« *Journal of Materials Science* 30: 3959–67.
Ak, M. Mehmet, and Sundaram Gunasekaran (1996). »Dynamic Rheological Properties of Mozzarella Cheese During Refrigerated Storage.« *Journal of Food Science* 61 (3): 566–69.
Lee, Siew Kim, Skelte Anema, and Henning Klostermeyer (2004). »The Influence of Moisture Content on the Rheological Properties of Processed Cheese

Spreads.« *International Journal of Food Science & Technology* 39 (7): 763–71.

Maßnehmen an Linealen

Doiron, Daniel T., and Theodore D. Doiron (1994). »Length Metrology of Complimentary Small Plastic Rulers.« *Proceedings of the Measurement Science Conference*, Anaheim, Calif.

Das Problem des faulen Beamten

Arkin, Esther M., Michael A. Bender, Joseph S. B. Mitchell, and Steven S. Skiena (1999). »The Lazy Bureaucrat Scheduling Problem.« *Algorithms and Data Structures* 1663: 773–85.

Farzan, Arash, and Mohammad Ghodsi (2002). »New Results for Lazy Bureaucrat Scheduling Problem.« *Proceedings of the 7th CSI Computer Conference*, Iran Telecommunication Research Center, Tehran, 3–5 March 2002: 66–71.

Esfahbod, Behdad, Mohammad Ghodsi, and Ali Sharifi (2003). »Common-Deadline Lazy Bureaucrat Scheduling Problems.« *Algorithms and Data Structures: Proceedings of the 8th International Workshop, WADS*, Ottawa, Canada, 30 July–1 August: 59–66.

Gai, L., and G. Zhang (2008). »On Lazy Bureaucrat Scheduling with Common Deadlines.« *Journal of Combinatorial Optimization* 15 (2): 191–99.

Entdeckungen hinsichtlich zufälliger Beförderungen

Pluchino, Alessandro, Andrea Rapisarda, and Cesare Garofalo (2010). »The Peter Principle Revisited: A Computational Study.« *Physica A: Statistical Mechanics and its Applications* 389 (3): 467–72.

Phelan, Steven E., and Zhiang Lin (2001). »Promotion Systems and Organizational Performance: A Contingency Model.« *Computational & Mathematical Organization Theory* 7: 207–32.

Schiefer, Michael, Albert A. Robbert, John S. Crown, Thomas Manacapilli, and Carolyn Wong (2008). »The Weighted Airman Promotion System. Standardizing Test Scores.« Rand Corporation report prepared for the US Air Force, http://www.dtic.mil/cgi-bin/GetTRDoc?AD=ADA485497&Location=U2&doc=GetTRDoc.pdf.

Elf – Für Detektive

Haarführer für FBI-Agenten

Houck, Max (2002). »Hair Bibliography for the Forensic Scientist.« *Forensic Science Communications* 4 (10): http://www.fbi.gov/about-us/lab/forensic-science-communications/fsc/jan2002/houck.htm/.

Gaudette, B. D., and E. S. Keeping (1974). »An Attempt at Determining Probabilities in Human Scalp Hair Comparison.« *Journal of Forensic Sciences* 19 (3): 599–606.

Exline, D. L., F. P. Smith, and S. O. Drexler (1998). »Frequency of Pubic Hair Transfer During Sexual Intercourse.« *Journal of Forensic Sciences* 43 (3): 505–8.

Die Wache auf dem Klo

Watson, T. Steuart (1996). »A Prompt Plus Delayed Contingency Procedure for Reducing Bathroom Graffiti.« *Journal of Applied Behavior Analysis* 29 (1): 121–24.

Kreuzworträtsel und Gegenüberstellungen

Lewis, Michael B. (2006). »Eye-witnesses Should Not Do Cryptic Crosswords Prior to Identity Parades.« *Perception* 35: 1433–36.

Ins Netz gegangen

Hsieh, Kuo-cheng (2007). »Net Trapping System for Capturing a Robber Immediately« US Patent no. 6,219,959, 24 April.

Egeresi, Zoltan (2006). »Anti Hijacking System.« US Patent no. 7,014,147, 12 March.

Pizzo, Gustano A. (1972). »Anti Hijacking System for Aircraft.« US Patent no. 3,811,643, 21 May.

Die Kosten von Bier

Matthews, Kent, Jonathan Shepherd, and Vaseekaran Sivarajasingham (2006). »Violence-Related Injury and the Price of Beer in England and Wales.« *Injury* 37 (5): 388–94.

Bernstein, S. L., W. P. Rennie, and K. Alagappan (1994). »Impact of Yankee Stadium Bat Day on Blunt Trauma in Northern New York City.« *Annals of Emergency Medicine* 23 (3): 555–59.

Etwas Fauliges in der Luft

Statheropoulos, M., A. Agapiou, and A. Georgiadou (2006). »Analysis of Expired Air of Fasting Male Monks at Mount Athos.« *Journal of Chromatography B* 832: 274–79.

Mitsikostas, D. D., A. Thomas, S. Gatzonis, A. Ilias, and C. Papageorgiou. (1994). »An Epidemiological Study of Headache Among the Monks of Athos (Greece).« *Headache* 34 (9): 539–41.

T steht für Versuchung

Workman, Jane E., Naomi E. Arseneau, and Chandra J. Ewell (2004). »Traits and Behaviors Assigned to an Adolescent Wearing an Alcohol Promotional T-Shirt.« *Family and Consumer Sciences Research Journal* 33 (1): 498–516.

Darden, Donna, and Steven Worden (1991). »Identity Announcement in Mass Society: The T-Shirt.« *Sociological Spectrum* 11 (1): 67–79.

Worden, Steven, and Donna Darden (1992). »Knives and Gaffs: Definitions in the Deviant World of Cockfighting.« *Deviant Behavior* 13: 271–89.

Fette Chance der Kriminalität?

Price, Gregory N. (2009). »Obesity and Crime: Is There a Relationship?« *Economics Letters* 103: 149–52.

Gloom, Gerhard (2004). »Inequality, Majority Voting, and the Redistributive Effects of Public Education Funding.« *Pacific Economic Review* 9: 93–101.

Eine hieb- und stichfeste Forschungsleistung

Horsfall, I., C. Watson, S. Champion, P. Prosser, and T. Ringrose (2005). »The

Effect of Knife Handle Shape on Stabbing Performance.« *Applied Ergonomics* 36 (4): 505–11.

Horsfall, I., P. D. Prosser, C. H. Watson, and S. M. Champion (1999). »An Assessment of Human Performance in Stabbing.« *Forensic Science International* 102 (2–3): 79–89.

Durchgeknallte Sicherheit

Silva, J. A., G. B. Leong, and R. Weinstock (1993). »The Psychotic Patient as Security Guard.« *Journal of Forensic Sciences* 38 (6): 1436–40.

O?

Marquis, Raymond, Matthieu Schmittbuhl, Williams David Mazzella, and Franco Taroni (2005). »Quantification of the Shape of Handwritten Characters: A Step to Objective Discrimination Between Writers Based on the Study of the Capital Character O.« *Forensic Science International* 150 (1): 23–32.

Stehlen Ethiker mehr Bücher?

Schwitzgebel, Eric, and Joshua Rust (2009). »The Moral Behavior of Ethicists: Peer Opinion.« *Mind* 118: 1043–59.

–– (2010). »Do Ethicists and Political Philosophers Vote More Often Than Other Professors?« *Review of Philosophy and Psychology* 1: 189–99.

Schwitzgebel, Eric (2009). »Do Ethicists Steal More Books?« *Philosophical Psychology* 22 (6): 711–25.

Zwölf – Es muss ... etwas bedeuten

Der Fluch des Schiedsrichters

Praschinger, Andrea, Christine Pomikal, and Stefan Stieger (2011). »May I Curse a Referee? Swear Words and Consequences.« *Journal of Sports Science and Medicine* 10: 341–45.

Alles noch schlimmer

Shoemaker, Robert B. (2000). »The Decline of Public Insult in London 1660–1800.« *Past and Present* 169 (1): 97–131.

Maße der Poesie

Cysarz, Dirk, Dietrich von Bonin, Helmut Lackner, Peter Heusser, Maximilian Moser, and Henrik Bettermann (2004). »Oscillations of Heart Rate and Respiration Synchronize During Poetry Recitation.« *American Journal of Physiology – Heart and Circulatory Physiology* 287: H579–87.

Where the –

Browne, Glenda (2001). »The Definite Article: Acknowledging ›he‹ in Index Entries.« *The Indexer* 22 (3): 119–22.

Ringen mit einer schlechten Metapher

Phillips, Carl V., Brian Guenzel, and Paul Bergen (2006). »Deconstructing Anti-harm-reduction Metaphors: Mortality Risk from Falls and Other Traumatic Injuries Compared to Smokeless Tobacco Use.« *Harm Reduction Journal* 3: 15.

Highlights des Markierens

Silvers, Vicki, and David Kreiner (1997). »The Effects of Pre-Existing Inappropriate Highlighting on Reading Comprehension.« *Reading Research and Instruction* 36: 217–23.

Hey, Dude . . .

Kiesling, Scott F. (2004). »Dude.« *American Speech* 79 (3): 281–305.

Risiken mit Namen

Lea, Melissa A., Robin D. Thomas, Nathan A. Lamkin, and Aaron Bell (2007). »Who Do You Look Like? Evidence for the Existence of Facial Stereotypes for Male Names.« *Psychonomic Bulletin & Review* 14 (5): 901–7.

English, G. (1916). »On the Psychological Response to Unknown Proper Names.« *American Journal of Psychology* 27: 430–34.

Trollen zum Ärgern

Hardaker, Claire (2010). »Trolling in Asynchronous Computer-Mediated Communication: From User Discussions To Academic Definitions.« *Journal of Politeness Research* 6 (2): 215–42.

Das heißt? Das heißt? Das heißt?

Stivers, Tanya (2004). »›No no no‹ and Other Types of Multiple Sayings in Social Interaction.« *Human Communication Research* 30 (2): 260–93.

Holtgraves, Thomas (2000). »Preference Organization and Reply Comprehension.« *Discourse Processes* 30 (2): 87–106.

Noch mehr Quellenangaben

In Kürze

Al Fallouji, M. (1990). »Traumatic Love Bites.« *British Journal of Surgery* 77: 100–1.

Buchanan, D. R., D. Lamb, and A. Seaton (1981). »Punk Rocker's Lung: Pulmonary Fibrosis in a Drug Snorting Fire-Eater.« *British Medical Journal* 283: 1661.

Cassaro, A., and M. Daliana (1992). »Impaction of an Ingested Table Fork in a Patient with a Surgically Restricted Stomach.« *New York State Journal of Medicine* 92 (3): 115.

Cheng, G., Z. Xuand, and J. Xu (2005). »Vision of Integrated Happiness Accounting System in China.« *Acta Geographica Sinica* 60 (6): 893–901.

Coolidge, Frederick L. (1999). »My Grandmother's Personality: A Posthumous Evaluation.« *Journal of Clinical Geropsychology* 5 (3): 215–19.

Earles, C. M., A. Morales, and W. L. Marshall (1988). »Penile Sufficiency: An Operational Definition.« *Journal of Urology* 139 (3): 536–38.

Foley, J., and J. J. Sheuring (1966). »Cause of Microbial Death during Freezing in a Soft-Serve Ice Cream Freezer.« *Journal of Dairy Science* 49 (8) 928–32.

Gordon, Christopher J., and Elizabeth C. White (1982). »Distinction Between Heating Rate and Total Heat Absorption in the Microwave-Exposed Mouse.« *Physiological Zoology* 55 (3): 300–8.

Krause, D., D. Ick, and H. Treu (1981). »Successful Insemination Experiments with Cryopreserved Sperm from Wild Boars.« *Zuchthygiene.*

Liu, Bing, Liang-Ping Ku, and Wynne Hsu (1997). »Discovering Interesting Holes in Data.« *Proceedings of Fifteenth International Joint Conference on Artificial Intelligence,* Nagoya, Japan: 930–35.

McVeigh, Brian J. (2000). »How Hello Kitty Commodifies the Cute, Cool, and Camp: ›Consumutopia‹ Versus ›Control‹ in Japan.« *Journal of Material Culture* 5 (2): 225–45.

Oppenheimer, Daniel M. (2006). »Consequences of Erudite Vernacular Utilized Irrespective of Necessity: Problems with Using Long Words Needlessly.« *Applied Cognitive Psychology* 20: 139–56.

Ortmann, C., and A. DuChesne (1998). »A Partially Mummified Corpse with Pink Teeth and Pink Nails.« *International Journal of Legal Medicine* 111: 35–37.

Pories, Walter J. (2001). »The Cow with Zits.« *Current Surgery* 58 (1): 1.
Seiffert, H. J. (2000). »A Cute Characterization of Acute Triangles.« *American Mathematical Monthly* 107 (5): 464.
Smith, Geoff P. (1995). »How High Can a Dead Cat Bounce?: Metaphor and the Hong Kong Stock Market.« *Linguistics and Language Teaching* 18: 43–57.
Smith, Thomas J., Bruce E. Hillner, and Harry D. Bear (2003). »Taking Action on the Volume-Quality Relationship: How Long Can We Hide Our Heads in the Colostomy Bag?« *Journal of the National Cancer Institute* 95 (10): 695–97.
Spears, A. S. (1994). »Attempted Suicide or Hitting the Nail on the Head: Case Report.« *Journal of the Florida Medical Association* 81 (12): 822–23.
Stitt, W. Z., and A. Goldsmith (1995). »Scratch and Sniff: The Dynamic Duo.« *Archives of Dermatology* 131: 997–99.
Thompson, D. G. (2001). »Descartes and the Gut: ›I'm Pink Therefore I Am‹.« *Gut,* 2001) 49: 165–66.
Witts, Richard (2005). »I'm Waiting for the Band: Protraction and Provocation at Rock Concerts.« *Popular Music* 24 (1): 147–52.
N. A. (1974). »The Case of the Burly Wee Man.« published in the *Archives of Environmental Health* 28 (5): 297–98.

Mit besten Empfehlungen

Anders Barheim and Hogne Sandvik (1994). »Effect of Ale, Garlic, and Soured Cream on the Appetite of Leeches.« *BMJ* 209: 1689.
Bollinger, S. A., S. Ross, L. Oesterhelweg, M. J. Thali, and B. P. Kneubeuhl (2009). »Are Full or Empty Beer Bottles Sturdier and Does Their Fracture-Threshold Suffice to Break the Human Skull?« *Journal of Forensic and Legal Medicine* 16: 138–42.
Bolt, Michael, and Daniel C. Isaksen (2010). »Dogs Don't Need Calculus.« *College Mathematics Journal* 41 (1): 10–16.
Bubier, Norma E., Charles G. M. Paxton, P. Bowers, D. C. Deeming (1998). »Courtship Behaviour of Ostriches (*Struthio camelus*) Towards Humans Under Farming Conditions in Britain.« *British Poultry Science* 39 (4): 477–81.
Coventry, K. R., and B. Constable (1999). »Physiological Arousal and Sensation-Seeking in Female Fruit Machine Gamblers.« *Addiction* 94 (3): 425–30.
Griffin, John M., and Jin Xu (2009). »How Smart Are the Smart Guys? A Unique View from Hedge Fund Stock Holdings.« *Review of Financial Studies* 22 (7): 2531–70.
Griffin, Michael J., and R. A. Hayward (1994). »Effects of Horizontal Whole-Body Vibration on Reading.« *Applied Ergonomics* 25 (3): 165–69.
Hopton, Robert, Steph Jinks, and Tom Glossop (2010). »Determining the Smallest Migratory Bird Native to Britain Able to Carry a Coconut.« *Journal of Physics Special Topics* 9 (1).
Krippner, Stan, Monte Ullman, and Bob Van de Castle (1973). »An Experiment in Dream Telepathy with ›The Grateful Dead‹.« *Journal of the American Society of Psychosomatic Dentistry and Medicine* 20: 9–17.

Miller, Geoffrey, Joshua M. Tybur, and Brent Jordan (2007). »Ovulatory Cycle Effects on Tip Earnings by Lap Dancers: Economic Evidence for Human Estrus?« *Evolution and Human Behavior* 28 (6): 375–81.

Nirapathpongporn, Apichart, Douglas H. Huber, and John N. Krieger (1990). »No-Scalpel Vasectomy at the King's Birthday Vasectomy Festival.« *Lancet* 335: 894–95.

Pennings, Timothy J. (2010). »Do Dogs Know Calculus?« *College Mathematics Journal* 34 (3): 178–182.

Randall, Brad (2009). »Blood and Tissue Spatter Associated with Chainsaw Dismemberment.« *Journal of Forensic Sciences* 54 (6): 1310–14.

Stephens, Richard, John Atkins, and Andrew Kingston (2009). »Swearing as a Response to Pain.« *Neuroreport* 20: 1056–60.

Traub, Stephen J., Robert S. Hoffman, and Lewis S. Nelson (2001). »Pharyngeal Irritation After Eating Cooked Tarantula.« *Internet Journal of Medical Toxicology* 39: 562.

US National Institute of Health (1993). »Fatalities Attributed to Entering Manure Waste Pits.« *Morbidity and Mortality Weekly Report* 42 (17): 325–29.

Willan, Derek, ed. (1994). *Greek Rural Postmen and Their Cancellation Numbers.* N. P.: Hellenic Philatelic Society of Great Britain.

Eine unwahrscheinliche Erfindung

Bodnar, Elena N., Raphael C. Lee, and Sandra Marijan (2007). »Garment Device Convertible to One or More Facemasks.« US Patent no. 7,255,627, 14 August.

Imai, Makoto, Naoki Urushihata, Hideki Tanemura, Yukinobu Tajima, Hideaki Goto, Koichiro Mizoguchi, and Junichi Murakami (2009). »Odor Generation Alarm and Method for Informing Unusual Situation.« US Patent application no. 2010/0308995 A1, 9 December.

Keogh, John (2001). »Circular Transportation Facilitation Device.« Australian Innovation Patent no. 2001100012, 2 August.

Li, Zhengcai (2007). »A Tittle Obliquity Measurer.« International Patent application no. PCT/CN2007/003282, 6 December.

Miller, Gregg A. (1999). »Surgical Method and Apparatus for Implantation of a Testicular Device.« US Patent no. 5,868,140, 9 February.

Nutting, William B. (1971). »Kiss Throwing Doll.« US Patent no. 3,603,029, 7 September.

Scruggs, Donald E. (2011). »Edged Non-horizontal Burial Containers.« US Patent no. 8,046,883, 1 November.

Smith, Frank J., and Donald J. Smith (1977). »Method of Concealing Partial Baldness.« US Patent no. 4,022,227, 10 May.

Aufruf an Forscher

Bax, Ad, David Max, and David Zax (1992). »Measurement of Long-Range 13C-13C J Couplings in a 20-kDa Protein-Peptide Complex.« *Journal of the American Chemical Society* 114 (17): 6923–25.

Illustrationen

In dankbarer Anerkennung der Wissenschaftler und Erfinder, deren Schaffen in diesem Buch illustriert wurde – manchmal mit, manchmal ohne Illustrationen.

Ausgewählte Schritte im Rahmen der Resthaarverwertung: US Patent no. 4,022,227

»In ein oder mehrere Gesichtsmasken umwandelbares Bekleidungsstück«: US Patent no. 7,255,627

Höhe vs. Entfernung für Fußbälle, die auf der Erde (durchgezogene Linie) bzw. auf dem Mars (gestrichelte Linie) gekickt wurden: aus »Association Football on Mars« by Calum James Meredith, David Boulderstone, and Simon Clapton

Röntgenaufnahme eines von einem Auto überfahrenen Grünspechts sowie Schema eines Spechts bei der Arbeit: »A Woodpecker Hammer« by Julian F. V. Vincent, Mehmet Necip Sahinkaya, and W. O'Shea

Geometrische Unterteilung eines Elefanten: Blick von der Seite mit Vermessungen des Körpers, einschließlich der Perineal-Region, was deren Länge und Höhe betrifft: by K. P. Sreekumar and G. Nirmalan

Schlagfrequenz vs. Schwimmgeschwindigkeit bei sechs Schnabeltieren: aus »Energetics of Swimming by the Platypus Ornithorhynchus anatinus« by F. E. Fish, R. V. Baudinette, et al.

N. B. Der Eidechsenfall sinkt im Dezember: aus: »Arboreal Sprint Failure« by William H. Schlesinger, Johannes M. H. Knops, and Thomas H. Nash

Zeichnung aus Egedes monströsem Bericht von 1741; der Penis eines Glattwals im Nordatlantik, Foto aus dem Jahr 2001: aus: »Cetaceans, Sex and Sea Serpents« by C. G. M. Paxton, Erik Knatterud, and Sharon L. Hedley. Photograph reproduced by permission of the New England Aquarium, Boston, Massachusetts.

Persönlichkeit des Schafes vs. Standort: aus »Effects of Group Size and Personality on Social Foraging« by Pablo Michelena, Angela M. Sibbald, Hans W. Erhard, and James E. McLeod

Die Entfernung zwischen zwei Kühen während der Beweidungsphase: aus: »How are Distances Between Individuals of Grazing Cows Explained by a Statistical Model?« by Masae Shiyomi

»Vergleich der Kothaufen, die sich unter Toilettensitzen in WCs in der Antarktis ansammeln«: aus: »Review of Medical Researches at the Japanese Station (Syowa Base) in the Antarctic« by H. Yoshimura

Verdauungsschäden mit Blick auf den Oberarmknochen einer Spitzmaus und mit Blick auf deren Tibiagelenk: aus »Human Digestive Effects on a Micromammalian Skeleton« by Brian D. Crandall and Peter W. Stahl

Wie man eine Schockwelle mit genügend Druck generiert, um ein Nahrungsmittel weich zu machen: US Patent no. 3,492,688

»Die Beziehung zwischen Gelüsten, Schuldgefühlen und dem Verzehr von Schokoriegeln ...«: aus: »The Development of the Attitudes to Chocolate Questionnaire« by David Benton, Karen Greenfield, and Michael Morgan

Die Quintessenz zum Einschenkverhalten von Barkeepern: aus »Shape of Glass and Amount of Alcohol Poured« by Brian Wansink and Koert van Ittersum

Fig. 1 of 13 ... (p. 147) adapted from US Patent no. 7,266,767

»Die Wechselwirkung zwischen der Zahl der Sitzungen bzw. deren wahrgenommener Effizienz und der Zufriedenheit mit dem Job«: aus »Not Another Meeting!« by S. G. Rogelberg, D. J. Leach, P. B. Warr, and J. L. Burnfield

Die patentierte Kusshändchen werfende Puppe: US Patent no. 3,603,029

Begattungen, mit und ohne Handy: aus: »Effects of Exposure to a Mobile Phone on Sexual Behavior in Adult Male Rabbit« by Nader Salama, Tomoteru Kishimoto, Hiro-Omi Kanayama, and Susumu Kagawa

Unterschiede im Bartwuchs während eines kurzen Aufenthalts auf der Insel: aus: N. A., »Effects of Sexual Activity on Beard Growth in Man«, Nature 226 (30 May 1970): 869–70

Zeugnis eines riesigen Pariser Zahnreißers: Courtesy of the Wellcome Library, London

Dr. Beans Schaubild zu 20 Jahren Nagelwachstum: aus: »A Discourse on Nail Growth and Unusual Fingernails« by William B. Bean

Anzahl der Todesfälle wegen Herzinfarkts, Franzosen vs. Französinnen: aus: »Lower Myocardial Infarction Mortality in French Men the Day France Won the 1998 World Cup of Football« by F. Berthier and F. Boulay

Ein traktorartiger Bagger, der einen viereckigen Klemmgreifer benutzt, um einen Sarg zu halten, zu drehen und in ein vorgebohrtes Loch zu versenken: US Patent no. 8,046,883

Die besagte »Anzahl von Klappmessern«: aus: »Account of a Man Who Lived Ten Years After Having Swallowed a Number of Clasp-Knives, with a Description of the Appearances of the Body After Death« by Alex Marcet

»Der Schnitt mit dem Messer, der den Schinken in Portionen mit gleicher Fläche teilt«: aus: »Green Eggs and Ham« by M. J. Kaiser, and S. Hossaien Cheraghi

Die Widerspiegelung finanziellen Erfolges im Gesicht: aus: »Facial Representation of Multivariate Data« by David L. Huff, Vijay Mahajan, and William C. Black

Der Pünktchen-Schiefe-Messer: International patent application no. PCT/CN 2007/003282

Der Mittelpunkt – die Kreuzung von gesundem Menschenverstand und dem Peter-Prinzip: aus: »The Peter Principle Revised« by Alessandro Pluchino, Andrea Rapisarda, and Cesare Garofalo

Darstellung gemäß Perception, 35. Jahrgang, »Last but not least«: aus: »Eye-witnesses Should Not Do Cryptic Crosswords Prior to Identity Parades« by Michael B. Lewis

Aus »Netzfallensystem zum unmittelbaren Festsetzen eines Räubers«: US Patent no. 6,219,959

Demonstration eines Unterarm-Stichs: aus »An Assessment of Human Performance in Stabbing« by I. Horsfall, P. D. Prosser, C. H. Watson, and S. M. Champion

Os, Proben: aus »Quantification of the Shape of Handwritten Characters« by Raymond Marquis, Matthieu Schmittbuhl, William David Mazzella, and Franco Taroni

Bemerkung aus der Studie: Die Bezeichnung »Dude« lässt sich «intimen heterosexuellen Beziehungen« zuordnen ...: aus: »Dude« by Scott F. Kiesling

»Betrachter stimmten mit großer Mehrheit überein, dass der Mann links ›Tim‹ und der Mann rechts ›Bob‹ heißt.« aus: »Who Do You Look Like?« by Melissa A. Lea, Robin D. Thomas, Nathan A. Lamkin, and Aaron Bell